电工新技术问答

主编

周希章

编著

周希章　周　全　周　勇

金盾出版社

内 容 提 要

本书以问答的形式，深入浅出地介绍了近年来电工领域正在推广应用的新知识和新技术。内容包括：半导体及其基本器件、基本放大电路和反馈电路、数字电路基础、晶闸管及其应用、常用集成电路、变频器及其应用、可编程控制器及其应用、控制电机及其应用、机床数控技术、传感器及其应用。

本书通俗易懂，简明扼要，基础性、实用性、先进性强，可供有一定基础知识和实践经验的电工职业资格鉴定、考工取证及继续教育阅读参考。

图书在版编目(CIP)数据

电工新技术问答/周希章主编. —北京：金盾出版社，2006.12
ISBN 978-7-5082-4342-9

Ⅰ.电… Ⅱ.周… Ⅲ.电工技术—问答 Ⅳ.TM-44

中国版本图书馆 CIP 数据核字(2006)第 131217 号

金盾出版社出版、总发行
北京太平路 5 号(地铁万寿路站往南)
邮政编码：100036 电话：68214039 83219215
传真：68276683 网址：www.jdcbs.cn
封面印刷：北京百花彩印有限公司
正文印刷：北京金盾印刷厂
装订：第七装订厂
各地新华书店经销

开本：850×1168 1/32 印张：15.75 字数：453 千字
2009 年 2 月第 1 版第 3 次印刷
印数：16001—24000 册 定价：27.00 元

前　言

随着电子技术的飞速发展并广泛渗透到电工领域，使电工技术发生了巨大变化，新型电工电子器件不断涌现，新的技术手段层出不穷，新的应用领域日新月异。在新的形势面前，广大电气技术人员和电工迫切希望更新知识结构，提高技术水平，以适应经济发展和科学技术进步的需要。同时，根据国家职业标准的要求，初、中、高三级电工都必须掌握相应的电工电子技术知识和技能。为了普及电工新技术知识，满足电工职业资格鉴定、考工取证的需要，我们编写了本书。

本书共分十章，分别是：半导体及其基本器件、基本放大电路和反馈电路、数字电路基础、晶闸管及其应用、常用集成电路、变频器及其应用、可编程序控制器及其应用、控制电机及其应用、机床数控技术、传感器及其应用。

考虑到我国广大电工当前的文化基础和技术水平，在编写过程中，突出基础性，兼顾实用性和先进性，力求做到深入浅出、通俗易懂，尽量避免纯理论的叙述和复杂公式的推导。

由于编者水平所限，虽然做了很大努力，书中仍难免有错漏之处。另外，书中对许多问题所作的解答或者所提供的方法，都不能说是最好的，更不是惟一的。在此，恳请读者批评指正。

编者

2006 年 6 月于北京

目　录

一、半导体及其基本器件

三、数字电路基础

四、晶闸管及其应用

五、常用集成电路

六、变频器及其应用

七、可编程序控制器及其应用

八、控制电机及其应用

九、机床数控技术

十、传感器及其应用

一、半导体及其基本器件

(一)半导体基础知识

1. 什么是导体、绝缘体和半导体?

答:具有大量能够在外电场作用下自由移动的带电粒子,因而能很好地传导电流的物体称为导体。电阻率在10^{-8}～$10^{-6}\Omega \cdot m$之间的固体(如银、铜、铝、铁等金属),以及含有正、负离子的电解质等都是导体。

具有良好的电绝缘性或热绝缘性的物体称为绝缘体。实用上常取空气、木、棉、毛等用作不导热的物质,而玻璃、电木、橡胶、云母、塑料等用作不导电的物质。在绝缘体中,由于原子的外层电子受原子核的束缚力很大,很不容易挣脱出来,因此形成自由电子的机会非常小。绝缘体原子结构的这一特点决定了它的导电性能很差。绝缘体的电阻率在10^{8}～$10^{18}\Omega \cdot m$之间。

导电性能介于导体和绝缘体之间的物质称为半导体,如硅、锗、硒以及大多数金属氧化物和硫化物都是半导体。半导体的电阻率在10^{-5}～$10^{7}\Omega \cdot m$之间。

2. 半导体有什么特点?

答:半导体除了在导电能力方面与导体和绝缘体不同外,还具有不同于其他物质的特点:

(1)半导体对价电子(原子的外层电子)的束缚较弱,当半导体受到外界光和热的刺激时,它便释放价电子,从而使它的导电能力发生显著的变化。这种对外界环境刺激的敏感性使半导体具有多种用途,如制成各种光敏元件和热敏元件等。

(2)若在纯净的半导体中加入微量的杂质,则半导体的导电能力就会有显著的提高,这是半导体最突出的性质。利用这个特性,可制造出各种不同的半导体器件。

3. 半导体的导电机构有哪两类？有何特点？

答：半导体有自由电子和空穴两类导电机构。在纯净的半导体（本征半导体）硅或锗单晶中，自由电子和空穴总是成对出现的，称为电子空穴对，而且电子空穴对的数目与温度、光照、辐射等有密切的关系，因而半导体的导电能力也和这些因素有关。在外电场作用下，自由电子和空穴都可产生定向移动而形成电流，因而把自由电子和空穴都称为载流子。所以，在半导体中，不仅有电子载流子，还有空穴载流子，这是半导体导电的一个重要特性。

4. 什么是掺杂半导体？

答：纯净半导体的导电能力差，绝缘能力也不强。但在纯单晶中，掺入有用的杂质，可使半导体的导电特性大大增强，称为掺杂半导体。在掺杂半导体中，因掺入杂质性质的不同，可分为 N 型半导体（电子半导体）和 P 型半导体（空穴半导体）两大类。

5. 什么是 N 型半导体？

答：在硅（或锗）的晶体内掺入少量磷（或锑）等五价元素，晶体结构中的硅原子和磷原子组成共价键之后，磷外层的五个电子中，四个电子组成共价键。多出的一个电子受原子核束缚很小，很容易成为自由电子。因此，在这种半导体中，电子载流子的数目很多，主要靠电子导电，叫做电子半导体，简称 N 型半导体，如图 1-1(a)所示。N 型半导体中，磷原子提供了自由电子，所以磷原子又称施主原子，如图 1-1(b)所示。

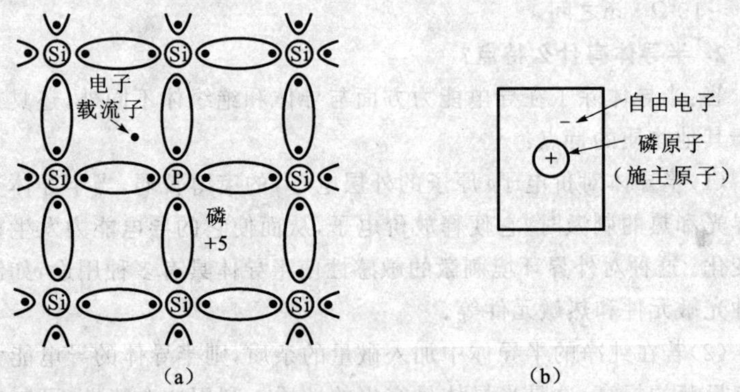

图 1-1 硅单晶掺磷示意图

(a)硅中掺磷形成自由电子(N 型) (b)N 型半导体结构的简化示意图

6. 什么是 P 型半导体？

答：在硅（或锗）的晶体内掺入少量硼（或铟）等三价元素，因硼只有三个价电子，当它与硅原子组成共价键时，就因缺少一个电子自然形成了一个空穴。这样，掺入的每一个硼原子都能提供一个空穴，从而使硅单晶中空穴载流子的数目大大增加。这种半导体内几乎没有自由电子，主要靠空穴导电，所以叫做空穴半导体，简称 P 型半导体，如图 1-2(a)所示。在 P 型半导体中，硼原子提供了空穴，它的作用是接受电子，所以硼原子又称受主原子，如图 1-2(b)所示。

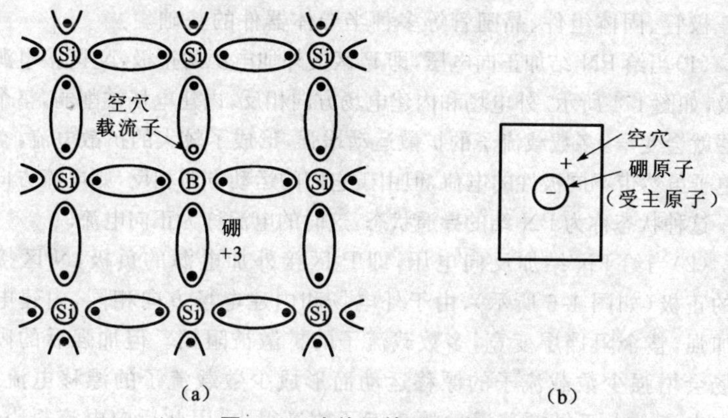

图 1-2 硅单晶掺硼示意图

(a)硅中掺硼形成空穴(P 型) (b)P 型半导体结构的简化示意图

7. 什么是 PN 结？它是如何形成的？

答：PN 结是 P 型半导体和 N 型半导体接触面两边产生的内建电场（阻挡层）。通过一定的工艺使一块单晶片两边分别形成 P 型和 N 型半导体，在交界处，P 型区的空穴就要向 N 型区扩散，N 型区的电子就要向 P 型区扩散，即空穴和电子都要从浓度大的地方向浓度小的地方扩散。扩散的结果，在交界处 N 型区附近的薄层 A 中，由于失去电子，便带正电；同样的道理，在交界处 P 型区附近的薄层 B 中带负电。由于电子和空穴的扩散是同时进行的，所以薄层 A 和 B 也是同时形成的，如图 1-3 所示。于是，在 A、B 之间就产生了一个电场，它的方向

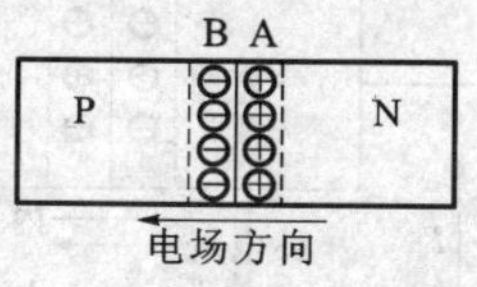

图 1-3 PN 结的形成

是由A指向B，即由N型区指向P型区。这个电场一方面阻止电子继续从N型区向P型区扩散，阻止空穴从P型区向N型区扩散；另一方面还将使P型区B层内的电子向N型区运动，N型区A层内的空穴向P型区运动，这种电子和空穴在电场作用下的有规则的运动，称为漂移运动。显然，漂移运动和扩散运动的方向是相反的。这样就在它们的交界处形成了一个特殊的区域，称为PN结，或称为阻挡层。

8. PN结的基本特性是什么？

答：PN结的基本特性是具有单向导电性。它是构成晶体二极管、晶体三极管、固体组件、晶闸管等多种半导体器件的基础。

(1)当给PN结加正向电压，即P区接外加电源的正极，N区接电源的负极，如图1-4所示。外电场和内建电场方向相反，内建电场被削弱，整个阻挡层就会变窄，多数载流子的扩散运动增强，形成了较大的扩散电流，空穴和电子虽然带不同极性的电荷，但由于它们的运动方向相反，则电流方向一致。这种状态称为PN结的导通状态，这时的电流称为正向电流。

(2)当给PN结加反向电压，即P区接外加电源的负极，N区接电源的正极(如图1-5所示)，由于外电场和内建电场方向相同，内建电场被加强，整个阻挡层变宽，多数载流子的扩散被阻挡。但加强后的内建电场会增强少数载流子的漂移运动而形成少数载流子的漂移电流，即反向电流。由于做漂移运动的载流子数量很少，因此反向电流很小，可以忽略不计，这种状态称为PN结的截止状态。由于半导体中载流子浓度受环境温度影响很大，所以反向电流也受温度的影响，温度越高，反向电流也越大。因此，在使用半导体器件时，必须考虑到环境温度对其特性的影响。

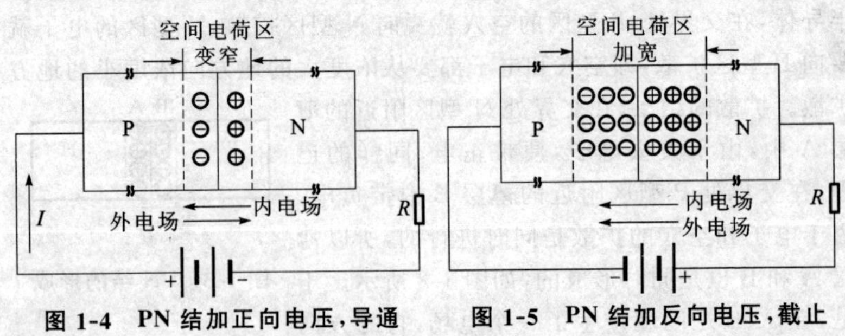

图1-4　PN结加正向电压，导通　　**图1-5　PN结加反向电压，截止**

(二)二 极 管

9. 半导体二极管有哪几种结构类型？各有何特点？

答:半导体二极管简称二极管(本书以后均称二极管),按其结构的不同可分为点接触型、面接触型和平面型三类。

(1)点接触型二极管是由一根很细的金属触丝和一块半导体(如锗)的表面接触,然后在正方向通过很大的瞬时电流,使金属触丝和半导体牢固地熔接在一起,构成PN结,并做出相应的电极引线,外加管壳密封而成的。其结构如图1-6(a)所示。由于点接触型二极管金属触丝很细,形成的PN结面积很小,所以极间电容很小;同时,也不能承受较高的反向电压和较大的电流。这种类型的管子适用于做高频检波和脉冲数字电路里的开关元件,也可用做小电流整流元件。

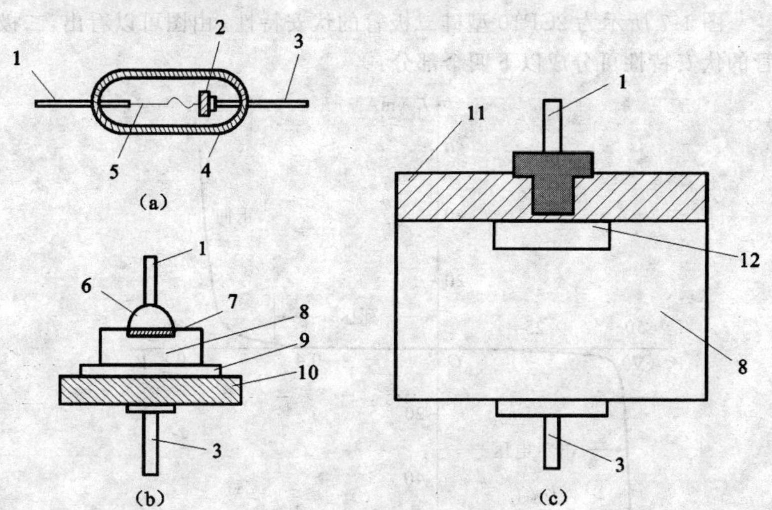

图1-6 二极管的结构

(a)点接触型 (b)面接触型 (c)平面型

1. 阳极引线 2. N型锗片 3. 阴极引线 4. 外壳 5. 金属触丝 6. 铝合金小球 7. PN结 8. N型硅 9. 金锑合金 10. 底座 11. SiO_2保护层 12. P型硅

(2)面接触型二极管(也称面结型二极管)的PN结是用合金法或扩散法做成的,其结构如图1-6(b)所示。由于面接触型二极管的PN结面积大,可承受较大的电流,但极间电容也大。这种类型的管子适用于做整流元件,而不宜用于高频电路中。

(3)平面型二极管的结构如图1-6(c)所示。先在N型硅片的氧化膜上,用光刻的方法刻出一个窗口,然后进行高浓度的硼扩散,获得P型硅。这样,在N型硅和P型硅之间就形成了PN结。表面的一层SiO_2薄膜,起着保护层的作用。这种类型的管子可用作大功率整流管和数字电路中的开关管。

10. 什么是二极管的伏安特性?它有什么特点?

答:二极管的伏安特性是表示二极管两端的电压和流过电流之间关系的曲线。通过实验或查半导体器件手册,都可获得每个二极管的伏安特性。

图1-7所示为2CP10型硅二极管的伏安特性。由图可以看出,二极管的伏安特性可分成以下四个部分:

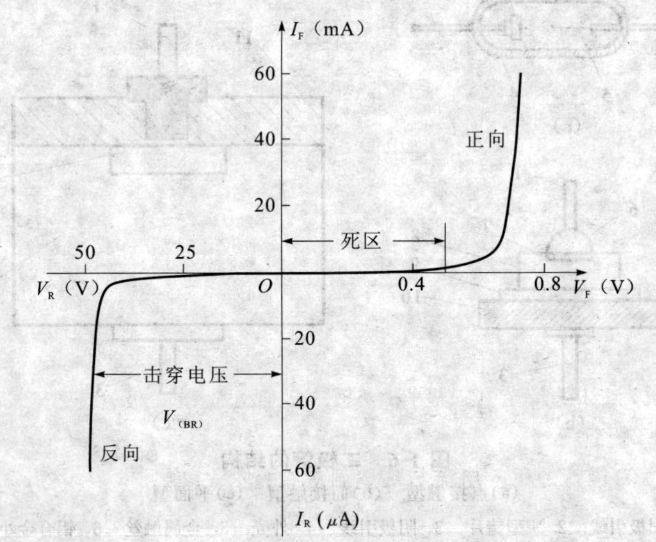

图1-7　2CP10型硅二极管的伏安特性

(1)死区。当二极管的正向电压在0～0.5V时，其正向电流很小，几乎为零，故将伏安特性的这一区域称为死区。电压0.5V称为硅管死区电压(又称门槛电压)。锗管的死区电压约为0.1V。

(2)正向导通区。当二极管的正向电压为0.5～0.7V时，正向电压的一个微小变化，都会引起正向电流的很大变化，这一区域称为二极管的导通区，此时的电压称为导通压降。一般情况下硅二极管的导通压降约为0.7V。锗二极管的导通压降约为0.3V。

(3)反向截止区。当在二极管两端的反向电压为0～－50V时，其反向电流很小，几乎为零，故将伏安特性曲线的这一区域称为反向截止区，反向截止区的范围因管子不同而不同。

(4)反向击穿区。由图可见，当反向电压大于50V时，反向电流突然增大，该区域称为反向击穿区。在该区域二极管失去单向导电性，称为击穿。50V时的反向电压称为二极管的反向击穿电压，该电压因管子不同而不同。二极管被击穿后，一般不能恢复性能，在使用晶体二极管时，反向电压一定要小于反向击穿电压。

11. 二极管有哪些分类方法?

答:二极管有以下几种分类方法:

(1)按材料分为锗材料二极管和硅材料二极管两类。

(2)按结构分为点接触型二极管、面接触型二极管和平面型二极管三类。

(3)按封装形式分为玻璃外壳二极管(小型用)、金属外壳二极管(大型用)、塑料外壳二极管、环氧树脂外壳二极管四类。

(4)按用途分为检波二极管、信号二极管、调整二极管、整流二极管、雪崩整流二极管、半导体整流堆、稳压二极管、开关二极管、发光二极管、激光二极管、光电二极管(光敏二极管)、磁敏二极管、变容二极管和隧道二极管等。

12. 二极管的反向电流与环境温度有什么关系?

答:环境温度增高时，二极管反向电流急剧增加，特别是硅管。如果把室温25℃时硅管的反向电流当做1，则反向电流与环境温度变化的关系见表1-1。

表 1-1 硅二极管反向电流与环境温度的关系

环境温度(℃)	25	55	95	140
反向电流 I_R	1	10	100	1000

13. 整流二极管有哪些主要技术参数？

答:整流二极管的主要技术参数如下：

(1)正向直流电流 I_F。指整流二极管长期运行时，允许通过的最大正向平均电流(直流分量)。

(2)正向直流电压 U_F。指整流二极管通过额定正向直流电流(I_F)时，在管子两极间产生的电压降(平均值)。

(3)反向直流电流 I_R。指整流二极管两端施加规定的反向直流电压(U_R)时，通过管子的反向直流电流。反向直流电流也叫反向漏电流。

(4)反向工作峰值电压 U_{RWM}。指允许长期加在二极管两极间的反向恒定电压值。反向工作峰值电压也叫最高反向工作电压。该值一般是反向击穿电压的一半或三分之二。

(5)反向击穿电压 U_{BR}。指发生反向击穿时的电压值。

(6)正向(不重复)浪涌电流 I_{FSM}。指由于电路异常情况(如故障)引起的，并使结温超过额定结温的不重复性最大过载电流。

(7)反向峰值电流 I_{RM}。指在整流二极管上加反向工作峰值电压时的反向电流值。反向峰值电流大，说明整流二极管的单向导电性能差，并且受温度的影响大。

14. 稳压二极管有哪些主要技术参数？

答:在实际应用中稳压二极管更多地被称为稳压管，在本书的其他章节中，也主要用后者。稳压二极管的主要技术参数如下：

(1)稳定电压 U_Z。指在稳压范围内，通过管子的反向电流为规定值时，在管子两极间产生的电压降。

(2)稳定电流 I_Z。指工作电压等于稳定电压时的工作电流，即为管子的正常工作电流。

(3)最大稳定电流 I_{ZM}。指在最大耗散功率条件下，稳压二极管允许通过的反向电流。

(4)动态电阻 r_Z。指在稳定状态下，稳压二极管两端电压变量与稳压二极管中电流变量的比值。

(5)最大耗散功率 P_{ZM}。指稳压参数变化不超过允许值时，能够耗散的最大功率。它近似等于稳定电压与最大稳定电流的乘积。

(6)电压温度系数 C_{TV}。指稳压管在稳定电流时，环境温度变化 1 ℃ 所引起两端电压的相对变化量。

15. 稳压二极管和光电二极管分别工作在什么区？

答：稳压二极管是一种大面积结构的二极管，工作在伏安特性曲线的反向击穿区，稳压二极管和一个合适的电阻串联，就可以起到稳定电压的作用。

光电二极管是一种能将光能转换为电能的敏感型二极管。在电路中光电二极管两端一般加反向电压。在没有光照时，其反向电阻很大，管子中只有很小的电流；当有光照时，其反向电阻大大减小，而反向电流则随之增加。显然电流的大小和光照强度有关，光照越强，电流也越大。

16. 怎样识别二极管的极性和好坏？

答：利用二极管具有单向导电性的特点，可用万用表判断其正极和负极及其性能的好坏。

(1)判断二极管的正极和负极。将万用表拨到 $R\times100\Omega$ 挡或 $R\times1k\Omega$ 挡，用黑表笔搭在二极管的一端，用红表笔搭在二极管的另一端，测其电阻值；再将黑表笔与红表笔的位置对调，再测其电阻值。若第一次测得的电阻值小于第二次，则第一次测量时，二极管加上正向电压，此时黑表笔搭接的一端为正极；红表笔搭接的一端为负极。

(2)判断二极管性能的好坏。通常，锗材料二极管的正向电阻值为 1kΩ 左右，反向电阻值为 300kΩ 左右；硅材料二极管的正向电阻值为 5kΩ 左右，反向电阻值为无穷大。一般正向电阻值越小越好，反向电阻值越大越好。正反向电阻值相差越悬殊，说明二极管的单向导电特性越好。若测量结果电阻值全为 0，说明二极管被击穿；若测量结果电阻值全为无穷大，说明二极管被烧毁。若测量结果正常，但正反向电阻值的大小差得不大，说明二极管的单向导电性差。

17. 使用普通二极管应注意哪些问题？

答：使用普通二极管应注意：

(1)在电路中应按注明的极性进行连接。

(2)应根据需要正确地选择型号。同一型号的整流二极管方可串联或并联使用。在串联或并联使用时,应视实际情况决定是否需要加入均衡(串联均压、并联均流)装置。

(3)引出线的焊接或弯曲处离管壳的距离不得小于10mm。为防止二极管因焊接时过热而损坏,要使用小功率的电烙铁,焊接时间不应超过2～3s,并在管壳与焊接点之间保证有良好的接触。

(4)应避免靠近发热元件,并保证散热良好。工作在高频或脉冲电路中的二极管,引线要尽量短,不要用长引线或把引线弯成圈来达到散热目的。

(5)不要超过使用说明书中规定的最大允许电流和电压值。额定整流电流指电阻性或电感性负载下的半波平均值。当工作在电容性负载时,额定整流电流应降低20%使用。

(6)对整流二极管,为保证其可靠工作,一般反向电压应降低20%使用。应防止过电压,使用中应结合实际情况加装保护装置。

(7)二极管的替换。硅管与锗管不能互相代用。替换的二极管其最高反向工作电压及最大整流电流不应小于被替换管。根据工作特点,还应考虑截止频率、结电容、开关速度等其他特性。

18. 使用稳压二极管应注意哪些问题?

答:使用稳压二极管应注意:

(1)可将稳压管串联使用,但不应并联使用。

(2)工作过程中,所用稳压管的电流与功率不允许超过极限值。

(3)稳压管电路连接时,应使稳压管工作在反向击穿状态,即工作于稳压区。

(4)稳压管的替换。替换的稳压管的额定稳压值应与原稳压管相同,最大工作电流应与原稳压管相等或比原稳压管更大。

19. 为什么稳压管不要并联使用?

答:同一型号的稳压管的稳压值是不固定的,而且有一定的分散性。例如,2CW55型稳压管的稳压值是6.2～7.5V,这就是说,如果把一个2CW55型稳压管放到电路中,它可能稳压在6.5V,再换另一个

2CW55 型稳压管，它可能稳压在 7.2V。所以，并联后通过每支管子的电流不同，个别管子会因过载而损坏，故不要并联使用。

20. 如何解释稳压管的击穿现象？

答：稳压管的击穿属于电击穿，击穿的原因有齐纳击穿和雪崩击穿两种。齐纳击穿的理论是当半导体中的电场强度足够大时，它可以把电子从共价键中拉出来，产生电子空穴对（其效果和温度升高相仿），由于这时载流子突然增多，所以出现击穿的现象。雪崩击穿的理论是当电场强度增加时，载流子所获得的能量也比以前大，于是可能和晶体结构中的外层电子碰撞使其脱离原子的束缚，而被撞出来的载流子在得到一部分能量之后又可以去碰撞其他的外层电子，这就造成了载流子突然剧增的现象。

实验证明：对于硅稳压二极管来说，空间电荷区比较窄（稳压值比较低），稳压值小于 4V 的管子被击穿属于齐纳击穿；空间电荷区较宽，稳压值大于 7V 的管子被击穿属于雪崩击穿；稳压值在 4～7V 的管子两种击穿情况都存在。

21. 要使稳压性能好，稳压管的工作电流是大一些好还是小一些好？

答：稳压管的动态电阻 r_Z 越小，稳压效果就越好。动态电阻与稳压管的额定电压和工作电流都有关。一般稳定电压为 7V 左右的稳压管，其动态电阻最小，如 2CW106（即 2CW21D）型（7～8.8V）的动态电阻最小，约为 5Ω。同一型号的管子，当工作电流加大时，动态电阻也要减小一些。图 1-8 中曲线 3 所示为 2DW7C 型稳压管动态电阻和工作电流的关系曲线，从图中可以看出，当工作电流是 5mA 时动态电阻为 18Ω；10mA 时为 8Ω；20mA 时降为 2Ω，以后工作电流再降低，动态电阻基本保持不变。因此，为了使稳压管稳压效果好，可适当把工作电流加大一些。但也不能太大，否则将使管子的损耗增加，导致过热而失效。

22. 要使稳压性能好，稳压管的温度系数是大一些好还是小一些好？

答：稳压管的温度系数是说明稳定值受温度变化影响的系数。例如 2CW20 型稳压管的温度系数是＋0.095％/℃，即温度每升高 1 ℃，它的稳压值将升高 0.095％。若 $V_Z=7V$，则环境温度每升高 1 ℃，稳定电压将增加 $\Delta V_Z=0.095\%\times 7V=0.00665V=6.65mV$。

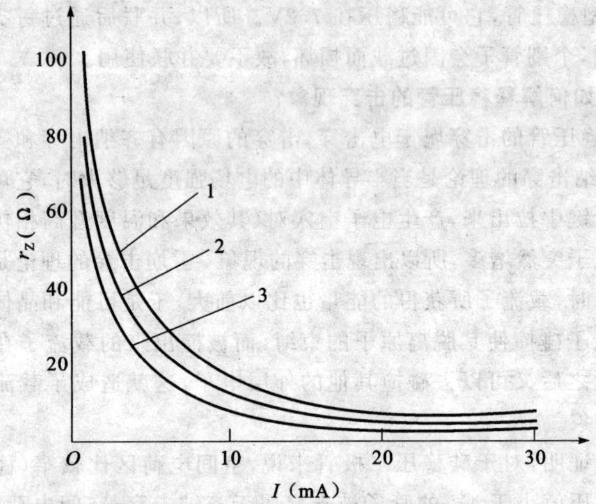

图 1-8　稳压管的动态电阻和工作电流的关系曲线

1. 2DW7A 型　2. 2DW7B 型　3. 2DW7C 型

一般来说，低于 6V 的稳压管，它的温度系数是负值（这是齐纳击穿效应的特点）；高于 6V 的稳压管，它的温度系数是正值（这是雪崩击穿效应的特点）；而在 6V 左右的管子，稳压值受温度的影响就比较小。因此在要求稳定度比较高的电路中，一般选 6V 左右的稳压管；在要求更高的电路中，还用两个温度系数相反的管子串联使用，以相互抵消温度系数的影响（如 2DW7 型）。

23. 什么是单结晶体管？结构是怎样的？有何特点？

答：单结晶体管又叫双基极二极管，它有三个极，分别称为发射极 e，第一基极 b_1，第二基极 b_2。把一片 N 型硅片焊在一个开缝的镀金陶瓷基片上，缝隙宽度大约是 0.25mm，形成两个基极 b_1、b_2。在硅片另一侧不对称地用合金烧结法烧上一根铝质电极，就是发射极 e，如图 1-9 所示。在铝质电极（P 型杂质）与 N 型硅片交界处形成一

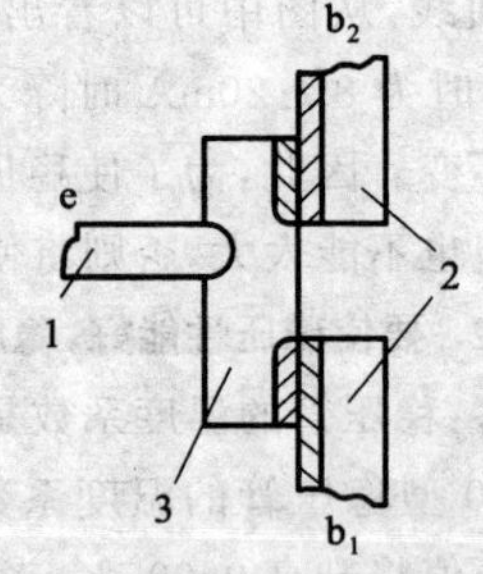

图 1-9　单结晶体管结构示意图

1. 铝　2. 镀金陶瓷片　3. N 型硅片

个 PN 结，所以当两个基极 b_1、b_2 之间没有外加电压时，发射极对基极表现出二极管的单向导电性。

在 b_1、b_2 之间加上正电压后，即 b_2 接正，b_1 接负，e 与 b_1 之间呈高电阻特性。但是当 e 的电位达到 b_1、b_2 间电压的某一百分数时，e、b_1 之间立刻变成低电阻，这就是单结晶体管最基本的特点。

24. 怎样识别单结晶体管的管脚？

答：常用的单结晶体管如图 1-10 所示。如果不知道管子的型号，可用万用表来判别 e、b_1、b_2 三个管脚，方法如下：

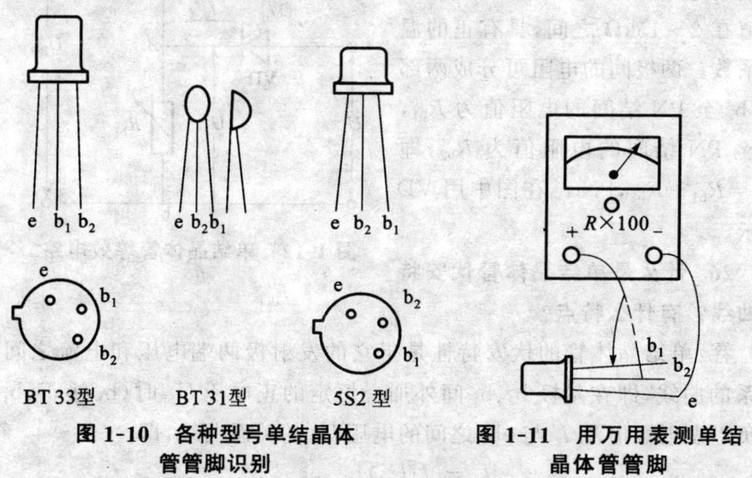

图 1-10 各种型号单结晶体管管脚识别

图 1-11 用万用表测单结晶体管管脚

(1)e 对 b_1，像一个二极管，即用万用表负表笔接 e，正表笔接 b_1，测得的电阻值小，如图 1-11 所示，反过来电阻值大。

(2)e 对 b_2，也像一个二极管，情况同上。

(3)b_1 与 b_2 之间相当于一个固定电阻，表笔正、反向测得的电阻值不变。不同的管子此电阻值是不同的，一般在 2～15kΩ 范围内。利用以上测量结果就可找出发射极 e。

如何区分 b_1、b_2 呢？

按一般经验，可以用比较 e 对 b_1、b_2 两基极间正向电阻值的微小差别来确定。单结晶体管的分压比 η 与发射极铝棒的位置有关，因为铝棒靠近 b_2，一般情况 $\eta>0.5$。用万用表的 $R\times100\Omega$ 电阻挡来测量，e 对 b_1

的正向电阻值比 e 对 b_2 的正向电阻值稍大一些，用这种方法区别 b_1 和 b_2。

如果测量时 e 和 b_1、b_2 间没有二极管特性，或 b_1、b_2 之间的电阻值比 2～15kΩ 大很多或小得多，说明管子已损坏或不合格。

25. 单结晶体管的等效电路如何表示？

答：单结晶体管的等效电路如图 1-12 所示。存在于基极 b_1 和 b_2 之间的电阻是硅片本身的电阻，其阻值在 2～15kΩ 之间，具有正的温度系数。两极间的电阻可分成两部分，b_1 至 PN 结间的电阻值为 R_{b1}，b_2 至 PN 结间的电阻值为 R_{b2}，即 $R_{bb}=R_{b1}+R_{b2}$，PN 结在图中用 VD 表示。

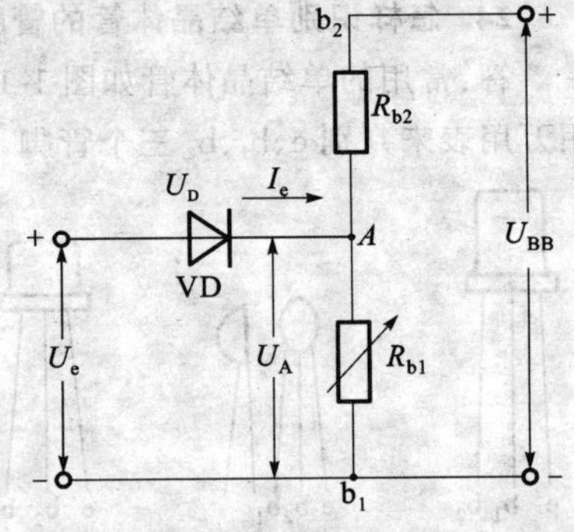

图 1-12　单结晶体管等效电路

26. 什么是单结晶体管伏安特性曲线？有什么特点？

答：单结晶体管的伏安特性是指它的发射极两端电压和电流之间关系的曲线，即在基极 b_2、b_1 间外加一恒定的正电压 U_{BB}时（b_2 接正，b_1 接负），发射极电流 I_e 与 eb_1 之间的电压 U_e 的关系曲线，即

$$I_e = f(U_e)|_{U_{BB}=常数}$$

单结晶体管的伏安特性如图 1-13 所示。其特点如下：

(1)只有当单结晶体管的发射极电压 U_e 大于某一电压（称为峰点电压）时，单结晶体管 eb_1 间才导通。峰点电压 $U_P=\eta U_{BB}+U_D\approx\eta U_{BB}$，$\eta$ 称为分压比（或称分压系数），它与管子的结构有关。当 $U_e<U_p$ 时，单结晶体管 eb_1 间处于截止状态，对应于这一段特性称为截止区；当 $U_e\geqslant U_p$ 时，单结晶体管处于导通状态。对应于峰点电压的电流称为峰点电流 I_p。

(2)峰点电压 U_p 不是固定值，它与单结晶体管分压比 η 及外加电压 U_{BB}有关。η 大则 U_p 大；U_{BB}大，则 U_p 也大。U_p 值还受温度影响。

(3)单结晶体管 eb_1 间具有负阻特性。当 U_e 超过 U_p 后，继续增大电

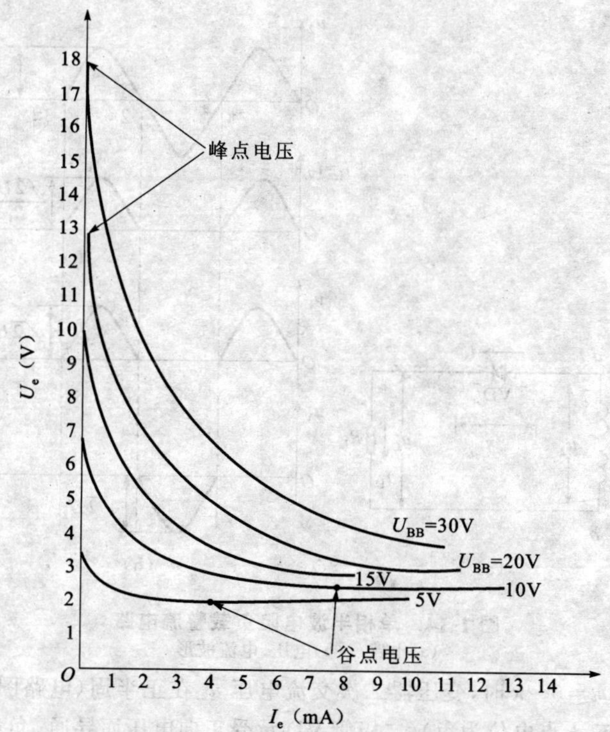

图 1-13 单结晶体管的伏安特性曲线

源电压，当 I_e 增加时，U_e 反而减小，即 $\Delta U_e/\Delta I_e$ 为负值，一直达到电压的最低点。这种负阻特性，是由器件内部的正反馈而形成的。对应于负阻特性的区域称为负阻区。电压的最低点称为谷点电压 U_v，对应的电流称为谷点电流 I_v。

(4)单结晶体管导通后，当发射极电压减小到 $U_e<U_v$ 时，单结晶体管由导通恢复到截止状态。一般 $U_v=2\sim5V$。

27. 用二极管组成的整流电路有哪几种主要类型？各有什么特点？

答：整流是利用二极管的单向导电性，将交流电能转换成直流电能的过程。由大功率二极管组成的整流电路主要有：

(1)单相半波电阻负载整流电路。电路和波形如图 1-14 所示。

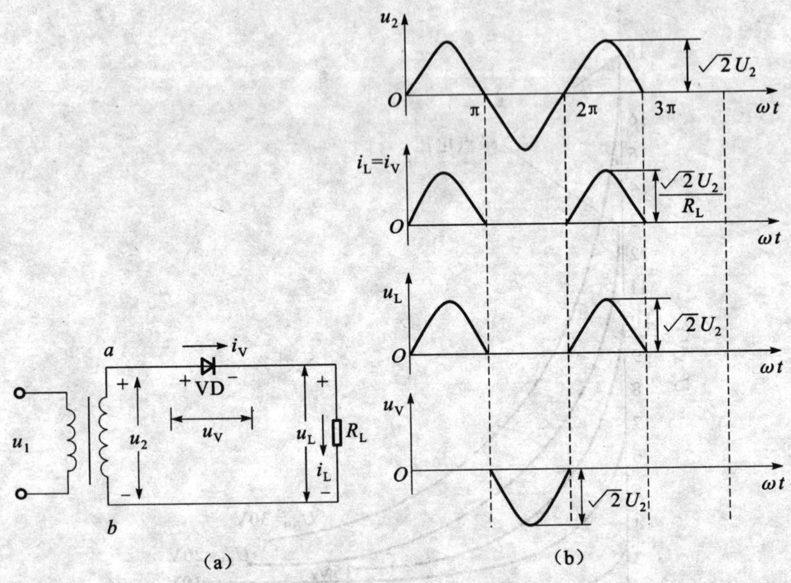

图 1-14 单相半波电阻负载整流电路

(a)电路 (b)电压、电流波形

当 $\omega t=0\sim\pi$ 时,变压器二次交流电压 u_2 在正半周(电路图中 a 点电位为正,b 点电位为负),二极管 VD 承受正向电压而导通。负载 R_L 上有电流 i_L 通过,方向自上至下,此时 R_L 两端电压近似等于变压器二次电压 u_2。

当 $\omega t=\pi\sim 2\pi$ 时,u_2 在负半周(电路图中 a 点电位为负,b 点电位为正),二极管 VD 承受反向电压而截止,负载电压 $u_L=0$,因此 u_2 全部降落在晶体二极管两端。

在整个周期内,整流元件 VD 只有一半时间导通,所以负载上电流只有一个方向,即为单方向脉动电流,它的平均值就是输出的直流电流。

(2)单相全波电阻负载整流电路。电路和波形如图 1-15 所示。

该电路由两个交替工作的单相半波整流电路组成。变压器二次侧有中心抽头 0 点,因此获得两部分交流电压,其大小相等而相位相反。二极管 VD_1、VD_2 轮流导通,导通角各为 180°,所以无论哪一个管子导

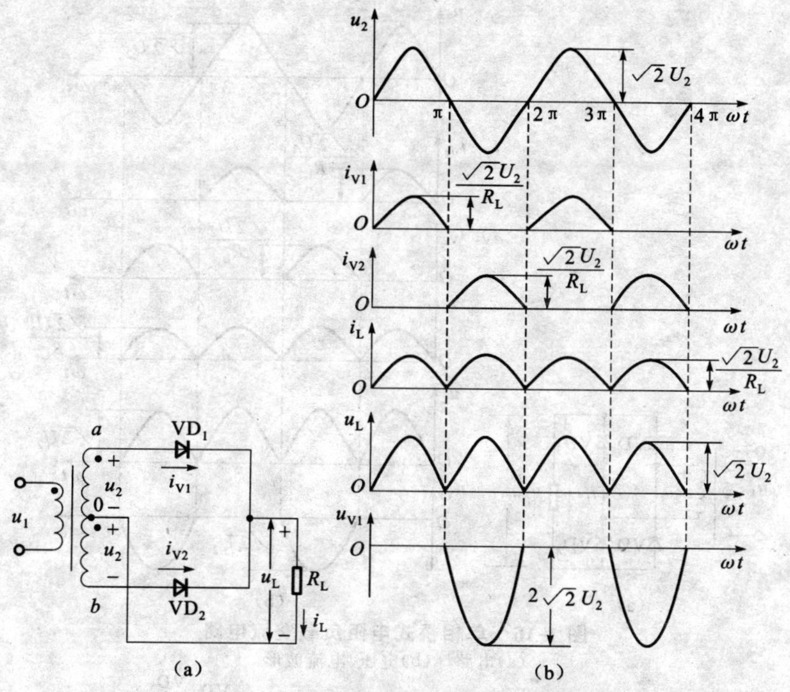

图 1-15 单相全波电阻负载整流电路

(a)电路 (b)电压、电流波形

通，负载 R_L 上的电流总是自上而下。

(3)单相桥式电阻负载整流电路。电路和波形如图 1-16 所示。

它由四个二极管组成桥式电路。其中 VD_1 和 VD_3 组成共阴极组；VD_2 和 VD_4 组成共阳极组。共阴极组二极管导通的条件为阳极电位最高的管子导通；共阳极组二极管导通的条件为阴极电位最低的管子导通。因此当交流电源 u_2 在正半周时，VD_1、VD_4 串联导通；当交流电源 u_2 在负半周时，VD_3、VD_2 串联导通，每个管子的导通角仍为 180°。这种电路虽然所用的二极管较多，但变压器利用率较高，且整流元件承受的反向电压峰值较低，因此在小功率单相整流电路中是最常用的。

(4)多相电阻负载整流电路。电路如图 1-17 所示。

多相电阻负载整流电路具有三相负载平衡，输出电压脉动成分少，

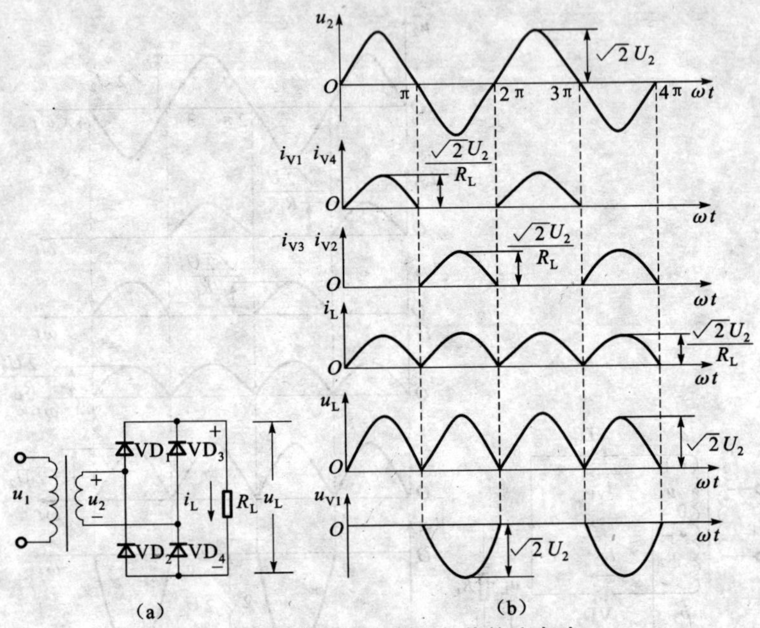

图 1-16 单相桥式电阻负载整流电路

(a)电路 (b)电压、电流波形

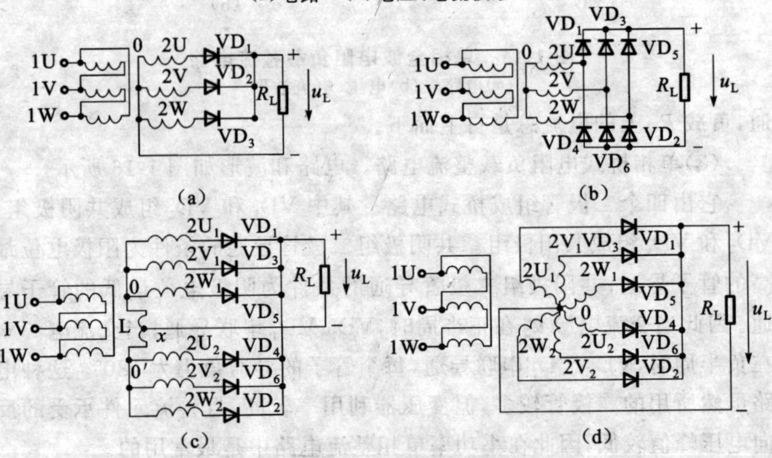

图 1-17 多相电阻负载整流电路

(a)三相半波 (b)三相桥式

(c)带平衡电抗器的双反星形式 (d)六相半波(三相全波)

变压器利用率高等优点，因而在大功率整流电路和要求脉动量小的小功率整流电路中广泛采用。

28. 小功率滤波电路有哪几种类型？各有什么特点？参数关系如何？

答：常用小功率滤波电路有电容滤波、倒 L 型滤波、阻容滤波、π 型滤波等几种类型。它们的特点和参数见表 1-2。

表 1-2 常用小功率滤波电路的比较和参数

名称	电容滤波	倒 L 型滤波	阻容滤波	π 型滤波
电路	整流电路 C 负载	L 整流电路 C 负载	R 整流电路 C C 负载	L 整流电路 C C 负载
滤波效果	当 R_L 大时 较好 当 R_L 小时 较差	较好	当 R_L 大时 好 当 R_L 小时 较差	好
输出电压	高	低	较高	高
输出电流	较小	大	小	较小
负载特性	差	较好	差	差
适用场合	负载电流小，平滑要求一般	负载电流大，平滑要求较高	负载电流小，平滑要求高	负载电流稍大，平滑要求高

29. 普通稳压二极管构成稳压电源的应用电路是怎样的？

答：普通稳压二极管构成稳压电源的应用电路如图 1-18 所示。图 1-18(a)为简单稳压电路，R 为稳压电阻，它可以限制稳压管中的电流不致超过允许值。这种电路应用在稳压精度要求不高，负载电流变化不大的场合比较合适。图 1-18(b)为带放大器的反馈式串联稳压电路，R_1 为整流滤波电路的输出电阻，VT_1 为调整管，VT_2 为单管直流放大器，R_2 既是它的集电极电阻，又是 VT_1 的基极偏流电阻；稳压管 VS 和电阻 R_3 提供基准电压 U_Z，RP 组成分压器，用来反映输出电压的变化，称为取样电路。这个稳压电路的主回路是调整管 VT_1 与负载串联而构成的，故称为串联式稳压电路。

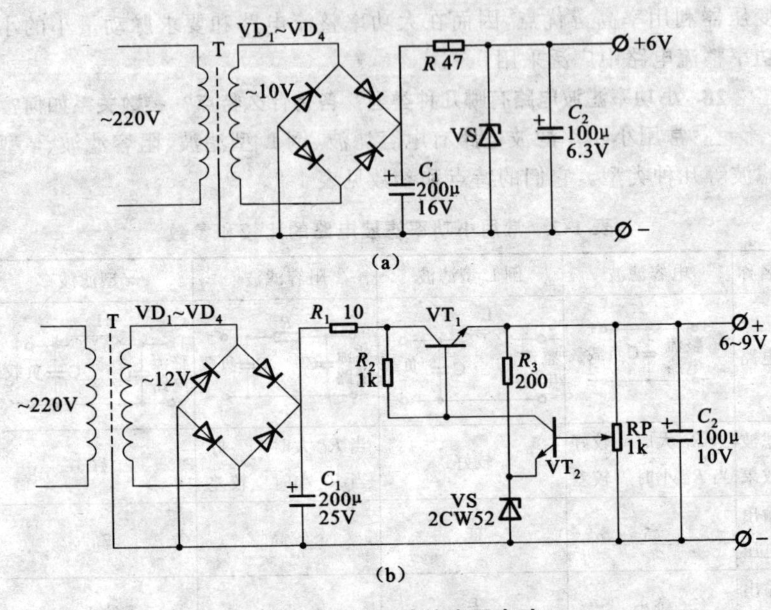

图 1-18 稳压管的应用电路

(a)简单稳压电路 (b)带放大器的反馈式串联稳压电路

30. 稳压管用于测量比较电路的应用电路是怎样的？

答：稳压管不仅可用于稳定供电电压，还可以当做测量比较元件。图 1-19(a)所示为用一只稳压管的测量电路。当输入电压 U_i 小于稳压值 U_z 时，稳压管不通，回路中没有电流通过，故电阻 R 上的输出电压 U_o 为零。当 $U_i > U_z$ 后，稳压管导通，有一个大小等于 $U_i - U_z$ 的电压在电阻 R 上输出，输出电压随输入电压上升而上升。该电路的输入输出关系如图 1-19(b)所示。这种电路的缺点是，开始有输出时的电压值受稳压管在小电流下特性不陡的影响。

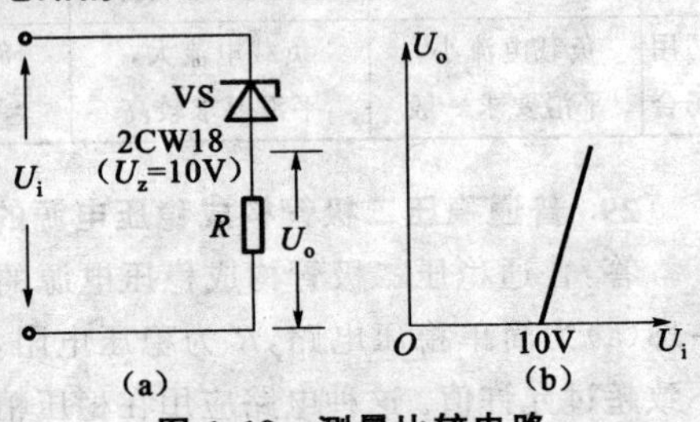

图 1-19 测量比较电路

(a)电路原理图 (b)输入与输出关系

图 1-20(a)所示是由两个稳压管组成的桥式测量电路。它的特点是:

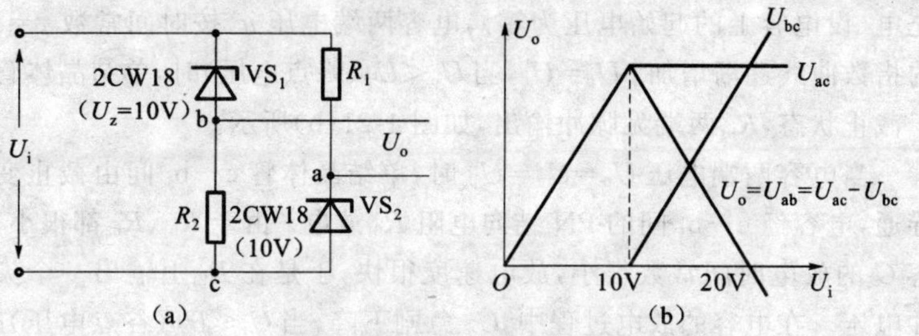

图 1-20 桥式测量电路

(a)电路原理图 (b)输入与输出关系

当输入电压 U_i 等于两稳压管稳压值之和时,输出电压为零;当 U_i 小于这一数值时,U_o 为正;当 U_i 大于这一数值时,U_o 为负。例如,两稳压管的稳压值均是 10V,当 $U_i=20V$ 时,$U_o=0$;当 U_i 小于 20V 时,U_o 为正;当 U_i 大于 20V 时,U_o 为负。该电路的输入输出关系如图 1-20(b)所示。由于 $U_o=0$ 时稳压管工作在较大的电流,所以双管桥式测量电路性能比单管式优越。这种测量比较电路在反馈、自动控制系统中用得很广泛。

31. 单结晶体管振荡电路是怎样的?

答:利用单结晶体管的负阻特性和 RC 电路的充放电特性,可组成非正弦波振荡电路,产生频率可变的脉冲,基本电路如图 1-21 所示。

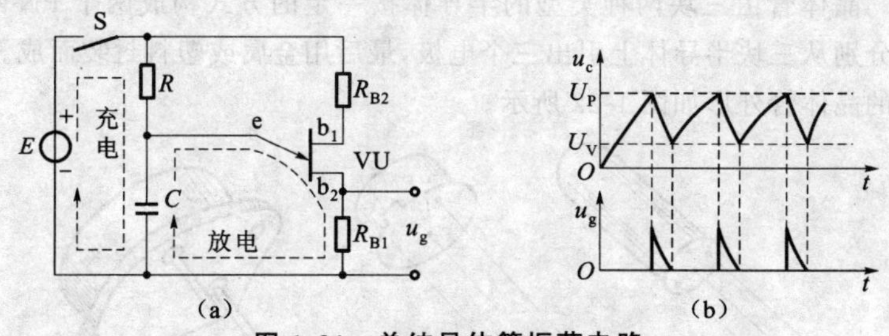

图 1-21 单结晶体管振荡电路

(a)电路图 (b)波形图

该电路由单结晶体管 VU 和 RC 回路组成,从 R_{B1} 两端输出脉冲 u_g,R_{B2} 为温度补偿电阻。振荡电路的工作原理如下:合上开关 S 后,电源

E 通过 R_{B1}、R_{B2}加于单结晶体管 b_1、b_2 上，同时又通过电阻 R 向电容 C 充电（设电容上的起始电压为零），电容两端电压 u_c 按时间常数 $\tau=RC$ 的指数曲线逐渐增加。$U_c=U_e$，当 $U_e<U_P$（峰点电压）时，单结晶体管处于截止状态，R_{B1}两端无脉冲输出，如图 1-21(b)所示。

当电容两端电压 $U_c=U_e=U_P$ 时，单结晶体管 $e-b_1$ 间由截止变为导通，电容经 $e-b_1$ 间的 PN 结向电阻 R_{B1}放电。由于 R_{B1}、R_{B2}都很小，电容 C 的放电时间常数很小，放电速度很快，于是在 R_{B1}上输出一个尖脉冲电压。在电容的放电过程中，U_e 急剧下降，当 $U_e\leqslant U_V$（谷点电压）时，单结晶体管便跳变到截止区，输出电压 u_g 降到零，即完成一次振荡。

放电一结束，电容又开始重新充电并重复上述过程，结果在电容 C 上形成锯齿波电压，而在电阻 R_{B1}上得到一个周期性的尖脉冲输出电压，如图 1-21(b)所示。

（三）晶 体 管

32. 什么是晶体管？

答：晶体管又称半导体三极管，亦称双极型晶体管。由于它具有电流放大和开关两个功能，所以它的应用几乎遍及每一个电子领域，广泛用于电信号的放大、振荡以及脉冲技术和数字技术中。

晶体管由三块两种类型的半导体按一定的方式构成两个 PN 结，并分别从三块半导体上引出三个电极，最后用金属或塑料封装而成。常见的晶体管外形如图 1-22 所示。

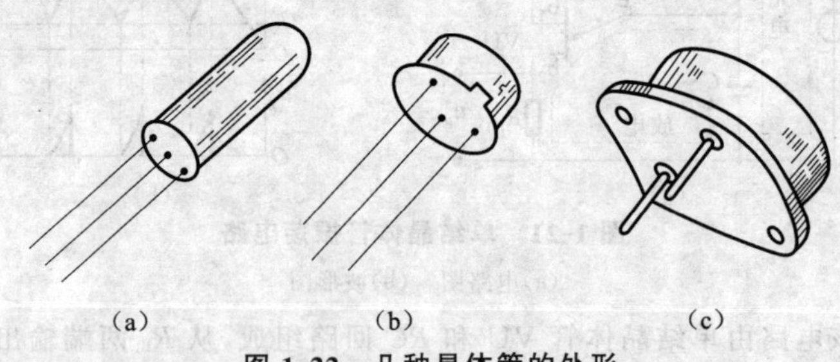

图 1-22　几种晶体管的外形

(a)3AX22 型　(b)3DG6 型　(c)3AD6 型

33. 晶体管有哪几种结构类型？

答：根据三块半导体组合方式的不同，晶体管可分为 NPN 型和 PNP 型两种结构类型。

(1)NPN 型晶体管。结构如图 1-23(a)所示。它是由三层半导体制成的。它的中间是一块很薄的 P 型半导体(几微米～几十微米)，两边各为一块 N 型半导体。从三块半导体上各自接出一根引线构成三极管的三个电极，分别称为发射极 e、基极 b 和集电极 c，其对应的半导体分别称为发射区、基区和集电区。

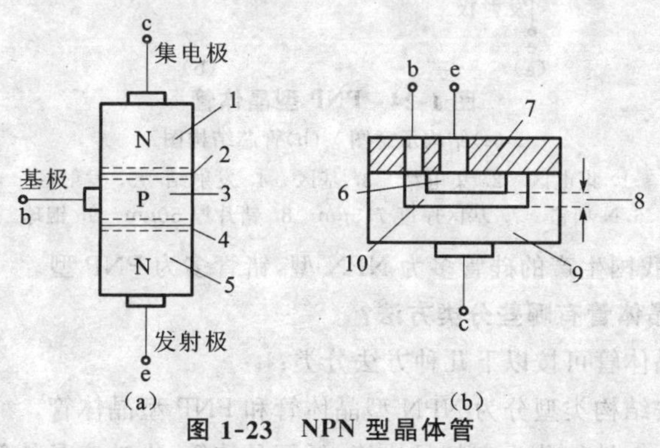

图 1-23 NPN 型晶体管

(a)结构示意图 (b)管芯结构图

1. 集电区 2. 集电结 3. 基区 4. 发射结 5. 发射区 6. N 型硅 7. 二氧化硅保护膜 8. 基区厚度 1μm 左右 9. N 型硅 10. P 型硅

晶体管有两个 PN 结：发射区与基区交界处的 PN 结称为发射结；集电区与基区交界处的 PN 结称为集电结。两个 PN 结通过很薄的基区联系着。图 1-23(b)所示是硅平面管的管芯结构图，它是在 N 型硅片氧化膜上光刻一个窗口，进行硼杂质扩散，获得 P 型基区，经氧化膜掩护后再在 P 型半导体上光刻一窗口，进行高浓度的磷扩散，获得 N 型发射区，表面是一层二氧化硅保护层，N 型底片则用做集电极。

(2)PNP 型晶体管。其结构如图 1-24(a)所示。它也是由两个 PN 结的三层半导体制成的。不过在这种类型的晶体管中，中间是 N 型半导体，两边是 P 型半导体。它是在很薄的 N 型锗片两边分别烧结两个 PN 结，浓度大的 P 型区做发射极，另一个 P 型区做集电极，很薄的 N 型区为基极。图 1-24(b)是 PNP 型晶体管的管芯结构图。

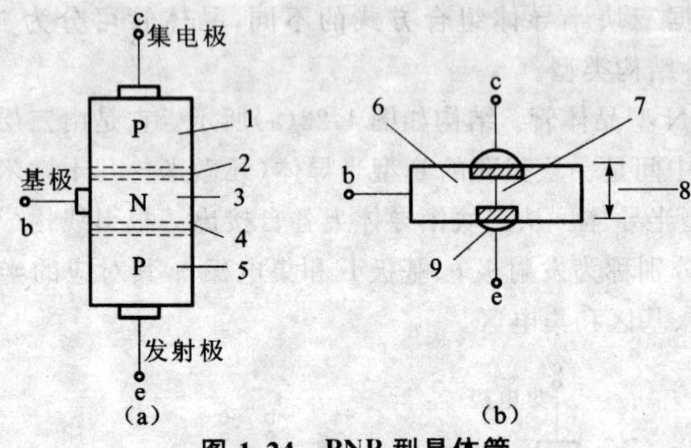

图 1-24 PNP 型晶体管

(a)结构示意图 (b)管芯结构图

1. 集电区 2. 集电结 3. 基区 4. 发射结 5. 发射区
6. N 型锗 7. 基区厚度 7.5μm 8. 锗片厚 50μm 9. 铟球

目前我国生产的硅管多为 NPN 型,锗管多为 PNP 型。

34. 晶体管有哪些分类方法?

答:晶体管可按以下几种方法分类:

(1)按结构类型分为 NPN 型晶体管和 PNP 型晶体管。

(2)按电性能分为高频晶体管、低频晶体管;大功率晶体管、中功率晶体管、小功率晶体管;开关晶体管;高反压晶体管;低噪声晶体管等。

(3)按工艺方法和管芯结构分为合金晶体管(均匀基区晶体管);合金扩散晶体管;台面晶体管;平面晶体管、外延平面晶体管;漂移型晶体管等。

35. 晶体管的电流放大条件是什么?它的电流放大作用是指什么?

答:不论是 NPN 型管还是 PNP 型管,能够具备电流放大作用的条件是,在发射结两端加正向偏置电压,在集电结两端加反向偏置电压。以 NPN 型管为例,在此条件满足时,从发射区发射的电子进入基区,其中的很小部分与基区的空穴复合,形成基极电流 I_b,因为基区既薄且掺杂浓度低(即空穴数少),所以复合占的比例极小,绝大部分电子则继续向集电区扩散,被集电极收集形成集电极电流 I_c。因此三个电极电流分配关系为 $I_e=I_b+I_c$,且 $I_c \gg I_b$。I_c 与 I_b 之比值 $I_c/I_b=h_{FE}$,它是由管子结构决定的常数，称为直流放大系数。由于 I_b 变化时 I_c 亦相应变化，所以晶体管实质上是一个电流控制元件，即用较小的基极电流控制较大的集电极电流。

36. 什么是晶体管共射极输入特性曲线？有什么特点？

答：晶体管共射极输入特性是指当集电极与发射极之间的电压 U_{ce} 为某一常数时，输入回路中加在管子基极与发射极之间的电压 U_{be} 与基极电流 I_b 之间的关系曲线，用函数关系表示为

$$I_b = f(U_{be})|_{U_{ce}=\text{常数}}$$

图 1-25(a)所示是 3DG6 型硅晶体管共射极输入特性曲线；图 1-25(b)所示是 3AX22 型锗低频晶体管共射极输入特性曲线。和硅管输入特性相比，锗管在较小的 $|U_{be}|$ 值下，就可达到较大的 I_b 值。

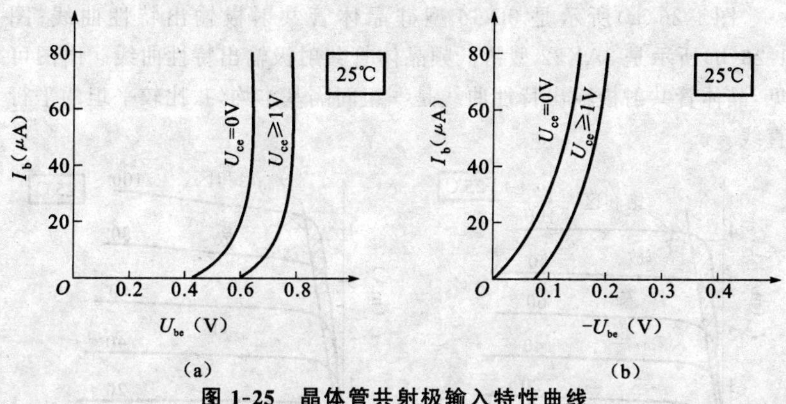

图 1-25 晶体管共射极输入特性曲线

(a)3DG6 型 (b)3AX22 型

在图 1-25 中，比较 $U_{ce}=1\text{V}$ 和 $U_{ce}=0\text{V}$ 的两条输入特性曲线可见，$U_{ce}=1\text{V}$ 的特性曲线向右移动了一段距离。这是由于当 $U_{ce}=1\text{V}$ 时集电结加了反向电压，集电结吸引电子的能力加强，使得从发射区进入基区的电子更多地流向集电区，因此对应于相同的 U_{be}，流向基极的电流 I_b 比原来 $U_{ce}=0$ 时减小了，特性曲线也就相应地向右移动了。

$U_{ce}>1\text{V}$ 的输入特性曲线可按上面方法求得。严格说来，U_{ce} 不同，所得的输入特性曲线应有所不同，但实际上 $U_{ce}>1\text{V}$ 的输入特性曲线与 $U_{ce}=1\text{V}$ 的输入特性曲线非常接近。因为当 $U_{ce}>1\text{V}$ 以后，只要 U_{be}

保持不变，则从发射区发射到基区的电子一定，而当集电结所加的反向电压大于1V时，已有能力把这些电子中的绝大部分拉到集电结来，以至U_{ce}再增加，I_b也不再明显减小，故$U_{ce}>1V$后的所有输入特性曲线基本重合，所以通常只要画出$U_{ce}>1V$的输入特性曲线，就可代表$U_{ce}>1V$以后所有电压下的特性曲线了。因为在实际使用中，U_{ce}总是大于1V，所以用得较多的还是$U_{ce}>1V$的那条特性曲线。

37. 什么是晶体管共射极输出特性曲线？有什么特点？

答：晶体管共射极输出特性是指在基极电流I_b一定的情况下，集电极与发射极之间的电压U_{ce}与集电极电流I_c之间的关系曲线。用函数表示为

$$I_c = f(U_{ce})|_{I_b=常数}$$

图1-26(a)所示是3DG6型硅晶体管共射极输出特性曲线；图1-26(b)所示是3AX22型锗低频晶体管共射极输出特性曲线。由图可见，晶体管共射极输出特性曲线是一组间隔基本均匀、比较平坦的平行直线。

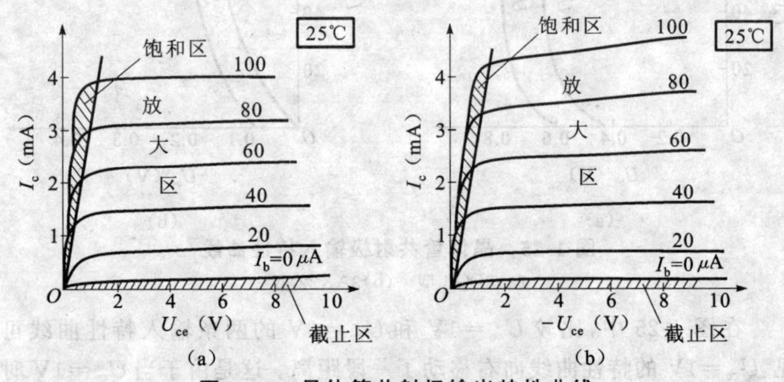

图1-26 晶体管共射极输出特性曲线

(a)3DG6型 (b)3AX22型

根据晶体管工作状态不同，可把输出特性曲线分为三个区。

(1)截止区。对于NPN硅管来说，当基极电压低于发射极电压即$U_b<U_e$(或$U_{be}<0$)时，发射区基本上没有电子注入基区，则$I_b=0$，对应的集电极电流也接近于零($I_c\approx0$)。从特性曲线上来看，$I_b=0$的那条特

性曲线以下的区域称为截止区。这时由于分子的热运动,集电极回路实际上仍然有很小的电流 I_{ceo} 流过,称为穿透电流。硅管的穿透电流一般是很小的,常温时约在几微安以下,所以特性曲线上都不画出;锗管的穿透电流则较大,约为几十至几百微安。截止区的特点是晶体管的发射结和集电结都处于反向偏置,基本上失去了电流放大作用,集电极与发射极之间相当于开关的断开状态。

(2)放大区。当 $U_{be}>0$,而集电结加有一定的反向电压时,发射区发射的电子大部分被集电极所收集,则 $I_c \approx I_e$,I_b 占的比例很小。I_b 改变时,I_c 随着它改变但和 U_{ce} 的大小基本无关,而且 I_c 的变化比 I_b 的变化大得多,这就是电流的放大作用。在特性曲线上晶体管能够发挥其电流放大作用的区域,就称为放大区。放大区的特点是发射结处于正向偏置而集电结处于反向偏置。

(3)饱和区。它的确切区域不容易从输出特性曲线上看出,它比较接近特性曲线左侧 I_c 近乎直线上升的部分。当 $U_{ce}=U_{be}$ 时的状态称为临界饱和,当 $U_{ce}<U_{be}$ 时的状态称为饱和。此时 $U_b>U_c$,$U_b>U_e$,即集电结和发射结都处于正向偏置。集电极和发射极之间相当于开关的闭合状态。

总之,晶体管工作在放大区时,具有电流放大作用;工作在截止区和饱和区时,具有开关作用。认识这一点,对于正确使用晶体管有重要意义。

38. 什么是晶体管的电流放大系数?其含义如何?

答:在共射极电路中,直流电流放大系数 h_{FE} 定义为

$$h_{FE}=\frac{I_c-I_{ceo}}{I_b}$$

如 $I_c \gg I_{ceo}$,则可认为

$$h_{FE}\approx\frac{I_c}{I_b}$$

在共射极电路中,交流电流放大系数 β 定义为

$$\beta=\frac{\Delta I_c}{\Delta I_b}$$

在晶体管的输出特性曲线间距基本相等并忽略不计 I_{ceo} 的情况下,

则 h_{FE} 和 β 是相等的。在一般工程估算中，可利用参数测试仪测出 β，也可在特性曲线的线性范围内取一个 ΔI_b 及相应的 ΔI_c 来估算 β。一般在工作电流不十分大的情况下，可以认为 $\beta = h_{FE}$，故两者常混用。

在共基极接法的电路中，也有直流放大系数 h_{FB} 和交流放大系数 α 的区别。其定义与共发射极接法时相似。即

$$h_{FB} = \frac{I_c}{I_e}$$

$$\alpha = \frac{\Delta I_c}{\Delta I_e}$$

在了解电流放大系数时，应注意：

(1)α 和 β 是从交流和直流两个方面说明同一个管子的放大性能，两者关系为

$$\beta = \frac{\alpha}{1-\alpha} \approx \frac{1}{1-\alpha} \quad (\text{因为}\ \alpha = 0.9 \sim 0.995 \approx 1)$$

或

$$\alpha = \frac{\beta}{1+\beta}$$

(2)β 值小放大作用差，β 值大放大作用强，但 β 值不能太大，太大容易使管子性能不稳定，一般放大器采用 $\beta = 30 \sim 80$ 的晶体管为宜。

(3)α 和 β 一般是在 1kHz 时测量的数据，它们只能表明管子的低频放大能力。当频率超过一定范围，α、β 的值均要下降。管子的高频放大能力还要看其频率性能是否好。

39. 什么是晶体管的极间反向电流？其含义如何？

答：(1)集电极-基极反向饱和电流 I_{cbo}，表示发射极开路时在集电极和基极间加上一定反向电压后的集电极电流。一般 I_{cbo} 的值很小，小功率锗管的 I_{cbo} 约为 10μA，小功率硅管的 I_{cbo} 则小于 1μA。I_{cbo} 的大小标志集电结单向导电性的优劣，显然 I_{cbo} 越小越好。因 I_{cbo} 是随温度增加而增加的，因此在温度变化范围大的环境中使用的晶体管应选用硅管。

(2)集电极-发射极反向饱和电流 I_{ceo}，表示基极开路时在集电极和发射极间加上一定反向电压后的集电极电流。由于这个电流从集电区穿过基区流至发射区，所以又叫穿透电流。

根据晶体管发射极电流的分配原则，有 $I_e = I_c + I_b = \beta I_b + I_b = (\beta +$

1)I_b，也就是说，为了与基区中的每一个空穴复合，发射极必须流出(β+1)那样多的电子才行。同样为了和I_{cbo}(由空穴流形成)在基区复合，发射极的电流(由电子流形成)必须是I_{cbo}的(β+1)倍。又因为$I_b=0$，则此时集电极的电流I_{ceo}即上面所说的发射极电流，所以有以下关系：

$$I_{ceo}=(\beta+1)I_{cbo}$$

需要指出的是，晶体管产品手册中所给出的以上三个参数，经常不符合上式的规律。这是因为在穿透电流附近的β值往往比较小，而所给出的则是在工作电流附近的β值，它要比前者大得多。

在实际应用中I_{ceo}的值也是越小越好。当I_{ceo}的值逐渐增大时，就意味着管子已临近使用的期限，应该考虑更换。

40. 什么是晶体管的极限参数？有什么意义？

答：(1)集电极最大允许电流I_{CM}，指当晶体管的参数变化不超过允许值时集电极允许的最大电流。一般I_{CM}是指当β值降至正常值的2/3时所对应的集电极电流值。由此可见管子实际工作电流并不是绝对不能超过I_{CM}，只要$P_C<P_{CM}$即可。不过I_C超过I_{CM}后，管子放大系数大大降低了。

(2)集电极最大允许功率损耗P_{CM}，指当晶体管参数的变化不超过规定的允许值时，集电极耗散的最大功率。小功率管的$P_{CM}<1W$，大功率管的$P_{CM}\geq 1W$。在实际应用中，耗散功率必须小于P_{CM}管子才能正常工作。一般管子耗散功率按其集电极-发射极直流电压和集电极直流电流的乘积计算，即$P_c=U_{ce}\times I_c$；当管子工作在开关状态或非甲类放大(在电压放大器中，输入信号在整个周期内都有电流流过晶体管，这种工作方式称为甲类放大)时，按其集电极平均耗散功率计算。当管子加装散热片时可大大提高P_{CM}的值，而且散热片面积越大P_{CM}的值也越大。

41. 什么是晶体管的反向击穿电压？有什么意义？

答：晶体管的两个PN结，当反向电压超过允许值时，也会被击穿。晶体管的击穿电压不仅与管子本身特性有关，而且还取决于外部电路的接法。

(1)发射极-基极反向击穿电压$U_{(BR)ebo}$，指集电极开路时发射结最大允许反向电压。在放大状态时，发射结是正向的；而工作在大信号或者开关状态时，发射结就可能受到较大的反向电压，所以要考虑击穿电压的大小。

(2)集电极-基极反向击穿电压 $U_{(BR)cbo}$，指发射极开路时集电结最大允许反向电压。它决定于集电结的雪崩击穿电压，有比较高的数值。

(3)集电极-发射极反向击穿电压 $U_{(BR)ceo}$，指基极开路时集电极和发射极之间的最大允许电压。使用时如果 $U_{ce}>U_{(BR)ceo}$，将导致击穿，会产生很大的 I_e(或 I_c)，$U_{(BR)ceo}$ 的值比 $U_{(BR)cbo}$ 的值小得多。

(4)基极-发射极间并联电阻时的集电极-发射极反向击穿电压 U_{cer}，指在基极-发射极间并联电阻 R_{be} 时，集电极与发射极之间的最大允许电压。当 $R\rightarrow 0$(发射极-基极短路)时，U_{cer} 增至最大，因此，U_{cer} 常用 U_{ces} 表示，此时 $U_{ces}\approx U_{(BR)cbo}$。当 $0<R_{be}<\infty$ 时，$U_{(BR)cbo}>U_{ces}>U_{cer}>U_{(BR)ceo}$。

上述四个参数表明晶体管的耐压程度，使用时，实际电压不应超过实际温度下的反向击穿电压，否则影响管子性能和寿命，甚至使管子损坏。

42. 为什么不能在接有电源时断开晶体管？

答：晶体管在基极断开时，集电极和发射极间的反向击穿电压 $U_{(BR)ceo}$ 较低，很容易造成电压击穿。因此在安装或焊接晶体管时，最好先断开电源，尤其是不能在电源接通的情况下断开基极引线。如果必须在接入电源后连接晶体管，则应先接通基极，再接发射极，最后接集电极。拆下时按上述相反次序进行，即先拆下集电极，再拆下发射极，最后断开基极。对于小功率晶体管，制造厂往往把它的集电极引出线故意剪短一些，这不仅是为了识别电极的需要，主要是为了检验测试晶体管时(插进管座时)避免先插入集电极。

43. 如何用万用表判别晶体管的类型和基极？

答：根据 PNP 型和 NPN 型晶体管两个 PN 结极性不同，可利用万用表电阻挡进行判别。判别方法是，将万用表电阻挡放到 $R\times 100\Omega$ 或 $R\times 1k\Omega$ 挡，将万用表红表笔接晶体管某一管脚，黑表笔分别接晶体管另两管脚，分别测量电阻值。当两个测量值均较小时，万用表红表笔所连管脚为 PNP 型的基极。反之，将万用表黑表笔接晶体管某一管脚，万用表红表笔分别接晶体管另二管脚测量电阻。当两个测量值均较小时，万用表黑表笔所连管脚为 NPN 型晶体管的基极。

44. 如何用万用表判别晶体管的集电极？

答：先用上题方法判别出 PNP 型和 NPN 型晶体管的基极后，再判别晶体管的集电极。判别方法是，万用表仍放到 $R\times100\Omega$ 或 $R\times1k\Omega$ 电阻挡，将万用表的红表笔和黑表笔接到晶体管基极以外的两个管脚，先用手指捏住基极和其中一个管脚（注意两个管脚不能碰在一起），再放开分别观察在上述两种情况下万用表表针的摆动幅度。摆幅越大，即说明晶体管 β 值越大。对 PNP 型晶体管来说，万用表指针摆幅大时红表笔所接的管脚为集电极；对 NPN 型晶体管来说，万用表指针摆幅大时黑表笔所接的管脚为集电极。

晶体管的基极、集电极判明后，剩下的管脚即为发射极。

45. 怎样利用万用表判断晶体管性能的好坏？

答：(1)测量穿透电流。将万用表放到 $R\times100\Omega$ 或 $R\times1k\Omega$ 电阻挡，将黑表笔、红表笔分别搭接在集电极和发射极上，测晶体管的反向电阻值。性能较好管子的反向电阻值应大于 50kΩ，而且阻值越大，说明穿透电流越小，管子性能也就越好。若测量的电阻值为零，说明管子被击穿或管脚短路。

(2)测量电流放大系数。将万用表放到 $R\times100\Omega$ 或 $R\times1k\Omega$ 电阻挡，黑表笔接集电极，红表笔接发射极。此时若在基极-集电集间接入 100kΩ 的电阻，则万用表的指针将向右偏转，偏转越大，说明 β 值越大。

(3)判断稳定性能。在测试穿透电流的同时，用手指捏住管壳，管子受人体温度的影响，所测的反向电阻将减小。用手指捏住管子后若万用表指针变化不大，说明管子的稳定性较好；若万用表指针迅速右偏，说明管子稳定性较差。

46. 用万用表测试晶体管相关参数时能不能用 $R\times1\Omega$ 和 $R\times10k\Omega$ 电阻挡？

答：用万用表的电阻挡测晶体管相关参数时，一般常用 $R\times100\Omega$、$R\times10\Omega$ 或 $R\times1k\Omega$ 挡，而较少使用 $R\times1\Omega$ 挡和 $R\times10k\Omega$ 挡。这是因为，前者能较好地兼顾正反向参数值的测量范围，使用比较方便。而后者除没有前者的优点外，$R\times1\Omega$ 挡的满度电流比较大，即使管子有较大的漏电流也测不出来；$R\times10k\Omega$ 挡表内一般使用高压电池，万用表整个刻度所指示的电压范围就是表内电池电压，因而也是比较高的，所以被测管即使有较大的正向压降也测不出来。因此这两挡一般很少使用。

另外，万用表的 $R\times1\Omega$ 电阻挡能输出 100mA 左右电流，是比较大的；万用表的 $R\times10k\Omega$ 挡能输出十几伏的电压，也是比较高的。使用这两挡时还存在会不会损坏被测管的问题。这在一定程度上也影响了这两挡的使用。具体会不会损坏晶体管，需要看这两个挡能输出多大功率及这么大的功率会不会使被测晶体管过耗。如果不过耗，就不会损坏被测管。

47. 怎样用万用表判别晶体管是高频管还是低频管？

答：判别的方法是，用万用表测量晶体管发射结的反向电阻。晶体管类型不同，其接线方法也不同。对于 PNP 型管，万用表的黑表笔接基极，红表笔接发射极；对于 NPN 型管，万用表的红表笔接基极，黑表笔接发射极。具体测量时，先将万用表置于 $R\times1k\Omega$ 电阻挡，此时万用表的表针应当动得很小，一般不超过满度的 1/10。再将万用表置于 $R\times10k\Omega$ 电阻挡，如果表针偏转角度不大（例如不超过满度的 1/3），所测的管子是低频管；如果表针偏转角度明显变大（例如超过了满度的 1/3），那么所测的管子是高频管。

48. 温度对晶体管性能有哪些影响？

答：(1)温度对集电极-基极反向饱和电流 I_{cbo} 的影响。I_{cbo} 是由集电区的少数载流子运动而形成的，而少数载流子的数量又与环境温度有很大的关系。理论分析和实验结果都证明，I_{cbo} 随温度按指数函数的规律急剧变化。

一般来说，锗管温度每升高 12 ℃，它的 I_{cbo} 数值增大一倍；硅管温度每升高 8 ℃，它的 I_{cbo} 数值增大一倍。尽管硅管的 I_{cbo} 随温度变化更剧烈，但因硅管的 I_{cbo} 数值比锗管小得多，优良的硅管 I_{cbo} 可以做到 10nA，所以对硅管来说，I_{cbo} 随温度变化的问题常常不是主要问题。

(2)温度对电流放大系数 β 的影响。晶体管的电流放大系数随温度升高而增大。例如 3DG4 型晶体管，当温度从 15 ℃增加到 45 ℃时，其 β

值约可增加30%。其结果是，在 I_b 数值不变的情况下，I_c 的数值随着温度升高而增大了。

(3)温度对发射结正向压降 U_{be} 的影响。对硅管来说，$|U_{be}|$ 为0.6～0.8V；对锗管来说，$|U_{be}|$ 为0.1～0.3V。在 I_b 数值不变的情况下，温度升高后 U_{be} 将减小。一般来说，发射结正向压降 $|U_{be}|$ 的温度系数约为 -2.4mV/℃，即温度每升高1℃，$|U_{be}|$ 下降约2.4mV。这个规律对锗管和硅管都适用。

49. 如何选用晶体管？

答：选用晶体管时，最主要考虑的参数有 f_T、β、P_{CM}、$U_{(BR)ceo}$、I_{ceo} 等。

(1)实际工作频率 f 应小于晶体管的特征频率 f_T。即 $f_T \geqslant f$。特征频率 f_T，是指当共射极电流放大系数 β 下降到1时的频率值。

(2)$\beta=30\sim80$。β 太小电流放大作用差，太大易引起晶体管工作不稳定。

(3)输出功率 P_o 应小于集电极最大允许功率损耗 P_{CM}。即 $P_{CM} \geqslant P_o$。对于甲类功放，$P_{CM} \geqslant 3P_O$；对于甲乙类功放，$P_{CM} \geqslant (1/3\sim1/5)P_O$。

(4)反向击穿电压 $U_{(BR)ceo}$ 应大于供电电压 U_{CC}。即 $U_{(BR)ceo} \geqslant U_{CC}$。对感性负载，$U_{(BR)ceo} \geqslant 2U_{CC}$。

(5)I_{ceo}。其值越小越好。

50. 晶体管的代换应注意什么？

答：晶体管代换的基本原则有三条，即用于代换的晶体管应与原晶体管保持类型相同、特性相近、外形相似。

(1)类型相同。即锗管代换锗管，硅管代换硅管；NPN型管代换NPN型管，PNP型管代换PNP型管；一般晶体管代换一般晶体管，场效应晶体管代换场效应晶体管等。

(2)特性相近。代换的晶体管应与原晶体管的主要参数或主要特性曲线相近似。这些主要参数有：

①集电极最大允许功率损耗 P_{CM}。满足 P_{CM} 要求符合两个条件：一个是代换管的 P_{CM} 应大于或等于原管的 P_{CM}；另一个是代换管的 P_{CM} 大于原管在整机电路中实际的直流耗散功率 P_C（通过测量和计算可以求出 P_C）。

②集电极最大允许电流 I_{CM}。满足 I_{CM} 要求同样符合两个条件：一个是代换管的 I_{CM} 大于或等于原管的 I_{CM}（通过查晶体管产品手册）；另一个是代换管的 I_{CM} 大于原管在整机电路中的实际的直流电流 I_C（通过测量和计算可以求出 I_C）。但要注意，参数 I_{CM} 的确定往往因国家甚至因厂家而异，常见的方法有：

a. 把集电极引线能够安全长期通过直流电流的最大允许值规定为 I_{CM}，这种方法确定的 I_{CM} 值往往较大（与同值集电极最大允许功率损耗 P_{CM} 的管子相比较）。

b. 根据集电极最大功率损耗 P_{CM} 和集电极与发射极之间的电压 U_{ce} 来规定 I_{CM}，即 $I_{CM}=P_{CM}/U_{ce}$。与 P_{CM} 相同的管子相比较，这种方法确定出来的 I_{CM} 往往较小（开关管除外）。

c. 根据随集电极电流 I_C 变化的相关参数（如直流放大系数 h_{FE} 和饱和压降 U_{ces}）允许变化极限值来规定 I_{CM}。例如，h_{FE} 随 I_C 的增加而下降，将 h_{FE} 降低到某一值时所对应的 I_C 规定为 I_{CM}。

在代换时应区别以上三种情况来选择能满足 I_{CM} 要求的代换管。

③最高耐压。用于代换的晶体管必须能够在整机中安全地承受最高工作电压，主要考虑 $U_{(BR)ceo}$ 和 $U_{(BR)cbo}$，对于开关管还应考虑 $U_{(BR)ebo}$。一般来说，同一晶体管的 $U_{(BR)cbo}>U_{(BR)ceo}$，通常，要求用于代换的晶体管的 $U_{(BR)cbo}$、$U_{(BR)ceo}$ 和 $U_{(BR)ebo}$ 应分别大于或等于原晶体管。

④频率特性。主要考虑特征频率 f_T 和共基极截止频率 f_{ab}。代换的晶体管的 f_T（或 f_{ab}）应分别大于或等于原管的 f_T（或 f_{ab}）。

(3)外形相似。对于小功率晶体管，一般外形均相似，只要各个电极引出线标志明确，且引线排列顺序与待换管一致，即可进行代换。

对于大功率晶体管，外形的差异较大，在代换时应选用外形相似、安装尺寸相同的管子，以便于安装和保持正常的散热条件。

51. 场效应晶体管和普通晶体管有什么不同？

答：(1)结构及工作原理不同。场效应晶体管属于电压型控制器件，它是依靠控制电场效应来改变导电沟道多数载流子（空穴或电子）的漂移运动而工作的，即用微小的输入变化电压 V_G 来控制较大的沟道输出电流 I_D，其放大特性（跨导）$G_M=I_D/V_G$；半导体晶体管属于电流型控制器件，它是依靠注入到基极区的非平衡少数载流子（电子与空穴）的扩散运动而工作的，即用微小的输入变化电流 I_b 控制较大的输出变化电流 I_c，其放大倍数 $\beta=I_c/I_b$。

（2）引脚功能不同。半导体晶体管的三个引脚分别是集电极 c、基极 b 和发射极 e，而场效应晶体管的三个引脚分别是漏极 D、栅极 G 和源极 S。

52. 场效应晶体管有哪些类型？

答：（1）按结构的不同分类。场效应晶体管根据其结构的不同，可分为结型场效应晶体管和绝缘栅型场效应晶体管（金属氧化物半导体型）两种类型。

（2）按导电沟道材料的不同分类。结型场效应晶体管和绝缘栅型场效应晶体管根据其导电沟道材料的不同，又可分别分为 N 沟道结型场效应晶体管、P 沟道结型场效应晶体管和 N 沟道绝缘栅型场效应晶体管、P 沟道绝缘栅型场效应晶体管。

（3）按绝缘层材料的不同分类。根据栅极与半导体材料之间所用绝缘层材料的不同，绝缘栅型场效应晶体管又可分为 MOS 场效应晶体管、MNS 场效应晶体管和 MALS 场效应晶体管等多种。

MOS 场效应晶体管是以二氧化硅为绝缘层，MNS 场效应晶体管是以氧化硅为绝缘层，MALS 场效应晶体管是以氧化铝为绝缘层。

（4）按工作方式的不同分类。根据场效应晶体管工作方式的不同，又可分为 N 沟道耗尽型结型场效应晶体管、P 沟道耗尽型结型场效应晶体管、N 沟道耗尽型绝缘栅型场效应晶体管、N 沟道增强型绝缘栅型场效应晶体管、P 沟道耗尽型绝缘栅型场效应晶体管和 P 沟道增强型绝缘栅型场效应晶体管等多种。

（5）其他方式分类。场效应晶体管除了按以上各方式分类外，还可分为高压型场效应晶体管、开关场效应晶体管、双栅场效应晶体管、功率 MOS 场效应晶体管、高频场效应晶体管及低噪声场效应晶体管等多种类型。

53. 场效应晶体管的主要技术参数有哪些？

答：场效应晶体管的主要技术参数如下：

(1)夹断电压 U_P。对于耗尽型器件，当漏源电压 U_{DS}为某一固定值(例如 10V)，使漏源电流 I_D 等于一个微小电流(如 1μA、10μA)时，栅源之间所加的电压称为夹断电压。夹断电压也称截止栅压。

(2)开启电压 U_T。对于增强型器件，在漏源电压 U_{DS}作用下开始导电时的栅源电压 U_{GS}称为开启电压。

(3)饱和漏源电流 I_{DSS}。在栅源电压 $U_{GS}=0$ 的情况下，当 $U_{DS}>|U_P|$ 时的漏极电流称为饱和漏电流。通常令 $U_{DS}=10V$、$U_{GS}=0V$ 时测出的 I_D 就是 I_{DSS}。

(4)低频互导(跨导)g_m。在 U_{DS}=常数时，漏极电流的微变量和引起这个变化的栅源电压微变量之比称为互导(也称跨导)，即 $g_m=\Delta I_D/\Delta U_{GS}$，单位为 mA/V(mS)或 μA/V(μS)。$g_m$ 一般在十分之几至几 mA/V 的范围内。

(5)最大漏源电压 $U_{(BR)DS}$。指漏源极间所能承受的最高电压。即当发生雪崩击穿时，漏极电流 I_D 开始急剧上升瞬间的 U_{DS}值。

(6)最大栅源电压 $U_{(BR)GS}$。指栅源极间所能承受的最高电压。即输入 PN 结的反向电流开始急剧增加时的栅源电压 U_{GS}值。

(7)直流输入电阻 r_{GS}。在漏源极间短路的条件下，栅源极间加一定电压时的栅源直流电阻。绝缘栅型场效应晶体管的 r_{GS}比结型场效应晶体管的大。

(8)最大耗散功率 P_{DM}。场效应晶体管的耗散功率等于漏源电压 U_{DS}和漏极电流 I_D 的乘积。最大耗散功率是指为了限制管子的温升，以保护管子不被损坏，耗散功率不能超过的最大数值。

54. 场效应晶体管的电路图形符号是怎样的？

答：场效应晶体管新旧电路图形符号见表 1-3。

表 1-3 场效应晶体管新旧电路图形符号对照表

名 称	新 符 号	旧 符 号
N 型沟道结型场效应晶体管	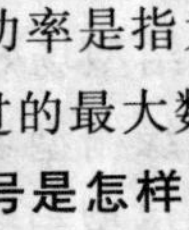	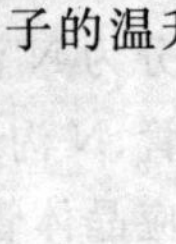

续表 1-3

名称	新符号	旧符号
P型沟道结型场效应晶体管	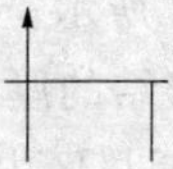	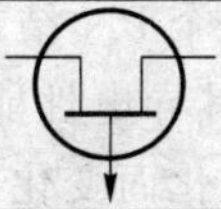
增强型单栅P沟道绝缘栅场效应晶体管(衬底无引出线)	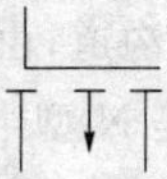	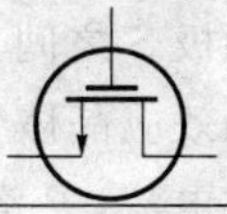
增强型单栅N沟道绝缘栅场效应晶体管(衬底无引出线)	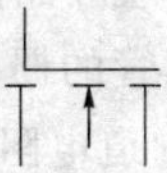	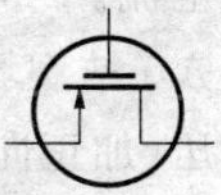
增强型单栅P沟道绝缘栅场效应晶体管(衬底有引出线)	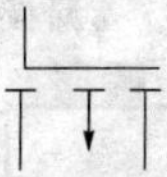	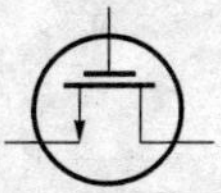
增强型单栅N沟道绝缘栅场效应晶体管(衬底与源极在内部连接)	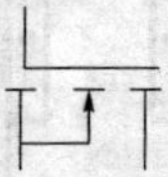	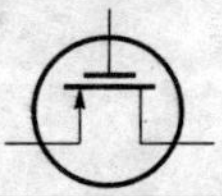
耗尽型单栅N沟道绝缘栅场效应晶体管(衬底无引出线)	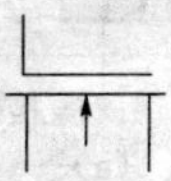	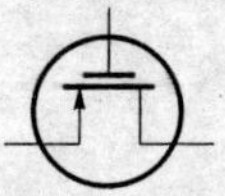
耗尽型单栅P沟道绝缘栅场效应晶体管(衬底无引出线)	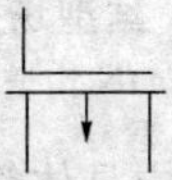	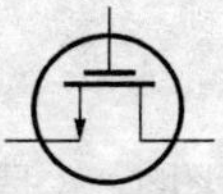
耗尽型双栅N沟道绝缘栅场效应晶体管(衬底有引出线)	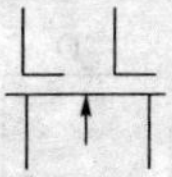	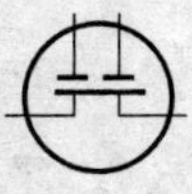
N沟道结型场效应半导体晶体对管	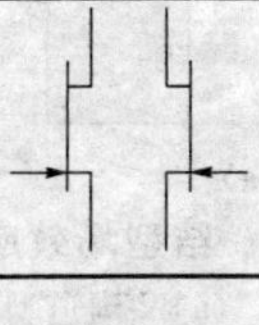	—

55. 结型场效应晶体管的结构和工作原理是怎样的？

答：结型场效应晶体管(英文简称为JFET)属于小功率场效应晶体管，广泛应用于各种放大、调制、阻抗变换、限流、稳流及自动保护等电路中。

结型场效应晶体管一般为耗尽型，在零栅压下有电流输出。其内部有两个 PN 结，如图 1-27 所示。两个 PN 结结层附近的区域称为耗尽区，其导电性能较差，PN 结的厚度及耗尽区的厚度均随栅极外加偏压的变化而变化。在两个耗尽区中间的 N 型区域或 P 型区域（即漏极 D 与源极 S 之间）称为导电沟道，由栅极控制流过沟道的电流。N 沟道结型场效应晶体管的沟道是 N 型半导体，它的载流子是电子，电子的移动形成电流。P 沟道结型场效应晶体管的沟道是 P 型半导体，它的载流子是空穴。结型场效应晶体管的栅极只能加反向偏置电压，不能加正向偏置电压（加正向偏压时，沟道电阻将增加）。

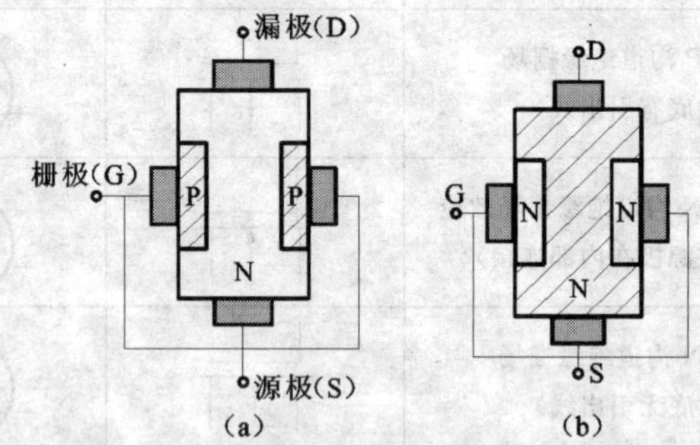

图 1-27　结型场效应晶体管的内部结构

(a)N 沟道型　(b)P 沟道型

图 1-28 是结型场效应晶体管各极电压极性。

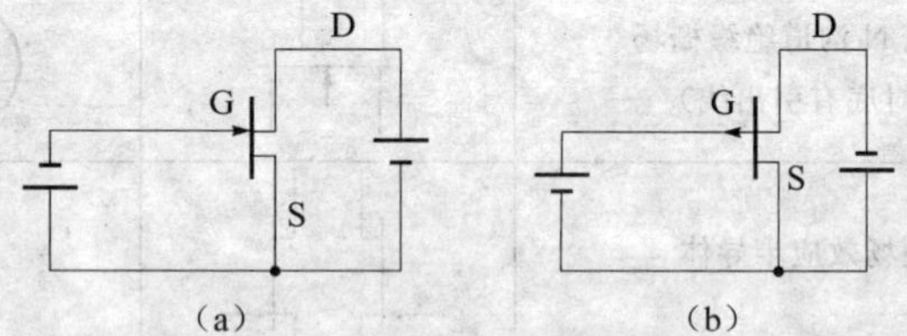

图 1-28　结型场效应晶体管各极电压极性

(a)N 沟道型　(b)P 沟道型

当结型场效应晶体管的栅极加上控制电压（N 沟道型为负电压，P 沟道型为正电压）时，N 型或 P 型导电沟道的宽度将随着栅极控制电压

(即栅源电压 U_{GS})的大小变化而发生变化,从而达到控制沟道电流(源极与漏极之间的电流)的目的。在漏源电压 U_{DS} 为一固定值时,逐渐增加栅源电压 U_{GS},沟道两边的耗尽层将充分地扩展,使沟道变窄,漏极电流将随之减小。当栅源电压 U_{GS} 与夹断电压 U_P 相等时,场效应管的源极 S 与漏极 D 之间将被阻断而无电流通过。

56. 绝缘栅型(MOS)场效应晶体管有几种类型?各有什么特点?

答:绝缘栅型场效应晶体管也称 MOS 场效应晶体管(英文简称 MOSFET),其栅极与导电沟道之间是相互绝缘的,它是利用感应电荷的多少来改变沟道导电特性,从而达到控制漏极电流的目的。

绝缘栅型场效应晶体管分为耗尽型 MOS 场效应晶体管、增强型 MOS 场效应晶体管和双栅 MOS 场效应晶体管等类型。其中,耗尽型 MOS 场效应晶体管和增强型 MOS 场效应晶体管又均有 N 沟道型和 P 沟道型。N 沟道型 MOS 场效应晶体管与 P 沟道型 MOS 场效应晶体管的差别是:栅极偏压的正、负极性相反,输出电流的方向也相反。

当在耗尽型 MOS 场效应晶体管的漏极加上工作电压而栅极未加偏置电压(零偏压)时,场效应晶体管即呈现出较强的导电特性,其源极与漏极之间的导电沟道有较大的电流流过。当栅极加上正偏压或负偏压时,硅基片上将产生感应电荷,同时在导电沟道内也会产生耗尽区。改变栅极偏压的高低,即可改变耗尽区的宽窄和导电沟道的导电性能,从而达到控制漏极电流大小的目的。

增强型 MOS 场效应晶体管在未加栅极偏压(即零偏压)时,其漏、源极之间无导电沟道,场效应晶体管处于截止状态(即使漏源工作电压正常)。只有栅极偏压等于或高于开启电压 U_T 时,场效应晶体管的漏源极之间才会产生感应沟道,场效应晶体管才导通。改变栅极偏压的高低,即可改变漏极电流的大小。

N 沟道增强型 MOS 场效应晶体管的栅极和漏极均应加正偏压,而 P 沟道增强型 MOS 场效应晶体管的栅极和漏极均应加负偏压。

57. 绝缘栅双极(IGBT)场效应晶体管结构有什么特点?主要用途有哪些?

答:绝缘栅双极型晶体管也称 IGBT 场效应晶体管,其内部由功率

MOS场效应晶体管和双极型达林顿管等构成。是一种高电压、大电流功率器件，广泛应用于三相电动机变频器、电焊机开关电源、UPS不间断电源、大功率开关电源、汽车电子点火器、电磁灶等产品中，用做开关管或功率输出管。

IGBT场效应晶体管的特点是，普通功率MOS场效应晶体管在高电压和大电流状态下工作时，导通内阻很大，发热严重，输出效率也降低。大功率达林顿管在大电流状态下工作时，需要有较大的激励电流。IGBT场效应晶体管则集普通功率MOS场效应晶体管和大功率达林顿管的优点于一身，它采用电压控制，在大电流状态下工作时，导通内阻较小，管压降小，对温度不敏感，具有较好的开关特性，可靠性高，输出功率可达1000W以上。

58. 怎样选择场效应晶体管？

答：场效应晶体管有多种类型，应根据应用电路的需要选择合适的管型。例如，彩色电视机的高频调谐器、半导体收音机的变频器等高频电路，应使用双栅型场效应晶体管。

音频放大器的差分输入电路及调制、放大、阻抗变换、稳流、限流、自动保护等电路，可选用结型场效应管。音频功率放大、开关电源、逆变器、电源转换器、镇流器、充电器、电动机驱动、继电器驱动等电路，可选用功率MOS场效应晶体管。

所选场效应晶体管的主要参数应符合应用电路的具体要求。小功率场效应晶体管应注意输入阻抗、低频跨导、夹断电压（或开启电压）、击穿电压等参数。大功率场效应晶体管应注意击穿电压、耗散功率、漏极电流等参数。

选用音频功率放大器推挽输出用VMOS大功率场效应晶体管时，要求两管的各项参数一致（配对），要有一定的功率余量。所选大功率管的最大耗散功率应为放大器输出功率的0.5～1倍，漏源击穿电压应为功放工作电压的2倍以上。

59. 使用场效应晶体管应注意什么？

答：使用场效应晶体管应注意以下几点：

(1)结型场效应晶体管的栅源电压U_{DS}不能接反，但可以在开路状态下保存。由于绝缘栅型场效应晶体管的输入电阻非常高,不使用时须将各电极短路,以免外电场作用使管子损坏。

(2)焊接场效应晶体管时,电烙铁必须有外接地线,以屏蔽交流电场,防止损坏管子。特别是焊接绝缘栅型场效应晶体管时,最好断电后再焊接。

(3)结型场效应晶体管可用万用表通过检查各PN结的正反向电阻值及漏源之间的电阻值,定性地检查管子的质量。但绝缘栅型场效应晶体管不能用万用表检查,必须用测试仪检查,而且要在接入测试仪后才能去掉各极短路线。测试完毕,则应先接好各极短路线再取下,其核心是避免栅极悬空。

(4)测试场效应晶体管的仪器仪表均需有良好的接大地装置,以防栅极击穿。

(5)使用在要求输入电阻较大条件下的场效应晶体管,必须采取防潮措施,以免湿气使场效应晶体管的输入电阻降低。

(6)某些陶瓷封装的场效应管有光敏特性,注意避光使用。

二、基本放大电路和反馈电路

(一)基本放大电路

60. 晶体管有哪三种工作状态？参数关系如何？

答：晶体管有截止、放大、饱和三种工作状态，各种状态下的参数关系见表 2-1。

表 2-1　晶体管三种工作状态和参数关系

工作状态		截止状态	放大状态	饱和状态
PNP 型		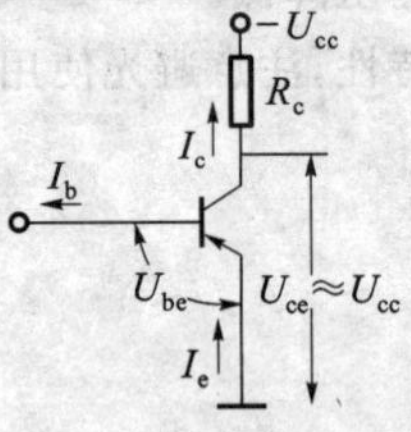 $-U_{cc}$ R_c I_c I_b U_{be} $U_{ce}\approx U_{cc}$ I_e	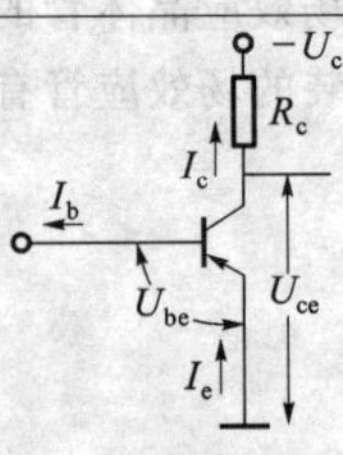 $-U_{cc}$ R_c I_c I_b U_{be} U_{ce} I_e	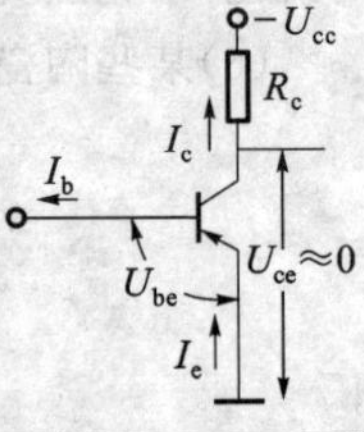 $-U_{cc}$ R_c I_c I_b U_{be} $U_{ce}\approx 0$ I_e
NPN 型		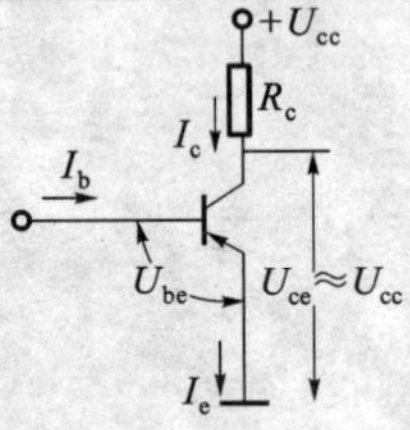 $+U_{cc}$ R_c I_c I_b U_{be} $U_{ce}\approx U_{cc}$ I_e	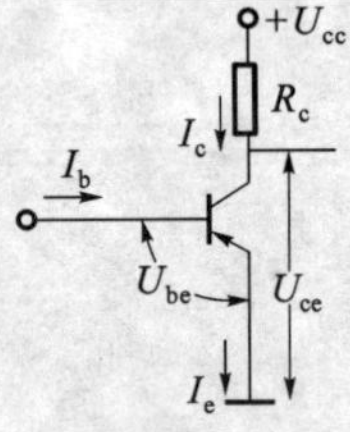 $+U_{cc}$ R_c I_c I_b U_{be} U_{ce} I_e	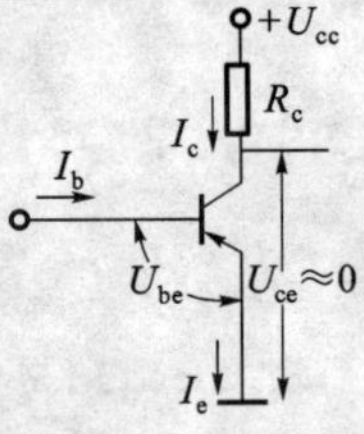 $+U_{cc}$ R_c I_c I_b U_{be} $U_{ce}\approx 0$ I_e
参数关系	I_b	$\leqslant 0$ (I_b 为负，代表其实际方向和图中所示相反，即与放大和饱和状态时的 I_b 方向相反)	>0 (其实际方向如图所示)	$>U_{cc}/(\beta R_c)$

续表 2-1

工作状态				截止状态	放大状态	饱和状态
参数关系	U_{be}（大约范围）（V）	PNP	锗管	+0.3～−0.1	−0.1～−0.3	<−0.3
			硅管	+0.3～−0.6	−0.6～−0.8	<−0.8
		NPN	锗管	−0.3～+0.1	+0.1～+0.3	>+0.3
			硅管	−0.3～+0.6	+0.6～+0.8	>+0.8
	I_c			$\leqslant I_{ceo}$	$=\beta I_b+I_{ceo}$	$\approx U_{cc}/R_c$
	U_{ce}			$\approx U_{cc}$	$=U_{cc}-I_cR_c$	$<U_{be}$
工作状态的特点				当 $I_b\leqslant 0$ 时，集电极电流很小（小于 I_{ceo}），晶体管相当于开断（即截止），电源电压 U_{cc} 几乎全部加在管子两端	I_b 从 0 逐渐增大，集电极电流 I_c 也按比例增加，微弱的 I_b 的变化能引起 I_c 较大的变化，晶体管起放大作用	当 $I_b>U_{cc}/(\beta R_c)$ 时，$I_c\approx U_{cc}/R_c$。并不再随 I_b 的增加而增加（即饱和），管子两端压降很小，电源电压 U_{cc} 几乎全部加在负载电阻 R_c 两端

61. 放大电路有哪些类型？其主要用途有哪些？

答：放大电路有以下几种分类方法：

(1)按放大的对象分类。分为电压放大电路和功率放大电路。电压放大电路用于放大微弱信号，以放大电压为主，位于放大电路的初级和中间级；功率放大电路，放大较强信号，以获得输出功率为主，位于放大电路的末级。

(2)按工作频率分类。分为交流放大电路和直流放大电路，分别用于放大交流信号和直流信号。交流放大电路又分为低频放大电路和高频放大电路。低频放大电路信号频率在 20Hz～200kHz；高频放大电路主要用于通信、广播、电视、雷达等领域，信号频率在 200kHz 以上。

(3)按晶体管连接方法分类。分为共发射极接法、共基极接法和共集电极接法。共发射极接法广泛用于电压放大（中间级）电路；共基极接法，适用于高频（宽频带）放大电路和振荡电路；共集电极接法，适用于输入级、输出级或缓冲级放大电路。三种接线法的具体电路参见表 2-2。

(4)按放大级数分类。分为单级放大和多级放大。单级放大很少应用;多级放大主要用于放大微弱信号。

(5)按多级放大电路级间耦合方式分类。分为直接耦合方式、阻容耦合方式、变压器耦合方式和光电耦合方式。直接耦合放大方式能放大交流信号和直流信号,适宜在集成化电路中采用;阻容耦合方式,主要用做交流电压放大;变压器耦合方式,用做交流电压放大和功率放大;光电耦合方式,适用于反馈控制、长距离信号传输或要求输入输出具有高绝缘性能的电路中。

62. 什么是交流放大电路的静态工作点?交流放大电路为什么要设置静态工作点?

答:在放大电路中没有交流信号输入的工作状态,称为静态。在电路参数确定后,静态时晶体管的基极电流 I_b、集电极电流 I_c 和集电极电压 U_{ce} 都是一些固定的直流数值,称为静态值。静态值反映到晶体管的特性曲线上是一点,这一点称为放大器的静态工作点。

放大电路设置静态工作点的目的是为电路设计提供一个直流参考点,使交流信号在实际电路中工作在晶体管输入特性曲线的线性部分,使信号不失真地得到放大。

63. 静态工作点、静态值的确定方法有哪两种?

答:静态工作点、静态值的确定常用的两种方法是:估算法和图解法。

(1)估算法。利用公式计算放大电路静态值的方法,称为估算法。具体计算公式如下:

①计算基极电流 I_b。

$$I_b = \frac{U_{cc} - U_{be}}{R_b}$$

考虑到 $U_{cc} \gg U_{be}$,上式可以近似写成

$$I_b \approx \frac{U_{cc}}{R_b}$$

②计算集电极电流 I_c。根据晶体管的电流放大特性,集电极电流

$$I_c = \beta I_b + I_{ceo}$$

$$\beta = \frac{I_c - I_{ceo}}{I_b}$$

当 I_{ceo} 可以忽略不计时，有

$$I_c = \beta I_b$$

③计算集电极与发射极的极间电压 U_{ce}。

在集电极回路中，由于已知 U_{cc}、R_c 和 I_c，则有

$$U_{ce} = U_{cc} - I_c R_c$$

估算法具有简单、方便等优点，但是不能直接看出工作点的改变对放大作用的影响。因此，工程上又常采用图解法分析放大电路。

(2)图解法。图解法具有形象直观的优点，但作图烦琐，计算结果不准确。图解法的具体步骤如下：

①根据晶体管技术手册或实验数据，作出晶体管的输出特性曲线，如图2-1 所示。

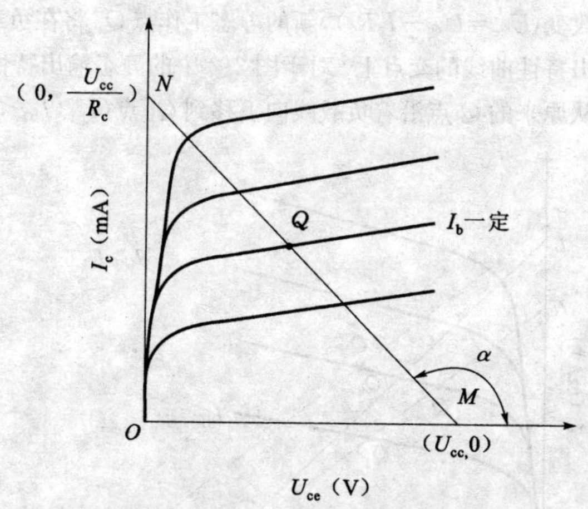

图 2-1 晶体管的输出特性曲线

②作直流负载线。直流负载线是一条反映放大电路在静态时 U_{ce} 和 I_c 关系的直线。根据式 $U_{ce}=U_{cc}-I_cR_c$，作图时常用两点确定该直线。即设 $I_c=0$ 时，有 $U_{ce}=U_{cc}$，可在横轴上得到 M 点。设 $U_{ce}=0$ 时，有 $I_c=U_{cc}/R_c$，可在纵轴上得到 N 点，连接 MN，即可得到直流负载线。直流负载线的斜率是

$$\tan\alpha = -\frac{\frac{U_{cc}}{R_c}}{U_{cc}} = -\frac{1}{R_c}$$

③直流负载线与 $I_b \approx U_{cc}/R_b$ 对应的输出特性的交点 Q，即为所求的静态工作点。Q 点的纵坐标就是集电极的静态电流 I_c，横坐标即为静态时的集电极电压 U_{ce}。

图解法的最大优点是它的直观性。通过作图不仅可以直观地帮助电路设计者合理地安排负载线与工作点，正确选择电路参数，避免放大电路在工作中发生饱和与截止的情况，保证信号能够不失真地得到放大；而且还可以直观地帮助初学者理解电路参数对负载线及工作点的影响。

64. 电路参数对直流负载线与静态工作点有什么影响？

答：电路参数改变时，负载线与静态工作点也要随之改变。

(1)如果其他条件不变，增大基极偏流电阻 R_b，则 I_b 减小。这时，直流负载线没有改变($U_{ce}=U_{cc}-I_cR_c$)，新的静态工作点 Q_1 将在负载线与 I_b 较小的那条输出特性曲线的交点上。对于图 2-2 中的静态输出特性曲线来说，静态工作点从原来的 Q 点沿着负载线向下移到 Q_1 点(I_{b1}，$I_{b1}<I_b$)。

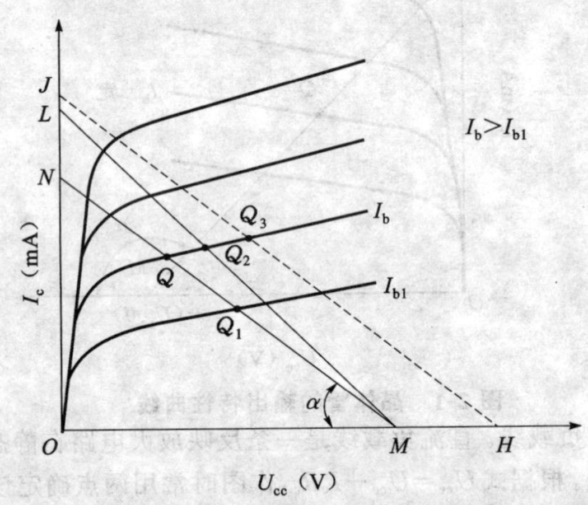

图 2-2　电路参数变化对负载线工作点的影响

(2)如果其他条件不变，减小集电极电阻 R_c，则负载线与纵坐标的交点($U_{ce}=0$，$I_c=U_{cc}/R_c$)将向上移，即从 N 点上移到 L 点。对于图 2-2 所示的特性曲线来说，工作点从原来的 Q 点右移到 Q_2 点。换句话说，减小 R_c 后，负载线变得更陡了，负载线与 U_{cc} 轴的夹角 α 变大，负载线的

斜率 $\tan\alpha$ 也变大。

反之，如果增大 R_c，则负载线的斜率减小，负载线与纵坐标轴(I_c)的交点将从 L 点向下移至 N 点。

(3)如果其他条件不变，增加电源的电压 U_{cc}，则负载线将向右平移，但斜率不改变。对于图 2-2 中所示的负载线 MN 而言，将平移到 HJ，工作点也由 Q 点移至 Q_3 点。

65. 什么是放大电路的交流负载线？它与直流负载线有什么关系？

答：在图 2-3(a)所示的放大电路中，输出端接有负载电阻 R_L，当电路输入端接入正弦信号时，电路将处于动态工作，其交流通路如图 2-3(b)所示。画出交流通路的原则是：将电路图中的隔直电容 C_1、C_2 都看成短路；电源 U_{cc}的内阻很小也可看成短路。在交流通路中，电阻 R_C 和 R_L 是并联的，它们的并联电阻称为放大电路的交流负载电阻 R'_L，其电阻值可用下式计算：

$$R'_L = R_C // R_L = \frac{R_C R_L}{R_C + R_L} \quad \Theta$$

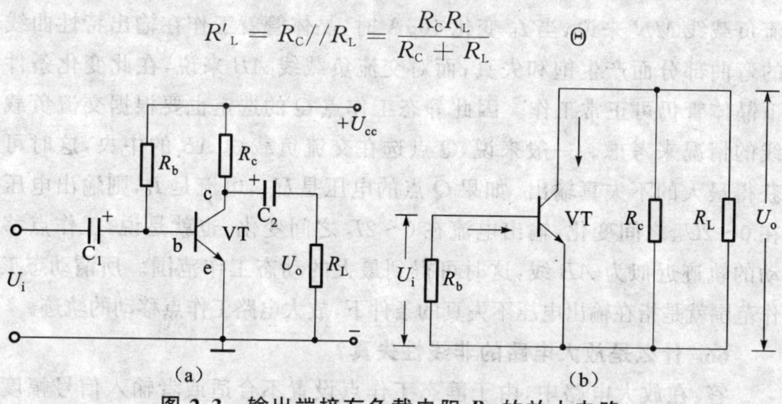

图 2-3 输出端接有负载电阻 R_L 的放大电路

(a)电路图 (b)交流通路

因此，在动态工作时，放大电路负载线的斜率应该是 $-1/R'_L$，而不是 $-1/R_L$。在电子学中把由斜率为 $-1/R_c$ 定出的负载线称为直流负载线，它由直流通路决定；而把由斜率为 $-1/R'_L$ 定出的负载线称为交流负载线，它由交流通路决定。

Θ"//"表示并联的符号，以下同。

直流负载线和交流负载线是从不同角度来反映同一电路内电压、电流的变化规律的，因此它们之间存在内在的联系。主要有以下几点：

(1)在线性工作范围内，直流负载线与交流负载线在静态工作点 Q 处相交。它表示当输入信号为零时，放大电路应当工作在 Q 点。

(2)直流负载线是反映静态时电压、电流的变化关系的，所以它主要是用来确定静态工作点 Q；而交流负载线是反映动态时电压、电流的变化关系的，它与输出特性曲线一起决定动态时 I_c 和 U_{ce} 的变化情况，即由 i_b 画出 i_c、u_{ce} 的波形图时要按交流负载线画出。

(3)由于接上负载 R_L 后，集电极电流 I_c 有一部分被 R_L 分流，所以 $R'_L < R_L$。这样交流负载线总是比直流负载线更陡一些。这意味着在相同的输入电压时，输出电压 u_o(即 u_{ce})的幅值将要减小，放大倍数下降。

(4)由于动态时 i_c 和 u_{ce} 的波形是由交流负载线决定的，交流负载线比直流负载线更陡，不易产生饱和失真。从图 2-4 中可看出，对于直流负载线 MN 来说，当 I_b 变化 $40\mu A$ 时，晶体管就工作在输出特性曲线的弯曲部分而产生饱和失真；而对交流负载线 AB 来说，在此变化条件下晶体管仍可正常工作。因此静态工作点 Q 的选定也要根据交流负载线的情况来考虑。一般来说，Q 点选在交流负载线 AB 的中央，这时可获得最大的不失真输出。如果 Q 点的电压是 U_{ce}，电流是 I_c，则输出电压在 $0 \sim 2U_{ce}$ 之间变化，输出电流在 $0 \sim 2I_c$ 之间变化。也就是说，工作点移动的轨迹近似为 AB 线，这时可得到最大的动态工作范围。所谓动态工作范围就是指在输出电压不失真的条件下，放大电路工作点移动的轨迹。

66. 什么是放大电路的非线性失真？

答：在放大电路中，由于静态工作点设置不合适或者输入信号幅度过大，使放大电路的工作范围超出了晶体管特性曲线的线性范围，由此引起的失真称为非线性失真。非线性失真有截止失真和饱和失真两种情况。

(1)饱和失真。当图 2-3(a)中的电阻 R_b 取值过小时，将使 I_b 很大，$U_{ce} \approx 0$，$I_c \approx U_{cc}/R_c < \beta I_b$，静态工作点在直流负载线上的 Q_1 点，如图 2-5 所示。在输入信号的正半周，晶体管进入饱和区工作，这时 i_c 接近最大值而不能随 i_b 的增大而成比例地增大，引起 i_{c1} 和 u_{ce1} 的波形严重失真，

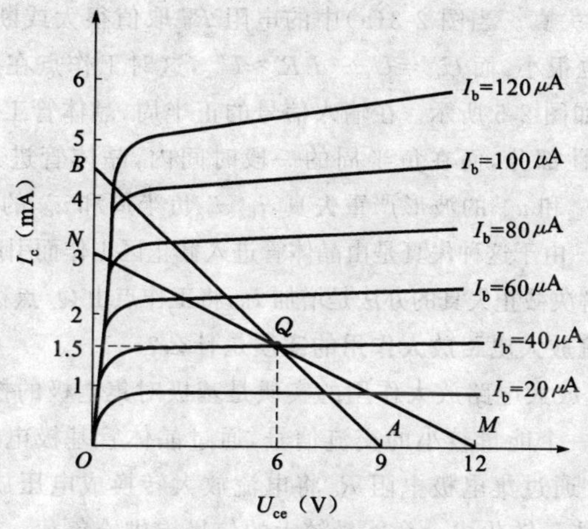

图 2-4 交流负载线

i_{c1}正半周和u_{ce1}负半周的顶部被削平。由于这种失真是因晶体管进入饱和区而引起的，故称为饱和失真。将I_b减小，使工作点移至Q点，或将R_c减小，增大负载线的斜率，将工作点移至Q_3点，都可以解决饱和失真的问题。

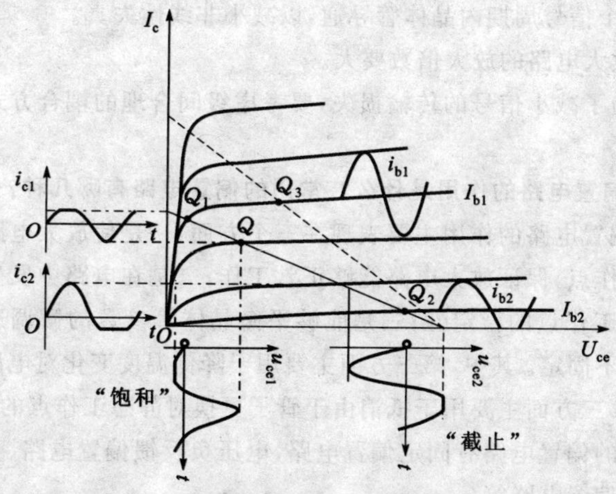

图 2-5 由于工作点选择不当所造成的波形失真

(2)截止失真。当图 2-3(a)中的电阻 R_b 取值很大或断开时，I_b 很小，导致 I_c 也很小，而 $U_{ce}=U_{cc}-I_cR_c\approx U_{cc}$，这时工作点在直流负载线上的 Q_2 点，如图 2-5 所示。在输入信号的正半周，晶体管工作在输入特性曲线的线性部分，而在负半周的一段时间内，晶体管进入截止区工作，引起 i_{b2}、i_{c2}和 u_{ce2}的波形严重失真，i_{b2}、i_{c2}负半周和 u_{ce2}的正半周波形顶部被削平。由于这种失真是由晶体管进入截止区工作而引起的，故称为截止失真。解决截止失真的办法是增加 I_b，将工作点由 Q_2 点移至在 Q 点。

67. 交流放大电路放大作用的实质是什么？

答：交流放大电路放大作用的实质是基极对集电极的控制作用，即在输入端加一个能量较小的交流信号，通过晶体管基极电流去控制集电极电流，并通过集电极电阻 R_c 将电流放大转换成电压放大，从而将直流电源的能量转化成一个能量较大的信号提供给负载。

68. 组成放大电路时有哪些基本要求？

答：(1)在晶体管各极接入电压的极性正确。在组成放大电路时，直流电源应保证晶体管发射结正偏、集电结反偏，晶体管处于放大状态。

(2)设置合适的静态工作点，通过合理选择电路中各元件的参数，保证在整个信号周期内晶体管导通，以减小非线性失真。

(3)放大电路的放大倍数要大。

(4)为了减小信号的传输损失，要考虑级间合理的耦合方式和阻抗匹配问题。

69. 偏置电路的作用是什么？常用的偏置电路有哪几种？

答：偏置电路的作用主要表现在三个方面：一是使放大电路有合适的静态工作点，保证放大电路能够正常工作；二是在电路中发生某些变化时保证工作点的稳定性；三是能够平衡晶体管参数的微调造成的工作点位置不固定。其中，第二方面主要用于降低温度变化对电路稳定性的影响，第三方面主要用于抵消由于管子更换对静态工作点的影响。

常用的偏置电路有固定偏置电路、电压负反馈偏置电路、分压式电流负反馈偏置电路等。

70. 什么是固定偏置电路？有什么特点？

答：图 2-3(a)所示为固定偏置电路。U_{cc}通过 R_b 供给偏流 I_b，R_b 称

为偏流电阻。

因 $$I_b \approx \frac{U_{CC}}{R_b}$$

所以，在 U_{cc} 一定时，当选定 R_b 后，基极偏流 I_b 也就固定了，故叫固定偏置电路。

固定偏置电路的特点是电路简单、放大倍数大，但工作点不稳定，即当晶体管由于环境温度变化或其参数的变动使工作点产生偏移时，不能自动补偿，如图 2-6 所示。

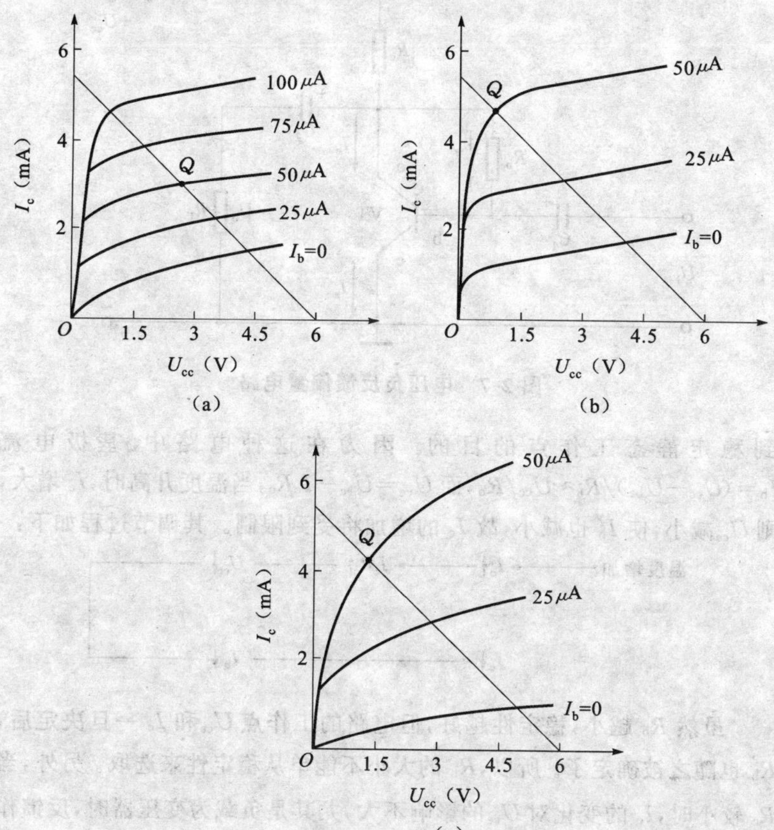

图 2-6 晶体管的输出特性曲线

(a)正常情况 (b)温度升高后 (c)β 变大后

从图 2-6(b)中可以看出：当温度升高时，相当于特性曲线上升，由于基极电流保持不变，将使工作点移到不合适的地方去。从图 2-6(c)可以看出，当晶体管的 β 变大后，相当于特性曲线上升和间隔变宽，这时工作点也要移到不合适的地方去。

71. 什么是电压负反馈偏置电路？有什么特点？

答：图 2-7 所示为电压负反馈偏置电路。从图中可见，R_b 不接到 $+U_{cc}$，而直接接到晶体管的集电极 c 上。电压负反馈偏置电路，可以达

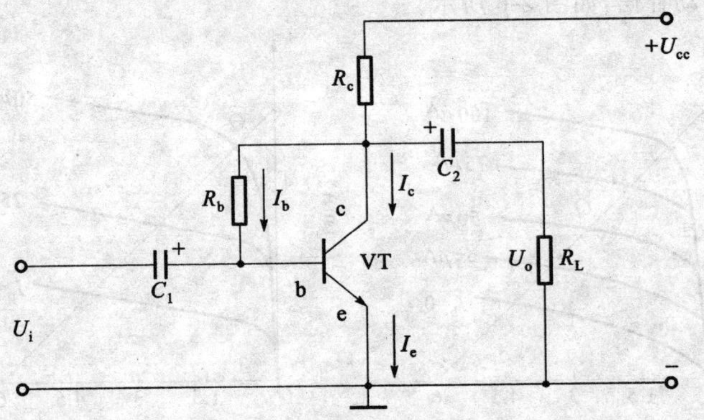

图 2-7 电压负反馈偏置电路

到稳定静态工作点的目的。因为在这种电路中，基极电流 $I_b=(U_{cc}-U_{be})/R_b \approx U_{cc}/R_b$，而 $U_{ce}=U_{cc}-I_cR_c$，当温度升高时，I_c 增大，则 U_{ce} 减小，使 I_b 也减小，故 I_c 的增加将受到限制。其调节过程如下：

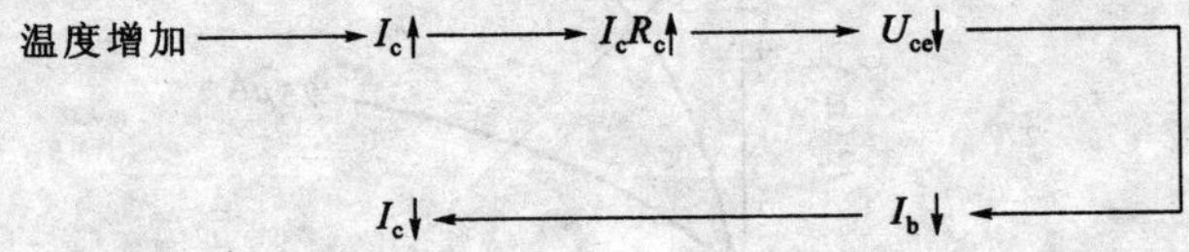

虽然 R_b 越小，稳定性越好，但电路的工作点 U_{ce} 和 I_c 一旦决定后，R_b 也随之被确定了。所以，R_b 的大小不能单从稳定性来选取。另外，当 R_c 较小时，I_c 的变化对 U_{ce} 的影响不大，尤其是负载为变压器时，反馈作用很小，达不到稳定的目的。因此，电压负反馈偏置电路的应用范围有一定的局限性。

72. 什么是分压式电流负反馈偏置电路？有什么特点？

答：图 2-8 所示为分压式电流负反馈偏置电路，它是目前应用最广泛的一种偏置电路。图中，R_{b1}和 R_{b2}组成分压电路供给基极偏流，R_e 是发射极电阻，起电流负反馈作用。当温度升高使 I_c、I_e 增加时，R_e 两端的

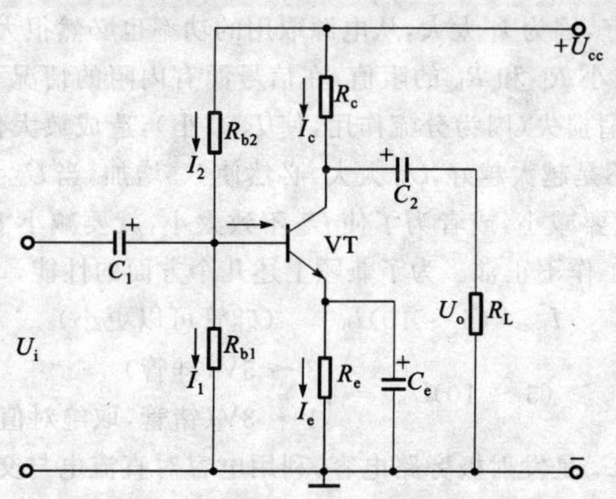

图 2-8 分压式电流负反馈偏置电路

电压降 I_eR_e 也随之升高。由于 $U_{be}=U_b-I_eR_e$，要保持 U_b 不变，则 U_{be}必须减小，于是 I_b 也随之减小，从而限制了 I_e 的增加，达到稳定工作点的目的。其过程如下：

温度升高 → $I_c\uparrow$ → $I_e\uparrow$ → $I_eR_e\uparrow$

$I_c\downarrow$ ← $I_b\downarrow$ ← $U_{be}\downarrow$

如 $$I_1 \gg I_b$$

则可认为

$$U_b \approx U_{cc}\frac{R_{b1}}{R_{b1}+R_{b2}}$$

如 $$U_b \gg U_{be}$$

则有

$$I_e=\frac{U_b-U_{be}}{R_e}\approx\frac{U_b}{R_e}$$

由此可以看出，只要电路满足 $I_1 \gg I_b$ 和 $U_b \gg U_{be}$两个条件，就可认

为 U_b 是固定的，进而 I_e 也是稳定的，与晶体管本身的参数几乎无关。这种偏置电路不仅很少受温度的影响，而且，当换用 β 值不同的管子时，工作点也近似不变。

要使电路稳定，必须满足 $I_1 \gg I_b$ 和 $U_b \gg U_{be}$ 这两个条件。但是 I_1 也不是越大越好，因为 I_1 太大，从电源取用的功率也必然很大。此外，要 I_1 大，就必须减小 R_{b1} 和 R_{b2} 的阻值，在信号源有内阻的情况下，会引起输入信号的无谓损失（因为分流作用，使 I_b 减小），造成放大倍数的下降。同理，U_b 也不是越大越好，U_b 太大，必然使 U_e 增加，当 U_{cc} 为某定值时，管压降 U_{ce} 就要减小，或者为了使 U_{ce} 不致太小，就要减小 R_e，这都将导致放大电路工作不正常。为了兼顾上述几个方面的性能，一般选取

$$I_1 \geqslant (5 \sim 10) I_b \qquad \text{（硅管可以更小）}$$

$$U_b \geqslant (5 \sim 10) U_{be} = \begin{cases} 3 \sim 5\text{V（硅管）} \\ 1 \sim 3\text{V（锗管，取绝对值）} \end{cases}$$

图中的 C_e 是发射极旁路电容，利用电容对直流电与交流电容抗不同的特性，在发射极通过交流电流的条件下 C_e 将 R_e 短路，使 R_e 对交流电流不起负反馈作用，保证放大电路的交流放大倍数不致下降。

73. 什么是放大电路的输入电阻？如何计算固定偏置电路和分压式电流负反馈偏置电路的输入电阻值？

答：放大电路的输入电阻就是从放大电路输入端看进去的等效电阻。求输入电阻值时，必须从放大电路的交流等效电路入手。

（1）固定偏置放大电路输入电阻的计算。图 2-3 所示为固定偏置的放大电路，从输入端看进去的交流等效电路可以画成如图 2-9 所示的形式（电容和电源 U_{cc} 视为短路）。图中，r_{be} 为晶体管基极与发射极之间的等效交流电阻，称为晶体管的输入电阻。晶体管的输入电阻 r_{be} 值可用下式进行估算

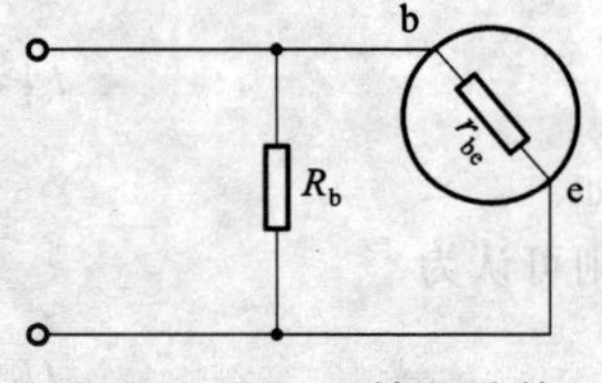

图 2-9　图 2-3 输入端的交流等效电路

$$r_{be} = r_b + (\beta + 1) \frac{26}{I_e}$$

式中　r_b——晶体管的基区电阻（Ω）；

I_e——发射极的静态工作电流（mA）。

对于一般小功率晶体管，当运用在低频信号条件下时，r_b大约为300Ω，因此，上式可以改写成

$$r_{be} = 300 + (1 + \beta)\frac{26}{I_e}$$

从图 2-9 可看出，固定偏置放大电路的输入电阻 r_i是 R_b 与 r_{be} 并联后的等效电阻，即

$$r_i = \frac{R_b r_{be}}{R_b + r_{be}}$$

(2)分压式电流负反馈偏置放大电路输入电阻的计算。图 2-8 所示为采用分压式电流负反馈偏置的放大电路，从输入端看进去的交流等效电路，可以画成如图 2-10 所示的形式。图中 R_c 被电容 C_e 短路，电源 U_{cc}对交流也视为短路，所以 R_{b1}和 R_{b2}并联。设 R_{b1}、R_{b2}的并联电阻值为 R，即

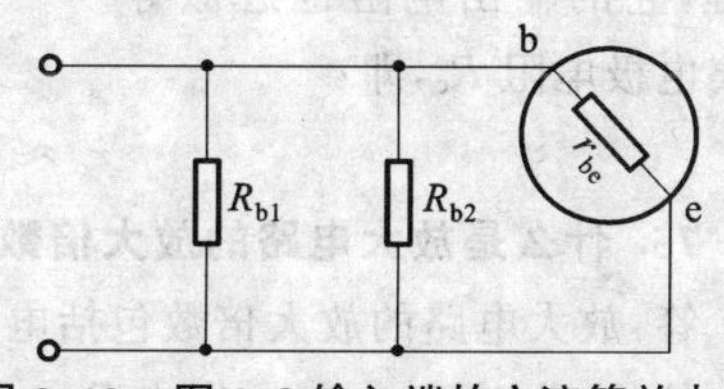

图 2-10　图 2-8 输入端的交流等效电路

$$R = \frac{R_{b1}R_{b2}}{R_{b1} + R_{b2}}$$

故采用分压式电流负反馈偏置的放大电路输入电阻 r_i 的计算公式为

$$r_i = \frac{R r_{be}}{R + r_{be}}$$

74. 什么是放大电路的输出电阻？如何计算固定偏置电路和分压式电流负反馈偏置电路的输出电阻值？

答：放大电路的输出电阻就是从放大电路的输出端看回去的等效交流电阻。求其输出电阻值，同样应从输出端的交流等效电路入手。

(1)固定偏置放大电路输出电阻的计算。图 2-3 所示的固定偏置放大电路输出端的交流等效电路如图2-11所示。因晶体管集电极与发射极间的电阻很大，故放大电路的输出电阻近似等于集

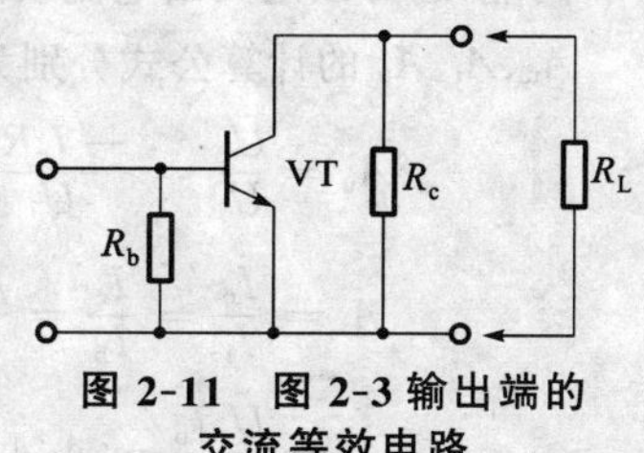

图 2-11　图 2-3 输出端的交流等效电路

电极电阻 R_c，即

$$r_o \approx R_c$$

(2)分压式电流负反馈偏置放大电路输出电阻的计算。图 2-8 所示为分压式电流负反馈偏置电路，输出端的交流等效电路如图 2-12 所示。与上述同理，它的输出电阻也近似等于集电极电阻 R_c，即

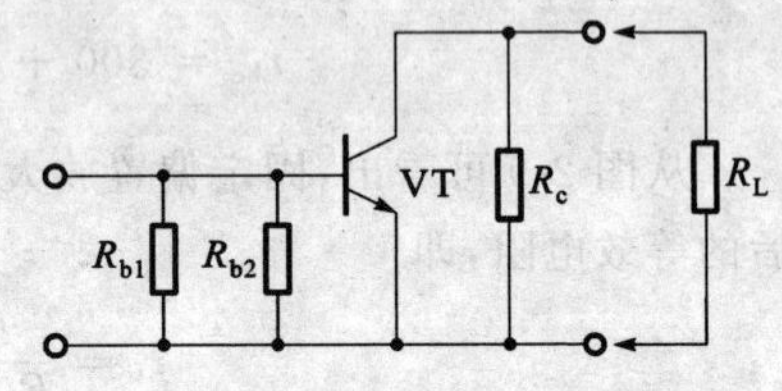

图 2-12　图 2-8 输出端的交流等效电路

$$r_o \approx R_c$$

75. 什么是放大电路的放大倍数？如何计算？

答：放大电路的放大倍数包括电压放大倍数、电流放大倍数和功率放大倍数，分别用 A_u、A_i、A_p 表示。

在交流放大电路中，电压放大倍数定义为放大电路输出正弦电压与输入正弦电压的复数值之比，即

$$\dot{A}_u = \frac{\dot{U}_O}{U_i}$$

严格地讲，电压放大倍数 $\dot{A}_u$ 也是一个复数，它的绝对值表示放大电路输出电压与输入电压有效值（也可以均为峰值）之比，即

$$A_u = |\dot{A}_u| = \frac{U_o}{U_i}$$

而 $\dot{A}_u$ 的相位则表示放大电路输出电压与输入电压之间的相位差。同理，还可以定义出电流放大倍数和功率放大倍数。

A_u、A_i、A_p 的计算公式分别为

$$A_u = \frac{U_o}{U_i} = \frac{-I_c R'_L}{U_i} = \frac{-\beta I_b R'_L}{I_b r_{be}} = -\frac{\beta R'_L}{r_{be}}$$

$$A_i = \frac{I_o}{I_i} = \frac{I_c}{I_b} = \frac{\beta I_b}{I_b} = \beta$$

$$A_p = \frac{U_o I_o}{U_i I_i} = A_u A_i$$

上述三式中，U_o、I_o 分别表示放大电路输出电压和电流的有效值；U_i、I_i 分别表示放大电路输入电压、电流的有效值；I_c、I_b 分别表示晶体管的集电极、基极电流；β 表示晶体管的放大系数；r_{be}表示晶体管的输入电阻值。式中的负号表示输出电压与输入电压反相。R'_L 为放大电路输出端的负载电阻值，即 R_L 与 R_C 并联后的电阻值。

76. 晶体管单管放大电路有哪三种基本接法？性能如何？

答：晶体管单管放大电路有共发射极电路、共基极电路和共集电极电路三种接法，它们的电路图和性能见表 2-2。

表 2-2 晶体管单管放大电路的接法和性能

名 称	共发射极电路	共集电极电路	共基极电路
电路图	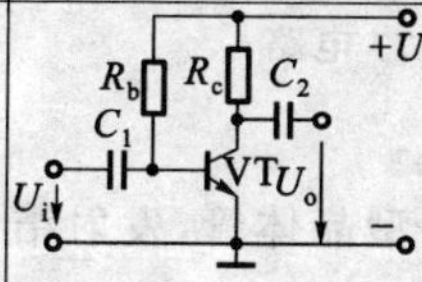	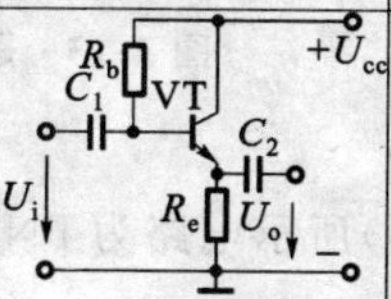	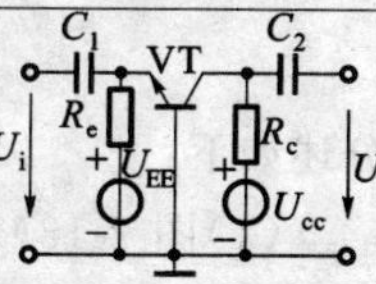
输出与输入电压的相位	反相	同相	同相
输入电阻	较小（约几百欧）	大（约几百千欧）	小（约几十欧）
输出电阻	较大（约几十千欧）	小（约几十欧）	大（约几百千欧）
电压放大倍数	大（几百到千倍）	<1	较大（几百倍）
电流放大倍数	大（几十到两百倍）	大（几十到两百倍）	<1
功率放大倍数	大（几千倍）	小（几十倍）	较大（几百倍）
频率特性	较差	好	好
稳定性	差	较好	较好
失真情况	较大	较小	较小
对电源要求	采用偏置电路，只需一个电源	采用偏置电路，只需一个电源	需要两个独立电源
应用	多级放大器的中间级、低频功率及电压放大中用得最多	输入级或输出级或作阻抗匹配用	高频、宽频带放大器，恒流源和振荡电路

注：PNP 型三种接法的电源极性与 NPN 型的相反。

77. 图 2-13 所示电路对输入信号能否实现放大？为什么？

答：图 2-13(a)～(e)所示电路均不能实现对输入信号放大，其理由

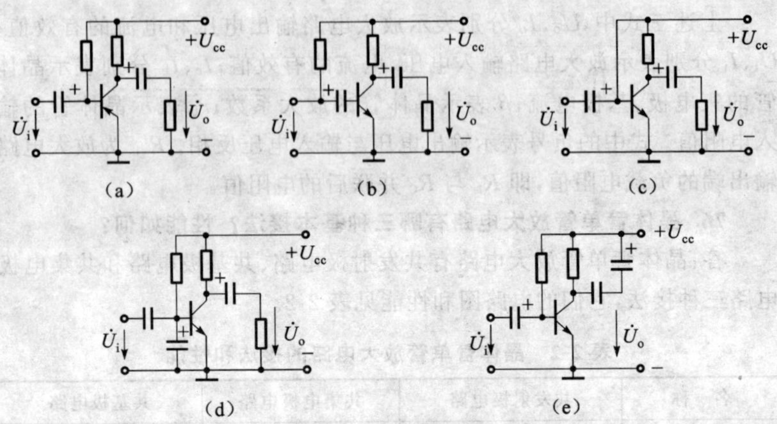

图 2-13 题 77 电路

分述如下：

(1)图 2-13(a)所示电路为 PNP 型晶体管，发射结反向偏置的电路，所以不能放大。

(2)图 2-13(b)所示电路无直流 I_b，不能正常设置静态工作点，所以不能放大。

(3)图 2-13(c)所示电路无 R_b 电阻，$U_{be}=U_{cc}$，直流 I_b 过大，所以不能放大。

(4)图 2-13(d)所示电路 U_i 被电容短路，所以不能放大。

(5)图 2-13(e)所示电路 U_o 被短路，无交流信号输出，所以不能放大。

78. 如何用图解法确定 NPN 型晶体管放大电路的静态工作点？

答：设 NPN 型晶体管放大电路如图 2-14(a)所示，NPN 型晶体管的输出特性曲线如图 2-14(b)所示。解题步骤如下：

(1)绘制直流负载线，求静态工作点。

$$U_{ce}=U_{cc}-I_cR_c$$

令 $$I_c=0,U_{ce}=20\text{V}$$

得 $$M\text{ 点}(20,0)$$

令 $$U_{ce}=0,I_c=10\text{mA}$$

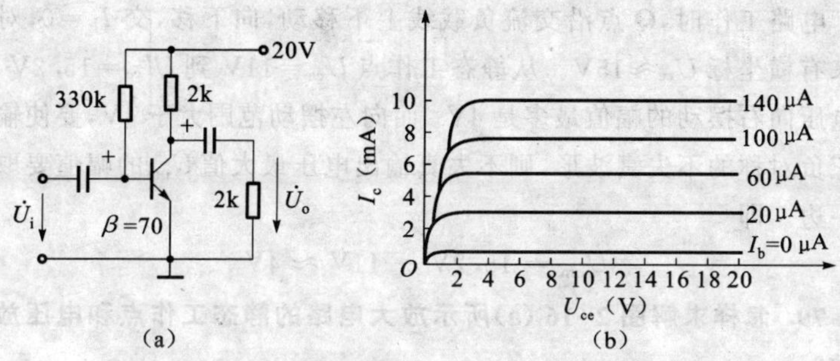

图 2-14　题 78 晶体管放大电路及其输出特性曲线

(a)电路图　(b)输出特性曲线

得　　　　　　　　　　　　N 点(0,10)

从电路图中得

$$I_b \approx \frac{20\text{V}}{330\text{k}\Omega} = 60\mu\text{A}$$

连 MN 得直流负载线交 $I_b=60\mu$A 时的特性曲线于 Q 点，如图 2-15 所示。Q 点即为该晶体管的静态工作点。从该点分别向 I_c 轴和 U_{ce}轴作垂线，有

$$I_c = 4.2\text{mA}, U_{ce} = 11\text{V}$$

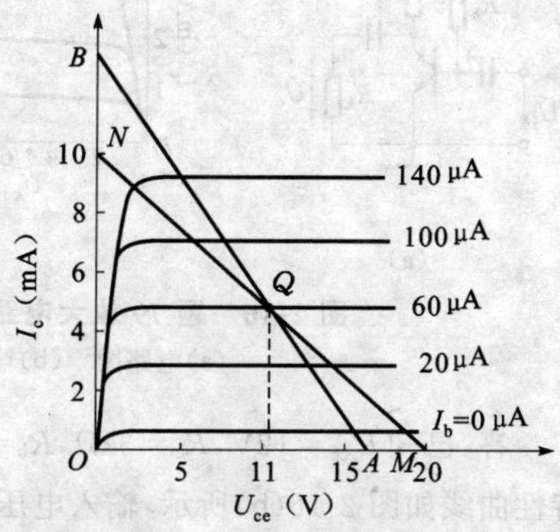

图 2-15　题 78 交直流负载线

（2）绘制交流负载线，求输出交流电压最大值。接入负载 R_L 后，放大电路的输出负载

$$R'_L = \frac{R_c + R_L}{R_c R_L}$$

$$U'_{ce} = U_{ce} + I_c R'_L = 11\text{V} + 4.2\text{mA} \times \frac{2+2}{2\times 2}\text{k}\Omega =$$
$$11\text{V} + 4.2\text{V} = 15.2\text{V}$$

得 A 点(15.2,0)。

根据直流负载线与交流负载线的关系，连 A、Q 两点并延长，交纵坐标 I_c 于 B 点，AB 线即交流负载线，如图 2-15 所示。

电路工作时，Q 点沿交流负载线上下移动，向下移，交 $I_b=0$，对应下来有横坐标 $U_{ce}\approx15V$。从静态工作点 $U_{ce}=11V$ 到 $U'_{ce}=15.2V$，输出电压向右摆动的幅值最多是 4V。而向左摆动范围大于 4V，要使输出为正负对称的不失真波形，则不失真输出电压最大值 U_{om} 的幅值要取小的一边。即

$$U_{om}=15.2V-11V\approx4V$$

79. 怎样求解图 2-16（a）所示放大电路的静态工作点和电压放大倍数？

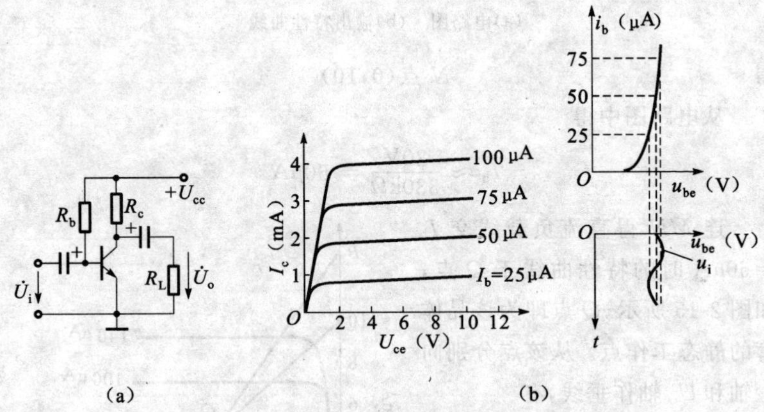

图 2-16 题 79 放大电路及其输出特性曲线

（a）电路图 （b）输出特性曲线

答：已知 $U_{cc}=12V$，$R_c=3k\Omega$，$R_b=240k\Omega$，$R_L=6k\Omega$，$\beta=40$，其输出特性曲线如图 2-16(b)所示，输入电压 $U_i=0.02\sin\omega tV$。

(1)估算放大电路的静态工作点 Q。

$$I_b\approx\frac{U_{cc}}{R_b}=\frac{12V}{240k\Omega}=50\mu A$$

$$I_c=\beta I_b=40\times50\mu A=2000\mu A=2mA$$

$$U_{ce}=U_{cc}-I_cR_c=12V-2mA\times3k\Omega=12V-6V=6V$$

(2)用图解法求放大电路的静态工作点 Q。

作直流负载线

$$U_{ce}=U_{cc}-I_cR_c$$

令 $I_c=0$

有 $U_{ce}=U_{cc}=12V$

得 M 点(12,0)

令 $U_{ce}=0$

有 $I_c=\frac{U_{cc}}{R_c}=\frac{12V}{3k\Omega}=4mA$

得 N 点(0,4)

连 MN 交 $I_b=50\mu A$ 特性曲线于 Q 点,如图 2-17 所示。

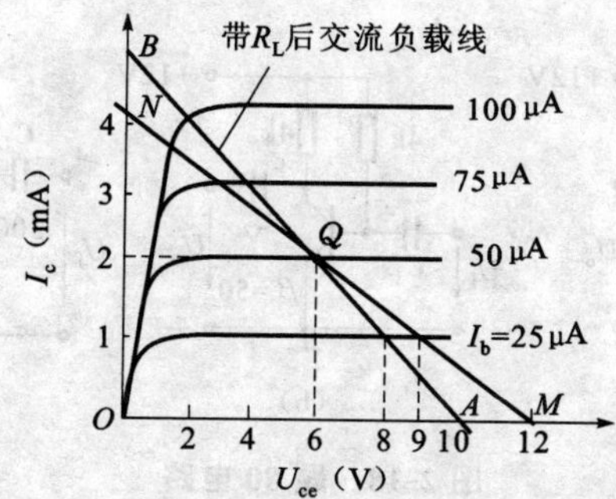

图 2-17　题 79 放大电路交直流负载线

Q 点:$I_b=50\mu A$;$I_c=2mA$;$U_{ce}=6V$

(3)R_L 开路时,交直流负载线重合,其不失真输出电压最大值 $U_{om}=9V-6V=3V$(负载线交 $I_b=25\mu A$ 的输出特性曲线对应在 U_{ce}上为 9V)。

根据电压放大倍数公式,输出端开路时的电压放大倍数

$$A_u=\frac{U_o}{U_i}=\frac{-3}{0.02}=-150$$

带负载 R_L 后,$R'_L=R_c//R_L=\frac{3\times6}{3+6}k\Omega=2k\Omega$

$U'_{ce}=U_{ce}+I_cR'_L=6V+2mA\times2k\Omega=6V+4V=10V$,得 A 点(10,0),连 A、Q 两点并延长,交纵坐标轴 I_c 于 B 点,AB 即交流负载线,如图 2-17 所示。分析图中输出电压摆幅,可得其不失真输出电压最大值

U_{om}

$$U_{om} = 8V - 6V = 2V$$

带负载后的电压放大倍数

$$A_u = \frac{-2}{0.02} = -100$$

80. 判断图 2-18 所示各电路处于什么工作状态?

答:(1)对于图 2-18(a)所示电路有

$$I_b \approx \frac{12V}{300k\Omega} = 40\mu A$$

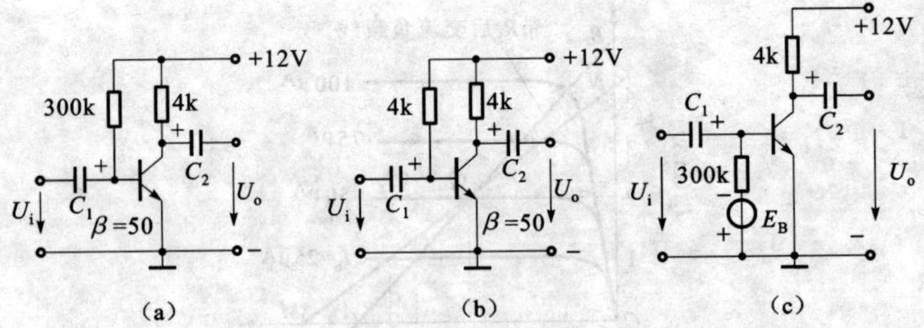

图 2-18　题 80 电路

$$I_c = 50 \times 40\mu A = 2000\mu A = 2mA$$

$$U_{ce} = 12V - 4 \times 10^3 \times 2 \times 10^{-3}V = 4V$$

晶体管的 Q 点能正常设置,$I_c = \beta I_b$,所以图 2-18(a)所示电路处于放大状态。

(2)对于图 2-18(b)所示电路有

$$I_b \approx \frac{U_{cc}}{R_b} = \frac{12}{4}mA = 3mA$$

$$\beta I_b = 50 \times 3mA = 150mA$$

晶体管饱和导通时电流

$$I_c \approx \frac{U_{cc}}{R_c} = \frac{12}{4}mA = 3mA$$

$I_c \ll \beta I_b$,即 I_c 与 I_b 之间的放大关系已不成立,I_b 过大,出现饱和失真。故图 2-18(b)所示电路工作在饱和状态。

(3)在图 2-18(c)所示电路中，晶体管发射结已处于反向偏置，$I_b=0$，因此该图所示电路处于截止状态。

81. 什么是放大电路的频率特性？表征频率特性的三个参数是什么？

答：放大电路的频率特性用来衡量放大电路对不同信号频率的适用程度。放大电路的频率特性可用放大电路的放大倍数与频率的关系来描述，表示为

$$\dot{A}_u = A_u(f)\angle\varphi(f)$$

式中 $A_u(f)$表示电压放大倍数的模和频率 f 的关系，称为幅频特性；而$\varphi(f)$表示放大电路输出电压与输入电压之间的相位差 φ 与频率 f 的关系，称为相频特性。

上式也可以写成放大倍数与角频率 ω 的关系式，即

$$\dot{A}_u = A_u(\omega)\angle\varphi(\omega)$$

单管放大电路的频率特性曲线如图 2-19 所示。

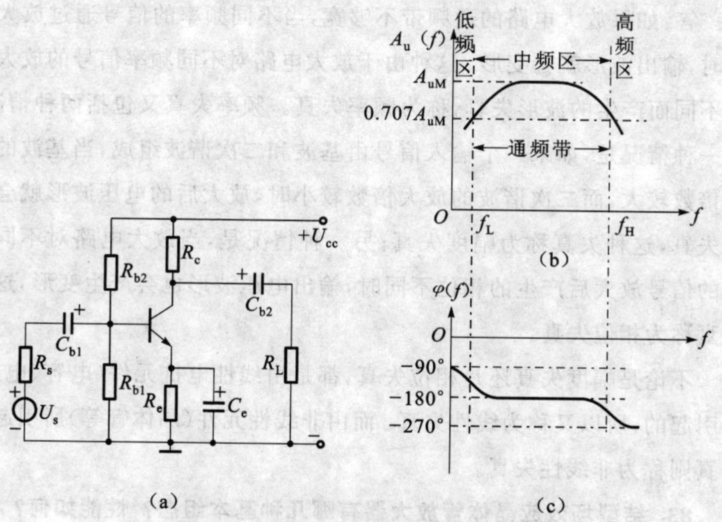

图 2-19 单管放大电路的频率特性

(a)电路图 (b)幅频特性曲线 (c)相频特性曲线

表征频率特性的三个参数是：中频区放大倍数 A_{uM}、下限频率 f_L 和上限频率 f_H，它们是放大电路的重要质量指标。

从图 2-19(b)的幅频特性曲线可见，在一个较宽的频率范围内，曲线是平坦的，即放大倍数不随信号频率而变，这一段频率范围称为中频区，中频区的放大倍数为 A_{uM}。

工程上规定，当放大倍数下降到中频区放大倍数的 $1/\sqrt{2}=0.707$ 倍时，相对应的低频频率和高频频率分别称为下限频率 f_L 和上限频率 f_H。在下限频率 f_L 与上限频率 f_H 之间的频率范围，通常称为放大电路的惯例通频带，简称通频带，又称为带宽，它是表征放大电路频率特性的又一项技术指标。

通频带用符号 BW 表示，单位为 Hz。$BW=f_H-f_L$，因为一般有 $f_H \gg f_L$，所以 $BW \approx f_H$。

82. 什么是幅度失真、相位失真和频率失真？

答：如果放大电路的通频带不够宽，当不同频率的信号通过放大电路时，输出波形就会变形。这种由于放大电路对不同频率信号的放大倍数不同而产生的波形失真，称为频率失真。频率失真又包括两种情况：第一种情况是，如果一个输入信号由基波和二次谐波组成，当基波的放大倍数较大，而二次谐波的放大倍数较小时，放大后的电压波形就会产生失真，这种失真称为幅度失真；另一种情况是，当放大电路对不同频率的信号放大后产生的相位不同时，输出电压波形也会产生变形，这种失真称为相位失真。

不论是幅度失真还是相位失真，都是由线性电抗元件（电容、电感）所引起的，所以又称为线性失真。而由非线性元件（晶体管等）所引起的失真则称为非线性失真。

83. 结型场效应晶体管放大器有哪几种基本组态？性能如何？

答：结型场效应晶体管放大器有共源极、共漏极、共栅极三种基本组态，它们的电路图和性能见表 2-3。

表 2-3　结型场效应晶体管三种放大电路的接法和性能

名称	共源极	共漏极	共栅极
电路图	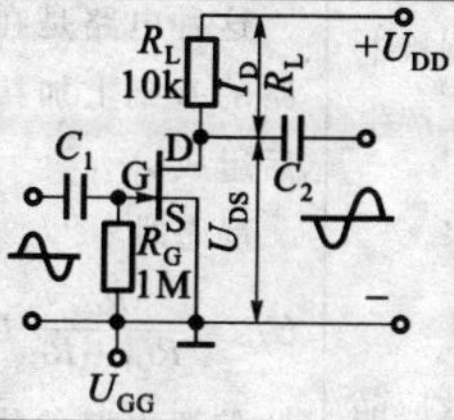	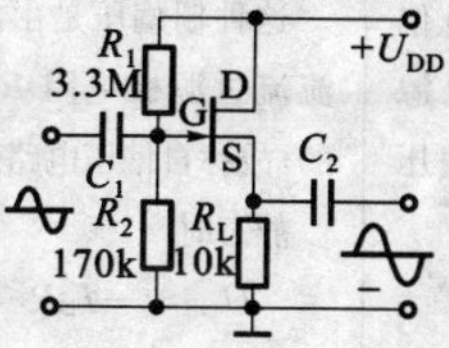	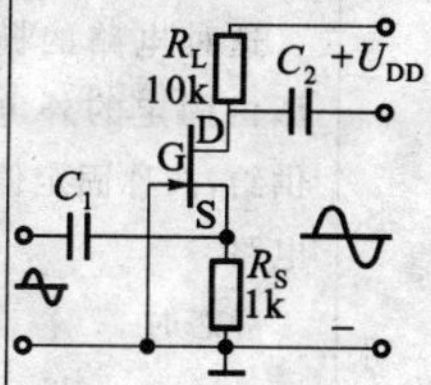
输入电阻 r_i	$R_G // r_{GS} \approx R_G$	$=R_1 // R_2$	r_i很低$\approx 1/g_m$
输出电阻 r_o	$R_L // r_{DS} \approx R_L$	$\approx R_L$	$\approx R_L$
电压放大倍数 A_u	$\approx -g_m R_L$	≈ 1	$\approx -g_m R_L$
特点	输入阻抗高、电压增益大，应用最广，但高频特性差	输入阻抗高、输出阻抗低，适用于阻抗变换，如缓冲放大器、电压跟随器	输入阻抗低、输出阻抗较高，频率特性好，常用于高频放大

84. 场效应晶体管常用偏置电路有几种？

答：场效应晶体管常用偏置电路有三种：固定偏压电路、自偏压电路和分压器式自偏压电路。其电路组成及相关说明见表 2-4。

表 2-4　场效应晶体管常用偏置电路

名称	固定偏压电路	自偏压电路	分压器式自偏压电路
电路图	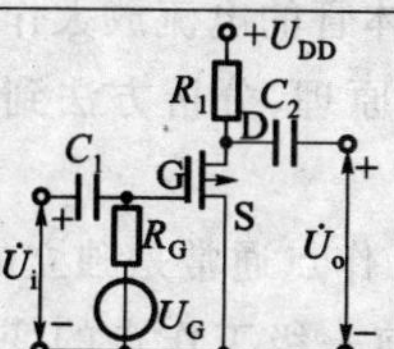	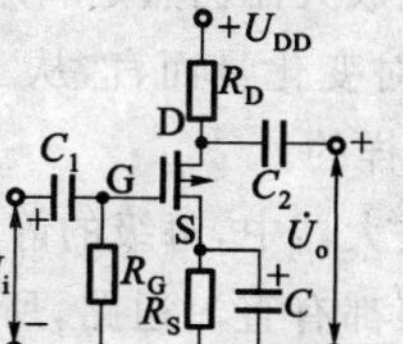	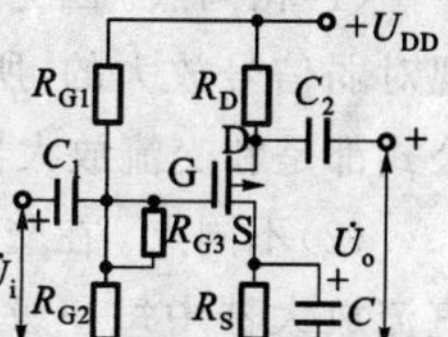

续表 2-4

名称	固定偏压电路	自偏压电路	分压器式自偏压电路
说明	这种电路的栅偏压由固定的外电源供给，故称固定偏压电路。 静态时 $U_{GS}=-U_G$ 因需电源 U_G，故不常用	这种栅偏压是由漏极电流流过源极电阻 R_S 产生的，故称自偏压电路。 静态时 $U_{GS}=-I_DR_S$ 只适用于耗尽型场效应晶体管负栅压运行，不能用于增强型场效应晶体管	这种电路是在自偏压电路的基础上加接分压电阻后组成。 静态时 $U_{GS}=\frac{R_{G2}}{R_{G1}+R_{G2}}U_{DD}-I_DR_S$ 此偏置电路的优点是参数的选择范围大，输入电阻高，故应用较广

85. 为什么增强型绝缘栅场效应晶体管放大电路无法采用自偏压电路？

答：增强型绝缘栅场效应晶体管放大电路，工作时 U_{GS} 为正，所以无法采用自偏压电路。

86. 什么是直流放大器？它与交流放大器有哪些异同？

答：输入信号和输出信号都是直流信号或变化缓慢的信号的放大器称为直流放大器。

直流放大器的主要作用是放大直流信号或频率很低的微弱信号。例如，在自动控制和自动测量的生产过程中，首先要将一些参数（如温度、速度、照度、压力、流量等）用传感器（如热电阻、测速传感器、光电传感器、压力传感器、流量传感器等）转变为电信号。这些微弱的电信号的极性往往是固定不变的（直流信号）或者是频率很低（变化极为缓慢）的信号，直流放大器将这些信号放大后输出至控制机构。

直流放大器和交流放大器既有相同点也有不同点。

(1)相同点。因为直流放大器仍然是利用晶体管的电流放大作用实现对弱信号放大的，所以对变化量而言，从工作原理、分析方法到计算公式都是和交流放大器一样的。

(2)不同点。在交流放大器中，每级的静态工作点通常是独立的，而直流放大器中每一级之间都有直流通路，所以前一级工作点的变化将被下一级放大而产生零点漂移的现象。此外，直流放大器在确定静态工作点时,有时要用直流输入电阻来考虑后级对前级工作点的影响,它和计算变化量信号时所用的交流输入电阻不同,二者不能混淆。

87. 直流放大器的主要技术指标有哪些?在结构上如何保证?

答:直流放大器除了要求具有高放大倍数和低零点漂移这两项主要指标以外,还要求具有低噪声、高输入阻抗和宽频带等性能,实际工作中,这些指标的实现可能有抵触,应综合考虑。

为了保证直流放大器主要指标的实现,直流放大器在结构上采取两项措施:采用直接耦合方式和减少零点漂移。

(1)采用直接耦合方式。直流放大器放大的都是直流信号或频率很低的微弱信号,对于这些信号的放大不能应用阻容耦合或变压器耦合。因为直流信号或缓变的信号若采用阻容耦合方式或变压器耦合方式,不是被耦合电容的隔直作用隔掉,就是被变压器一次绕组所呈现的低阻抗短路。只有采用直接耦合方式才能保证将这些信号无阻碍地一级一级放大后送到输出端。

(2)减少零点漂移。所谓零点漂移:是指当环境温度变化时,要引起晶体管本身参数的变化(如放大倍数随温度升高而变大),使直接耦合放大器的工作点也随之变化。假如第一级放大器的静态电位变化了,它将逐级放大,即使这时输入端短路,输出端仍出现较大的输出电压(叫漂移电压)。目前减少零点漂移的办法主要采用差动电路。采用差动电路的直流放大器称为差动放大器。

88. 差动放大电路在结构上有什么特点?其工作原理是怎样的?

答:差动式电路又称差分式或分差式电路。电路的特点是两个晶体管的特性曲线相同,且各自的集电极电阻 R_C、偏置电阻 R_{b2}、基极电阻 R_{b1}也相同,故电路两边是对称的。图 2-20 所示为最简单的差动式电路。当输入端加上输入信号 U_i 时,由于分压电阻 R 的分压作用,VT_1 管的输入为 $U_i/2$,VT_2 管的输入为 $-U_i/2$。上述这种输入状态叫做差动输入。由于输入信号极性不同,当 U_{i1}减小时,U_{i2}变大,对应的输出信号为 $U_o=U_{o1}-U_{o2}$。由于电路两边对称,所以无论是温度变化还是电源电压波动,对两只管子的影响是一样的,所以这些影响被互相抵消了。而输出信号 U_o 是 U_{o1}与 U_{o2}之差,即使 U_{o1}与 U_{o2}都因温度的影响而变化,但

反应到输出 U_o 中仍然为零。

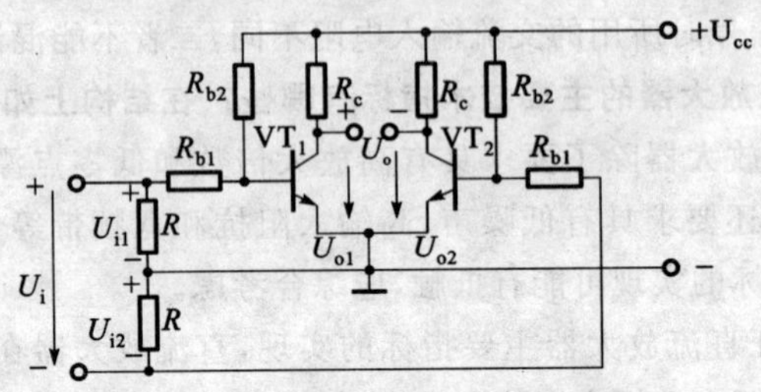

图 2-20 差动式放大电路的基本接法

图 2-20 电路的缺点是，从每个管子输出端对地的电压来看，漂移依旧很大。如果负载不是接在两个集电极之间，而是接到一个管子的输出端与地之间（这叫单端输出），那么零点漂移仍和单管放大电路一样，没有起到补偿作用。差动放大电路的电压放大倍数

$$A = A_1 = \frac{U_o}{U_i} = \frac{-\beta R_c}{R_{b1} + r_{be}}$$

式中 A——差动放大电路的电压放大倍数；

A_1——单管放大倍数；

r_{be}——单个晶体管的输入电阻（从 b 极、e 极两端看晶体管时管子所呈现的电阻）。

89. 差动放大电路有哪几种输入方式？各有什么特点？

答：当有信号输入时，差动放大电路（图 2-20）的工作情况可以分为下列几种输入方式来分析。

(1)共模输入。所谓共模，是指两个输入信号的电压大小相等、极性相同，即 $U_{i1}=U_{i2}$。这样信号的输入称为共模输入。

在共模输入信号的作用下，对于完全对称的差动放大电路来说，两管的集电极电位变化相同，因而输出电压等于零，所以它对共模信号没有放大能力，亦即放大倍数为零。

(2)差模输入。所谓差模，是指两个输入信号的电压大小相等、极性相反，即 $U_{i1}=-U_{i2}$。这样信号的输入称为差模输入。

设 $U_{i1}>0$，$U_{i2}<0$，则 U_{i1} 使 VT_1 的集电极电流增大了 Δi_{c1}，VT_1 的集电极电位（即其输出电压）降低了 ΔU_{c1}（负值）；而 U_{i2} 却使 VT_2 的集

电极电流减小了 Δi_{c2}，VT_2 的集电极电位升高了 ΔU_{c2}（正值）。这样，两个集电极电位一增一减，呈现异向变化，其差值即为输出电压

$$U_o = \Delta U_{c1} - \Delta U_{c2}$$

例如 $\Delta U_{c1}=-1V$，$\Delta U_{c2}=1V$，则

$$U_o = -1V - 1V = -2V$$

可见，在差模输入信号的作用下，差动放大电路两管集电极之间的输出电压为两管各自输出电压变化量的两倍。

(3)比较输入。两个输入信号的电压既非共模，又非差模，它们的大小和相对极性是任意的。例如 U_{i1} 是给定信号电压（或称基准电压），U_{i2} 是一个缓慢变化的信号（如反映炉温的变化）或是一个反馈信号，两者在放大电路的输入端进行比较后，得出偏差值 $(U_{i1}-U_{i2})$，差值电压经放大后，输出电压为

$$U_o = A_u(U_{i1} - U_{i2})$$

其值仅与偏差值有关，而不需要反映两个信号本身的大小。这种放大称为比较放大或差分放大。

90. 差动放大电路有哪四种常用接法？其性能如何？

答：差动放大电路常用的有差动输入双端输出、差动输入单端输出、单端输入双端输出、单端输入单端输出四种接法，其性能比较见表 2-5。

表 2-5 差动放大电路四种接法的性能比较

接 法	差动输入双端输出	差动输入单端输出
电路图	R_c R_c $+U_{cc}$ + U_o − R_b I_c R_L I_c R_b U_{i1} VT_1 VT_2 RP I_b I_b U_i I_e I_e R_e U_{i2} $-U_{cc}$	R_c R_c $+U_{cc}$ + R_b VT_1 R_L U_o VT_2 R_b U_i RP 1 R_e $-U_{cc}$
差模放大倍数 A_d	$-\dfrac{\beta(R_c//R_L/2)}{R_b+r_{be}}$	$-\dfrac{1}{2}\dfrac{\beta(R_c//R_L)}{R_b+r_{be}}$

续表 2-5

接　法	差动输入双端输出	差动输入单端输出
共模抑制比 K_{CMR}	很　高	较　高
输入电阻 r_i	$2(R_b+r_{be})$	$2(R_b+r_{be})$
输出电阻 r_o	$2R_c$	R_c
特　点	(1)放大倍数与单管基本放大电路相等 (2)若电路两边参数完全对称，则 $K_{CMR}=\infty$ (3)适用于对称输入、对称输出，输入输出均不接地的情况	(1)放大倍数等于单管基本放大电路的一半 (2)由于引入共模负反馈，电路仍有较高的共模抑制比 (3)常用于将差动信号转换为单端输出信号
接　法	单端输入双端输出	单端输入单端输出
电路图	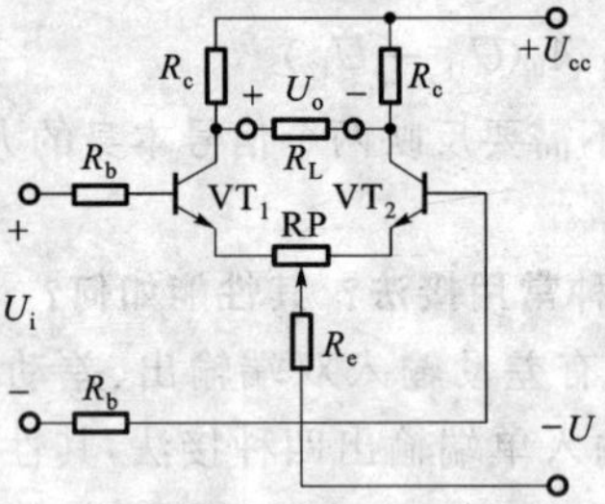	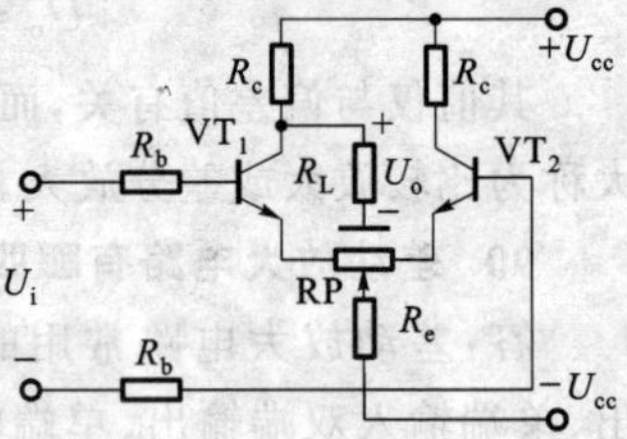
差模放大倍数 A_d	$-\dfrac{\beta(R_c//R_L/2)}{R_b+r_{be}}$	$-\dfrac{1}{2}\dfrac{\beta(R_c//R_L)}{R_b+r_{be}}$
共模抑制比 K_{CMR}	很　高	较　高
输入电阻 r_i	$2(R_b+r_{be})$	$2(R_b+r_{be})$
输出电阻 r_o	$2R_c$	R_c
特　点	(1)放大倍数与单管基本放大电路相等 (2)若电路两边参数完全对称，则 $K_{CMR}=\infty$ (3)常用于将单端输入信号转换成双端输出，作为下一级的差动输入。还可用于负载两端悬浮、均不接地的情况	(1)放大倍数等于单管基本放大电路的一半 (2)比单管基本放大电路具有更强的抑制零漂的能力 (3)适用于输入与输出均要求接地的情况。通过从不同的管子输出，可以得到输出与输入间为同相或反相关系

91. 什么是差动放大电路的共模抑制比？提高共模抑制比的途径有哪些？

答：通常用共模抑制比 K_{CMR} 来全面衡量差动放大电路放大差模信号和抑制共模信号的能力。其定义为放大电路对差模信号的放大倍数 A_d 和对共模信号的放大倍数 A_c 之比，即

$$K_{CMR} = \frac{A_d}{A_c}$$

其对数形式表示为：

$$K_{CMR} = 20\lg \frac{A_d}{A_c}$$

这时 K_{CMR} 的单位为 dB。

显然，共模抑制比越大，差动放大电路分辨所需要的差模信号的能力越强，而受共模信号的影响越小。对于双端输出差动电路，若电路完全对称，则 $A_c=0$，$K_{CMR}\rightarrow\infty$，这是理想情况。而实际情况是，电路完全对称并不存在，共模抑制比也不可能趋于无穷大。

提高双端输出差动放大电路共模抑制比的途径是：一方面要使电路参数尽量对称；另一方面应尽可能地增大共模抑制电阻 R_e（见表 2-5 中的电路图）的电阻值。对于单端输出的差动放大电路来说，提高共模抑制比的主要手段只能是加强共模抑制电阻 R_e 的作用。

92. 什么是差动放大电路的共模抑制电阻？

答：在典型差动放大电路中，发射极电阻 R_e（见表 2-5 中差动输入双端输出电路图）的主要作用是限制每个管子的漂移范围，进一步减小零点漂移，稳定电路的静态工作点。例如，当温度升高使 I_{C1} 和 I_{C2} 均增加时，则有如下的抑制漂移的过程

$$温度\uparrow \rightarrow \begin{cases} I_{c1}\uparrow \\ I_{c2}\uparrow \end{cases} \rightarrow I_e\uparrow \rightarrow U_{Re}\uparrow \rightarrow \begin{cases} U_{be1}\downarrow \rightarrow I_{b1}\downarrow \rightarrow I_{c1}\downarrow \\ U_{be2}\downarrow \rightarrow I_{b2}\downarrow \rightarrow I_{c2}\downarrow \end{cases}$$

可见，由于 R_e 上电压 U_{Re} 的增高，使每个管子的漂移得到抑制。对零点漂移的抑制能力，也反映了对共模信号的抑制能力。当差动电路输入共模信号时，对它的抑制过程与上述过程相似。因此 R_e 被称为共模抑制电阻。

93. 多级放大器常见的耦合方式有哪几种？各有什么特点？

答：多级放大器常见的耦合方式有阻容耦合、变压器耦合和直接耦合三种，电路图和特点见表 2-6。

表 2-6 常见多级耦合放大器的特点

耦合方式	电路	特点	元件的作用
阻容耦合	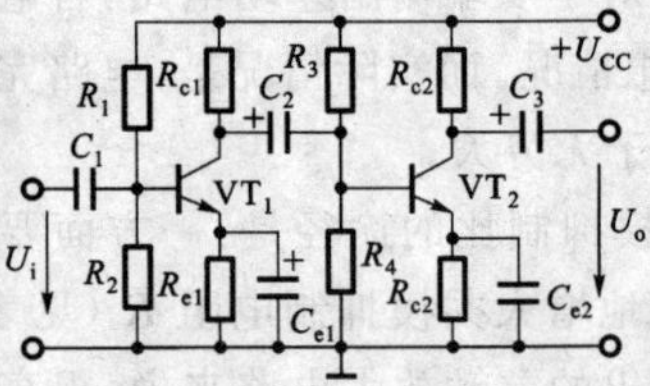	(1)各级有各自独立的稳定工作点，稳定性高 (2)输入和输出阻抗相差较大，阻抗不匹配，耦合损耗大，功率增益低 (3)集电极电阻有功率损耗，效率低，适用于低频电压前置放大	C_1、C_2、C_3 是耦合电容，一般为 10～50μF 的电解电容，起交流耦合直流隔离的作用，R_{C1}、R_{C2} 是集电极负载电阻，为 2～10kΩ
变压器耦合	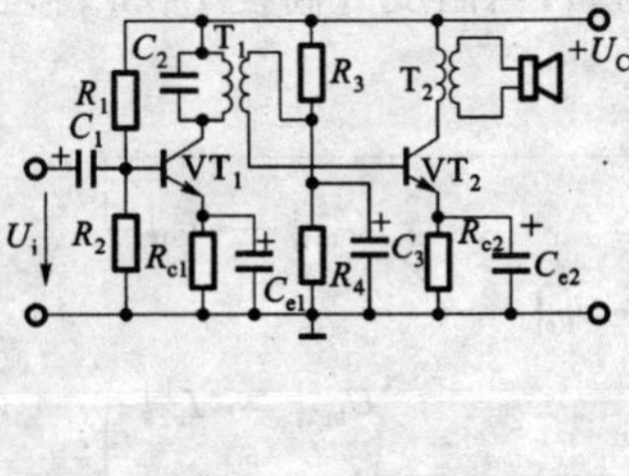	(1)直流损耗小，效率较阻容耦合高 (2)适当选择耦合变压器 T_1 的变比，可使级间阻抗匹配，从而可提高功率增益 (3)频率特性差，体积大，成本高，多用于低频放大的末前级和末级作功率放大，为了提高效率，其最后一级可做成变压器耦合的推挽功率放大	T_1 是耦合变压器，变比为 3～6，起交流耦合及阻抗匹配作用，T_2 是输出变压器，起阻抗变换作用

续表 2-6

耦合方式	电 路	特 点	元件的作用
直接耦合	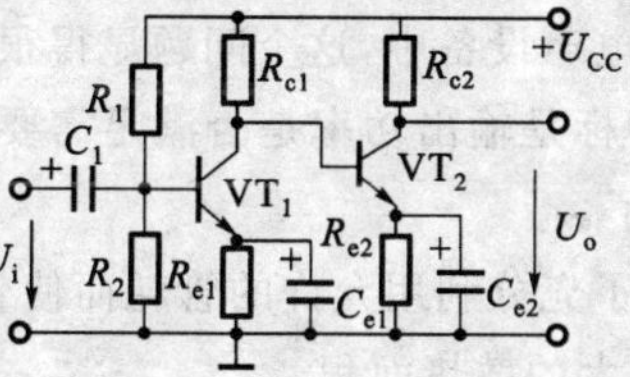	(1)因为是直接耦合，所以频率特性好，且可放大直流和缓慢变化的信号 (2)电路简单，放大能力高 (3)效率低，且因各级的工作点相互有影响，故调整麻烦，当温度变化时，工作点将发生变化，难以保证正常的工作，应采用其他措施减少温度对它的影响。用在直流放大或低频前置放大	R_{C1}、R_{C2}是集电极负载电阻，且是后级的基极偏置电阻；R_e是偏置电阻，使VT有一个正常的工作电压U_{ce}

94. 什么是音频小信号放大电路？

答：音频一般指 20～20000Hz 的低频信号，小信号是指信号电平使晶体管工作在放大区中的线性范围内，它只占放大区的很小部分。小信号放大电路用来将微弱信号进行放大后去推动功率级，因此也称前置放大电路。

95. 功率放大电路的作用是什么？对功率放大电路的基本要求有哪些？

答：在科学实验和生产实践中，常常要求电子设备或放大电路的最后一级能带一定的负载。例如：使扬声器的音圈振动发出声音；推动电动机旋转，使继电器或记录仪表动作；在雷达显示器或电视机显像管上使光点随信号偏转等，这就要求放大电路的输出信号有较大的功率。因此，通常将这最后一级的放大电路称为功率放大电路。

对功率放大电路的基本要求是：

(1)输出功率尽可能大。为了获得大的功率输出，要求晶体管的电压和电流都有足够大的输出幅度。因此，晶体管往往在接近极限的状态下工作。

(2)效率要高。由于输出功率大,因此,直流电源消耗的功率也大,这就存在一个效率问题。这里所说的效率,是指负载得到的有用信号的功率和电源供给的直流功率的比值。效率高,就是要求这个比值大。

(3)非线性失真要小。功率放大电路中的晶体管是在接近极限的条件下工作,所以不可避免地会产生非线性失真,而且同一晶体管输出功率越大,非线性失真越严重。需要指出的是,在不同设备中,对非线性失真的要求不同。例如:在测量设备和电声设备中,这个问题显得很重要;而在电动机等控制设备中,其主要指标是输出功率是否满足需要,对非线性失真的要求就显得不那么重要了。

(4)注意晶体管的散热问题。为了充分利用允许的管耗而使管子输出足够大的功率,应使晶体管有足够大的散热面积。

(二)基本反馈电路

96. 什么是电子电路中的反馈?什么是正反馈?什么是负反馈?各有什么特点?

答:凡是将电子电路(或某个系统)输出信号(电压或电流)的一部分或全部引回到输入端,均称为反馈。将信号引回输入端的电路称为反馈电路。

带有反馈电路的电子电路框图如图 2-21 所示,它含有两个部分:一个是基本放大电路 A,可以是单级或多级的;一个是反馈电路 F。反馈电路将放大电路的输出端和输入端连接起来。多数反馈电路是由电阻元件组成的。

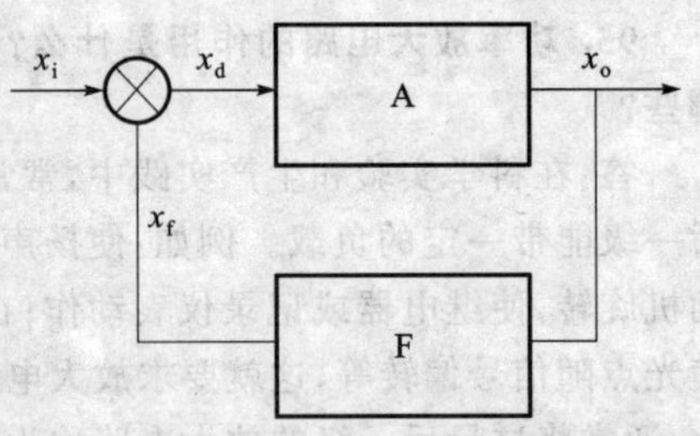

图 2-21 带有反馈电路的电子电路框图
A. 放大电路 F. 反馈电路

图中,x 表示信号,它既可以是电压,也可以是电流。信号的传递方向如图中箭头所示,x_i、x_o和 x_f 分别为输入信号、输出信号和反馈信号。

x_f 和 x_i 在输入端比较(⊗是比较环节的符号),得到净输入信号 x_d。

若反馈信号使净输入信号增大,因而输出信号也增大的,则称为正反馈。若反馈信号使净输入信号减小,因而输出信号也减小的,则称为负反馈。可见电路中引入正反馈后,其放大倍数会升高;反之,电路中引入负反馈后,其放大倍数要降低。

负反馈虽然使放大倍数有所下降,但却换来了放大电路其他性能的改善。正反馈虽然在一定程度上提高了放大倍数,但放大电路的其他性能因引进正反馈而变坏,所以它的应用远不及负反馈普遍。

97. 放大电路中的负反馈有哪几种类型?各有什么特点?

答:根据反馈电路从基本放大电路输出端取样方式(电压或电流)的不同,以及反馈信号引回输入端比较方式(串联或并联)的差异,反馈电路有四种类型,即电压串联负反馈、电压并联负反馈、电流串联负反馈、电流并联负反馈。

不同类型的反馈放大器,各具特点,在输入信号恒定的情况下,凡属电压负反馈电路,趋向于维持输出电压恒定;而电流负反馈电路则趋向于维持输出电流恒定。输出电压恒定与输出电阻低紧密相关;而输出电流恒定则与输出电阻高紧密相关。串联反馈增加输入电阻,而并联反馈则减小输入电阻。

98. 如何判别反馈放大器的极性?

答:关于反馈放大器反馈极性的判别,一般采用瞬时极性法。此法的要领是:对电路通入一正弦信号,以此为出发点,标出电路各处对共同端电压的瞬时极性,在所考虑的瞬间,观察反馈信号是削弱净输入信号,还是加强净输入信号,如系前者,放大倍数下降,称为负反馈;如系后者,放大倍数增加,则是正反馈。

关于电压、电流反馈的判别,可以从两方面来考虑,一方面是直接从电路观察,若反馈信号是取样于输出节点电压,就是电压反馈;若反馈信号是取样于输出回路电流,就是电流反馈。另一方面也可以根据电压反馈与电流反馈的定义,通过将输出端对地短接的方法来考查,短接后,反馈信号立即消失的叫做电压反馈,否则便是电流反馈。

至于串、并联反馈方式的问题,可从电路结构直接判别。

99. 什么是串联电压负反馈电路？

答：串联电压负反馈电路原理图如图 2-22(a)所示，框图如图 2-22(b)所示，从图中可见，电路中引入负反馈，$u_d = u_i - u_f$。

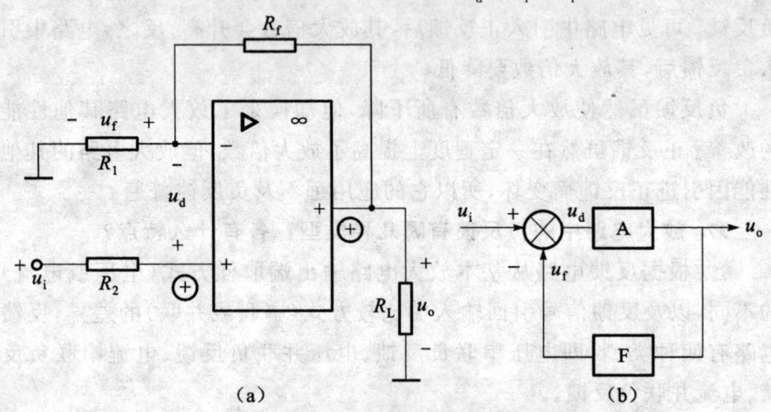

图 2-22　串联电压负反馈电路

(a)原理图　(b)框图

反馈电压 u_f 取自输出电压 u_o，并与之成正比$\left(u_f = \frac{R_1}{R_f + R_1}u_o\right)$，故为电压反馈。反馈信号与输入信号在输入端以电压的形式作比较，两者串联，故为串联反馈。

100. 什么是并联电压负反馈电路？

答：并联电压负反馈电路原理图如图 2-23(a)所示，框图如图 2-23(b)所示。设某一瞬时输入电压 u_i 为正，则反相输入端电位的瞬时极性为正，输出端电位的瞬时极性为负。此时反相输入端的电位高于输出端的电位，输入电流 i_i 和反馈电流 i_f 的实际方向即如图中所示。净输入电流 $i_d = i_i - i_f$，即 i_f 削弱了净输入电流，故为负反馈。

反馈电流 i_f 取自输出电压 u_o，并与之成正比$\left(i_f = \frac{u_f - u_o}{R_f} = -\frac{u_o}{R_f}\right)$，故为电压反馈。反馈信号与输入信号在输入端以电流的形式作比较，i_f 和 i_d 并联，由 i_i 供电，故为并联反馈。

101. 什么是串联电流负反馈电路？

答：串联电流负反馈电路原理图如图 2-24(a)所示，框图如图 2-24

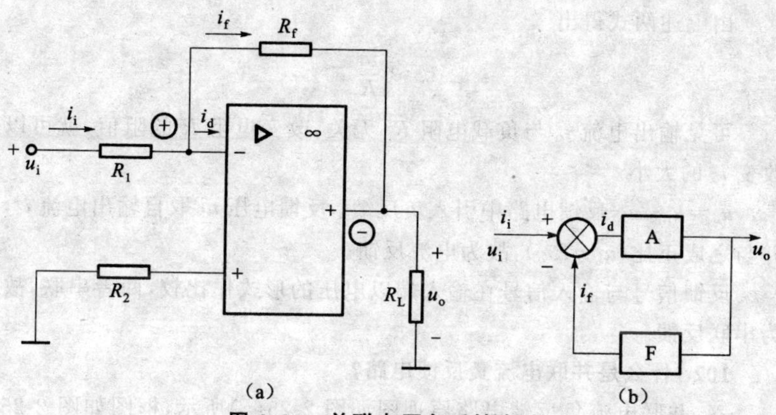

图 2-23 并联电压负反馈电路

(a)原理图 (b)框图

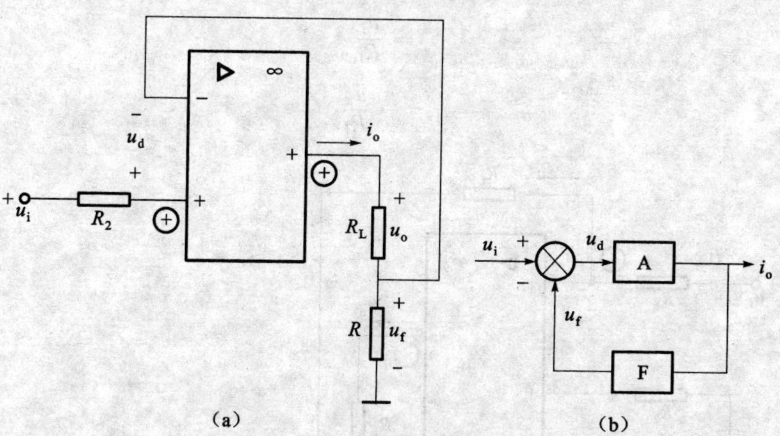

图 2-24 串联电流负反馈电路

(a)原理图 (b)框图

(b)所示。从图中可见，

$$u_o = \left(1 + \frac{R_L}{R}\right) u_i$$

输出电流

$$i_o = \frac{u_o - u_-}{R_L} \approx \frac{u_o - u_i}{R_L}$$

由上述两式得出

$$i_o \approx \frac{u_i}{R}$$

可见输出电流 i_o 与负载电阻 R_L 无关，改变电阻 R 的阻值，就可以改变 i_o 的大小。

$u_d = u_i - u_f$，反馈电路中引入负反馈。反馈电压 u_f 取自输出电流 i_o，并与之成正比（$u_f = Ri_o$），故为电流反馈。

反馈信号与输入信号在输入端以电压的形式作比较，两者串联，故为串联反馈。

102. 什么是并联电流负反馈电路？

答：并联电流负反馈电路原理图如图 2-25(a)所示，框图如图 2-25(b)所示。由图可得出

$$i_i = \frac{u_i}{R_1}$$

$$i_f = -\frac{u_R}{R_f}$$

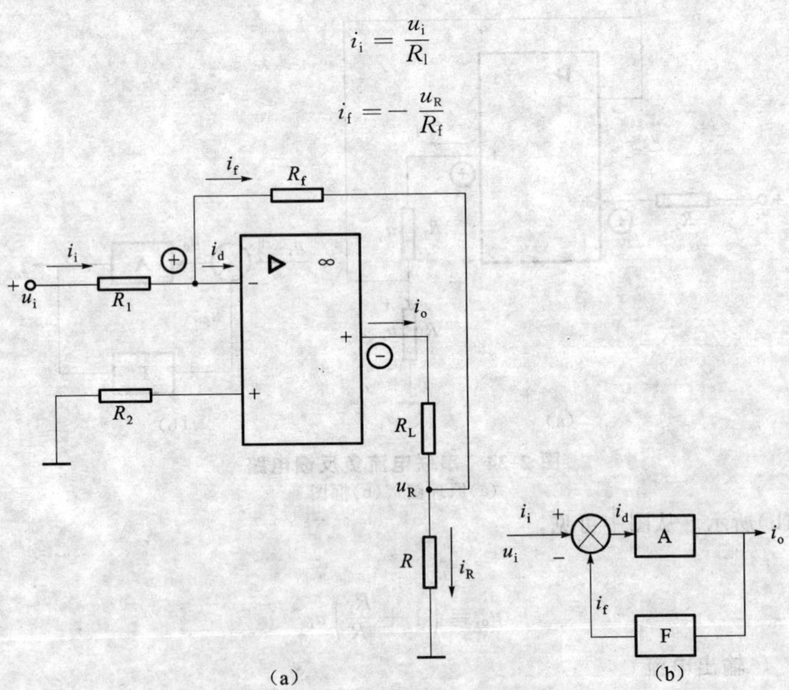

图 2-25 并联电流负反馈电路

(a)原理图 (b)框图

设 $i_i \approx i_f$，则得

$$u_R = -\frac{R_f}{R_1}u_i$$

输出电流

$$i_o = i_R - i_f = \frac{u_R}{R} + \frac{u_R}{R_f} = -\left(\frac{1}{R} + \frac{1}{R_f}\right)\frac{R_f}{R_1}u_i$$

$$= -\frac{1}{R_1}\left(\frac{R_f}{R} + 1\right)u_i$$

可见输出电流 i_o 与负载电阻 R_L 无关，改变电阻 R_f 或 R 的阻值，就可以改变 i_o 的大小。

设 u_i 为正时，反相输入端和输出端电位的瞬时极性如图所示，差值电流 $i_d = i_i - i_f$，故为负反馈。反馈电流

$$i_f \approx i_i = \frac{u_i}{R_1} = -\frac{1}{\left(\frac{R_f}{R} + 1\right)}i_o = -\frac{R}{R_f + R}i_o$$

由于反馈电流 i_f 取自输出电流 i_o，并与之成正比，故为电流反馈。

反馈信号与输入信号在输入端以电流的形式作比较，i_f 和 i_d 并联，由 i_i 供电，故为并联反馈。

103. 如果输入信号本身已是一个失真的正弦量，试问引入负反馈后能否改善失真，为什么？

答：由于放大器包含晶体管这样的非线性元件，或者由于放大器整流电源的脉动成分所造成的干扰，都可以引起放大器输出波形的失真。利用负反馈，把输出端的信号引到输入回路来，就可以在一定程度上纠正输出波形的畸变，反馈愈深，放大器的失真就愈小。但是应当注意，负反馈减少非线性失真是针对反馈环内而言的，如果输入信号本身已经是一个失真的正弦量，负反馈是无效的，不能改善失真情况。

104. 什么是放大电路的开环放大倍数、闭环放大倍数、反馈系数和反馈深度？

答：(1)由图 2-21 所示带有负反馈的放大电路框图可知，放大电路的开环放大倍数是指未引入负反馈时的放大倍数 A，其数值为

$$A = \frac{x_o}{x_d} = \frac{x_o}{x_i - x_f}$$

x_d 为引入负反馈后的净输入信号，

$$x_d = x_i - x_f$$

(2)反馈信号与输出信号之比称为反馈系数 F，即

$$F = \frac{x_f}{x_o}$$

(3)包括反馈电路在内的整个放大电路的放大倍数，即引入负反馈时的放大倍数称为闭环放大倍数 A_f，其数值为

$$A_f = \frac{x_o}{x_i} = \frac{Ax_d}{x_d + x_f} = \frac{A}{1 + AF}$$

因 $AF = x_f/x_d$，而 x_f 与 x_d 同是电压或电流，且为正值，故 AF 为正实数。因此，由上式可知，$|A_f| < |A|$，即引入负反馈后放大倍数降低了。

(4)上式中的$(1+AF)$称为反馈深度，其值愈大，负反馈作用愈强，$|A_f|$也就愈小。

105. 负反馈对放大电路工作性能有哪些影响？

答：负反馈对放大电路工作性能的影响有以下几方面：降低放大倍数；提高放大倍数的稳定性；改善波形失真；展宽通频带；影响放大电路的输入电阻 r_i 和输出电阻 r_o。负反馈的类型不同，对 r_i 和 r_o 的作用方式和影响程度也不同。四种负反馈对 r_i 和 r_o 的影响见表 2-7。

表 2-7　四种类型负反馈对 r_i 和 r_o 的影响

项　目	负　反　馈　类　型			
	串联电压	串联电流	并联电压	并联电流
输入电阻 r_i	增高	增高	减低	减低
输出电阻 r_o	减低	增高	减低	增高

三、数字电路基础

(一)脉冲与数字电路

106. 什么是脉冲电路和数字电路?

答:(1)凡波形不随时间连续变化的信号统称为脉冲信号。也就是说脉冲信号是一种跃变信号。产生、变换、放大、整形、控制、测量脉冲信号的电路称为脉冲电路。

(2)数字信号是指可以用“1”和“0”两个二进制数字表示的信号。在实际电路中,“1”和“0”可以用脉冲的“有”和“无”或高电平“H”和低电平“L”来代表,从而把脉冲和数字联系在一起。用于产生和处理各种数字信号的电路称为数字电路。因数字电路中输出信号与输入信号之间具有一定的逻辑关系,所以数字电路也称逻辑电路。

虽然数字电路是靠脉冲的有无、宽度、频率来表示的,但数字电路中所传递和表示的并不是脉冲量的变化,而是单元电路之间信号的逻辑关系。由于各种干扰与噪声,只对脉冲的幅度有一定影响,一般不至于影响脉冲的有无,故数字电路具有精度高、速度快、抗干扰能力强等优点。因此,在自动控制、计算技术、雷达、电视、遥测遥控等许多方面获得日益广泛的应用。

107. 数字电路和模拟电路有哪些不同点?

答:数字电路和模拟电路不同点见表3-1。

表3-1 数字电路和模拟电路的比较

项 目	电 路	
	模拟电路	数字电路
工作信号	模拟信号(连续的)	数字信号(断续的)
电路主要功能	放大作用	算术运算、逻辑运算

续表 3-1

项　目	电　路	
	模拟电路	数字电路
研究主要问题	放大性能	逻辑功能
基本单元电路	放大器	门电路、触发器
分析工具	图解法、微变等效电路法	逻辑代数、真值表、卡诺图
晶体管工作状态	放大状态	饱和或截止状态

108. 脉冲波形有哪些主要参数?

答:下面以图 3-1 所示实际的矩形波来说明脉冲波形的主要参数。

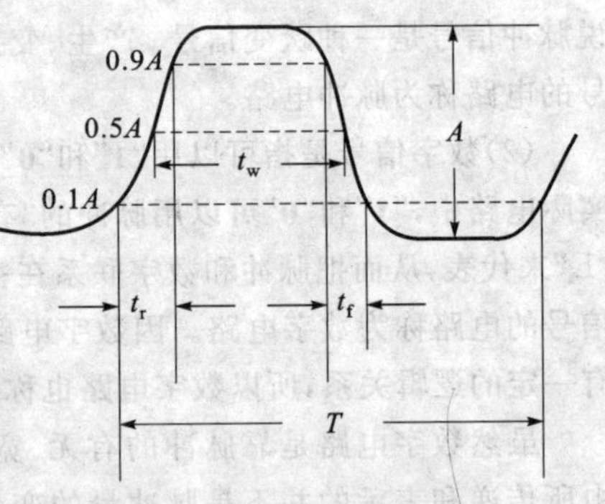

图 3-1　实际的矩形波

(1)脉冲幅度 A。脉冲信号变化的最大值。

(2)脉冲上升时间 t_r。从脉冲幅度的 10%上升到 90%所需的时间。

(3)脉冲下降时间 t_f。从脉冲幅度的 90%下降到 10%所需的时间。

(4)脉冲宽度 t_w。从上升沿的脉冲幅度的 50%到下降沿的脉冲幅度的 50%所需的时间,这段时间也称为脉冲持续时间。

(5)脉冲周期 T。周期性脉冲信号相邻两个上升沿(或下降沿)的脉冲幅度的 10%两点之间的时间间隔。

(6)脉冲频率 f。单位时间的脉冲数,$f=1/T$。

(7)占空比 q。脉冲宽度 t_w 与脉冲周期 T 之比,即 $q=t_w/T$。

109. 什么是正逻辑和负逻辑?

答:在数字电路中,若规定以“**1**”表示高电平“H”,以“**0**”表示低电平“L”,称为正逻辑。反之,若规定以“**0**”表示高电平“H”,以“**1**”表示低电平“L”,称为负逻辑。本书中均采用正逻辑。

110. 什么是与逻辑、或逻辑和非逻辑？

答：只有决定事物结果的全部条件同时具备时，结果才会发生，这种因果关系(或称逻辑关系)就是与逻辑。与逻辑关系可用下式表示：

$$A \cdot B = Y$$

在决定事物结果的几个条件中只要有一个或一个以上条件具备时，结果就会发生，这种因果关系就是或逻辑。或逻辑关系可用下式表示：

$$A + B = Y$$

条件具备了，结果不发生；而条件不具备时，结果却发生了，这种因果关系就是非逻辑。非逻辑关系可用下式表示：

$$\overline{A} = Y$$

111. 什么是组合逻辑电路？什么是时序逻辑电路？各有哪些电路类型？

答：在任何时刻，输出信号只决定于同一时刻各输入信号的组合，而与信号作用前电路的状态无关的逻辑电路称为组合逻辑电路。组合逻辑电路都是由基本的逻辑门电路构成的。常见的组合逻辑电路有编码器、译码器、数字分配器、数字选择器、半加器、全加器、数码比较器和奇偶校验器等。

在任何时刻的输出信号，不仅取决于该时刻的输入信号，而且还取决于电路原来的状态的逻辑电路，称为时序逻辑电路。触发器是组成时序逻辑电路的基本单元。典型的时序逻辑电路有计数器、寄存器和顺序脉冲分配器等。

(二)门电路与组合逻辑电路

112. 什么是门电路？基本门电路有哪几种？

答：门电路的输入信号与输出信号之间存在着一定的逻辑关系，这种逻辑关系表现为在满足一定条件时，允许信号通过，否则就不能通过。由于这种电路的作用类似于生活中门的作用，故常称为逻辑门电路。门电路是数字电路中最基本的单元电路。门电路可以用二极管、晶体管等分立元件组成，也可以用集成电路实现，称数字集成门电路。

基本门电路有与门、或门和非门三种电路。

113. 由开关组成的基本门电路是怎样的？

答：由开关组成的基本门电路如图 3-2 所示。

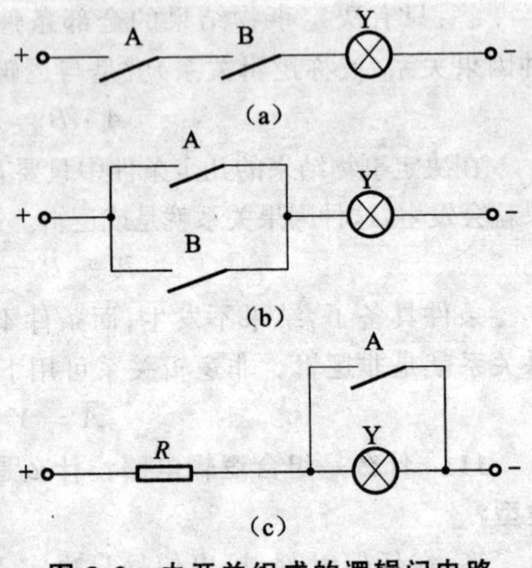

图 3-2　由开关组成的逻辑门电路

(a)与门　(b)或门　(c)非门

在图 3-2(a)中，开关 A 和 B 串联，只有当 A 与 B 同时接通时(条件)，电灯 Y 才亮(结果)。这两个串联开关所组成的就是一个与门电路。

在图 3-2(b)中，开关 A 和 B 并联，当 A 接通或 B 接通，或 A 和 B 同时接通时，电灯 Y 都亮。这两个并联开关所组成的就是一个或门电路。

在图 3-2(c)中，开关 A 和电灯 Y 并联，当 A 接通时，电灯 Y 不亮；当 A 断开时，电灯 Y 就亮。这个开关所组成的就是一个非门电路。

114. 由分立元件组成的基本逻辑门电路有哪几种？它们的逻辑关系是怎样的？

答：由分立元件组成的基本逻辑门电路有二极管与门电路、二极管或门电路和晶体管非门电路。

(1)二极管与门电路。图 3-3(a)所示是二极管与门电路，它有两个输入端 A 和 B，一个输出端 Y。也可认为 A 和 B 是它的两个输入信号或称输入变量，Y 是输出信号或称输出变量。图 3-3(b)和(c)所示分别为与门电路的逻辑符号和波形图。

当输入变量 A 和 B 全为高电平“**1**”时(设两个输入端的电位均为 3V)，两个二极管 VD_A、VD_B同时导通，Y 点输出为 3V 高电平“**1**”。只要 A、B 两端有一个为 0V 的低电平“**0**”时，就有一个二极管 VD_A或 VD_B优先导通，输出端 Y 点电位就被箝位在 0V，即输出为低电平“**0**”。上述结果可用表 3-2 表示，称为逻辑状态表或逻辑真值表。它可和图 3-3(c)所示的波形图相对照。

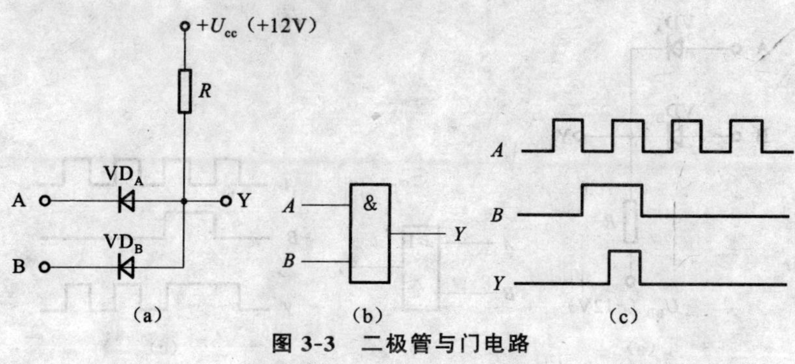

图 3-3　二极管与门电路

(a)电路　(b)逻辑符号　(c)波形图

表 3-2　与门逻辑真值表

A	B	Y
0	**0**	**0**
0	**1**	**0**
1	**0**	**0**
1	**1**	**1**

“与”逻辑关系又称为逻辑乘，其表达式为

$$Y = A \cdot B = AB$$

参照表 3-2，逻辑乘的基本运算如下：

0×0=0　　0×1=0　　1×0=0　　1×1=1

与门电路的输入端可以不止两个，其逻辑关系可总结为“见 **0** 出 **0**，全 **1** 出 **1**”。

(2)二极管或门电路。图 3-4(a)所示是二极管或门电路，图 3-4(b)和(c)分别为或门电路的逻辑符号和波形图。

当输入端中至少有一个是 3V 高电平“**1**”时，就至少有一个二极管 VD_A 或 VD_B 优先导通，输出端 Y 就被箝位在 3V 高电平“**1**”，另一个二极管因承受反向电压而截止。当所有的输入端都是 0V 低电平“**0**”时，所有的二极管均同时导通，输出端 Y 才输出 0V 低电平“**0**”。逻辑真值表见表 3-3。它可和图 3-4(c)的波形图相对照。

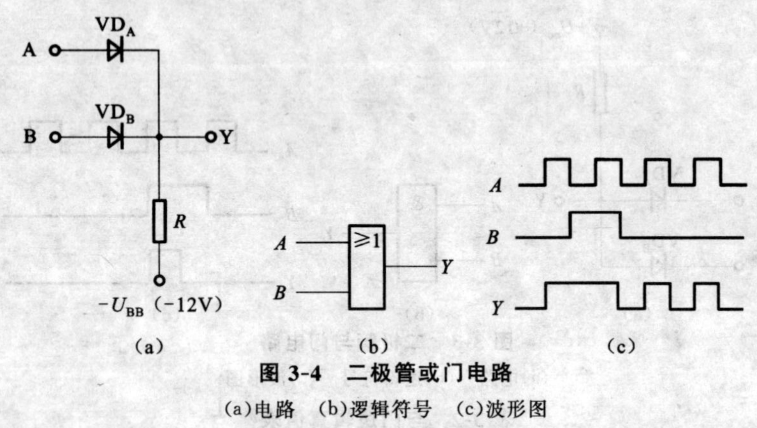

图 3-4　二极管或门电路

(a)电路　(b)逻辑符号　(c)波形图

表 3-3　或门逻辑真值表

A	B	Y
0	**0**	**0**
0	**1**	**1**
1	**0**	**1**
1	**1**	**1**

"或"逻辑关系又称逻辑加，其表达式为

$$Y = A + B$$

参照表 3-3，逻辑加的基本运算如下：

0+0=0　　0+1=1　　1+0=1　　1+1=1

或门逻辑关系可总结为"见 **1** 出 **1**，全 **0** 出 **0**"。

(3)晶体管非门电路。图 3-5(a)所示是晶体管非门电路。它不同于放大电路，管子的工作状态或从截止转为饱和或从饱和转为截止。非门的逻辑关系是：输入低电平"**0**"时，输出高电平"**1**"；输入高电平"**1**"时，输出低电平"**0**"，故非门电路又称为反相器。若电路参数选择合适，当基极 A 端输入高电平"**1**"时，晶体管饱和导通，集电极 Y 端便输出低电平"**0**"；反之，A 端输入低电平"**0**"时，晶体管因发射结反偏而截止，Y 端便输出高电平"**1**"。加负电源 U_{BB}是为了使晶体管可靠截止。非门逻辑真值表见表 3-4。它可和图 3-5(c)所示的波形图相对照。

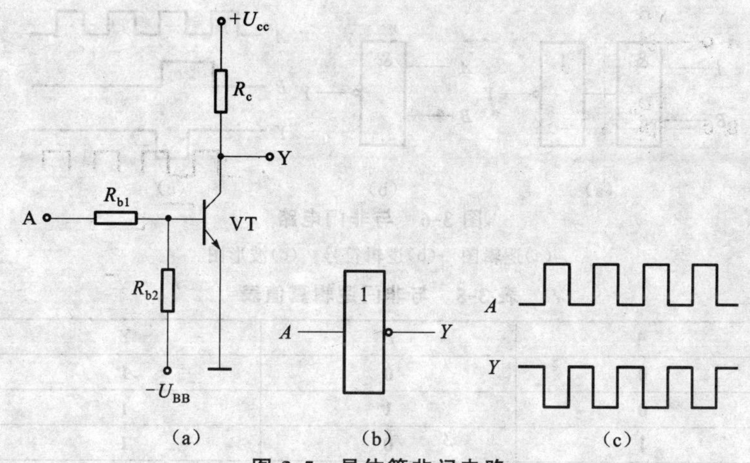

图 3-5　晶体管非门电路

(a)电路　(b)逻辑符号　(c)波形图

表 3-4　非门逻辑真值表

A	Y
0	**1**
1	**0**

“非”逻辑关系称逻辑非，其表达式为

$$Y=\overline{A}$$

读作：Y 等于 A 非。

逻辑非的基本运算是：

$$\overline{0}=1 \qquad \overline{1}=0$$

非门逻辑关系可总结为：“**0** 非出 **1**，**1** 非出 **0**”。

115. 什么是与非门电路？

答：与非门电路的逻辑图、逻辑符号及波形图如图 3-6 所示，表 3-5 是其逻辑真值表。与非门电路是最为常用的基本逻辑门电路的组合，其逻辑功能为：当输入变量全为 **1** 时，输出为 **0**；当输入变量有一个或几个为 **0** 时，输出为 **1**。简言之，即“全 **1** 得 **0**，见 **0** 得 **1**”。与非门逻辑表达式为

$$Y=\overline{A\cdot B}$$

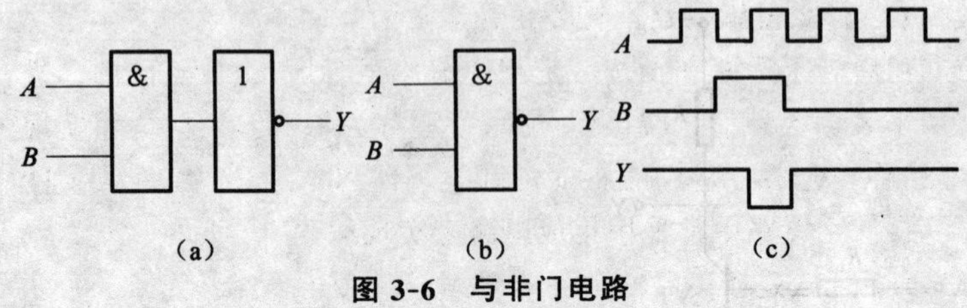

(a) (b) (c)

图 3-6 与非门电路

(a)逻辑图 (b)逻辑符号 (c)波形图

表 3-5 与非门逻辑真值表

A	B	Y
0	0	1
0	1	1
1	0	1
1	1	0

116. 什么是或非门电路？

答:或非门电路的逻辑图、逻辑符号及波形图如图 3-7 所示,表 3-6 是其逻辑真值表。或非门逻辑表达式为

$$Y = \overline{A + B}$$

或非门逻辑关系总结为:“见 **1** 得 **0**,全 **0** 得 **1**”。

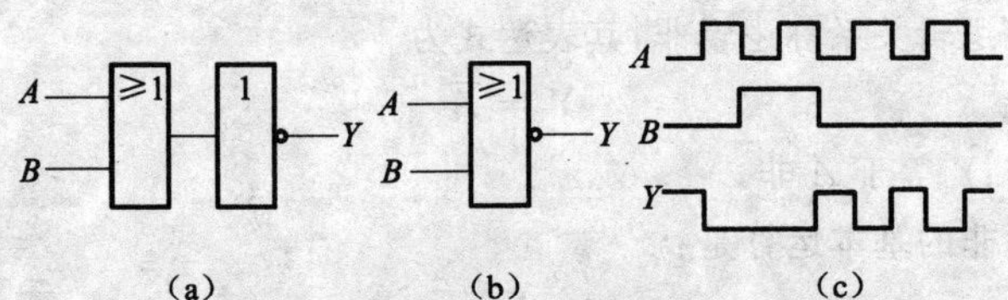

(a) (b) (c)

图 3-7 或非门电路

(a)逻辑图 (b)逻辑符号 (c)波形图

表 3-6 或非门逻辑真值表

A	B	Y
0	0	1
0	1	0
1	0	0
1	1	0

117. 什么是编码器？有哪两种常用的编码器？

答：将若干个 **0** 和 **1** 按一定规律编排组合后，组成不同的二进制代码，用来表示各种信息或操作，这一过程称为编码。用门电路实现编码的电路称编码器。常用的有二进制编码器和二-十进制 8421BCD 码编码器，在数字电路中常采用集成电路来实现编码。

118. 什么是译码器？常用的译码器有哪几种？

答：将二进制代码的特定含义转换成相应输出状态的过程称为译码。实现这种功能的电路称译码器。它把一组有特定含义的二进制代码作为输入，在输出端每次只有一个特定含义的代码输出。常用的译码器有二进制译码器、二-十进制译码器和七段数码译码器。它可以用二极管与门电路组成，也可以用与非门集成电路组成。

（三）触发器与时序逻辑电路

119. 触发器有什么特点？有哪些分类方法？

答：触发器在某时刻的输出不仅与该时刻的输入状态有关，而且与触发器原来的输出状态有关，因此，具有记忆功能。再与门电路组合，可进行算术运算、逻辑判断。

触发器按其稳定工作状态可分为双稳态触发器、单稳态触发器、无稳态触发器（多谐振荡器）等。双稳态触发器按其逻辑功能可分为 *RS* 触发器、*JK* 触发器、*D* 触发器和 *T* 触发器等；按其结构可分为主从型触发器和维持阻塞型触发器等。

120. 什么是基本 *RS* 触发器？有什么特点？

答：(1)基本 *RS* 触发器由两个与非门电路 D_1 和 D_2 交叉连接而成，如图 3-8(a)所示。Q 和 $\overline{Q}$ 是它的输出端，两者的逻辑状态应相反。因而这种触发器有两个稳定状态：一个是 $Q=\mathbf{0}$，$\overline{Q}=\mathbf{1}$，称为复位状态（**0** 态）；另一个是 $Q=\mathbf{1}$，$\overline{Q}=\mathbf{0}$，称为置位状态（**1** 态）。相应的输入端分别称为直接复位端或直接置 **0** 端（$\overline{R}_D$）和直接置位端或直接置 **1** 端（$\overline{S}_D$）。Q 的状态规定为触发器的状态。

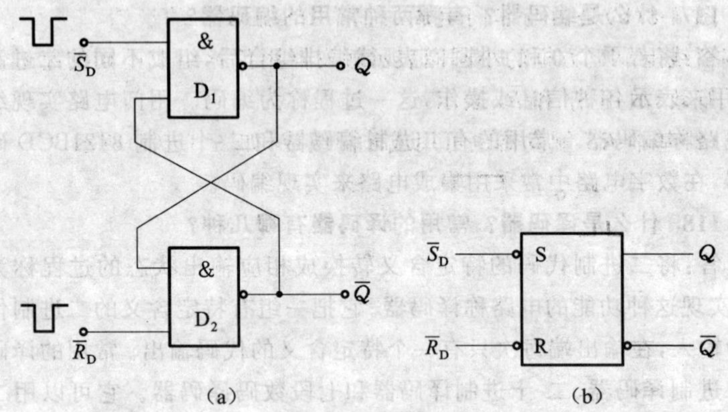

图 3-8　由与非门组成的基本 *RS* 触发器

(a)逻辑图　(b)逻辑符号

$\overline{R}_D$ 和 $\overline{S}_D$ 平时固定接高电位，处于 **1** 态；当加负脉冲后，由 **1** 态变为 **0** 态。

由与非门电路组成的基本 *RS* 触发器的逻辑状态表见表 3-7。表中 Q_n 为原来的状态，称为原态；Q_{n+1} 为加触发信号（正、负脉冲或时钟脉冲）后新的状态，称为新态或次态。

表 3-7　由与非门组成的基本 *RS* 触发器的逻辑状态表

$\overline{S}_D$	$\overline{R}_D$	Q_n	Q_{n+1}	功　能
1	**1**	**0** **1**	**0** **1** } Q_n	保持
1	**0**	**0** **1**	**0** **0** } **0**	置 **0**
0	**1**	**0** **1**	**1** **1** } **1**	置 **1**
0	**0**	**0** **1**	× × } ×	禁用

图 3-8(b)是由与非门组成的基本 *RS* 触发器的逻辑符号，图中输入端引线上靠近方框的小圆圈表示触发器用负脉冲来置 **0** 或置 **1**，即低电平有效，故用 $\overline{S}_D$ 和 $\overline{R}_D$ 表示。

(2)基本 *RS* 触发器也可用或非门组成，如图 3-9(a)所示。

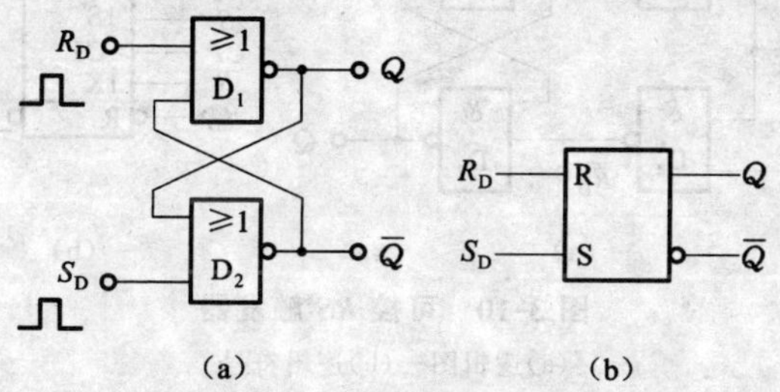

图 3-9 由或非门组成的基本 *RS* 触发器

(a)逻辑图 (b)逻辑符号

与前者不同的是，它用正脉冲来置 **0** 或置 **1**，即高电平有效。它的逻辑状态表见表 3-8，可与表 3-7 比较。

表 3-8 由或非门组成的基本 *RS* 触发器的逻辑状态表

S_D	R_D	Q_n	Q_{n+1}	功能
0	**0**	**0** **1**	**0** **1** } Q_n	保持
0	**1**	**0** **1**	**0** **0** } **0**	置 **0**
1	**0**	**0** **1**	**1** **1** } **1**	置 **1**
1	**1**	**0** **1**	× × } ×	禁用

121. 什么是可控 *RS* 触发器？有什么特点？

答：图 3-10(a)所示是可控 *RS* 触发器的逻辑图，其中，与非门电路

D_1 和 D_2 组成基本的 RS 触发器，与非门电路 D_3 和 D_4 组成导引电路（或称控制电路）。R 和 S 是置 **0** 和置 **1** 信号输入端。

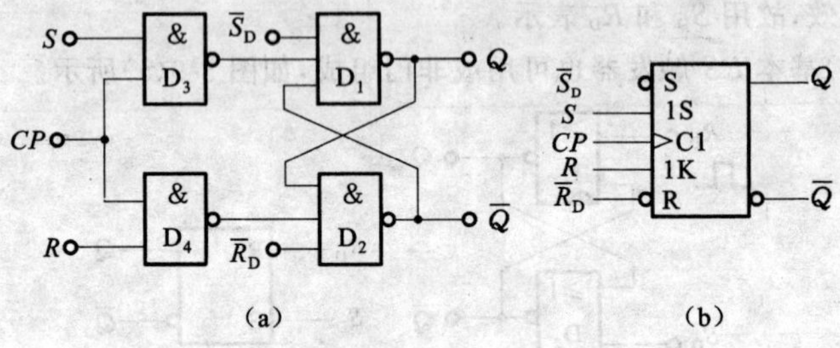

图 3-10 可控 *RS* 触发器

(a)逻辑图 (b)逻辑符号

在数字电路中所使用的触发器，往往用一种正脉冲来控制触发器的翻转时刻，这种正脉冲就称为时钟脉冲 CP，它也就是一种控制命令。通过导引电路来实现时钟脉冲对输入端 R 和 S 的控制，故称为可控 RS 触发器。当时钟脉冲来到之前，即 $CP=\mathbf{0}$ 时，不论 R 和 S 端的电平如何变化，D_3 门和 D_4 门电路的输出均为 **1**，基本触发器保持原状态不变。只有当时钟脉冲来到之后，即 $CP=\mathbf{1}$ 时，触发器才按 R、S 端的输入状态来决定其输出状态。时钟脉冲过去后，输出状态不变。

当 $CP=\mathbf{1}$ 时，如果此时 $S=\mathbf{1}$，$R=\mathbf{0}$，则 D_3 门电路输出将变为 **0**，向 D_1 门电路送去一个置 **1** 负脉冲，触发器的输出端 Q 将处于 **1** 态（触发器原来是 **0** 态，将翻转为 **1** 态；原来是 **1** 态，仍将保持 **1** 态）。

如果此时 $S=\mathbf{0}$，$R=\mathbf{1}$，则 D_4 门电路将向 D_2 门电路送置 **0** 负脉冲，Q 将处于 **0** 态。如果此时 $S=R=\mathbf{0}$，则 D_3 门和 D_4 门均保持 **1** 态，不向基本触发器送负脉冲；在这种情况下，时钟脉冲过去以后的新状态 Q_{n+1} 和时钟脉冲来到以前的状态 Q_n 一样。如果此时 $S=R=\mathbf{1}$，则 D_3 门电路和 D_4 门电路都向基本触发器送负脉冲，使 D_1 门电路和 D_2 门电路输出端都为 **1**，这违背了 Q 与 $\overline{Q}$ 的逻辑状态应该相反的要求。当时钟脉冲过去以后，D_1 门电路和 D_2 门电路的输出端哪一个将处于 **1** 态是不定的，这种不正常情况应避免出现。

可控 RS 触发器的逻辑状态见表 3-9。

表 3-9 可控 *RS* 触发器的逻辑状态表

S	R	Q_n	Q_{n+1}	功　能
0	0	0 1	0 1 } Q_n	保持
0	1	0 1	0 0 } 0	置 0
1	0	0 1	1 1 } 1	置 1
1	1	0 1	× × } ×	禁用

可控 *RS* 触发器的波形图如图 3-11 所示。

$\overline{R}_D$ 和 $\overline{S}_D$ 是直接复位和直接置位端，就是不经过时钟脉冲 *CP* 的控制可以对基本触发器置 **0** 或置 **1**。一般用在工作之初，预先使触发器处于某一给定状态，在工作过程中不用它们。不用时让它们处于 **1** 态（高电平）。

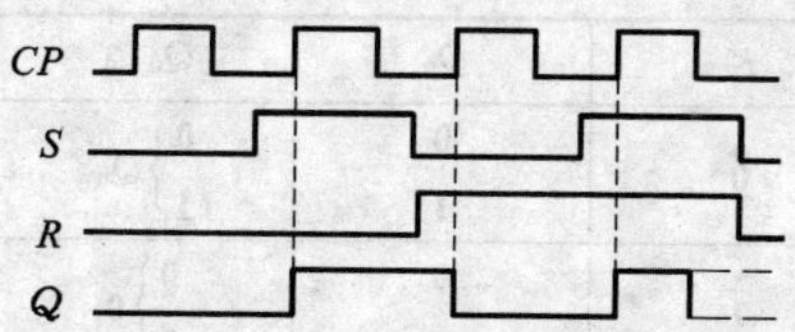

图 3-11　可控 *RS* 触发器的波形图（初态 $Q=0$）

122. 什么是 *JK* 触发器？有什么特点？

答：图 3-12(a)所示是主从型 *JK* 触发器的逻辑图，它由两个可控 *RS* 触发器串联组成，分别称为主触发器和从触发器。时钟脉冲先使主触发器翻转，而后使从触发器翻转，这就是"主从型"的由来。此外，还有一个**非**门将两个触发器联系起来。*J* 和 *K* 是信号输入端，它们分别与 $\overline{Q}$ 和 *Q* 构成**与**逻辑关系，成为主触发器的 *S* 端和 *R* 端，即

$$S = J\overline{Q}, R = KQ$$

从触发器的 *S* 和 *R* 端即为主触发器的输出端。

主从型触发器具有在 *CP* 从 **1** 下跳为 **0** 时翻转的特点，也就是具有

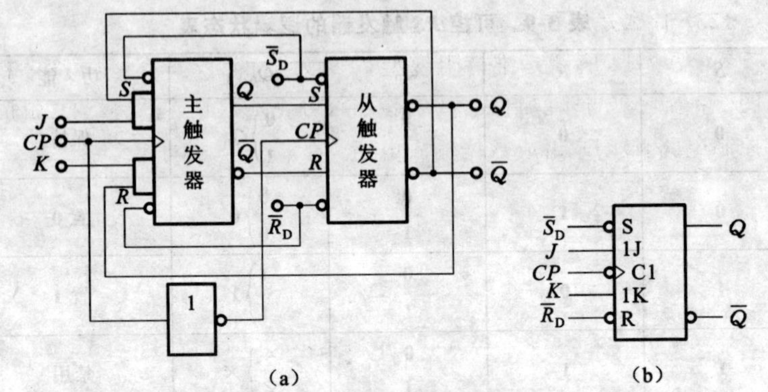

图 3-12 主从型 *JK* 触发器

(a)逻辑图 (b)逻辑符号

在时钟脉冲下降沿触发的特点。下降沿触发的逻辑符号是在 *CP* 输入端靠近方框处用一小圆圈表示[见图 3-12(b)]。

主从型 *JK* 触发器的逻辑状态见表 3-10,波形图如图 3-13 所示。

表 3-10 主从型 *JK* 触发器的逻辑状态表

J	K	Q_n	Q_{n+1}	功 能
0	0	0 1	0 1 } Q_n	保持
0	1	0 1	0 0 } 0	置 0
1	0	0 1	1 1 } 1	置 1
1	1	0 1	1 0 } $\overline{Q}_n$	计数

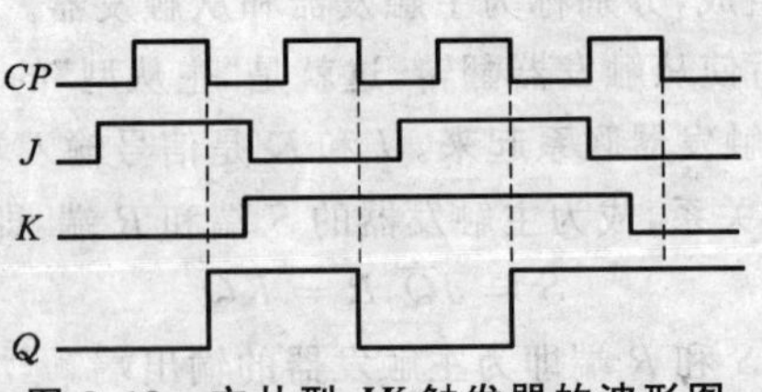

图 3-13 主从型 *JK* 触发器的波形图

123. 什么是维持阻塞型 *D* 触发器？有什么特点？

答：图 3-14 所示是维持阻塞型 D 触发器的逻辑图、逻辑符号和波形图。它由六个与非门组成，其中 D_1、D_2 组成基本触发器，D_3、D_4 组成时钟控制电路，D_5、D_6 组成数据输入电路。

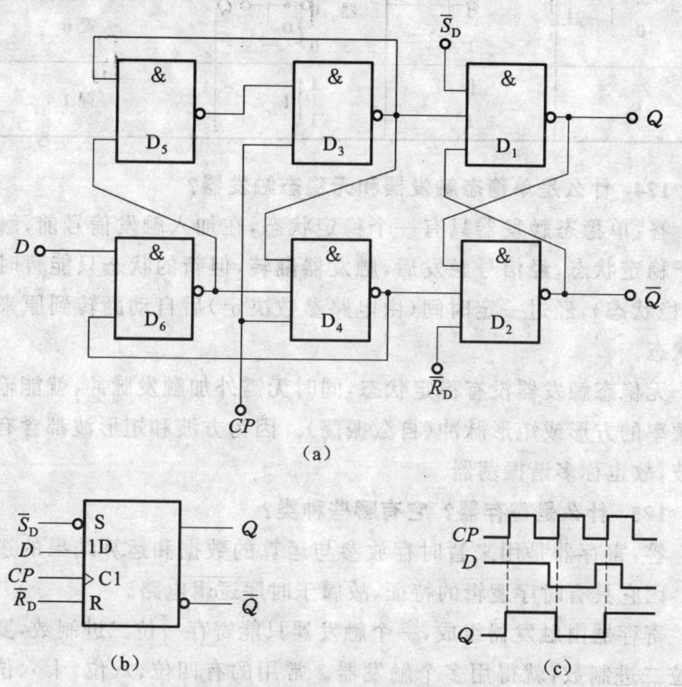

图 3-14　维持阻塞型 *D* 触发器

(a)逻辑图　(b)逻辑符号　(c)波形图

维持阻塞型 D 触发器具有在时钟脉冲上升沿触发的特点，其逻辑功能为输出端 Q 的状态随着输入端 D 的状态变化而变化，但总比输入端状态的变化晚一步，即某个时刻脉冲来到之后 Q 的状态和该脉冲来到之前 D 的状态一样。于是可写成

$$Q_{n+1} = D$$

为了与下降沿触发相区别，在逻辑符号中时钟脉冲 CP 输入端靠近方框处不加小圆圈[见图 3-14(b)]。

维持阻塞型 D 触发器逻辑状态见表 3-11。

表 3-11　维持阻塞型 D 触发器逻辑状态表

D	Q_n	Q_{n+1}	功　能
0	0 1	0 0 } 0	置 0
1	0 1	1 1 } 1	置 1

124. 什么是单稳态触发器和无稳态触发器？

答：单稳态触发器只有一个稳定状态，在加入触发信号前，触发器处于稳定状态，经信号触发后，触发器翻转，但新的状态只能暂时保持（暂稳状态），经过一定时间（由电路参数决定）后自动翻转到原来的稳定状态。

无稳态触发器没有稳定状态，同时无需外加触发脉冲，就能输出一定频率的方形或矩形脉冲（自激振荡）。因为方波和矩形波都含有多次谐波，故也称多谐振荡器。

125. 什么是寄存器？它有哪些种类？

答：寄存器是用来暂时存放参与运算的数据和运算结果的逻辑电路。因它具有时序逻辑的特征，故属于时序逻辑电路。

寄存器由触发器组成，一个触发器只能寄存一位二进制数，要存储多位二进制数，就得用多个触发器。常用的有四位、八位、十六位寄存器。

寄存器存放数码的方式有并行和串行两种。并行方式就是数码各位从各对应位输入端同时输入到寄存器中；串行方式就是数码从一个输入端逐位输入到寄存器中。

从寄存器取出数码的方式也有并行和串行两种。在并行方式中，被取出的数码各位在对应于各位的输出端上同时出现；而在串行方式中，被取出的数码在一个输出端逐位出现。

寄存器分为数码寄存器和移位寄存器两种，其区别在于有无移位功能。

126. 四位数码寄存器是怎样工作的?

答:四位数码寄存器电路如图 3-15 所示。

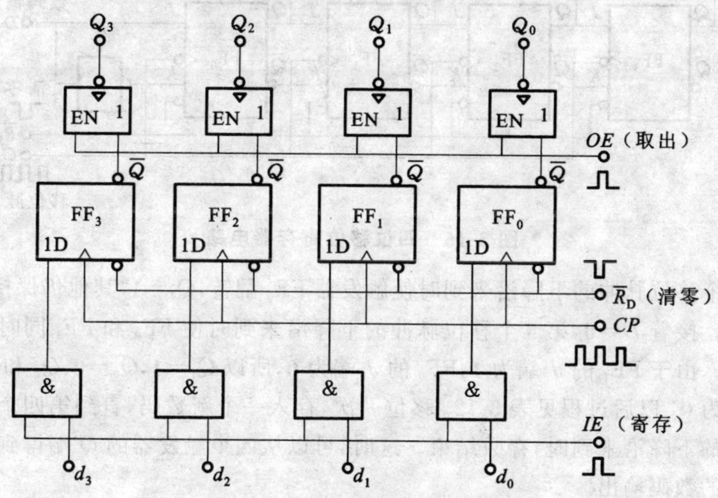

图 3-15 四位数码寄存器电路

这种寄存器只有寄存数码和清除原有数码的功能。输入端是四个**与**门,如果要输入四位二进制数 $d_3 \sim d_0$ 时,可使**与**门的输入控制信号 $IE=\mathbf{1}$,把它们打开,$d_3 \sim d_0$ 便输入。当时钟脉冲 $CP=\mathbf{1}$ 时,$d_3 \sim d_0$ 以反量形式寄存在四个 D 触发器 $FF_3 \sim FF_0$ 的 $\overline{Q}$ 端。输出端是四个三态**非**门,如果要取出,可使三态**非**门的输出控制信号 $OE=\mathbf{1}$,$d_3 \sim d_0$ 便可从三态**非**门的 $Q_3 \sim Q_0$ 端输出。

127. 四位移位寄存器是怎样工作的?

答:四位移位寄存器电路如图 3-16 所示。

移位寄存器不仅有存取数码的功能,还有将数码移位的功能。所谓移位,是指寄存器中的数码在移位脉冲(时钟脉冲)的控制下,向左或向右顺序移位。

四位移位寄存器由 JK 触发器组成。FF_0 接成 D 触发器,数码由 D 端输入。设寄存的二进制数为 1011,按移位脉冲(即时钟脉冲)的工作节拍从高位到低位依次串行送到 D 端。工作之初先清零。首先 $D=\mathbf{1}$,第

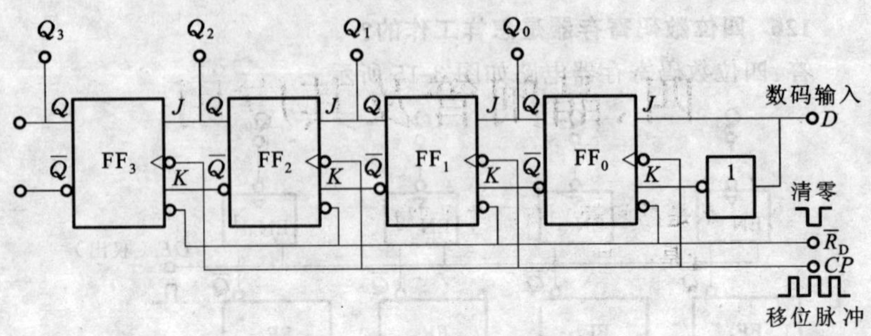

图 3-16　四位移位寄存器电路

一个移位脉冲的下降沿来到时使触发器 FF_0 翻转，$Q_0=1$，其他仍保持 **0** 态。接着 $D=0$，第二个移位脉冲的下降沿来到时使 FF_0 和 FF_1 同时翻转。由于 FF_1 的 J 端为 **1**，FF_0 的 J 端为 **0**，所以 $Q_1=1$，$Q_0=0$，Q_2 和 Q_3 仍为 **0**。以后过程见表 3-12。移位一次，存入一个新数码，直到第四个脉冲的下降沿来到时，存数结束。这时，可以从四个触发器的 Q 端得到并行的数码输出。

表 3-12　移位寄存器的状态表

移位脉冲数	寄存器中的数码				移位过程
	Q_3	Q_2	Q_1	Q_0	
0	**0**	**0**	**0**	**0**	清零
1	**0**	**0**	**0**	**1**	左移一位
2	**0**	**0**	**1**	**0**	左移二位
3	**0**	**1**	**0**	**1**	左移三位
4	**1**	**0**	**1**	**1**	左移四位

128. 什么是计数器？它有哪些种类？

答：计数器是一种用于累计并寄存输入脉冲个数的时序逻辑电路。按照计数过程中数字增减来分，计数器可分为加法计数器、减法计数器和可逆（可加、可减）计数器；按照计数器中数字的进位制来分，计数器可分为二进制计数器、十进制（又称二-十进制）计数器和 N 进制（又称任意进制）计数器；按照各触发器状态转换来分，计数器可分为同步计数器和异步计数器。

四、晶闸管及其应用

129. 什么是晶闸管？有哪些类型？

答：晶闸管是晶体闸流管的简称，俗称可控硅。它是一种大功率的半导体器件，具有体积小、重量轻、效率高、使用和维护方便等优点。它既具有单向导电的整流作用，又具有以弱电控制强电的开关作用。晶闸管的出现，使半导体器件从弱电领域进入了强电领域。晶闸管的制造和应用技术发展很快，主要用于整流、逆变、调压和开关四个方面，应用最多的是晶闸管可控整流。

晶闸管有多种分类方法。

(1)按关断、导通及控制方式分类。晶闸管按其关断、导通及控制方式可分为普通晶闸管、双向晶闸管、逆导晶闸管、门极关断晶闸管(GTO)、BTG晶闸管、温控晶闸管和光控晶闸管等多种。

(2)按引脚和极性分类。晶闸管按其引脚和极性可分为二极晶闸管、三极晶闸管和四极晶闸管。

(3)按封装形式分类。晶闸管按其封装形式可分为金属封装晶闸管、塑封晶闸管和陶瓷封装晶闸管三种类型。

其中，金属封装晶闸管又分为螺栓形、平板形、圆壳形等多种；塑封晶闸管又分为带散热片型和不带散热片型两种。

(4)按电流容量分类。晶闸管按电流容量可分为大功率晶闸管、中功率晶闸管和小功率晶闸管三种。

通常，大功率晶闸管多采用金属壳封装，而中、小功率晶闸管则多采用塑封或陶瓷封装。

(5)按关断速度分类。晶闸管按其关断速度可分为普通晶闸管和高频(快速)晶闸管。

130. 普通晶闸管的结构和工作原理是怎样的？

答：普通晶闸管(SCR)是由PNPN四层半导体材料组成的三端半导体器件，三个引出端分别为阳极A、阴极K和控制极G，图4-1所示是其电路图形符号。

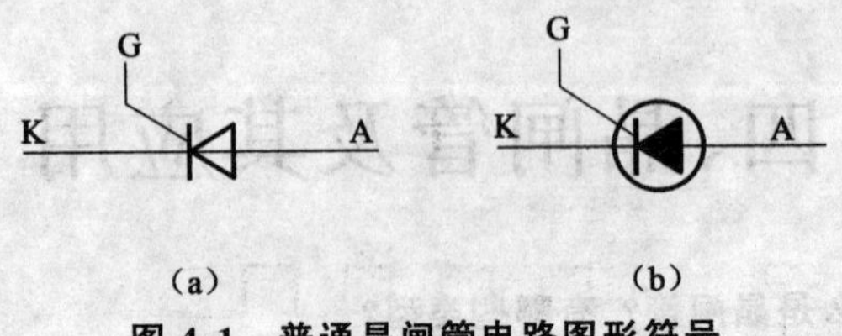

(a) (b)

图 4-1 普通晶闸管电路图形符号

(a)新图形符号 (b)旧图形符号

普通晶闸管的阳极与阴极之间具有单向导电的性能，其内部可以等效为由一只PNP晶体管和一只NPN晶体管组成的组合管，如图4-2所示。

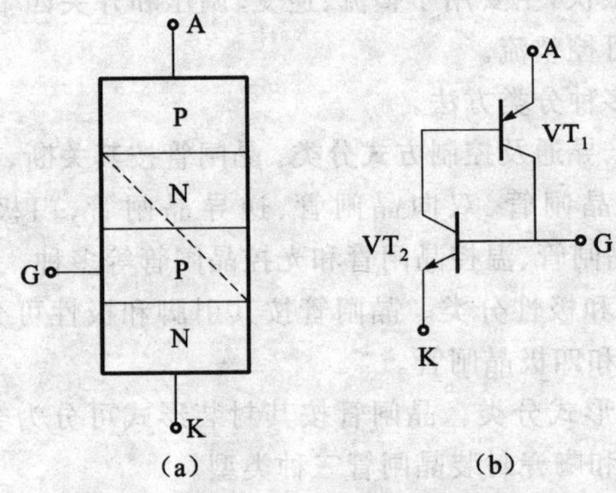

(a) (b)

图 4-2 普通晶闸管的结构和等效电路

(a)结构图 (b)等效电路

当晶闸管反向连接(即A极接电源负端，K极接电源正端)时，无论控制极G所加电压是什么极性，晶闸管均处于阻断状态。当晶闸管正向连接(即A极接电源正端，K极接电源负端)时，若控制极G所加触发电压为负，则晶闸管也不导通，只有其控制极G加上适当的正向触发电压时，晶闸管才能由阻断状态转变为导通状态。此时，晶闸管阳极A极与阴极K极之间呈低阻导通状态，A、K极之间压降约为1V。

普通晶闸管受触发导通后，其控制极G即使失去触发电压，只要阳极A和阴极K之间仍保持正向电压，晶闸管将维持低阻导通状态。只有把阳极A电压撤除或阳极A、阴极K之间电压极性发生改变(如交流过零)时，普通晶闸管才由低阻导通状态转换为高阻阻断状态。普通晶闸管一旦阻断，即使其阳极 A 与阴极 K 之间又重新加上正向电压，仍需在控制极 G 和阴极 K 之间重新加上正向触发电压后方可导通。

普通晶闸管的导通与阻断状态相当于开关的闭合和断开状态，用它可以制成无触点电子开关，去控制直流电源电路。

131. 晶闸管有哪些主要参数？

答：晶闸管的主要电参数有正向转折电压 U_{BO}、断态重复峰值电压 U_{DRM}、反向重复峰值电压 U_{RRM}、正向平均电压降 U_F、通态平均电流 I_T、控制极触发电压 U_{GT}、控制极触发电流 I_{GT}、控制极反向电压和维持电流 I_H 等。

(1)正向转折电压 U_{BO}。是指在额定结温为 100 ℃且控制极(G)开路的条件下，在其阳极(A)与阴极(K)之间加正弦半波正向电压，使其由关断状态转变为导通状态时所对应的峰值电压。

(2)断态重复峰值电压 U_{DRM}。是指晶闸管在正向阻断时，允许加在 A、K(或 T_1、T_2)极间最大的峰值电压，也叫正向重复峰值电压。此电压约为正向转折电压减去 100V 后的电压值。

(3)通态平均电流 I_T。是指在环境温度不大于 40 ℃和标准散热及导通的条件下，晶闸管可以连续通过工频正弦电流在一个周期内的平均值。也叫正向平均电流，简称正向电流。通常所说多少安的晶闸管，就是指这个电流。

(4)反向击穿电压 U_{BR}。是指在额定结温下，晶闸管阳极与阴极之间施加正弦半波反向电压，当其反向漏电电流急剧增加时所对应的峰值电压。

(5)反向重复峰值电压 U_{RRM}。是指晶闸管在控制极 G 断路时，允许加在 A、K 极间的最大反向峰值电压。此电压约为反向击穿电压减去 100V 后的峰值电压。

(6)正向平均电压降 U_F。也称通态平均电压或通态电压降 U_T，是指在规定环境温度和标准散热条件下，当通过晶闸管的电流为额定电流时，其阳极 A 与阴极 K 之间电压降的平均值，通常为 0.4～1.2V。

(7)通态(峰值)电压 U_{TM}。是指晶闸管通以 π 倍或规定倍数额定正向平均电流值时的瞬态峰值电压。

(8)控制极触发电压 U_{GT}。是指在规定的环境温度和晶闸管阳极与阴极之间为一定值正向电压的条件下，使晶闸管从阻断状态转变为导通状态所需要的最小控制极直流电压，一般为 1.5V 左右。

(9)控制极触发电流 I_{GT}。是指在规定环境温度和晶闸管阳极与阴极之间为一定值电压的条件下，使晶闸管从阻断状态转变为导通状态所需要的最小控制极直流电流。

(10)控制极反向电压 U_{GR}。是指晶闸管控制极上所加的额定电压，一般不超过 10V。

(11)维持电流 I_H。是指维持晶闸管导通的最小电流。当正向电流小于 I_H 时，导通的晶闸管会自动关断。

(12)断态重复峰值电流 I_{DRM}。是指晶闸管在断态下的正向最大平均漏电电流值，一般小于 100μA。

(13)反向重复峰值电流 I_{RRM}。是指晶闸管在关断状态下的反向最大漏电电流值，一般小于 100μA。

需要指出的是，温度对控制极触发电压、电流的影响是很大的。合格证上给出的是常温下测得的数据。一般情况下，高温时，控制极触发电压和控制极触发电流会显著下降，这时元件抗干扰能力会降低，容易造成误触发；低温时，触发电压、电流会增大，又可能触发不了。这些必须在触发电路的设计中加以考虑。温度对触发电压、电流的影响如图 4-3 所示。

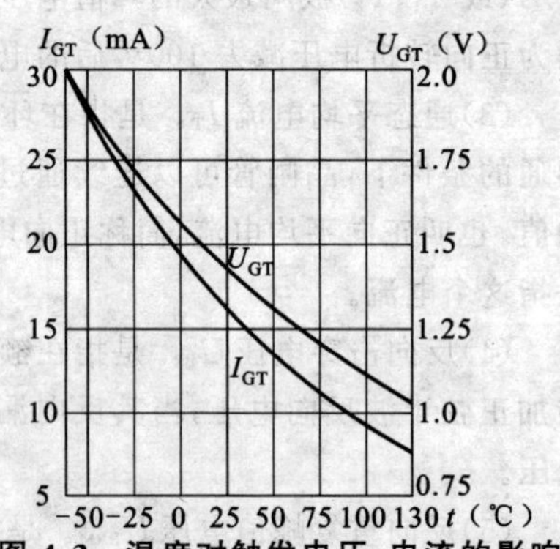

图 4-3 温度对触发电压、电流的影响

132. 什么叫触发延迟角和导通角？

答：从晶闸管承受正向阳极电压开始到加入正的控制极触发电压使其开始导通之间的电角度称为触发延迟角，用 α 表示。晶闸管在一个周期内导通的电角度叫导通角，用 θ 表示。将触发延迟角 α 变化的范围称为移相范围。通过改变触发延迟角 α 的大小，就可改变输出电压的大小。

133. 晶闸管的型号如何表示？

答：目前我国生产的晶闸管的型号及其含义如下：

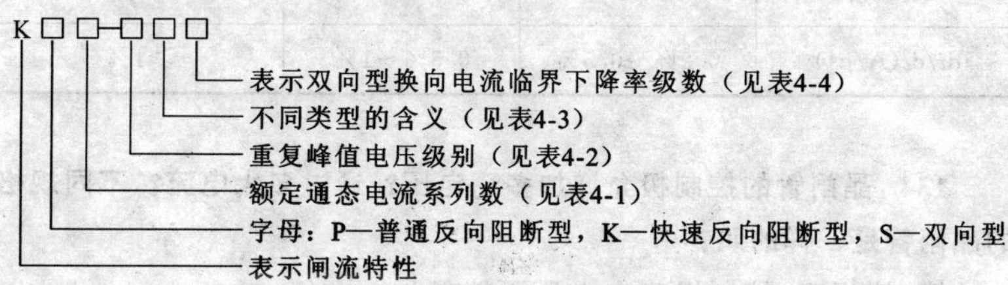

表 4-1 额定通态电流系列数

额定通态电流(A)	1	5	10	50	100	200	300	400	500	1000

表 4-2 重复峰值电压(额定电压)级别

级 数	1	2	3	4	5	6	7	8	9	10	12
重复峰值电压(V)	100	200	300	400	500	600	700	800	900	1000	1200
级 数	14	16	18	20	22	24	25	26	28	30	
重复峰值电压(V)	1400	1600	1800	2000	2200	2400	2500	2600	2800	3000	

表 4-3 型号的第五列表示的不同类型的含义

型号	项目									
KP 型	通态平均电压级别	A	B	C	D	E	F	G	H	I
	通态平均电压(V)	≤0.4	0.4～0.5	0.5～0.6	0.6～0.7	0.7～0.8	0.8～0.9	0.9～1	1～1.1	1.1～1.2
KK 型	换向关断时间级数	0.5	1	2	3	4	5	6		
	换向关断时间(μs)	≤5	5～10	10～20	20～30	30～40	40～50	50～60		
KS 型	断态电压临界上升率级数	0.2	0.5	2	5					
	d*u*/d*t* (V/μs)	20～50	50～2200	2200～2500	≥2500					

表 4-4　KS 型换向电流临界下降率级数

级　数	0.2	0.5	1
di/dt(A/μs)	0.2%～0.5%	0.5%～1%	≥1%

134. 晶闸管的控制极允许加多高电压？通过多大电流？不同规格的晶闸管是一样的吗？

答：按规定，控制极正向电压不能超过10V，反向电压不能超过5V，瞬时电流不能超过2A。为使反向电压限幅，常在控制极上反向并联一个二极管VD，使反向电压有个通路，如图4-4所示。在宽脉冲时控制极所加的平均功率也有限制，即等于电流与电压乘积再乘以脉冲宽度的百分数，该值不能超过500mW。但是，100A以上晶闸管控制极的面积增大，能够耐受的外加控制信号的功率也可以增大，100～200A的元件可以允许平均损耗为1W，300～500A的元件为2W，500A以上的元件为4W。

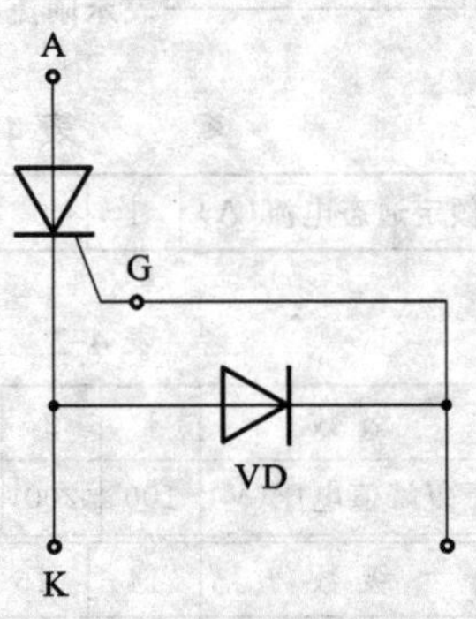

图 4-4　用并联二极管使控制极反向电压限幅

135. 什么是额定结温？结温与管壳（底座）温度大概差别多少？50A以上元件不用风冷时电流定额要打多少折扣？

答：额定结温是指晶闸管在正常工作条件下所允许的最高PN结温度。对正向电流大于100A的各系列晶闸管，额定结温为+115 ℃；对于正向电流小于50A的各系列晶闸管，额定结温为+100 ℃。

结温与管壳温度的差别与环境温度、通过电流的大小、散热器大小、通风条件等有关。结温已达到100 ℃时，管壳温度因上述条件不同，与结温可以相差20～50 ℃，所以不能从管壳温度来计算结温。在按规定装散热器及冷却的条件下，两者相差30～40 ℃。若规定用风冷的50A以上元件不用风冷，可以按照正向电流定额的30%～40%使用。

136. 工作温度升高，晶闸管的正反向峰值电压变化一样吗？

答：因为引起晶闸管正向与反向阻挡特性的 PN 结不是同一个，所以，当工作温度升高时，正向、反向峰值电压变化不一样，变化温度也不一定，与元件制造的工艺质量关系很大。一般正向转折电压下降更多些，所以室温下测得的峰值电压不能作为在高温下工作电压的依据，只能作为一个参考。

137. 晶闸管在大电流时失控变成二极管是什么故障？晶闸管正向击穿后能否当二极管用？

答：晶闸管在大电流时失控变成二极管是因为元件的高温特性不好，即在大电流时元件失去正向阻断能力。因为晶闸管正向击穿往往集中在一个点上，如果当二极管用，当通过较大电流时，将引起元件结面局部发热导致反向也击穿。所以，如果将正向击穿的晶闸管当二极管用，则只能通过较小电流。

138. 测定晶闸管触发电压和触发电流时阳极和阴极间加多大电压较合适？

答：当晶闸管阳极和阴极间加高压时，触发电流和触发电压要稍小些，但小得不多。故实际测定晶闸管触发电压和触发电流时，阳极和阴极间加 6V 电压就可以了。

139. 如果晶闸管的控制极只加 2V 电压就可以触发，对于触发电路是否只输出 3V 电压就够了？

答：按规定，控制极触发电压在 3.5V（50A 元件）或 4V（100A、200A 元件）以下者均为合格品，但希望触发电路输出的触发电压仍能在 5～6V。这是因为：一方面希望触发电路的通用性好些，另一方面，一般合格证上所给的数据是在室温下测定的，在低温下触发电压和触发电流均会显著增大。例如，在－25 ℃时触发电压和触发电流可能会增大一倍左右。

140. 将螺旋式与平板式晶闸管固定在散热器上，是否拧得越紧越好？

答：晶闸管固定在散热器上，拧得越紧，散热效果越好。但是，螺旋式晶闸管在螺栓的六角加力旋紧时，底座与硅片之间将产生压力，扭力太大时会引起硅片损坏，故拧紧时不可加力过大。螺旋式晶闸管拧紧力矩推荐值见表 4-5。

表 4-5 螺旋式晶闸管拧紧力矩推荐值

螺栓直径(mm)	六角形基座对边距离(mm)	推荐的拧紧力矩(N·cm)
6(5A)	13	350
10(20A)	28	1000
12(50A)	32	1500
16(100A)	36	2000
20(200A)	43	3500

平板式晶闸管夹紧在散热器上，必须确保两边加力均匀，否则很容易把硅片挤碎。按规定硅片可加 800N/cm^2 的力。正向电流为 200A 的平板式晶闸管硅片面积约为 5cm^2，故可加力 4000N 左右。通常只要两边加力均匀，用 12 英寸扳手用力拧是不会拧坏的。

141. 双向晶闸管的结构和工作原理是怎样的？

答：双向晶闸管(TRIAC)是由 NPNPN 五层半导体材料构成的，相当于两只普通晶闸管反相并联，它也有三个电极，分别是主电极 T_1、主电极 T_2 和控制极 G。

图 4-5 是双向晶闸管的结构和电路图形符号。

双向晶闸管可以双向导通，即控制极加上正或负的触发电压，均能触发双向晶闸管正、反两个方向导通。图 4-6 所示是其触发状态。

当控制极 G 和主电极 T_2 相对于主电极 T_1 的电压为正($V_{T2}>V_{T1}$、$V_G>V_{T1}$)或控制极 G 和主电极 T_1 相对于主电极 T_2 的电压为负($V_{T1}<V_{T2}$、$V_G<V_{T2}$)时，晶闸管的导通方向为 $T_2 \rightarrow T_1$，此时 T_2 为阳极，T_1 为阴极，如图 4-6(a)、(b)所示。

当控制极 G 和主电极 T_1 相对于主电极 T_2 的电压为正($V_{T1}>V_{T2}$、$V_G>V_{T2}$)或控制极 G 和主电极 T_2 相对于主电极 T_1 的电压为负($V_{T2}<V_{T1}$、$V_G<V_{T1}$)时，则晶闸管的导通方向为 $T_1 \rightarrow T_2$，此时 T_1 为阳极，T_2 为

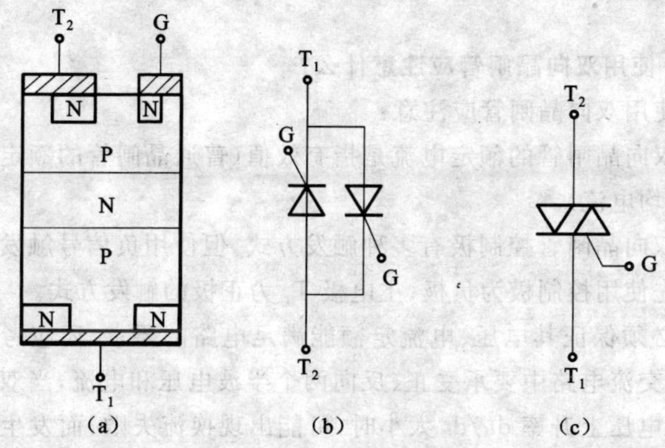

图 4-5　双向晶闸管的结构和电路图形符号

(a)结构图　(b)等效电路　(c)图形符号

阴极，如图 4-6(c)、(d)所示。

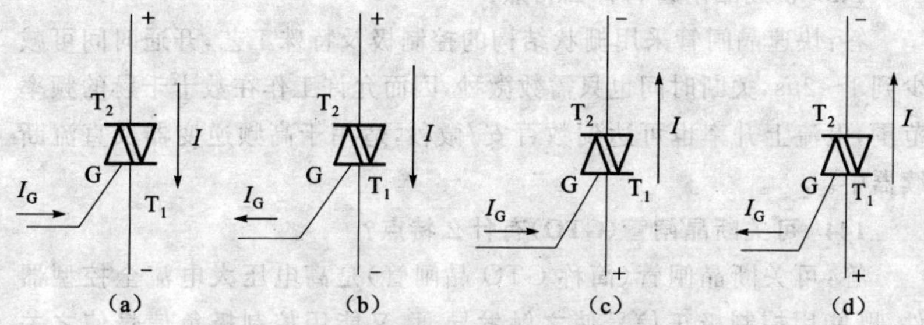

图 4-6　双向晶闸管触发状态

双向晶闸管的主电极 T_1 与主电极 T_2 间，无论所加电压极性是正向还是反向，只要控制极 G 和主电极 T_1(或 T_2)间加有正、负极性不同的触发电压，满足其必须的触发电流，晶闸管即可触发导通呈低阻状态。此时，主电极 T_1、T_2 间压降为 1V 左右。

双向晶闸管一旦导通，即使失去触发电压，也能继续维持导通状态。当主电极 T_1、T_2 电流减小至维持电流以下或 T_1、T_2 间电压改变极性，且无触发电压时，双向晶闸管阻断，只有重新施加触发电压，才能再次导通。

142. 使用双向晶闸管应注意什么？

答：使用双向晶闸管应注意：

(1)双向晶闸管的额定电流是指有效值(普通晶闸管的额定电流是指通态平均电流)。

(2)双向晶闸管控制极有多种触发方式，但使用负信号触发比较可靠，故优先使用控制极为负极、主电极 T_1 为正极的触发方式。

(3)必须保证其电压、电流定额能满足电路的要求，还应考虑双向晶闸管在交流电路中要承受正、反向两个半波电压和电流，当双向晶闸管允许的电压上升率 du/dt 太小时，可能出现换流失败，而发生短路事故。因此，除选用临界电压上升率高的双向晶闸管外，通常在交流开关主电路中串入空心电抗器，来抑制电路中换向电压上升率，以降低对元件换向能力的要求。

143. 快速晶闸管有什么特点？

答：快速晶闸管采用栅状结构的控制极及特殊工艺，开通时间可减少到 1～2μs，关断时间也只需数微秒，因而允许工作在数十千赫的频率范围，电流上升率也可达到数百安/微秒，适用于高频逆变器及直流断续器中。

144. 可关断晶闸管(GTO)有什么特点？

答：可关断晶闸管(简称 GTO 晶闸管)是高电压大电流全控型器件，既能用控制极正信号使之触发导通，又能用控制极负信号使之关断。随制作工艺、技术的提高，GTO 晶闸管的性能不断提高。目前国际上 GTO 晶闸管的最大容量为 6000V/6000A，9000V/2500A，工作频率为 1.5kHz。同时随着制作工艺的提高，GTO 晶闸管的体积变小、重量减轻、效率提高、可靠性增加。在 300kW 以上的大容量变流设备中，GTO 晶闸管发挥了高电压、大电流的优势，在机车牵引传动、交流电动机调速、不停电电源和直流斩波调速等领域被广泛使用。

在结构上，可关断晶闸管的阴极细分成许多个，每个阴极都被控制极围住，一个 GTO 晶闸管由这些小 GTO 单元并联而成。这样，负的控制极电流能达到整个阴极面，以使 GTO 晶闸管容易关断。

使 GTO 晶闸管关断所需要的控制极反向电流和电压值，与该晶闸管关断前流过的电流大小有关，并且比导通时所需要的控制极正向电流、电压要大得多。因此，其控制极的损耗比较大，这是提高 GTO 晶闸管容量的一个困难问题。

在 GTO 晶闸管的选用中有两个参数应该注意：

(1)最大可关断阳极电流 I_{ATO}。GTO 晶闸管的容量一般用这个参数标称，如 1kA/9kV 的 GTO 晶闸管，1kA 即为最大可关断阳极电流，耐压为 9kV。

(2)关断电流放大系数 β_{off}。它是最大可关断阳极电流 I_{ATM} 与控制极负电流最大值 I_{GM} 之比，即

$$\beta_{off}=\frac{I_{ATM}}{|I_{GM}|}$$

其值为 5～10。

当控制极负电流上升率 di_G/dt 增大时，I_{GM} 就增大，即 β_{off} 减小，以缩短关断时间，这是通常希望的。

145. 光控晶闸管有什么特点？

答：光的照射可激发半导体中的载流子，利用这个原理制成了光控导通的晶闸管。它的外壳是透光的，光线射在 PNPN 硅片上可使之触发导通。光控晶闸管可用光学纤维传导触发信号，用于多个晶闸管串联工作的触发电路中，可以避免触发电路的高压绝缘问题。光控晶闸管对红外线的灵敏度较高，开通时间与光的强度有关，一般约几微秒。这种元件的特点是响应速度快，主电路与控制电路在电气上完全绝缘。可在继电器自动控制电路、光电耦合电路中用做光开关；在高压直流输电电路中，使用光控晶闸管可使触发电路与主电路的绝缘问题变得简单。

146. 逆导晶闸管有什么特点？

答：这种晶闸管的反向特性如同一个二极管的正向特性，即相当于一个普通晶闸管与一个二极管的反向并联。它可以做到比普通晶闸管容量大、电压高、快速性好，适用于反向不需承受电压的场合，如某些逆变器及直流断续器中。

147. 什么是逆阻断型晶闸管(GCT)？有什么特点？

答：新型 GTO 晶闸管被称为 GCT，它是一种高耐压、大电流器件，

具有很强的关断能力，开关速度比 GTO 晶闸管高 10 倍，使得用 GCT 组成的电流型变频器的控制性能与电压型一样。目前 GCT 的最高阻断电压为 6kV，工作电流为 4kA。

GCT 和 GTO 相比，具有如下特点：

(1)为抑制关断时产生高电压上升率(du/dt)的浪涌保护电路可取消。

(2)电荷蓄积时间减少为 GTO 晶闸管的 1/10，使得器件的串、并联十分容易。

(3)阴极的蓄积电荷减少为 GTO 晶闸管的一半，使关断电流大大减小。

(4)GCT 关断时，会从阴极向控制极转移电流，使 GCT 开始换流，关断过程中使晶闸管特性瞬时转变成晶体管特性。亦即关断电流(I_A)几乎等于控制电流(I_G)

148. 什么是集成门极换流晶闸管(IGCT)？有什么特点？

答：集成门极换流晶闸管(IGCT)是在 GTO 晶闸管基础上发展起来的，也有人称之为发射极关断的晶闸管。由于 GTO 晶闸管的关断能力要受等离子丝过程的限制，在关断期间，阴极导通面积从整个阴极蜕变到距离门极较远而且很小的面积范围内。因此，使得在重复关断较大电流时容易产生局部过热而损坏器件。IGCT 正是克服了 GTO 晶闸管的上述缺点而成功地应用于中(高)压大功率变频器的。

IGCT 具有低成本、高可靠性、高效率、小体积和高频率等特点。它的瞬时开关频率可达 20kHz，关断时间为 1μs，$di/dt=4kA/ms$，$du/dt=10\sim20kV/ms$，交流阻断电压为 6kV，直流阻断电压为 3.9kV。

IGCT 与 GTO、IGBT(绝缘栅双极型晶体管)性能比较见表 4-6。

表 4-6 GTO、IGBT、IGCT 性能比较

项目	器件		
	GTO	IGBT	IGCT
开关时间(ms)	50	3	<2
导通压降(V)(3600A 时)	3.2	5.7	2.8
开关频率(Hz)	<400	<1000	>1000

149. 如何判断普通晶闸管的三个极和好坏？

答：(1)极性的判别。大部分晶闸管控制极的引出线很细，一看便知，但小容量晶闸管的三个极引出线粗细是一样的。在实际使用时，晶闸管三个电极可以用万用表来判别，判别方法如图 4-7 所示。表的量程应置于 $R\times100$ 或 $R\times10$ 挡位。如果测得晶闸管任意两极间的电阻值为无穷大，则红表笔所接电极为阳极，黑表笔所接电极为阴极，如图 4-7(a)所示；如果测得晶闸管任意两极的电阻值为几百欧，则红表笔所接电极为控制极，黑表笔所接电极为阴极，如图 4-7(b)所示；如果测得晶闸管任意两极的电阻值为几十欧，则红表笔所接电极为阴接，黑表笔所接电极为控制极，如图 4-7(c)所示。

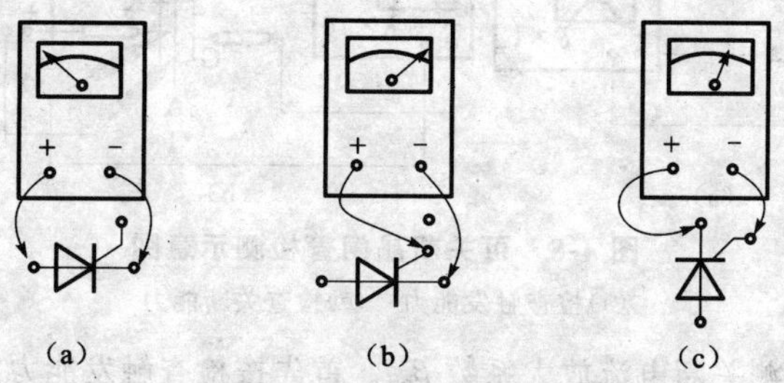

图 4-7 晶闸管三个极的判别

(a)R 为∞ (b)R 为几百欧 (c)R 为几十欧

(2)质量的判别。利用万用表也可以鉴别晶闸管是否损坏。将万用表置于 $R\times1\text{k}$ 挡，若测得的阳极-阴极正向及反向电阻都很小，说明已经短路。若控制极-阴极正反向电阻都很大，说明已损坏或断路。若测得的控制极-阴极正反向电阻都很小，尚不能说明管子已坏，这时应将万用表置于 $R\times1$ 挡再一次测量，如仍然只有几欧或零，才表明管子已损坏。这是因为当控制极-阴极的 PN 结不理想时，其反向电阻也可能较小，但元件仍算合格。测量控制极正反向电阻时，千万不要用 $R\times10\text{k}$ 挡测量，以防表内的高压电源将控制极击穿。

150. 如何判断检查可关断晶闸管？

答：(1)判别电极。将万用表拨至 $R\times1$ 挡，测量任意两极间的电阻。仅当黑表笔接 G 极，红表笔接 K 极时，电阻呈低阻值，其他情况下电阻值均为无穷大。由此可判定 G、K 两极，剩下的就是阳极 A。

(2)检查触发能力。万用表黑表笔接 A 极,红表笔接 K 极,电阻为无穷大;然后在不断开 A 极的同时用黑表笔尖接触 G 极[如图 4-8(a)所示],表针向右偏转到低阻值,即表明可关断晶闸管已经导通;脱开 G 极,只要晶闸管维持导通,就证明被测管具有触发能力。

(3)检查关断能力。检查关断能力可用两只万用表同时进行,如图 4-8(b)所示。首先用表Ⅰ按检查触发能力的方法,使晶闸管导通,然后将表Ⅱ拨至 $R\times10$ 挡,红表笔接 G 极,黑表笔接 K 极,施以负向触发信号。若表Ⅰ指针向左摆到无穷大,则证明晶闸管具有关断能力。

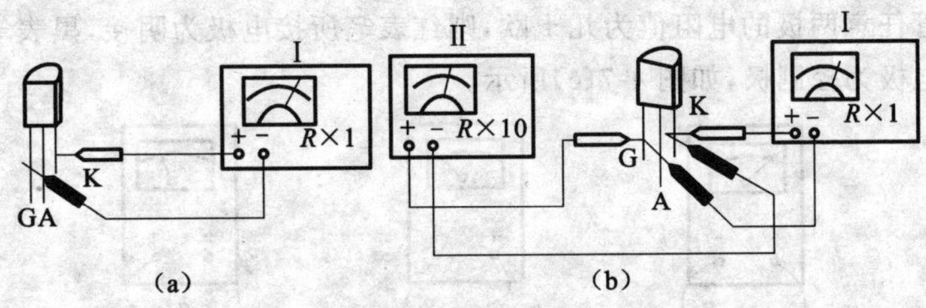

图 4-8　可关断晶闸管检测示意图

(a)检查触发能力　(c)检查关断能力

(4)估测关断电流放大系数 β_{off}。首先按检查触发能力的方法使可关断晶闸管导通,并记下导通时表Ⅰ的偏转格数 n_1(满度偏转格数 $n_M=50$);再接上表Ⅱ强迫可关断晶闸管关断,记下表Ⅱ的正向偏转格数 n_2(要求表Ⅰ、表Ⅱ为同型号万用表),则关断电流放大系数为

$$\beta_{off}\approx\frac{10n_1}{n_2}$$

如实测一只可关断晶闸管时,$n_1=10$ 格,$n_2=15$ 格,代入上式,得到 $\beta_{off}\approx6.7$。

151. 当晶闸管并联工作时应注意什么?为什么要采取均流措施?均流有哪几种方法?

答:晶闸管并联工作时,由于各元件正向特性不一致,即元件导通时,虽有同样数值的管压降,但各元件所承担的电流会有很大的差别,如图 4-9 所示。

为此,并联工作的晶闸管除应尽可能选用正向特性相近的元件外,还应采取适当的均流措施。均流方法主要有串联电阻均流法与平衡电

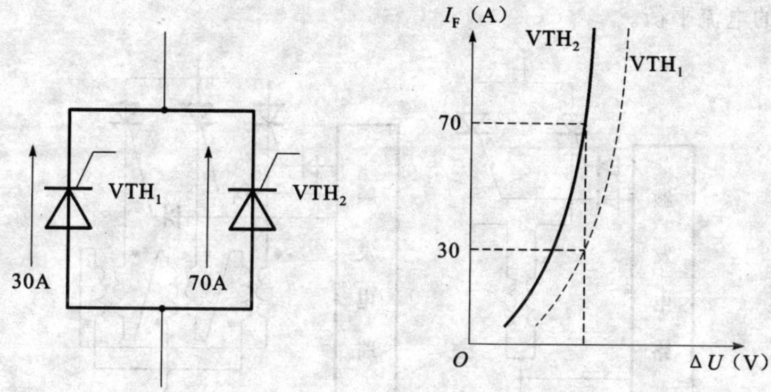

图 4-9 并联工作的晶闸管承担电流不一致

抗均流法两种。

(1)串联电阻均流法。如图 4-10 所示，在每个并联工作的元件上串联一个电阻，根据并联元件压降差别的大小，使电阻上的压降为元件正向压降的 0.5～2 倍。如果正向压降为 1～2V，则电阻上的压降可达 0.5～4V。若选用电阻压降 U 为 1V，每个元件应负担电流 I 为 50A，则均流阻值为

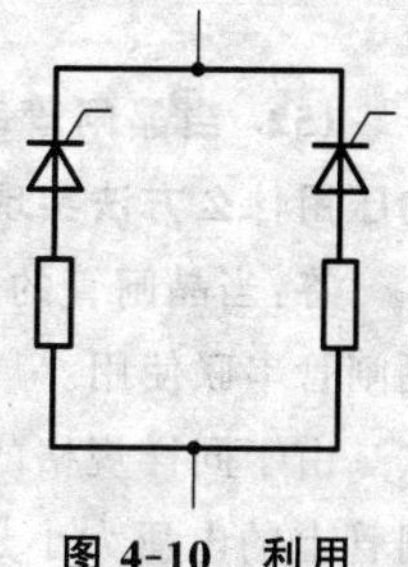

图 4-10 利用串联电阻均流法

$$R = \frac{U}{I} = \frac{1\text{V}}{50\text{A}} = 0.02\Omega$$

电阻瓦数为

$$P = UI = 1\text{V} \times 50\text{A} = 50\text{W}$$

如果所选用元件压降较接近，可用数值较小的电阻，瓦数也小些。必要时，可以针对不同压降的元件串入不同的电阻，直至使实际测定的各元件电流接近相等为止。这样也可有效地减少电阻上的功率损耗。

电阻均流措施的优点是操作简单，缺点是功率损耗较大。

(2)平衡电抗器均流法。如图 4-11 所示，将铁心电抗器的两个线圈分别串联在并联工作的晶闸管电路中，这个电抗器实际上起一个电流互感器的作用。如果其中一个线圈中电流稍大，就会引起另一个线圈中产生附加电动势，使另一个线圈电流也增大，从而使流过两个晶闸管元

件的电流平衡。

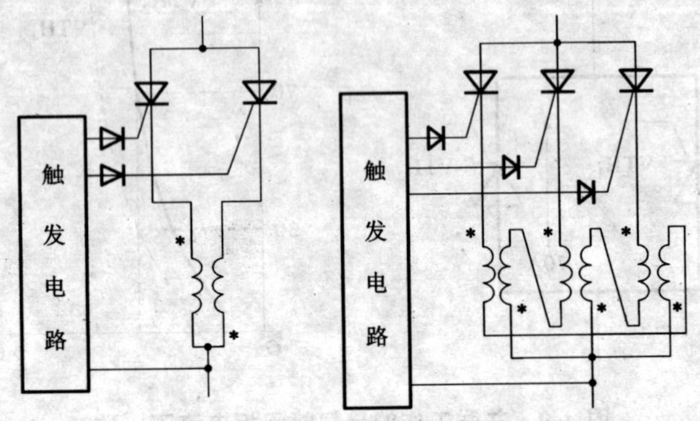

图 4-11 平衡电抗器均流法

152. 当晶闸管串联工作时应注意什么？为什么要采取均压措施？均压用什么方法实现？

答：当晶闸管的额定电压低于实际要求时，可以用两个以上同型号晶闸管串联使用。

由于同样规格的晶闸管漏电阻相差很大，而晶闸管不导通时，各晶闸管上的电压大小是按漏电阻大小分配的，因而每个晶闸管承受的电压相差很大。因此，串联使用的晶闸管除了应尽可能选用额定电压、额定电流、开通时间等参数基本相同的晶闸管外，还应对串联晶闸管采取均压措施。均压一般采用并联电阻法。即在每个串联的晶闸管上并联一个均压电阻 R_V，如图 4-12 所示。如果 R_V 比漏电阻小得多，则电压分配主要决定于 R_V，通常均压电阻选为

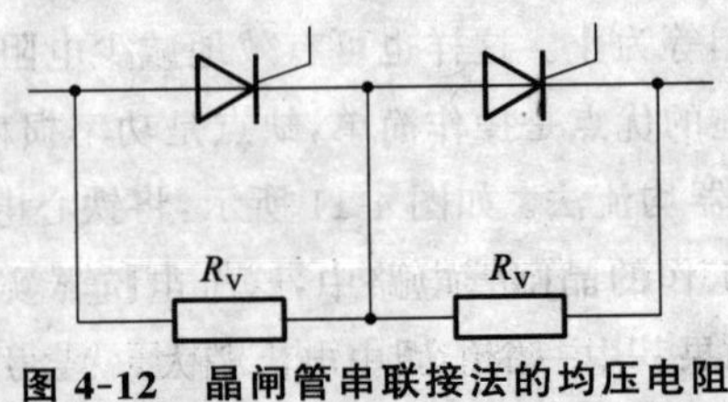

图 4-12 晶闸管串联接法的均压电阻

$$R_V \leqslant 0.25\frac{U}{I}$$

式中 U——晶闸管正反向重复峰值电压(V);

I——晶闸管反向平均漏电流(mA),如 50A 元件可取 5mA,100A 元件可取 10mA。

均压电阻消耗功率的大小与实际工作电压有关,实际工作的线电压有效值 $\sqrt{3}U_p$(U_p——每相电压),它均匀分配在 n 个串联元件上,因此,均压电阻功率为

$$P=(1\sim2)\frac{3U_p^2}{nR_V}$$

式中 (1~2)——经验系数。

虽然采用了均压电阻,电压分配仍然不可能绝对平均,因而晶闸管串联使用时,允许承受的电压应乘以(0.8~0.9),即乘以均压系数。

153. 晶闸管在使用过程中忽然损坏,有哪些可能的原因?

答:引起晶闸管损坏的原因主要有电流、电压、散热和控制极等几个方面:

(1)电流方面的原因主要有:

①输出发生短路或过载,而过流保护不完善,熔断器的快速熔断性能不合格。

②输出端接大电容,触发导通时,电流上升率太大,时间长了造成损坏。

③元件性能不稳定,正向电压降太高,温升太高。

改进措施:选用合格的快速熔断器;避免输出直接接大电容;加大交流侧电抗,例如与元件串联电抗或用漏抗大的变压器,限制电流上升率或限制短路电流。

(2)电压方面的原因主要有:

①没有适当的过电压保护措施,当外界因开关操作、雷击等有过电压侵入,或整流电路本身因换相造成换相过电压,或是输出回路突然切断(熔断器熔断等)造成过电压时均可能损坏晶闸管。

②元件特性不稳定，正向转折电压、反向击穿电压等参数下降。

改进措施：整流桥输入侧增加阻容保护电路，每个晶闸管并联阻容吸收电路。

(3)控制极方面的原因有：控制极所加最高电压、电流或平均功率超过允许值；控制极与阳极之间发生短路故障；触发电路有短路现象，加在控制极上的电压太高；控制极反向电压太大造成反向击穿。

(4)散热方面的原因有：散热器与晶闸管接触不良、风机停转等导致晶闸管温升超过允许值。

154. 晶闸管两端并联阻容吸收电路可起哪些保护作用？按什么原则选用电阻和电容？

答：在晶闸管上并联由电阻、电容组成的电路称为阻容吸收电路，如图 4-13 所示。

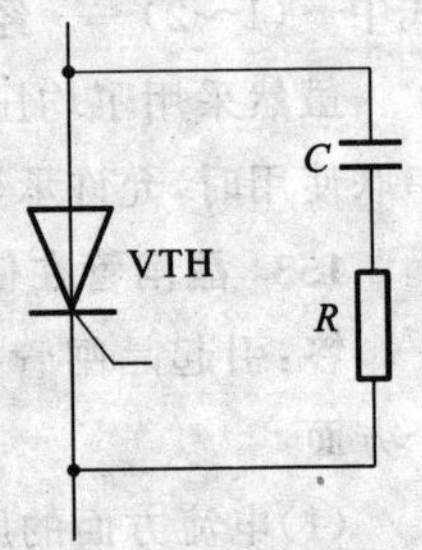

图 4-13 晶闸管阻容吸收电路

阻容吸收电路的作用是抵消晶闸管关断时产生的过电压。其作用原理是：电容 C 两端电压不能突变，可吸收晶闸管关断时引起的反向尖峰电压；电阻 R 有两个作用，一是阻止 LC 电路发生振荡(因电路中总有电感 L 存在)，二是限制晶闸管导通时电容 C 放电电流的上升率。

在晶闸管串联应用时，阻容吸收电路能起动态均压作用。

阻容吸收电路的位置要尽量靠近晶闸管，引线要短，最好采用无感电阻，这样保护效果较好。

阻容电路各元件的参数较难计算，可按表 4-7 中所列经验数据选用。

表 4-7 阻容电路中电容器和电阻器选择

晶闸管正向平均电流(A)	1000	500	200	100	50	20	10
电容器标称容量(μF)	2	1	0.5	0.25	0.2	0.15	0.10
电阻器标称电阻(Ω)	2	5	10	20	40	80	100

电容器的耐压值一般选晶闸管通态(峰值)电压的 1.1～1.5 倍。

电阻器的额定功率

$$P_{R} = fCU_{TM}^{2} \times 10^{-6}(W)$$

式中 f——电源频率(Hz);

U_{TM}——晶闸管通态(峰值)电压(V);

C——电容器的标称容量(μF)。

155. 晶闸管有哪几种过电流保护方法?

答:晶闸管常用的过电流保护方法有:

(1)限流控制保护。当电流超过某整定值时,限流控制起作用,自动调整整流装置触发延迟角,使整流电压减小,把电流限制在某一数值以下,达到保护晶闸管的目的。

(2)控制极脉冲封锁。在整流及交流调压装置中,发生过流时,封锁触发脉冲,动作时间在 10ms 左右,这对短时间过载或短路电流不大的情况是适用的。

(3)快速熔断器保护。当采用快速熔断器保护时,建议按表 4-8 的设定值选用快速熔断器。

表 4-8 晶闸管保护用快速熔断器的选择

正向平均电流(A)	元件并联路数	快速熔断器额定熔断电流(A)
50	1	80
100	1	150
200	1	300
500	1	600
500	2	500
500	3 路以上	400

快速熔断器可接在直流输出电路中,也可接在整流电路的输入端,或与各晶闸管元件串联。快速熔断器的连接方式见表 4-9。

表 4-9 快速熔断器的连接方式

连接方式	接线图	特点
接在直流输出回路中	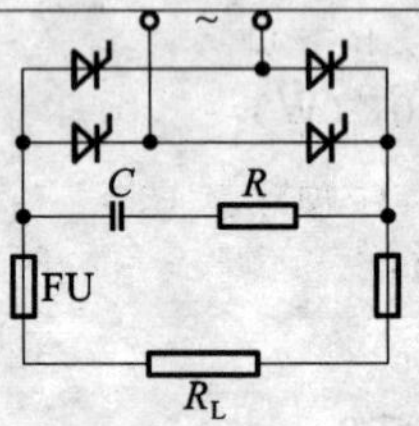 ~ C R FU R_L	当输出回路过载或短路时，可起保护作用，但对于晶闸管元件本身故障造成的短路不能起保护作用。熔体熔断时间能引起晶闸管元件过电压，故在直流侧需增加阻容保护电路
接在整流电路的输入端	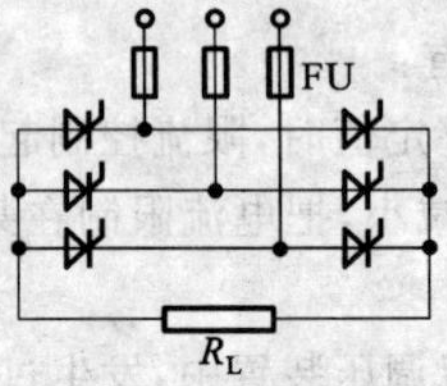 ~ FU R_L	输出端短路或晶闸管元件短路均起保护作用，但熔体熔断后不能立即判断是什么故障。保护元件的可靠性没有下面的一种连接方式好
和晶闸管元件串联连接	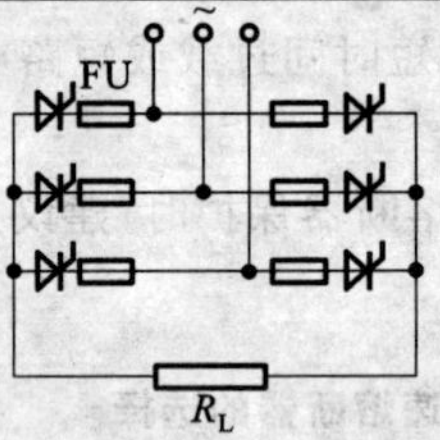 ~ FU R_L	保护元件的可靠性好，但熔断器用量较多。当整流电路的每一个支路中有几个元件并联工作时，个别元件短路后，相应的熔断器熔断，其他部分不受影响，但要求熔断器熔断后发出信号，以便减少负载

(4)直流快速断路器保护。在大容量和中容量的设备中，在逆变运行较多的场合，可采用直流快速断路器做直流侧的过载与短路保护。这种快速断路器动作时间只有 2ms 左右，全部断弧时间仅 25～30ms。当直流侧短路时，快速断路器切断故障电流，尽量避免快速熔断器熔断。目前使用得较多的是 DS 型直流快速断路器。

在使用直流快速断路器保护的场合，还必须接入快速熔断器，以增加保护的可靠性。

156. 晶闸管整流电路交流侧有哪几种过电压保护方法？

答：交流侧常用的过电压保护方法有：

(1)变压器二次侧加接阻容吸收电路。图 4-14 所示为单相与三相变压器二次侧阻容吸收电路的几种接法。一般情况下，单相变压器采用

4-14(a)接法，三相变压器采用图 4-14(b)和图 4-14(c)接法。对于大容量的晶闸管装置，三相阻容吸收设备较庞大，可改用图 4-14(d)的整流阻容吸收电路，电路中只用一只电容器，由于只承受直流电压，可用体积小得多的电解电容器，但要增加一套整流器。如采用硅整流器或雪崩二极管整流器，则整流器本身也能起过电压保护作用。

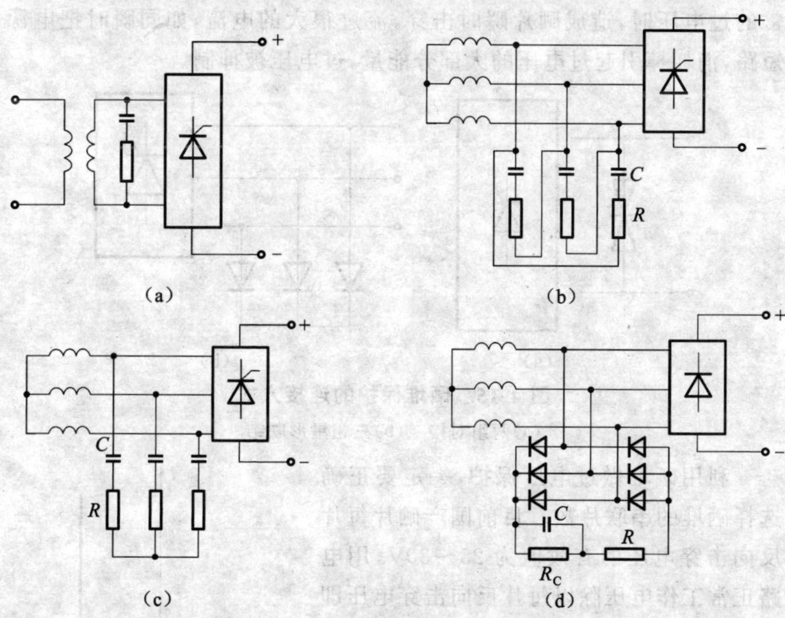

图 4-14 阻容吸收电路的几种接法

(a)单相电路接法 (b)三相电路三角形联结接法

(c)三相电路星形联结接法 (d)三相电路整流阻容吸收电路接法

(2)为了降低变流变压器合闸时的过电压，可以在变压器一、二次侧间加上隔离层(新设计变压器时)。隔离层与铁心相连，这样就可减小变压器一、二次绕组间的寄生分布电容，使过电压降低。隔离层可以是一层不闭环的铜(或铝)箔，也可以用导线绕一层。在旧设备改造时，如果无法增加起屏蔽作用的隔离层，也可在变压器二次绕组出口端子与铁心(或外壳)之间并联一只略小于 1μF 的电容器。

(3)非线性电阻吸收装置。目前应用得较多的非线性电阻有硒堆与压敏电阻。非线性电阻接在变流变压器二次侧。若使用硒堆做吸收装置，单相时用两组对接，并接在变压器二次侧，如图 4-15(a)所示；三相时可将三组硒堆接成星形，如图 4-15(b)所示。在正常电压时，硒堆总有一组处于反向状态，漏电流很小。当过电压超过允许值时，工作在反向一组硒堆，反向电阻降低，漏电流剧增，以吸收一般的过电压。当出现异常的过电压时，造成硒片瞬时击穿，流过很大的电流，如同瞬时把电源短路，消耗掉引起过电压的大部分能量，过电压被抑制。

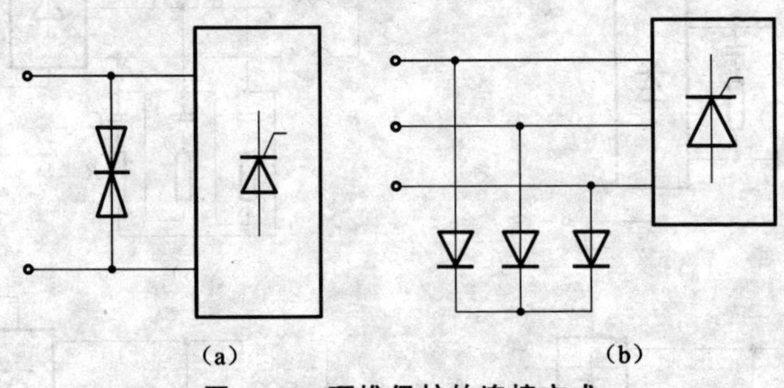

图 4-15　硒堆保护的连接方式

(a)两组对接　(b)三相星形联结

利用硒堆做过电压保护，一定要正确选择硒堆的串联片数。目前国产硒片每片反向击穿电压的有效值为 25～30V，用电路正常工作电压除以每片反向击穿电压即得每组所需硒片数。注意：硒片数不要选用过多，选用过多将不能起到保护作用。

用硒堆做过压保护的缺点是，硒堆的体积大，反向伏安特性曲线不陡，另外，长期放置不用，正向电阻增大，反向电阻降低，可能失效。因此，它不是理想的保护元件。

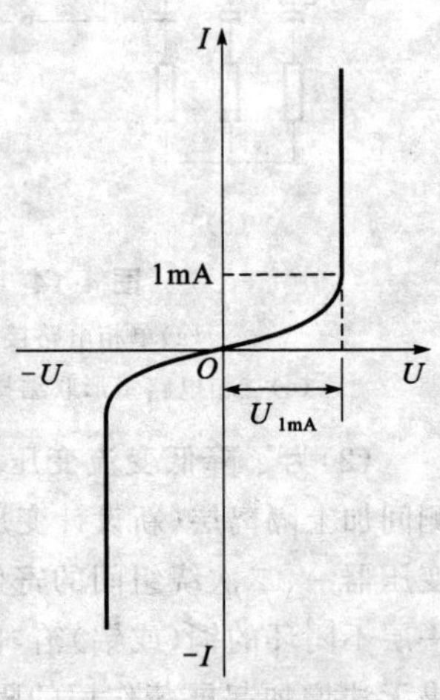

图 4-16　压敏电阻的伏安特性曲线

压敏电阻，也叫浪涌吸收器。它是一种用氧化锌或氧化铋等烧结制成的半导体非线性电阻元件。其伏安特性曲线如图 4-16所示。它抑制过电压能力强，平时漏电流很小(微安级),几乎没有损耗,而放电容量很大,可通过数千安培的冲击电流,对浪涌电压反应快,本身体积较小,是一种比较好的过电压保护元件。压敏电阻的主要缺点是持续的平均功率太小(仅有几瓦),如果正常的工作电压超过了它的额定电压(U_{1mA}),很快就会烧坏。

由于压敏电阻的正反向特性曲线是对称的,在单相交流电路中,只用一个就可以抑制正反两个方向的尖峰过电压。在三相电路中要用三个,接成星形或三角形。

常用的浪涌电流抑制及过电压保护用压敏电阻有 MYJ 系列、MYD 系列、MYG20 系列、MYG30 系列等。

157. 如何选择过电压保护用的压敏电阻?

答:选用压敏电阻时主要考虑额定电压 U_{1mA} 和通流容量。

额定电压(标称电压)是指压敏电阻流过 1mA 直流(或交流峰值)电流时两端的电压。

通流容量是指在规定波形(浪涌冲击电流前沿 8~10μs,波宽 20μs,间隔时间 2 次/min,历时 5min,冲击十次)的情况下,U_{1mA} 值下降不到 10%的最大电流幅值。

选择压敏电阻的步骤如下:

(1)选择额定电压 U_{1mA}。

$$U_{1mA} \geqslant 1.33\sqrt{2}U_{2L}$$

式中 U_{1mA}——压敏电阻额定电压(V);

U_{2L}——变压器二次侧线电压有效值(V)。

(2)计算压敏电阻泄放电流初值。对于三相变压器

$$I_{di} = \sqrt{\frac{3}{2}K_e} I_{02L}$$

对于单相变压器

$$I_{di} = \sqrt{2K_e} I_{02}$$

式中 I_{di}——泄放电流初值(A);

I_{02L}——三相变压器空载线电流有效值(A);

I_{02}——单相变压器空载电流有效值(A);

K_e——能量转换系数,与断路器类型有关,对空气断路器:K_e=

0.3～0.5；对油断路器：$K_e=0.1\sim0.3$。

(3)计算压敏电阻的最大允许电压(击穿电压)。

$$U_{max}=K_c\alpha\sqrt{I_{di}}$$

式中 U_{max}——压敏电阻最大允许电压(V)；

K_C——压敏电阻特性系数；

α——压敏电阻非线性系数。

一般 α 在 20～25 之间，当取 $\alpha=20$ 时，$K_c=1.4U_{1mA}$。

(4)计算过电压倍数 K_{OV}。

$$K_{OV}=\frac{U_{max}}{\sqrt{2}U_{2L}}$$

由上式所得 K_{OV}的计算值应低于晶闸管的电压储备系数。

(5)计算和校验压敏电阻的能耗。计算压敏电阻的标称能耗，取 $\alpha=20$ 可得

$$E=26.5U_{1mA}I_{pm}^{1.05}\times10^{-6}$$

式中 E——压敏电阻标称能量(J)；

I_{pm}——压敏电阻的通流容量(A)；

U_{1mA}——压敏电阻额定电压(V)。

压敏电阻实际能耗计算，应考虑在最不利条件下空载切除变流变压器的情况，即

对三相变压器

$$E_{re}=L_pI_{di}$$

对单相变压器

$$E_{re}=\frac{1}{2}L_pI_{di}$$

式中 E_{re}——压敏电阻实际能耗(J)；

I_{di}——压敏电阻泄放电流初值(A)；

L_p——变压器每相励磁电感(H)。

励磁电感按下式选取

$$L_p=\frac{1}{2\pi f}K_{TL}\frac{eU_{vp}}{100I_{dN}}$$

式中 K_{TL}——变压器漏抗计算系数；

U_{vp}——变流变压器阀侧相电压(V)；

I_{dN}——额定直流电流(A)；

e——在采用交流电抗器进线时，e 为电抗器每相额定电压百分值。

校验能耗并应满足 $E_{re} \leqslant 0.8E$。

若不能满足时，应放大压敏元件的通流容量 I_{pm}，并重新计算 E 和 E_{re} 值。但在设计大容量变流装置时，通常选用的压敏电阻通流容量 I_{pm} 为该系列同类元件的最大规格值(如 10kA)。此时步骤(5)可省略。

158. 当选用高电压晶闸管时，是否可以不用过电压保护？什么情况下可以不用过电压保护？

答：选用电压越高的晶闸管，工作会越安全，但是仍然需要采用过电压保护，以免被过电压击穿。

对于具有反向雪崩特性的二极晶闸管，其所接电路过电压的能量不大，可以不用过电压保护。

159. 晶闸管对触发脉冲有哪些要求？

答：为保证晶闸管准确可靠地触发导通，触发脉冲一般应满足下列要求：

(1)脉冲幅值要足够。即能提供足够大的触发脉冲电压和电流。因为晶闸管参数具有分散性及随温度变化的不稳定性，所以要求在正常温度变化范围内，触发电路对同一型号的所有晶闸管元件均能触发导通，且不损坏控制极。在一般情况下，要求触发脉冲电压为 4～10V，触发脉冲电流为 10～数百毫安，反向电压应小于 4V，控制极正向瞬时电流峰值应小于 2A，损耗功率不超过 5W，连续使用时平均损耗功率小于 0.5W。

(2)触发脉冲波形的前沿要陡。前沿陡一方面可以使触发时间准确，另一方面可缩短元件开通的时间。而开通时间的缩短，可以减少开通时的功耗，减少串并联运用时因开通时间不一致而引起的瞬时过电压和过电流。因此，一般触发脉冲的前沿时间要求在 10μs 以下。

(3)触发脉冲要有足够的宽度。脉冲宽度应大于阳极电流上升到擎住电流(擎住电流是指触发导通期间,停止触发后仍能保持晶闸管导通所需达到的电流,它一般为维持电流的 3~10 倍)所需的时间。而阳极电流上升到擎住电流的时间又随主电路电感和晶闸管擎住电流的增加而增加,随电源电压的增加而减小。所以在低电压电感性负载的晶闸管电路中,触发脉冲要宽一些,一般取 1000μs 左右;在高电压电阻性负载中则取 20~50μs 即可。如果取双脉冲,则对脉冲宽度就没有这么高要求了。

(4)触发脉冲应与晶闸管主电路的电源电压同步。所谓同步,是指在给定条件下,每次产生触发信号的时刻都对应着晶闸管承受正向电压后的一定的相位角,从而保证晶闸管每周导通的起始点一定(即晶闸管每周的导通角一定)。

(5)触发脉冲应能根据系统的要求在一定的范围内移相。

160. 常用触发脉冲波形有哪几种?

答:常用的触发脉冲波形如图 4-17 所示。

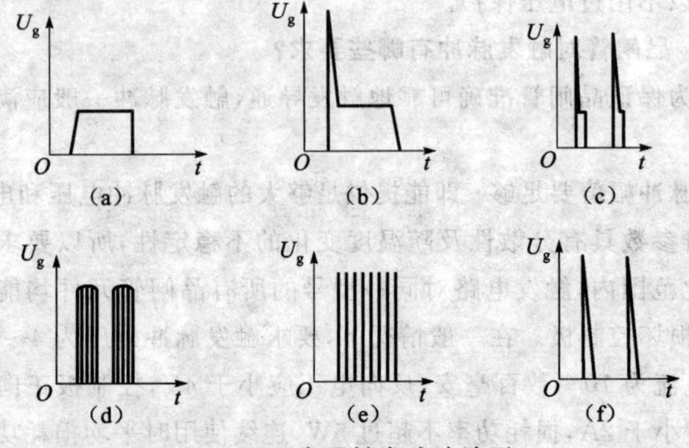

图 4-17　常用触发脉冲波形

(a)矩形脉冲　(b)带强触发的宽脉冲　(c)带强触发的双窄脉冲
(d)双调制脉冲　(e)脉冲列　(f)三角形双尖脉冲

对尖脉冲和矩形脉冲,其幅值应大于晶闸管的触发电流(例如通态平均电流为 200A 的晶闸管,若触发电流小于 0.25A,则脉冲电流幅值取0.3～0.4A即可)。对强触发(指触发电流)脉冲,其电流尖峰幅值一般为触发电流的3～5倍,平顶幅值略大于触发电流即可。

161. 什么是晶闸管的触发电路?有哪些种类和特点?

答:产生触发电压的电路称为晶闸管的触发电路。

晶闸管触发电路种类很多,在自动调速系统中应用得较多的有:阻容移相桥触发电路、单结晶体管触发电路、正弦波触发电路、锯齿波触发电路等。

(1)阻容移相桥触发电路很简单,移相控制比较方便。但由于触发电压为正弦波,前沿很差,电源电压波动时会造成触发不准确,使移相控制的误差增加,适用于要求不高的单相小功率晶闸管装置中。

(2)单结晶体管触发电路简单易调,其触发脉冲的波形前沿陡,抗干扰能力强。但脉冲较窄,触发功率小。用梯形波同步的单结晶体管触发电路,在移相角较小和较大时,脉冲幅值小,触发不可靠,因而限制了移相范围。如采用外同步恒压移相触发电路,移相范围可达175°以上。单结晶体管触发电路多用于50A以下中小功率晶闸管系统中。

(3)正弦波触发电路。正弦波移相触发电路一般用于要求较高的单相和三相系统中。它的优点是电路较为简单,输出电压与控制电压成线性关系,能部分补偿电源电压波动对输出电压的影响。它的缺点是由于移相信号直接取自电网,受电网电压的波动及干扰的影响较大,严重时会使触发电路不能正常工作。通常应用于电网质量较好的中小容量设备中。为避免电网电压波动太大引起失控,可在正弦波顶部叠加一个尖脉冲。

(4)锯齿波触发电路。由于锯齿波是由恒流源对电容充电形成的,故锯齿波移相触发电路的优点是不受电源电压波动的影响,抗干扰能力强,而且移相范围宽。通常应用在电网质量较差及小电网供电的各种容量的变流设备中。我国目前电网质量较差,使用锯齿波移相触发电路的较多。

162. 为了满足触发脉冲的要求,触发电路应采取哪些措施?

答:(1)触发脉冲的幅值要足够大,前沿尽可能陡,而对后沿没有什么要求。脉冲前沿陡度和许多因素有关,但主要的影响因素是脉冲变压器漏抗的大小,而漏抗与匝数的平方成正比。所以要使脉冲变压器的漏抗较小，希望脉冲变压器有较少的匝数。而要匝数少，脉冲宽度就不可能宽。为了解决脉冲前沿陡度问题，有很多措施，如：附加一微分绕组或去磁绕组；采用强触发脉冲，既保证了脉冲前沿陡度和幅值，又保证有足够的脉冲宽度；用两个窄脉冲组成双脉冲，脉冲幅值可达 15V、1A 甚至更高，脉冲前沿时间可小于 1μs；采用输出为脉冲列的触发器，脉冲前沿时间可小于 2μs，脉冲列的宽度可达 70°～90°。

(2) 晶闸管不触发时，触发电路漏电压应尽量小，一般应小于 0.15～0.25V。有时为了提高抗干扰能力，避免误触发，可在控制极上加一个大于 5V 的负偏压。控制极加负偏压，不仅可提高抗干扰能力，而且提高了晶闸管的正向阻断性能。但过大的负偏压会使晶闸管的触发灵敏度降低，不利于晶闸管的快速导通，而且还会使控制极功耗增加，发热加剧。所以，控制极的负偏压一般取 3～5V。

163. 什么是移相触发？其主要缺点是什么？

答：移相触发是通过改变晶闸管每周期导通的起始点（即触发延迟角 α）的大小来实现对输出电压、功率的控制。移相触发的主要缺点是：使电路中出现包含高次谐波的缺角正弦波形，在换流时刻波形会出现缺口“毛刺”，造成电源电压波形畸变和高频电磁波辐射干扰；当大触发延迟角运行时，功率因数较低。

164. 什么是过零触发？其主要缺点是什么？

答：过零触发是在设定的时间间隔内，通过改变晶闸管导通的周波数来实现对输出电压或功率的控制。过零触发的主要缺点是：当通断比太小时会出现低频干扰；当电网容量不够大时会出现照明闪烁、电表指针抖动等现象。通常只适用于热惯性较大的电热负载。

165. 额定电流为 100A 的双向晶闸管，可以用两只普通晶闸管反并联来代替，若使其电流容量相等，普通晶闸管的额定电流应多大？

答：双向晶闸管额定电流的定义与普通晶闸管不同，其主要区别是：双向晶闸管的额定电流是以最大允许电流的有效值来定义的，额定电流为 100A 的双向晶闸管，其峰值为 141A；普通晶闸管的额定电流是以正弦半波电流的平均值表示的，峰值为 141A 的正弦半波，它的平均值为 $141/\pi \approx 45$A。所以一个 100A 的双向晶闸管与反并联的两个 45A

普通晶闸管的电流容量相等。

166. 在什么情况下晶闸管电路的直流侧要加阻容保护电路?

答:当晶闸管电路的直流侧有熔断器或快速开关时,应在直流侧加阻容保护电路。另外,当直流侧所接负载是直流电动机电枢,或同步电动机转子时,因这些负载有可能产生过电压,故也应加相应的阻容过电压保护电路。

167. 晶闸管可控整流电路的作用是什么?

答:晶闸管可控整流电路的作用是把交流电变换成大小可调的直流电,这是通过改变可控整流电路中晶闸管的触发延迟角 α 来实现的。触发延迟角增大,输出电压的平均值就减小,反之输出电压升高。所以负载电压的波形随着触发延迟角的改变而改变。

168. 电感性负载对晶闸管有什么影响?

答:当负载为电感性负载时,由于流过电感的电流发生变化,电感中产生感应电动势,它使得负载电流的变化滞后于电压的变化;当交流电压过零点时晶闸管本应关断,但由于这时的电流仍大于维持电流,使得晶闸管在电源电压过零时不能自行关断。为了解决这一问题,需要在负载两端反向并联一个二极管,称为续流二极管,如图 4-18 所示。在负载两端并联上续流二极管之后,当输入电压过零变负时,电感性负载产生的电动势通过续流二极管的导通构成负载电流回路。

169. 反电动势负载对晶闸管有什么影响?

答:本身具有一定直流电动势的负载叫反电动势负载,如蓄电池和运行的直流电动机等,如图 4-19 所示。如果忽略回路中的电感,只有当整流输出电压大于反电动势而又有触发脉冲时,晶闸管才能导通,才有电流输出。当整流电压低于反电动势时,晶闸管关断,电流又停止,因而晶闸管的导电时间缩短了,这是反电动势负载的特点。输出电流 I_d 等于整流输出电压 U_d 与蓄电池电压 E 之差除以回路电阻 R,即 $I_d=(U_d-E)/R$,U_d-E,即图 4-19 中斜线阴影部分。

因为导通角减小,导电时间短,回路电阻又很小,所以电流的幅值很大。例如,输出平均电流为 20A 时,峰值电流可达 100A 以上。这种电流波形脉动成分很大,电流有效值比平均值大许多。所以在实际应用电

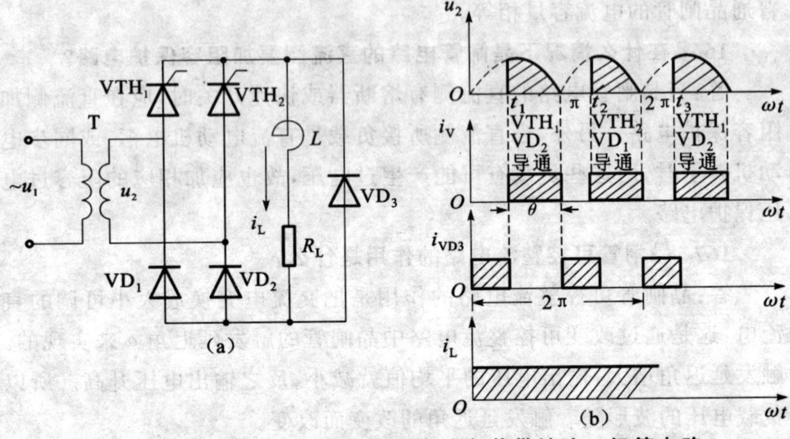

图 4-18 单相桥式半控整流大电感负载带续流二极管电路

(a)电路图 (b)波形图

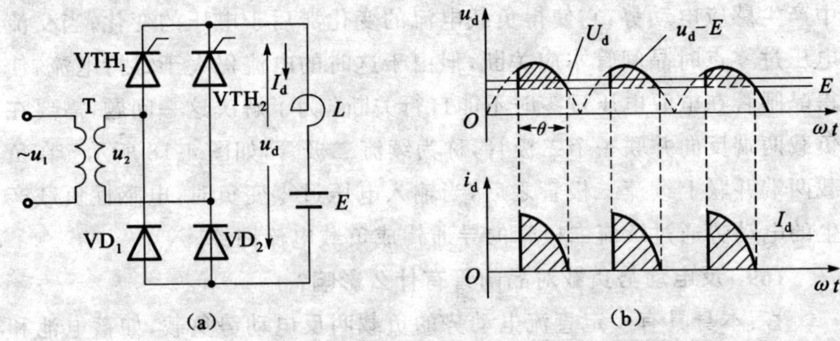

图 4-19 单相桥式半控整流接反电动势负载电路

(a)电路图 (b)波形图

路中，为了扩大移相范围，一般在反电动势负载电路中串联平波电抗器，使负载呈电感性，同时并联续流二极管，使得电路的工作情况同电阻负载时一样。

170. 晶闸管可控整流电路有哪些主要类型？各有哪些主要参数？

答：晶闸管可控整流电路有单相半波、单相带中性线（单相全波）、单相半控桥、单相全控桥、三相带中性线、三相半控桥、三相全控桥、双星形带平衡电抗器等。它们的主要参数见表 4-10(一)、(二)。

表 4-10　常用晶闸管整流电路的主要参数（一）

序号	电连接名称	连接方式	负载性质	晶闸管电流 平均值 $I_{T(AV)}$	晶闸管电流 均方根值 $I_{T(RMS)}$	晶闸管电流 平均值 I_{TM}	晶闸管反向工作峰值电压 U_{RRM}	变压器电压 阀侧	变压器电压 网侧	变压器电流 阀侧	变压器电流 网侧
1	单相半波	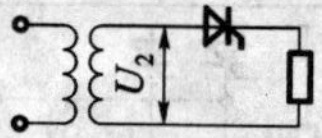	$L_d=0$①	L_d	$1.57I_d$	$3.14I_d$	$3.14U_{d0}$	$\frac{U_{d0}}{0.45}$	$\frac{U_{d0}}{0.45}K$③	$1.57I_d$	$1.21\frac{I_d}{K}$
2	单相带中性线（单相全波）	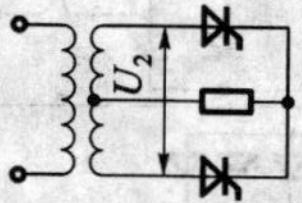	$L_d=\infty$	$\frac{I_d}{2}$	$0.707I_d$	I_d	$3.14U_{d0}$	$\frac{U_{d0}}{0.45}$	$\frac{U_{d0}}{0.45}K$	$0.707I_d$	$0.5\frac{I_d}{K}$
			$L_d=0$		$0.785I_d$	$1.57I_d$				$0.785I_d$	$0.555\frac{I_d}{K}$
3	三相带中性线	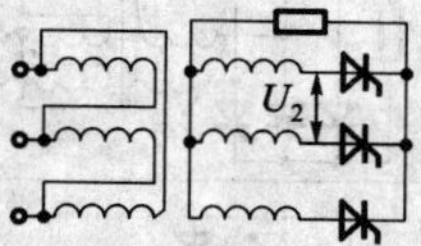	$L_d=\infty$	$\frac{I_d}{3}$	$0.577I_d$	I_d	$2.09U_{d0}$	$\frac{U_{d0}}{0.675}$	$\frac{U_{d0}}{0.675}K$	$0.577I_d$	$0.472\frac{I_d}{K}$
			$L_d=0$		$0.58I_d$	$1.21I_d$				$0.58I_d$	$0.49\frac{I_d}{K}$
4	双星形带平衡电抗器	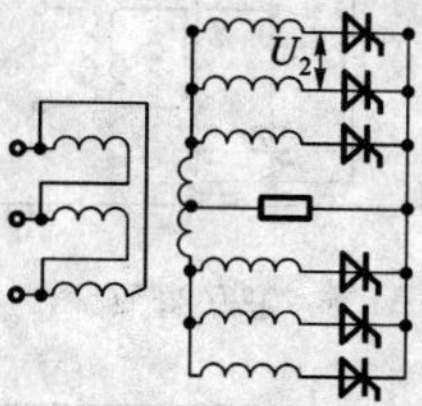	$L_d=\infty$	$\frac{I_d}{6}$	$0.289I_d$	$\frac{I_d}{2}$	$2.09U_{d0}$ ($2.09U_{d0}$)②	$\frac{U_{d0}}{0.675}$	$\frac{U_{d0}}{0.675}K$	$0.289I_d$	$0.408\frac{I_d}{K}$
			$L_d=0$		$0.293I_d$	$0.605I_d$					

续表 4-10（一）

序号	电连接名称	连接方式	负载性质	晶闸管电流 平均值 $I_{T(AV)}$	晶闸管电流 均方根值 $I_{T(RMS)}$	晶闸管电流 平均值 I_{TM}	晶闸管反向工作峰值电压 U_{RRM}	变压器电压 阀侧	变压器电压 网侧	变压器电流 阀侧	变压器电流 网侧
5	单相全控桥	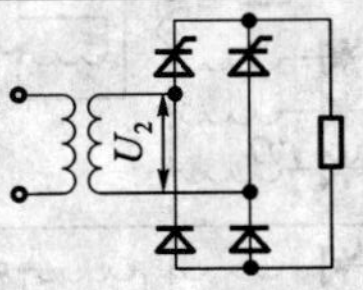 U_2	$L_d=\infty$	$\frac{I_d}{2}$	$0.707I_d$	I_d	$1.57U_{d0}$	$\frac{U_{d0}}{0.9}$	$\frac{U_{d0}}{0.9}K$	I_d	$\frac{I_d}{K}$
			$L_d=0$		$0.785I_d$	$1.57I_d$				$1.11I_d$	$1.11\frac{I_d}{K}$
6	三相全控桥	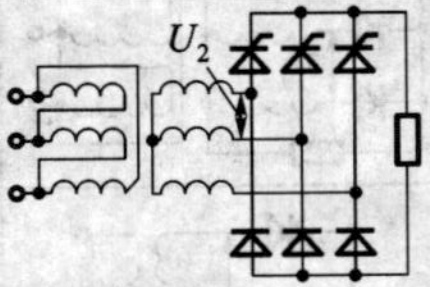 U_2	$L_d=\infty$	$\frac{I_d}{3}$	$0.577I_d$	I_d	$1.05U_{d0}$	$\frac{U_{d0}}{1.35}$	$\frac{U_{d0}}{1.35}K$	$0.816I_d$	$0.816\frac{I_d}{K}$
			$L_d=0$		$0.58I_d$	$1.05I_d$					
7	单相半控桥	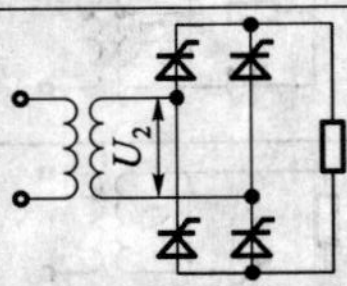 U_2	$L_d=\infty$	$\frac{I_d}{2}$	$0.707I_d$	I_d	$1.57U_{d0}$	$\frac{U_{d0}}{0.9}$	$\frac{U_{d0}}{0.9}K$	I_d	$\frac{I_d}{K}$
			$L_d=0$		$0.785I_d$	$1.57I_d$				$1.11I_d$	$1.11\frac{I_d}{K}$
8	三相半控桥	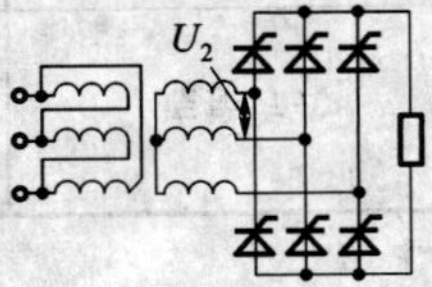 U_2	$L_d=\infty$	$\frac{I_d}{3}$	$0.577I_d$	I_d	$1.05U_{d0}$	$\frac{U_{d0}}{1.35}$	$\frac{U_{d0}}{1.35}K$	$0.816I_d$	$0.816\frac{I_d}{K}$
			$L_d=0$		$0.58I_d$	$1.05I_d$					

表 4-10　常用晶闸管整流电路的主要参数（二）

序号	电连接名称	变压器容量			有相位控制时的直流电压 $\frac{U_{d0a}}{U_{d0}}$	脉冲数 p	功率因数 $\lambda(u$[⑤]$=0)$	变压器电抗电压降折算系数 K_x	通态平均电流计算系数 K_A $(\alpha$[⑥]$=0)$
		阀侧 S_V	网侧 S_L	等值 S_T					
1	单相半波	$3.49P_d$[④]	$2.69P_d$	$3.09P_d$	$\frac{1+\cos\alpha}{2}$	—	—	—	1
2	单相带中性线（单相全波）	$1.57P_d$	$1.11P_d$	$1.34P_d$	$\cos\alpha$	2	$0.9\cos\alpha$	0.707	0.45
		$1.74P_d$	$1.23P_d$	$1.48P_d$	$\frac{1+\cos\alpha}{2}$				0.5
3	三相带中性线	$1.48P_d$	$1.21P_d$	$1.35P_d$	$\cos\alpha$	3	$0.826\cos\alpha$	0.866	0.367
		$1.49P_d$	$1.26P_d$	$1.37P_d$	$0\leqslant\alpha\leqslant\frac{\pi}{6}:\cos\alpha$ $\frac{\pi}{6}\leqslant\alpha\leqslant\frac{5\pi}{6}:0.577\left\{1+\cos\left(\alpha+\frac{\pi}{6}\right)\right\}$				0.374
4	双星形带平衡电抗器	$1.48P_d$	$1.05P_d$	$1.26P_d$	$\cos\alpha$	6	$0.955\cos\alpha$	0.5	0.184
					$0\leqslant\alpha\leqslant\frac{\pi}{3}:\cos\alpha$ $\frac{\pi}{3}\leqslant\alpha\leqslant\frac{2\pi}{3}:1+\cos\left(\alpha+\frac{\pi}{3}\right)$				0.185
5	单相全控桥	$1.11P_d$	$1.11P_d$	$1.11P_d$	$\cos\alpha$	2	$0.900\cos\alpha$	0.707	0.45
		$1.23P_d$	$1.23P_d$	$1.23P_d$	$\frac{1+\cos\alpha}{2}$				0.5

续表 4-10（二）

序号	电连接名称	变压器容量 阀侧 S_V	网侧 S_L	等值 S_T	有相位控制时的直流电压 $\frac{U_{d0a}}{U_{d0}}$	脉冲数 p	功率因数 $\lambda(u^{⑤}=0)$	变压器电抗电压降折算系数 K_x	通态平均电流计算系数 K_A $(\alpha^{⑥}=0)$
6	三相全控桥	$1.05P_d$	$1.05P_d$	$1.05P_d$	$\cos\alpha$	6	$0.955\cos\alpha$	0.5	0.367
					$0\leqslant\alpha\leqslant\frac{\pi}{3}$：$\cos\alpha$ $\frac{\pi}{3}\leqslant\alpha\leqslant\frac{2\pi}{3}$：$1+\cos(\alpha+\frac{\pi}{3})$				0.368
7	单相半控桥	$1.11P_d$	$1.11P_d$	$1.11P_d$	$\frac{1+\cos\alpha}{2}$	2	$0.450(1+\cos\alpha)$	0.707	0.45
		$1.23P_d$	$1.23P_d$	$1.23P_d$			$\sqrt{1-\frac{\alpha}{\pi}}$		0.5
8	三相半控桥	$1.05P_d$	$1.05P_d$	$1.05P_d$	$\frac{1+\cos\alpha}{2}$	6	$\alpha\leqslant\frac{\pi}{3}$：$0.47(1+\cos\alpha)$； $\alpha\geqslant\frac{\pi}{3}$：$0.39(1+\cos\alpha)$	0.5	0.367
							$\sqrt{1-\frac{\alpha}{\pi}}$		0.368

注：① 当整流器采用平波电抗器时，器件电流接近矩形波，因此在一般计算中，对采用平波电抗器的整流器，取对应于$L_d=\infty$的数值；对不用平波电抗器的整流器，取对应于$L_d=0$的数值。

② 括号中的数值，对应于平衡电抗器失去扼流作用（相当于空载或轻载）时臂的反向工作峰值电压的计算关系。

③ K=网侧线电压U_1/阀侧线电压U_2。

④ $P_d=U_{d0}I_d$。

⑤ u—重叠角。

⑥ α—延迟角。

171. 常用的晶闸管整流电路的主要特点有哪些？应用在什么地方？

答：常用的晶闸管整流电路的特点和用途见表 4-11。

表 4-11 晶闸管整流电路的特点和用途

项目	电路形式					
	单相带中性线（单相全波）	单相桥	三相带中性线	三相桥	双星形带平衡电抗器	双三相桥带平衡电抗器
变压器利用率	差（0.75）	较好（0.9）	差（0.74）	好（0.95）	一般（0.79）	好（0.97）
直流侧电压的脉动情况	较大	较大	一般	较小	较小	小
网侧电流波形畸变（畸变因数）	一般（0.9）	一般（0.9）	严重（0.827）	较小（0.955）	较小（0.955）	小（0.985）
元件电流容量利用率（导电时间）	好（180°）	好（180°）	较好（120°）	较好（120°）	较好（120°）	较好（120°）
适用的电压、电流或容量范围	$U_d \leqslant 50V$ $P_d \leqslant 5kW$ 必须采用单相电源时例外	$U_d \leqslant 230V$ $P_d \leqslant 10kW$ 必须采用单相电源时例外	$U_d \leqslant 50V$ $P_d \leqslant 10kW$	$U_d \geqslant 250V$（大容量） $U_d \geqslant 50V$（中、小容量）	$U_d \leqslant 400V$（大容量） $U_d \leqslant 100V$（中容量）	$U_d \geqslant 230V$ $P_d \leqslant 2000kW$（传动设备） $I_d \geqslant 12500A$（电解设备）
典型用途和说明	低电压、小容量充电设备的电源	干线牵引设备、小容量直流传动类设备的电源	由于三相带中性线连接存在直流磁通，一般不推荐使用	电解设备电源，10 kW 以上传动设备、直流牵引设备电源，中频电源和电压在上述范围内的各种用途设备的电源	电解、电镀类设备和其他低电压、大电流设备的电源	大容量电解设备、传动类设备和船用设备的电源

172. 三相桥式全控整流电路是如何组成的？它对触发脉冲有哪些要求？

答：图 4-20 所示为三相桥式全控整流电路，桥形的六个臂全部使用的是晶闸管。由两组三相半波整流电路组成：一组是共阴极，在正半周导通，流经变压器的是正向电流；另一组是共阳极，在负半周导通，流经变压器的是负向电流。因而变压器绕组中没有直流磁通势。变压器每相绕组正负半周都有电流流过，从而提高了变压器的利用率。

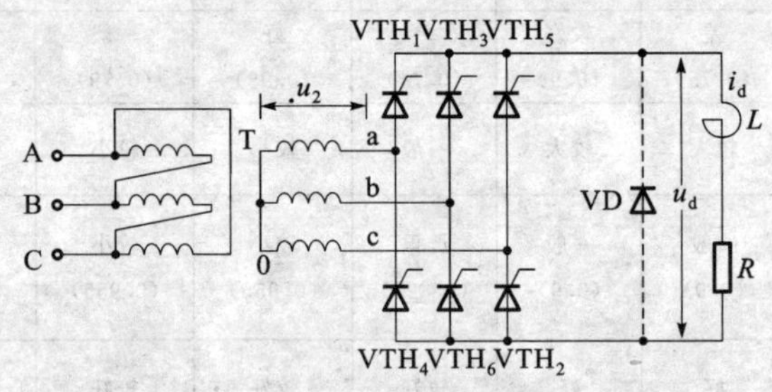

图 4-20 三相桥式全控整流电路

在三相桥式全控整流电路中，共阴极组和共阳极组是同时控制的，各晶闸管的触发延迟角 α 都相同，由于这种电路是两组三相半波的串联，因此比三相半波整流电路输出电压加大一倍。

电路中六个晶闸管是这样安排的，VTH_1 和 VTH_4 接 a 相，VTH_3 和 VTH_6 接 b 相，VTH_2 和 VTH_5 接 c 相。晶闸管 VTH_1、VTH_3、VTH_5 组成共阴极组，而晶闸管 VTH_4、VTH_6、VTH_2 组成共阳极组。这种编号同时也表示晶闸管的导通次序为 1，2，3，4，5，6，1，2，……在使用上比较方便。

上面指出的晶闸管导通的顺序是由正确的触发脉冲位置来保证的，六个晶闸管的触发脉冲有严格的规律，只有触发脉冲相位正确无误，才能保证三相桥式全控整流电路的正常工作。三相桥式全控整流电路就是两组三相半波整流电路的串联，所以，对于共阴极组触发脉冲的要求是保证晶闸管 VTH_1、VTH_3、VTH_5 依次导通，因此，它们的触发脉冲之间的相位差应为 120°。对于共阳极组触发脉冲的要求是保证晶闸管 VTH_2、VTH_4、VTH_6 依次导通，因此，它们的触发脉冲之间的相位差也是 120°，如图 4-21(b)所示。

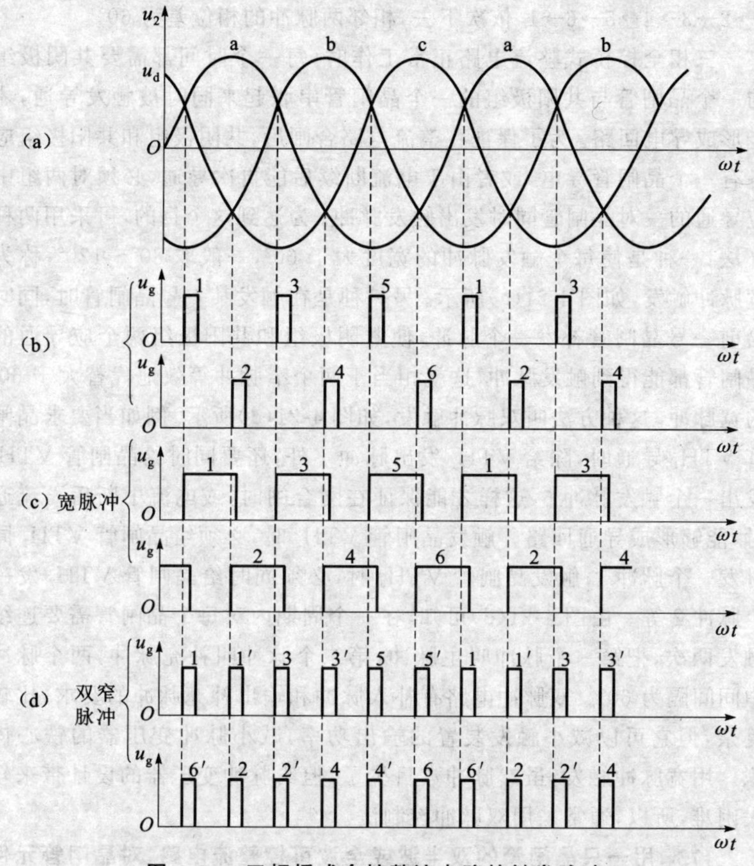

图 4-21　三相桥式全控整流电路的触发脉冲

(a)输入电压波形　(b)脉冲触发相位　(c)宽脉冲　(d)双窄脉冲

由于共阴极的晶闸管是在正半周触发，共阳极的晶闸管是在负半周触发，因此，接在同一相的两个晶闸管的触发脉冲的相位应该相差 180°。例如接在 a 相的晶闸管 VTH_1 和 VTH_4，接在 b 相的晶闸管 VTH_3 和 VTH_6，接在 c 相的晶闸管 VTH_5 和 VTH_2，它们之间的触发脉冲的相位差都是 180°。也就是同相不同组之间的触发脉冲相位差 180°，如图 4-21(b)中 1、4，3、6 和 5、2。而两组不同相之间的触发脉冲相位差为

120°，如图 4-21(b)中的 1，3，5 和 4，6，2。按时间排列，触发脉冲顺序是：1→2→3→4→5→6→1，依次下去，相邻两脉冲的相位差为 60°。

三相全控桥式整流电路正常工作时，每一个时间都需要共阴极组的一个晶闸管与共阳极组的一个晶闸管串联起来同时被触发导通，才能形成导电回路。为了保证在整流电路合闸后，共阴极组和共阳极组应各有一个晶闸管导电，或者由于电流断续后能再次导通，必须对两组中应导通的一对晶闸管同时发出触发脉冲。为达到这个目的，可采用两种办法：一种是使每个触发脉冲的宽度大于 60°，一般取 80°～120°，称为宽脉冲触发，如图 4-21(c)所示。另一种是在触发某一号晶闸管时，同时给前一号晶闸管补发一个脉冲，使共阴极组和共阳极组两个应导通的晶闸管都能得到触发脉冲，这就相当于两个窄脉冲等效地代替大于 60°的宽脉冲。这种方法叫双脉冲触发，如图 4-21(d)所示。例如当要求晶闸管 VTH_1 导通时，除给 VTH_1 发出脉冲 1 外，还要同时给晶闸管 VTH_6 发出一个触发脉冲 6，这样才能保证在刚合闸时，或电流中断后再流通时，能够形成导通回路。触发晶闸管 VTH_2 时，必须给晶闸管 VTH_1 同时发一个脉冲 1；触发晶闸管 VTH_3 时，必须同时给晶闸管 VTH_2 发一个脉冲 2 等。由图 4-21(d)可知，在一个周期内对每个晶闸管需要连续触发两次，把第一个脉冲叫主脉冲，第二个脉冲叫补充脉冲，两个脉冲中间间隔为 60°。双脉冲电路有补入脉冲和输出补充脉冲的要求，比较复杂，但它可以减小触发装置的输出功率，减小脉冲变压器的铁心体积。用宽脉冲触发，虽然脉冲数目少了，但给脉冲变压器的设计带来较大困难，所以，通常采用双脉冲控制法。

173. 用一只晶闸管的双半波或全波可控整流电路，对晶闸管元件的选用有何要求？有时变成不可控是什么原因？

答：只用一只晶闸管的单相全波可控整流电路如图 4-22 所示，此时晶闸管不承受反向电压（接电容性负载和反电动势负载除外），所以只要元件正向耐压足够就可以了。采用这种电路有时在输出电压波形到 0 点时晶闸

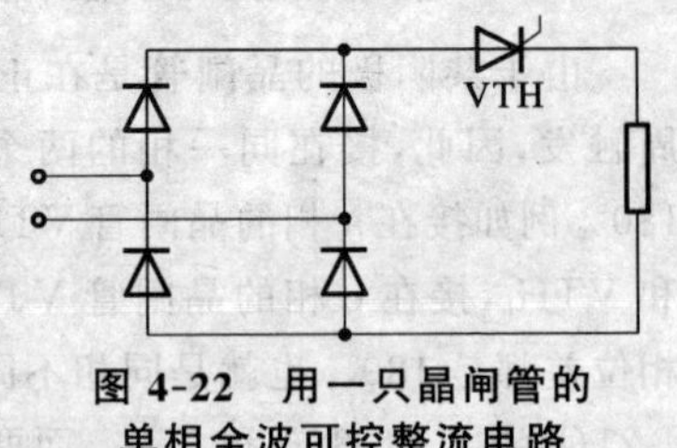

图 4-22　用一只晶闸管的单相全波可控整流电路

管关不断，就变成不可控了。特别是当输出有电感时更为突出，因此这种电路带电感性负载时，一定要有续流二极管，并且在不可控的整流输出端和晶闸管之间不可接电容，必要时可以在此处并联一个阻抗较大的电阻或电抗器，有利于改善晶闸管的关断。在此种电路中，选用维持电流大的晶闸管元件更有利于关断。

174. 在晶闸管整流电路中，如何选择晶闸管的电压和电流等级？

答：(1)晶闸管电压等级的选择。一般可按下面的经验公式进行估算：

$$U_{RRM} \geqslant (1.5 \sim 2)U_{RM}$$

式中 U_{RM}——晶闸管在工作中可能承受的反向峰值电压(V)。

(2)晶闸管电流等级的选择。一般按电路最大工作电流来选择

$$I_{T(av)} \geqslant (1.5 \sim 2)I_{LM}$$

式中 I_{LM}——电路最大工作电流(A)。

175. 在带平衡电抗器三相双反星形可控整流电路中，平衡电抗器有何作用？

答：因为在三相反星形可控整流电路中，变压器有两个绕组，都接成星形，但同名端相反，每组星形绕组接一个三相半波可控整流器，在没有平衡电抗器的情况下为六相半波可控整流。接入平衡电抗器后，由于其感应电动势的作用，使得变压器的两组星形绕组同时工作，两组整流输出以 180°相位差并联，这使得两组整流各有一只晶闸管导通并向负载供电，使得整个输出电流变大，晶闸管导通角增大，与六相半波可控整流电路相比，在同样的输出电流下，流过变压器二次绕组和元件的电流有效值变小，故可选用额定值较小的元件，而且变压器的利用率也有所提高。

176. 与整流装置输出串联的电抗器起什么作用？充电机或调速的晶闸管整流装置不用电抗器输出有何缺点？

答：电抗器可以使输出的电压电流波形平滑，也就是起滤波作用。在同样的输出平均电流下，可以减小输入与输出电流的有效值，同时也使晶闸管导通角加大，减轻其负担，使元件得到充分利用。

对于充电机或电动机来说，在不用电抗器时，晶闸管工作条件较坏，电流峰值大，导电时间短，晶闸管必须降低电流定额使用。另外，对

于直流电动机来说，换向器换向电流大，易产生火花，损耗也加大；对于充电电源因电流有效值大，要求的容量也大。所以整流输出接反电动势负载时，大多数情况下都串联一个滤波电抗器。

177. 铁心电抗器为什么一定要有气隙？

答：对于通直流电的电抗器，没有气隙，铁心容易饱和，这样电感量就要减小；对于工作在交流电压下的电抗器若不带气隙，则电抗值增大，但是因铁磁饱和特性，电抗值呈非线性，故也需要有气隙。

178. 什么情况下可以不用续流二极管？什么情况下必须采用续流二极管？

答：(1)下列情况下可以不用续流二极管：

①纯电阻性负载。

②有反电动势负载，滤波电感较小。

③双半波或三相半波大电感负载可不接续流二极管，但比之用续流二极管虽调压范围不变，但移相范围减小，小导通角时有负压输出。

(2)下列情况下必须用续流二极管：

①晶闸管阴极并联的桥式整流，输出接大电感负载，如果不接续流二极管，当较快地把晶闸管导通角调到0，即停止触发时晶闸管将产生失控现象，其中一个晶闸管将连续导通，仍有较大的输出，故必须接续流二极管。

②单相半波整流输出接大电感负载。

③只用一只晶闸管的双半波整流输出接大电感负载。

179. 调试单相可控整流装置应注意什么问题？

答：(1)调试前的准备工作：

①不要忘了整流装置输出要接负载电阻，否则现象将不正常。

②仔细检查主电路与控制电路接线是否正确，特别要注意晶闸管的控制极不要与其他部分发生短路，应拧紧晶闸管的散热器。

③检查熔断器是否已装上，开始做小电流试验时可先装小容量熔断器，并在交流输入端加限流电阻或电抗器。

(2)调试的步骤。一般是先调好控制电路，然后再调主电路。

①控制电路的调试步骤是接上控制电路的电源后，首先检查电源是否正常，再用示波器检查触发电路各环节的波形、触发脉冲的移相范

围等。如有问题应检查原因加以改进。

②给主电路加电压时，最好先用调压器加一个低电压10～20V，用示波器监视晶闸管阴、阳极之间电压波形变化，并注意输入、输出回路的电流变化是否对应，有无局部短路发热现象。

③调试正常后，再换上大容量熔断器，拆去限流阻抗。

180. 调试三相可控整流装置的步骤大致如何？

答：除了上题提供的单相可控整流装置的调试步骤对于三相也适用外，三相可控整流装置还有三相交流电的相序问题，触发电路与主电路的同相位问题，三相调平衡问题等。所以在主电路与控制电路接线正确，局部调试完毕后，应检查三相电源的相序，检查的方法可用电容灯泡法，或示波器法，按照要求的相序接通主电路与控制电路。还应检查主变压器及同步变压器的一、二次侧极性应对应一致，再检查三相触发电路的输出脉冲与所连接的主电路的晶闸管相位应一致，此后再调整三相触发电路中电位器，使三相脉冲发出的时间对称，使输出波形的三个波顶变化均匀一致。

181. 充电机是否可以使用单相半波、单相全波或三相半波可控整流电路？若充电机输出电流的平均值均为15A，上述三种电路各应选用多大的熔断器？

答：这三种电路均可作为充电机使用，但是单相半波电路每周导通一次，在输出电流平均值同样为15A的情况下，单相半波整流电路的电流峰值大，有效值也大，要选用50A的熔断器；单相全波电路每周导通两次，电流峰值与有效值小些，可选用40A的熔断器；三相半波电路每周导通三次，电流峰值与有效值更小些，可选30A的熔断器。

182. 为什么输出平均电流为15A的充电机要使用40A的熔断器做过电流保护？输出电流为15A的单相半波可控桥式整流充电机是否可以使用通态平均电流为10A的晶闸管？

答：因为单相半波桥式整流充电机输出电流的波形脉动较大，而选择熔断器的规格是根据电流有效值的大小，而不是平均值，有效值比平均值大很多，所以要选电流大一些的熔断器。

在充电机中，晶闸管导通角较小，所以晶闸管的输出电流比额定值要减小。输出电流为15A的充电机用通态平均电流为10A的晶闸管一般是不够的，最好选用通态平均电流为 20A 的晶闸管。

183. 额定输出电压为 110V、额定输出电流为 15A 的晶闸管充电机，是否可以用来给 48V 或 24V 的蓄电池充电？

答：额定电压高的晶闸管整流装置给低压负载供电，其晶闸管的导通角要减小。而且输出电压越低，导通角越小。如果要保持输出额定电流不变，则电流的有效值增大，晶闸管的导通角更小，整流效率更低。所以，110V 的晶闸管充电机给 48V 或 24V 的蓄电池充电是不适宜的。如果一定要用，必须将实际输出电流降低至额定输出电流的 2/3 或 1/2 使用。

184. 什么情况下晶闸管触发不开？什么情况下触发开了又自行关断？什么情况下不触发自己就会开了？

答：(1)触发不开的情况有：

①晶闸管元件的控制极断线或短路。

②晶闸管要求的触发功率太大，触发回路输出功率不够，如稳压管稳压值太低，单结晶体管分压比太低或电容太小等。

③脉冲变压器二次侧极性接反。

④整流装置输出没有接负载。

(2)触发开了又自行关断的情况有：

①晶闸管维持电流太大。

②负载回路电感太大。

③负载回路电阻太大。

④触发回路电容太小，脉冲太窄。

(3)不触发自己开的情况有：

①单结晶体管触发电路中单结晶体管的两基极间电阻太小，第一基极所接电阻太大，漏电流造成第一基极电阻上压降较大。

②晶闸管触发电压、电流太小。

③晶闸管元件两端没有阻容保护，加在晶闸管上的电压上升率太高，造成正向转折。

④因温度升高，晶闸管正向转折电压下降，或晶闸管正向阻断能力丧失，变成二极管了。

⑤晶闸管控制极引线受干扰引起误触发。

185. 三个相的晶闸管特性不一致，触发功率有的大、有的小，对于工作有何影响？

答：只要触发电路选用的参数合理，输出的脉冲幅值较高，波形前沿较陡，则三相晶闸管的触发特性不一致并不影响正常工作。在单相桥式可控电路中，用一套触发电路触发并联的两只晶闸管时，如果晶闸管特性相差太大，则应在控制回路中串联不同的电阻，以使触发脉冲能分配适当。

186. 什么是斩波器？斩波器有哪几种工作方式？

答：将直流电源的恒定电压变换成可调直流电压输出的装置称为直流斩波器。

斩波器的工作方式有：

(1)定频调宽式。即保持斩波器通断周期 T 不变，改变周期 T 内的导通时间 τ(输出脉冲电压宽度)，来实现直流调压。

(2)定宽调频式。即保持输出脉冲电压宽度 τ 不变，改变通断周期 T，来实现直流调压。

(3)调频调宽式。即同时改变斩波器通断周期 T 和输出脉冲宽度 τ，来调节斩波器输出电压的平均值。

187. 什么叫逆阻型斩波器？什么叫逆导型斩波器？

答：普通晶闸管具有反向阻断的特性，故叫逆阻晶闸管。由逆阻晶闸管构成的斩波器叫做逆阻型斩波器。

逆导晶闸管可以看成是由一只普通晶闸管反向并联一只二极管，故它也具有正向可控导通特性，而且还具有反向导通(逆导)特性。由逆导晶闸管构成的斩波器就叫做逆导型斩波器。

188. 晶闸管交流调压电路的基本构成和工作原理是怎样的？

答：把两只晶闸管反并联后串联在交流电路中，改变晶闸管的导通角就可以控制输出交流电压的大小，这就是晶闸管在交流回路中作调压的一种应用，如图 4-23(a)所示。两只反并联的晶闸管也可用一只双向晶闸管来代替，如图 4-23(b)所示，采用双向晶闸管可以使得交流调压主电路及控制电路都大为简化。

189. 晶闸管交流调压有哪两种控制方法？各有什么特点？

答：晶闸管交流调压有相位控制和通断控制两种控制方法。

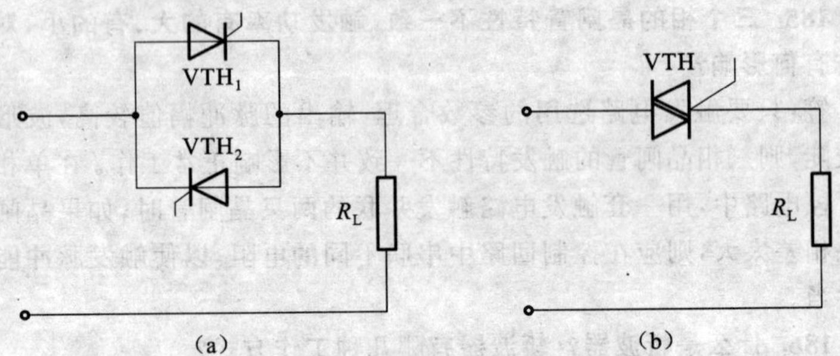

图 4-23 晶闸管交流调压电路

(a)用两只晶闸管反并联 (b)用一只双向晶闸管

(1)采用相位控制时,输出电压较为精确,调速精度较高,快速性好,低速时转速脉动较小,但会产生谐波,对电网造成污染。

(2)采用通断控制时,不产生谐波污染,但电动机上电压变化剧烈,转速脉动较大。

190. 什么叫有源逆变?其能量传递过程是怎样的?

答:有源逆变是将直流电通过逆变器变换成与交流电网同频率、同相位的交流电,并返送电网。其能量传递过程为:直流电→逆变器→交流电(频率与电网相同)→交流电网。

191. 什么叫无源逆变?其能量传递过程是怎样的?

答:无源逆变是将直流电通过逆变器变换成频率可调交流电源,供用电器使用。其能量传递过程为:直流电→逆变器→交流电(频率可调)→用电负载。

192. 实现有源逆变的条件是什么?

答:实现有源逆变的条件是:

(1)变流电路直流侧必须外接与直流电流 I_d 同方向的直流电源 E_d,其值要略大于 U_d,才能提供逆变能量。

(2)变流电路必须工作在触发超前角 $\beta<90°$(因 $\alpha+\beta=\pi$,故 $\alpha>90°$)区域,使 $U_d<0$,才能把直流功率逆变为交流功率。

上述两个条件,缺一不可。逆变电路需接平波电抗器。

193. 哪些晶闸管电路可实现有源逆变?

答:各种全控、直流端不接续流管的晶闸管电路,如单相全波、单相全控桥、三相半波、三相全控桥等晶闸管变流电路，在一定的条件下都可实现有源逆变。

194. 变流器在逆变运行时，若晶闸管触发脉冲丢失或电源缺相，将会导致什么后果？如何避免？

答：变流器在逆变运行时，晶闸管触发脉冲丢失或电源缺相，会造成换流失败。换流失败也称逆变颠覆（失败）。换流失败会出现极大的短路电流，烧毁元器件，因此必须采取有效的防范措施。

为了避免逆变颠覆，对触发电路的可靠性、电源供电可靠性、电路接线、熔断器选择等都应有更高要求，并且必须限制最小触发超前角 β_{min}（通常需整定为 30°～35°）。

195. 常用逆变器有哪些电路参数？

答：常用逆变器的电路参数见表 4-12。

表 4-12 常用逆变器的电路参数

电路形式	主回路接线图	晶闸管上最大电压①	最大负载电压	晶闸管平均电流/电源电流	负载上直流分量	负载频率调节范围	输出电压波形
并联逆变器	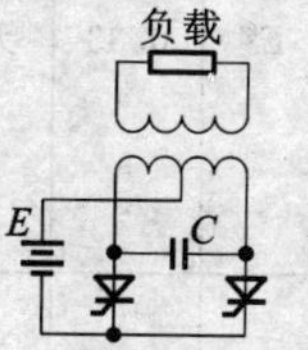 负载 E C	2.0E	E②	0.5	无	宽	与负载有关
串联逆变器	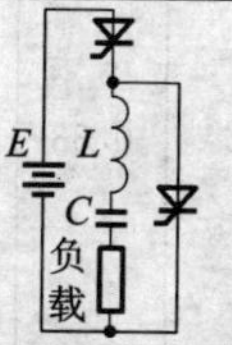 E L C 负载	2.0E	E	1	无	宽	正弦波
串联电感式串联逆变器	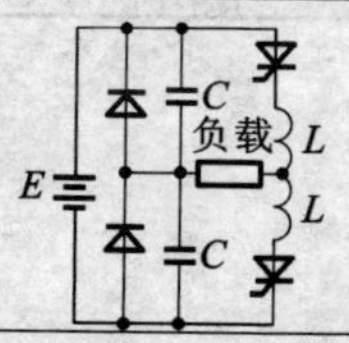 E C 负载 L L C	E	E	0.5	无	宽	方波

续表 4-12

电路形式	主回路接线图	晶闸管上最大电压①	最大负载电压	晶闸管平均电流/电源电流	负载上直流分量	负载频率调节范围	输出电压波形
桥式并联逆变器	负载 L L E L L C	E	E	0.5	无	宽	方波
中心抽头串联逆变器	E L C 负载	E	$0.5E$	0.5	无	宽	方波
三相串联逆变器	C L E 负载	E	E③	0.33	无	宽	方波
三相桥式串联逆变器	E L L L L C L C L C 负载	E	E④	0.33	无	宽	方波

注：①忽略由于换流产生的电压尖峰。

②采用 1∶1∶1 变压器。

③采用 1∶1 变压器。

④线电压。

五、常用集成电路

（一）集成电路基础知识

196. 什么是集成电路？有哪些类型？

答：集成电路是指按照某类功能的需要，采用多层布线或隧道布线的方法，在一块较小的单晶硅芯片上安装上许多晶体管、电阻器、电容器等元器件组合成完整的电子电路一类电路的总称。

集成电路是相对于分立元件电路而言的。由于集成电路体积小、重量轻、功耗低、可靠性高、价格廉，所以自问世以来发展很快，目前已形成了一个类型广泛的大家族。可以从不同角度对其进行分类，常见的分类方法有以下几种：

(1)按功能结构分类。可以分为模拟集成电路和数字集成电路两大类。模拟集成电路用来产生、放大和处理各种模拟信号，而数字集成电路用来产生、放大和处理各种数字信号。

(2)按制作工艺分类。可分为半导体集成电路和膜集成电路。膜集成电路又分为厚膜集成电路和薄膜集成电路。

(3)按集成度高低分。可分为小规模集成电路(SSI)、中规模集成电路(MSI)、大规模集成电路(LSI)和超大规模集成电路(VLSI)。

(4)按导电类型不同分类。可分为双极型集成电路和单极型集成电路。双极型集成电路的制作工艺较复杂，功耗较大，代表集成电路型号有：TTL(晶体管-晶体管逻辑集成电路)、ECL(射极耦合逻辑集成电路)、HTL(高阈值逻辑集成电路)、LST-TL(低功耗肖特基 TTL)、STTL(肖特基 TTL)等。单极型集成电路的制作工艺简单、功耗较低，易于制成大规模集成电路，代表集成电路型号有：CMOS(互补对称型绝缘栅场效应管集成电路)、NMOS(N 沟道增强型绝缘栅场效应管集成电路)、PMOS(P 沟道增强型绝缘栅场效应管集成电路)等。此外，还有两者兼容的。

(5)按功能分类。可分为集成运算放大器、集成功率放大器、集成稳压放大器、集成数模(D/A)转换器、集成模数(A/D)转换器等。

(6)按用途分类。可分为通信用集成电路、电视机用集成电路、微机用集成电路等。

197. 半导体集成器件型号是如何表示的?

答:根据国家标准 GB 3430—89 的规定,半导体集成器件型号的命名方法见表 5-1。

表 5-1 半导体集成器件型号命名方法

第 0 部分		第一部分		第二部分	第三部分		第四部分	
用字母表示器件符合国家标准		用字母表示器件的类型		用阿拉伯数字表示器件的系列和品种代号	用字母表示器件的工作温度范围		用字母表示器件的封装	
符号	含义	符号	含义		符号	含义	符号	含义
C	中国国家标准	T	TTL	由 3 位阿拉伯数字表示	C	0～70 ℃	F	多层陶瓷扁平
		H	HTL		G	−25～70 ℃	B	塑料扁平
		E	ECL		L	−25～85 ℃	H	黑瓷扁平
		C	CMOS		E	−40～85 ℃	D	多层陶瓷双列直插
		D	音响电视电路					
		M	存储器		R	−55～85 ℃	J	黑瓷双列直插
		F	线性放大器		M	−55～125 ℃	P	塑料双列直插
		W	稳压器				S	塑料单列直插
		B	非线性电路				K	金属菱形
		J	接口电路				T	金属圆形
		AD	A/D 转换器				C	陶瓷片状载体
		DA	D/A 转换器				E	塑料片状载体
		μ	微型机电路				G	网格阵列
		SC	通信专用电路				SOIC	小引线封装

示例

C F 741 C T

- T —— 金属圆形封装
- C —— 工作温度为0~70℃
- 741 —— 通用型运算放大器
- F —— 线性放大器
- C —— 符合国家标准

198. 集成电路的主要参数有哪些?

答:集成电路主要参数有电源电压、耗散功率、工作环境温度等。

(1)电源电压。电源电压指集成电路正常工作所需的工作电压。通常,模拟集成电路的电源电压用“V_{CC}”表示;数字集成电路的正电源电压用“V_{DD}”表示,负电源电压用“V_{EE}”表示。

(2)耗散功率。耗散功率是指集成电路在标称的电源电压及允许的工作环境温度范围内,正常工作时所输出的最大功率。

(3)工作环境温度。工作环境温度是指集成电路能正常工作的环境温度极限值或温度范围。

(二)集成运算放大器

199. 什么是集成运算放大器?其基本组成是怎样的?

答:集成运算放大器是一种将高倍放大电路与深度负反馈网络直接耦合的放大器,也是一种用来实现信号的组合和运算的放大器。它由基本放大电路和外接反馈网络两部分组成。

集成运算放大器的电路常可分为输入级、中间级、输出级和偏置电路四个基本组成部分,如图 5-1 所示。

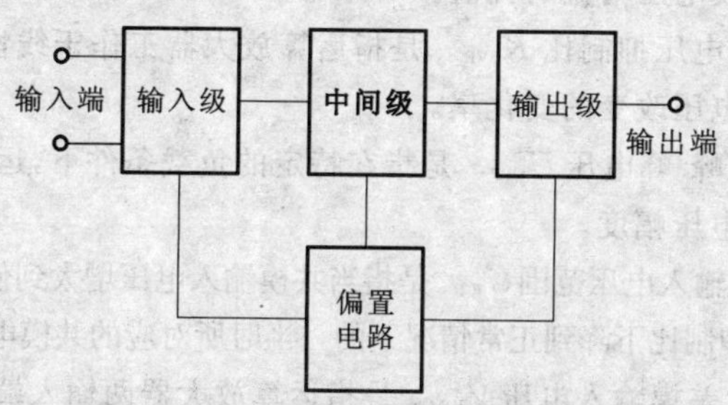

图 5-1 集成运算放大器的方框图

输入级是提高运算放大器质量的关键部分,要求其输入电阻高、静态电流小、差模放大倍数高、抑制零点漂移和共模干扰信号的能力强。输入级都采用差分放大电路,它有同相和反相两个输入端。

中间级主要进行电压放大,要求它的电压放大倍数高,一般由共发射极放大电路构成。其放大管常采用复合管，以提高电流放大系数；集电极电阻常采用晶体管恒流源代替，以提高电压放大倍数。

输出级与负载相接，要求其输出电阻低、带负载能力强、能输出足够大的电压和电流。一般由互补功率放大电路或射极输出器构成。

偏置电路的作用是为上述各级电路提供稳定和合适的偏置电流，决定各级的静态工作点。一般由各种恒流源电路构成。

200. 集成运算放大器的主要参数有哪些？

答：集成运算放大器的主要参数有：

(1)输入失调电压 U_{IO}。是指集成运算放大器输出直流电压为零时，两输入端之间所加的补偿电压。

(2)输入失调电流 I_{IO}。是指当集成运算放大器的输出直流电压为零时，两输入端偏置电流的差值。

(3)输入偏置电流 I_{IB}。是指当集成运算放大器的输出直流电压为零时，其两输入端偏置电流的平均值。

(4)开环电压增益 A_{VO}。是指运算放大器工作于线性区时，其输出电压变化 ΔV_o 与差模输入电压变化 ΔV_i 的比值。

(5)共模抑制比 K_{CMR}。是指运算放大器工作于线性区时，其差模电压增益与共模电压增益的比值。

(6)电源电压抑制比 K_{SVR}。是指运算放大器工作于线性区时，输入失调电压随电压改变的变化率。

(7)输出峰-峰电压 U_{OPP}。是指在特定的负载条件下，运算放大器能输出的最大电压幅度。

(8)共模输入电压范围 U_{ICR}。是指当共模输入电压增大到使集成运算放大器的共模抑制比下降到正常情况下的一半时所对应的共模电压值。

(9)最大差模输入电压 V_{IDM}。是指运算放大器两输入端所允许施加的最大电压差。

(10)最大共模输入电压 V_{ICM}。是指当运算放大器的共模抑制特性显著变化时的共模输入电压。

(11)输出阻抗 Z_O。是指当运算放大器工作于线性区时，在其输出端加信号电压，信号电压的变化量与对应的电流变化量之比。

(12)单位增益带宽 BW_G。是指运算放大器的开环差模电压增益下降到 0dB 时所对应的频带宽度。

(13)静态功耗 P_D。是指在运算放大器的输入端无信号输入，输出端不接负载的情况下其所消耗的直流功率。

201. 集成运算放大器有哪些类型？

答：集成运算放大器主要分为通用型和专用型两大类，每一类中又可分为若干小类。集成运算放大器的类型见表 5-2。

表 5-2 集成运算放大器的类型

<table>
<tr><th colspan="3">分 类</th><th>国内型号举例</th><th>相当国外型号</th></tr>
<tr><td rowspan="5">通用型</td><td colspan="2">Ⅲ型单运放</td><td>CF741</td><td>LM741、μA741、AD741</td></tr>
<tr><td rowspan="2">双运放</td><td>单电源</td><td>CF158/258/358</td><td>LM158/258/358</td></tr>
<tr><td>双电源</td><td>CF1558/1458</td><td>LM1558/1458、MC1558/1458</td></tr>
<tr><td rowspan="2">四运放</td><td>单电源</td><td>CF124/224/324</td><td>LM124/224/324</td></tr>
<tr><td>双电源</td><td>CF148/248/348</td><td>LM148/248/348</td></tr>
<tr><td rowspan="15">专用型</td><td colspan="2" rowspan="2">低功耗</td><td>CF253</td><td>μPC253</td></tr>
<tr><td>CF7611/7621/7631/7641</td><td>ICL7611/7621/7631/7641</td></tr>
<tr><td colspan="2" rowspan="2">高精度</td><td>CF725</td><td>LM725、μA725、μPC725</td></tr>
<tr><td>CF7600/7601</td><td>ICL7600/7601</td></tr>
<tr><td colspan="2" rowspan="2">高阻抗</td><td>CF3140</td><td>CA3140</td></tr>
<tr><td>CF351/353/354/347</td><td>LF351/353/354/347</td></tr>
<tr><td colspan="2" rowspan="2">高速</td><td>CF2500/2505</td><td>HA2500/2505</td></tr>
<tr><td>CF715</td><td>μA715</td></tr>
<tr><td colspan="2">宽带</td><td>CF1520/1420</td><td>MC1520/1420</td></tr>
<tr><td colspan="2">高电压</td><td>CF1536/1436</td><td>MC1536/1436</td></tr>
<tr><td rowspan="4">其他</td><td>跨导型</td><td>CF3080</td><td>LM3080、CA3080</td></tr>
<tr><td>电流型</td><td>CF2900/3900</td><td>LM2900/3900</td></tr>
<tr><td>程控型</td><td>CF4250、CF13080</td><td>LM4250、LM13080</td></tr>
<tr><td>电压跟随器</td><td>CF110/210/310</td><td>LM110/210/310</td></tr>
</table>

注：国外型号与生产企业对应关系：

AD—美国模拟器件公司　　CA—美国无线电公司

HA—日本日立公司　　ICL—美国英特锡尔公司

LM、LF—美国国家半导体公司　　MC—美国摩托罗拉公司

μA—美国仙童公司　　μPC—日本电气公司

202. 常用集成运算放大器的性能是怎样的?

答:常用集成运算放大器主要性能参数见表 5-3。

表 5-3 常用集成运算放大器主要性能参数

参数	符号	单位	型号					
			F007	F101	8FC2	CF118	CF725	CF747M
最大电源电压	U_S	V	±22	±22	±22	±20	±22	±22
差模开环电压放大倍数	A_{VO}	—	≥80dB	≥88dB	3×10^4	2×10^5	3×10^6	2×10^5
输入失调电压	U_{IO}	mV	2～10	3～5	≤3	2	0.5	1
输入失调电流	I_{IO}	nA	100～300	20～200	≤100	—	—	—
输入偏置电流	I_{IB}	nA	500	150～500	—	120	42	80
共模输入电压范围	U_{ICR}	V	±15	—	—	±11.5	±14	±13
共模抑制比	K_{CMR}	dB	≥70	≥80	≥80	≥80	120	90
最大输出电压	U_{OPP}	V	±13	±14	±12	—	±13.5	—
静态功耗	P_D	mW	≤120	≤60	150	—	80	—

203. 集成运算放大器外形、管脚和电路图形符号是怎样的?

答:在应用集成运算放大器时,需要知道它的几个管脚的用途以及放大器的主要参数,至于它的内部电路结构如何一般是无关紧要的。F007(5G24)型集成运算放大器的外形、管脚和电路图形符号如图 5-2 所示。它有双列直插式[图 5-2(a)]和圆壳式[图 5-2(b)]两种封装。这种运算放大器需要与外电路相接的是通过 7 个管脚引出的。各管脚的功能是:

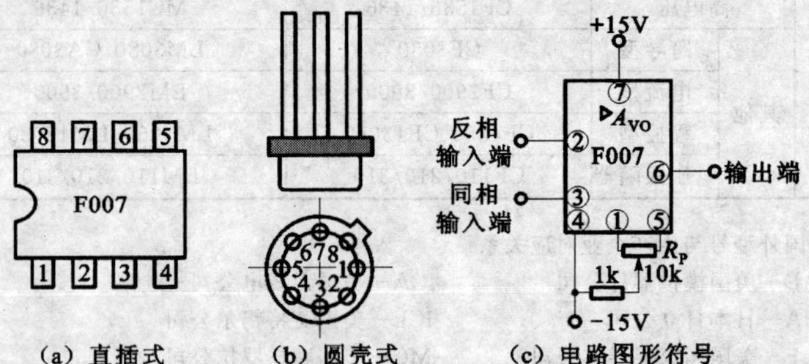

(a) 直插式 (b) 圆壳式 (c) 电路图形符号

图 5-2 F007 型集成运算放大器的外形、管脚和电路图形符号

2 为反相输入端。由此端接输入信号，则输出信号和输入信号是反相的（或两者极性相反）。

3 为同相输入端。由此端接输入信号，则输出信号和输入信号是同相的（或两者极性相同）。

4 为负电源端。接−15V 稳压电源。

7 为正电源端。接＋15V 稳压电源。

6 为输出端。

1 和 5 为外接调零电位器（通常为 10kΩ）的两个端子。

8 为空脚。

204. 集成运算放大器有哪些工作特点？

答：集成运算放大器在线性区工作时和非线性区工作时其特点是不同的，现分述如下：

（1）集成运算放大器在线性区工作时的特点：

①因运算放大器的开环差模输入电阻 r_{id} 很大，因此，两个输入端之间的电流很小，两输入端间相当于断路，称为“虚断”，此电流可认为近似等于零。即

$$I_i = 0$$

②由于开环放大倍数 A_{VO} 很高，因此，两个输入端之间的电位差很小，两输入端间相当于短路，称为“虚短”，两输入端之间的电压可认为近似等于零。因

$$U_o = A_{VO}(U_+ - U_-)$$

因 A_{VO} 值很高，且输出电压是一个有限值，故

$$U_+ - U_- = \frac{U_o}{A_{VO}} \approx 0$$

即

$$U_+ \approx U_-$$

上式说明运算放大器的两个输入端电位近似相等。

（2）集成运算放大器在非线性区工作时的特点：

集成运算放大器在非线性区工作时，输出电压与输入电压之间不再满足上述线性关系。

即

$$U_o \neq A_{VO}(U_+ - U_-)$$

在无反馈的情况下，因 A_{VO}很大，只要两个输入端之间存在很小的电压，输出端的电压就会达到高电平 $+V_{OH}$或低电平 $-V_{OL}$。

当 $U_+>U_-$时，输出高电平 $+V_{OH}$或 $+U_{CC}$的 70%；当 $U_+<U_-$时，输出低电平 $-V_{OL}$或 $-U_{CC}$的 70%。

205. 什么是反相比例运算电路？其应用电路是怎样的？电路的相关参数如何确定？

答：输入信号加在集成运算放大器反相输入端的电路称为反相比例运算电路。图 5-3 所示为反相比例运算电路。输入信号 U_i经输入端电阻 R_1 送到反相输入端，而同相输入端通过电阻 R_2 接地，反馈电阻 R_f 跨接在输出端和反相输入端之间。

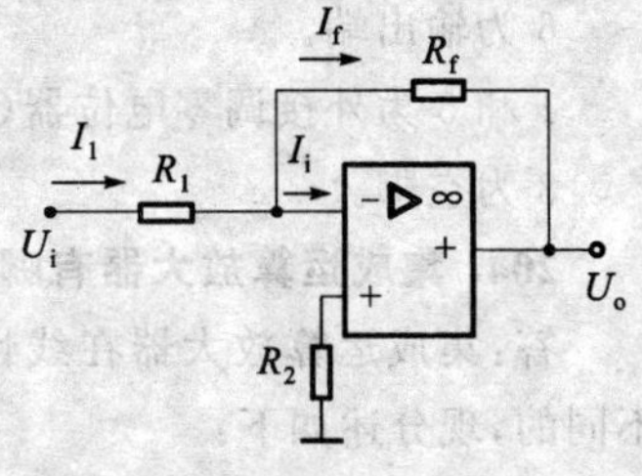

图 5-3　反相比例运算电路

根据运算放大器工作在线性区时的两条特点可知

$$U_+\approx U_-=0$$

与
$$I_i=0$$

则
$$I_1=I_f$$

由图 5-3 可列出

$$I_1=\frac{U_i-U_-}{R_1}=\frac{U_i}{R_1}$$

$$I_f=\frac{U_--U_o}{R_f}=-\frac{U_o}{R_f}$$

故
$$\frac{U_i}{R_1}=-\frac{U_o}{R_f}$$

即
$$U_o=-\frac{R_f}{R_1}U_i$$

闭环电压放大倍数为

$$A_{uf}=\frac{U_o}{U_i}=-\frac{R_f}{R_1}$$

上式表明，输出电压与输入电压是比例运算关系，或者说是比例放大的关系。比例系数由电阻 R_f与 R_1的比值确定，与运算放大器本身的参数无关，这就保证了比例运算的精度和稳定性。式中的负号表示U_o与U_i的相位总是相反的。

在图5-3所示电路中，同相输入端接有电阻R_2，其阻值对运算结果没有影响。它的作用是使两个输入端的电阻保持平衡，称为平衡电阻。通常取 $R_2=R_1 /\!/ R_f$。

如果$R_f=R_1$，则$U_o=-U_i$，即

$$A_{uf}=\frac{U_o}{U_i}=-1$$

这时输出电压与输入电压大小相等、相位相反，这就是反相器。

在反相比例运算电路中，因$U_-\approx 0$，所以输入电阻由R_1的大小决定，考虑到信号源的内阻，R_1的值不能取得太小，一般应取得比信号源内阻大。为保证放大电路的稳定性，A_{uf}不能太大，一般最大为200～500；运算放大器的负载一般由晶体管、模拟电路和数字电路组成，为保证输出电压的稳定，其负载电阻一般在2～10kΩ之间。

206. 什么是同相比例运算电路？其应用电路是怎样的？电路的相关参数如何确定？

答：输入信号加在集成运算放大器同相输入端的电路称为同相比例运算电路。图5-4所示为同相比例运算电路。输入信号U_i经输入端电阻R_2送到同相输入端，而反相输入端通过电阻R_1接地。为使运算放大器工作在线性区，在电路的输出端通过反馈电阻R_f加到反相输入端实现负反馈。

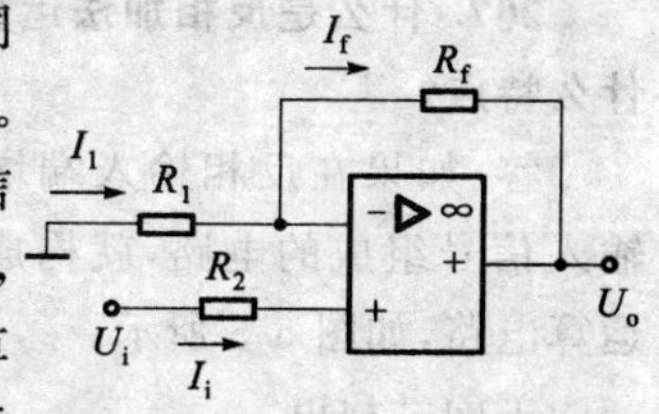

图5-4 同相比例运算电路

根据运算放大器工作在线性区时的两条特点可知

$$U_+\approx U_-=U_i$$

与
$$I_i=0$$

则
$$I_1\approx I_f$$

由图5-5可列出

$$I_1=-\frac{U_-}{R_1}=-\frac{U_i}{R_1}$$

$$I_f=\frac{U_--U_o}{R_f}=\frac{U_i-U_o}{R_f}$$

故
$$-\frac{U_i}{R_1}=\frac{U_i-U_o}{R_f}$$

即
$$U_o=(1+\frac{R_f}{R_1})U_i$$

闭环电压放大倍数为

$$A_{uf}=\frac{U_o}{U_i}=1+\frac{R_f}{R_1}$$

可见，电压放大倍数 U_o/U_i 也与运算放大器本身的参数无关，其精度和稳定性都很高。式中 A_{uf} 为正值，表示 U_o 与 U_i 同相，并且 A_{uf} 总是大于或等于1，不会小于1，这点和反相比例运算不同。

上述电路中，当 $R_1=\infty$（断开）或 $R_f=0$（输出端直接连到反相输入端）时，则

$$A_{uf}=\frac{U_o}{U_i}=1$$

这就是电压跟随器。

207. 什么是反相加法运算电路？有什么特点？

答：如果在反相输入端增加若干个输入信号组成的电路，就构成反相加法运算电路，如图 5-5 所示。

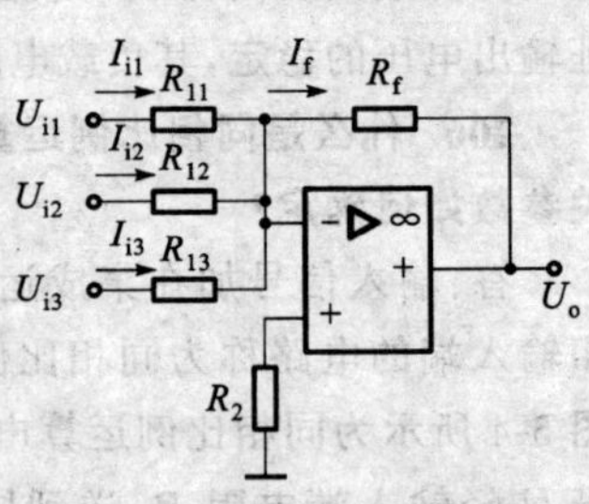

图 5-5　反相加法运算电路

由图可列出

$$I_{i1}=\frac{U_{i1}}{R_{11}}$$

$$I_{i2}=\frac{U_{i2}}{R_{12}}$$

$$I_{i3}=\frac{U_{i3}}{R_{13}}$$

$$I_f=I_{i1}+I_{i2}+I_{i3}$$

$$I_f=-\frac{U_o}{R_f}$$

由以上各式可得

$$-\frac{U_o}{R_f}=\frac{U_{i1}}{R_{11}}+\frac{U_{i2}}{R_{12}}+\frac{U_{i3}}{R_{13}}$$

故 $$U_o=-(\frac{R_f}{R_{11}}U_{i1}+\frac{R_f}{R_{12}}U_{i2}+\frac{R_f}{R_{13}}U_{i3}) \quad ①$$

当 $R_{11}=R_{12}=R_{13}=R_1$时，则上式为

$$U_o=-\frac{R_f}{R_1}(U_{i1}+U_{i2}+U_{i3}) \quad ②$$

当 $R_1=R_f$时，则

$$U_o=-(U_{i1}+U_{i2}+U_{i3}) \quad ③$$

由上列①～③式可见，加法运算电路也与运算放大器本身的参数无关，只要电阻值足够精确，就可保证加法运算的精确。

加法运算电路中的平衡电阻 R_2按下式选取

$$R_2=R_{11}/\!/R_{12}/\!/R_{13}/\!/R_f$$

208. 什么是减法运算电路？有什么特点？

答：如果两个输入端都有信号输入，则可构成减法运算电路，如图 5-6 所示。减法运算电路在测量和控制系统中应用较多。

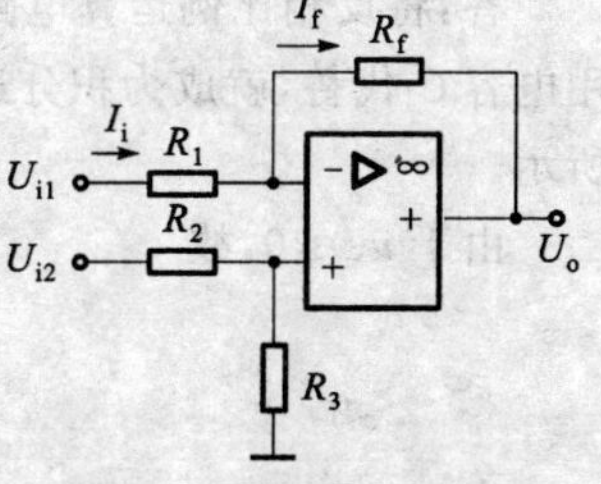

图 5-6 减法运算电路

由图可列出

$$U_-=U_{i1}-I_iR_1=U_{i1}-\frac{R_1}{R_1+R_f}(U_{i1}-U_o)$$

$$U_+=\frac{R_3}{R_2+R_3}U_{i2}$$

因为 $U_+\approx U_-$，故从上列两式可得出

$$U_o=(1+\frac{R_f}{R_1})\frac{R_3}{R_2+R_3}U_{i2}-\frac{R_f}{R_1}U_{i1}$$

当 $R_1=R_2$和 $R_f=R_3$时，则上式为

$$U_O=\frac{R_f}{R_1}(U_{i2}-U_{i1}) \quad ①$$

当 $R_f=R_1$时，则得

$$U_o = U_{i2} - U_{i1} \quad ②$$

由以上①、②两式可见，输出电压U_o与两个输入电压的差值成正比，所以可以进行减法运算。

闭环电压放大倍数为

$$A_{uf} = \frac{U_o}{U_{i2} - U_{i1}} = \frac{R_f}{R_1}$$

在图 5-6 中，如将R_3断开（$R_3 = \infty$），则有

$$U_o = (1 + \frac{R_f}{R_1})U_{i2} - \frac{R_f}{R_1}U_{i1}$$

即U_o为同相比例运算与反相比例运算之和。

由于电路存在共模电压，为了保证运算精确，应当选用共模抑制比较高的运算放大器或选用阻值合适的电阻。

209. 什么是积分运算电路？有什么特点？

答：将反相比例运算电路中的反馈电阻R_f用电容C_f代替，就成为积分运算电路，如图 5-7 所示。

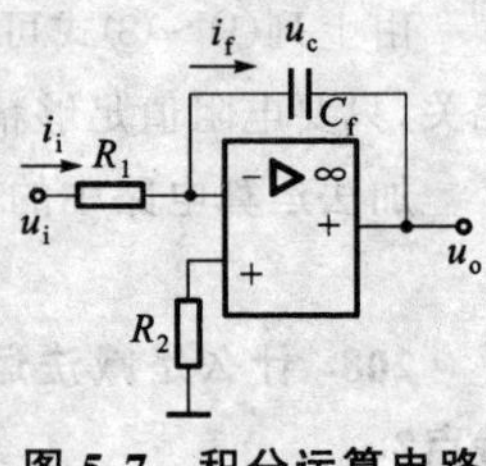

图 5-7　积分运算电路

由于$u_- \approx 0$，故

$$i_i = i_f = \frac{u_i}{R_1}$$

$$u_o = -u_C = -\frac{1}{C_f}\int i_f \mathrm{d}t = -\frac{1}{R_1 C_f}\int u_i \mathrm{d}t$$

上式表明u_o与u_i的积分成比例，负号表示两者反相。R_1C_f称为积分时间常数。

当u_i为阶跃电压[图 5-8(a)所示]时，则

$$U_o = -\frac{U_i}{R_1 C_f}t$$

其波形如图 5-8(b)所示，最后达到负饱和值$-U_{osat}$。

由集成运算放大器组成的积分电路，由于充电电流基本上是恒定的（$i_f \approx i_i \approx \frac{U_i}{R_1}$），故$u_o$是时间$t$的一次函数，从而提高了它的线性度。

积分电路除用于信号运算外，在控制和测量系统中也广泛应用。

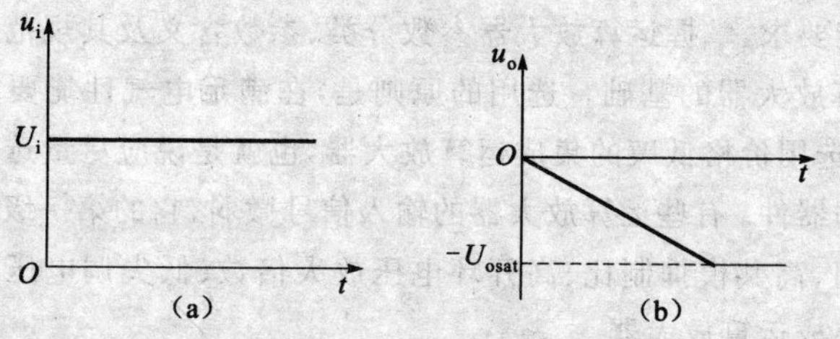

图 5-8 积分运算电路的阶跃响应
(a)阶跃电压 (b)波形图

210. 什么是微分运算电路?有什么特点?

答:微分运算是积分运算的逆运算,只需将积分运算电路反相输入端的电阻和反馈电容调换位置,就成为微分运算电路,如图 5-9 所示。

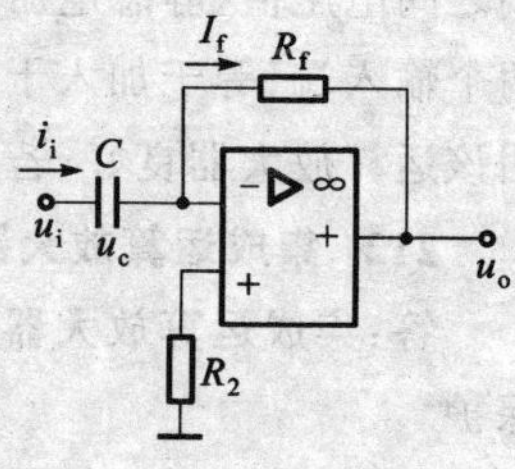

图 5-9 微分运算电路

由图可列出

$$i_i = C\frac{du_C}{dt} = C\frac{du_i}{dt}$$

$$u_o = -R_f i_f = -R_f i_i$$

故
$$u_o = -R_f C\frac{du_i}{dt}$$

即输出电压与输入电压对时间的一次微分成正比。

当 u_i为阶跃电压时,u_o为尖脉冲电压,如图 5-10 所示。

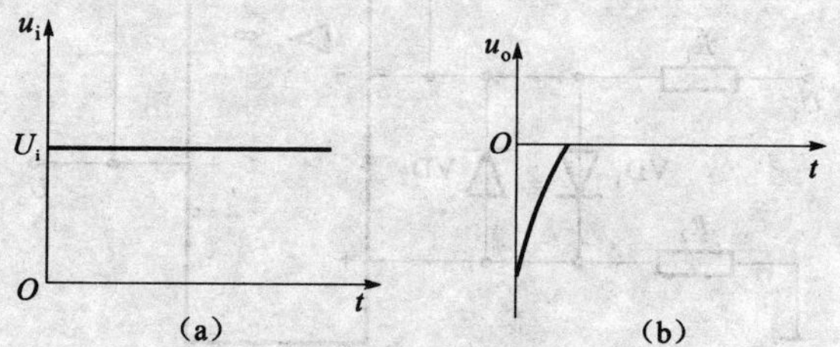

图 5-10 微分运算电路的阶跃响应
(a)阶跃响应 (b)波形图

由于此电路工作时稳定性不高,很少应用。

211. 如何正确选用集成运算放大器?如何检测集成运算放大器?

答:(1)选用。选择运算放大器的依据是电子电路对运算放大器的技术性能要求，掌握运算放大器参数分类、参数含义及其规范值是正确选用运算放大器的基础。选用的原则是，在满足电气性能要求的前提下，尽量选用价格低廉的集成运算放大器，也就是说应尽量选用性能价格比高的器件。有些运算放大器的输入信号微弱，它的第一级应选用高输入电阻、高共模抑制比、高开环电压放大倍数、低失调电压及低温度漂移的集成运算放大器。

(2)检测。用万用表直流电压挡，测量运算放大器输出端与负电源端之间电压值(静态电压值较高)。用金属镊子依次点触运算放大器的两个输入端(等于加入干扰信号)，若万用表指针有较大幅度的摆动，说明该运算放大器良好；若万用表指针不动，说明该运算放大器已损坏。

212. 集成运算放大器常用的保护有哪些?

答:集成运算放大器常用的保护有输入端保护、输出端保护和电源保护。

(1)输入端保护。当输入端所加的差模或共模电压过高时会损坏输入级的晶体管。为此，在输入端接入反向并联的二极管 VD_1 和 VD_2，将输入电压限制在二极管的正向压降以下，如图 5-11 所示。

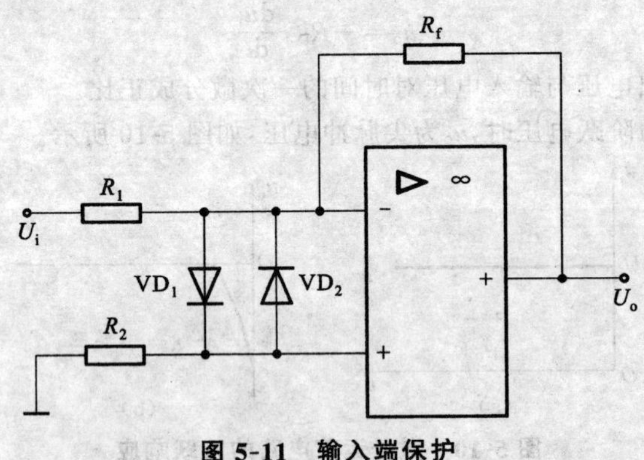

图 5-11　输入端保护

(2)输出端保护。为了防止输出电压过大，可将两个稳压管 VS_1 和 VS_2 反向串联，将输出电压限制在 U_Z+U_D 的范围内，如图 5-12 所示，U_Z 是稳压二极管的稳定电压，U_D 是它的正向压降。

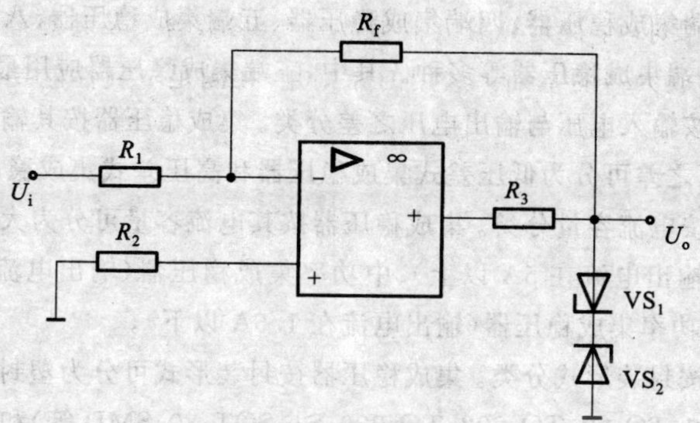

图 5-12 输出端保护

(3)电源保护。为了防止正、负电源端接反,可在正、负电源端分别接入二极管 VD_1 和 VD_2 来保护,如图 5-13 所示。

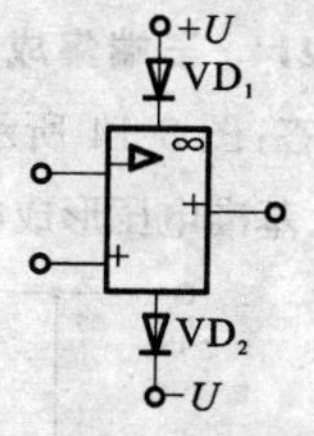

图 5-13 电源保护

(三)集成稳压器

213. 什么是集成稳压器?是怎样分类的?

答:集成稳压器是通用模拟集成电路的一个分支。它是指输入电压或负载发生变化时,能使输出电压保持不变的集成电路。目前,集成稳压器已有数百个品种,可以从不同角度对其分类。

(1)按输出电压的控制方式分类。集成稳压器按输出电压的控制方式可分为固定式集成稳压器和可调式集成稳压器。

(2)按电压极性分类。集成稳压器按输入、输出的电压极性可分为正电压型集成稳压器和负电压型集成稳压器两种。

(3)按输入电压分类。集成稳压器按输入电压可分为直流输入电压型集成稳压器(低压型)和交流输入电压型(耐高压型)集成稳压器。

(4)按引脚数量分类。集成稳压器按其引脚数量可分为二端集成稳压器、三端集成稳压器、四端集成稳压器、五端集成稳压器、八端集成稳压器和多端集成稳压器等多种。其中,三端集成稳压器应用最广泛。

(5)按输入电压与输出电压之差分类。集成稳压器按其输入电压与输出电压之差可分为低压差式集成稳压器和高压差式集成稳压器。

(6)按电流容量分类。集成稳压器按其电流容量可分为大功率集成稳压器(输出电流在 5A 以上)、中功率集成稳压器(输出电流在 1.5～5A)和小功率集成稳压器(输出电流在 1.5A 以下)。

(7)按封装形式分类。集成稳压器按封装形式可分为塑封集成稳压器(有 S-7、TO-92、TO-202、TO-220、S1、SOT-80、SMD 等)和金属封装稳压器(有 TO-39、F2、TO-3 等)。

214. 三端集成稳压电路的结构是怎样的?

答:图 5-14 所示是 78 系列三端集成稳压器内部结构图,主要由起动电路、基准电压形成电路、恒流源、保护电路、误差放大器、调整管等组成。

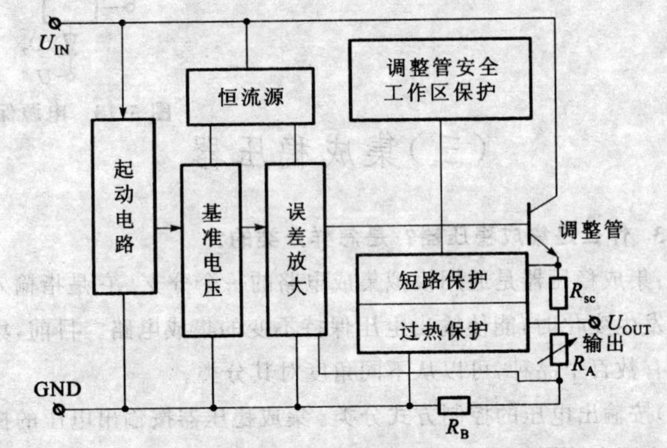

图 5-14　78 系列三端集成稳压器内部结构

78 系列三端集成稳压器是较常用的固定式三端集成稳压器,其三个引脚分别是电压输入端(U_{IN})、电压输出端(U_{OUT})和接地端(GND),其电路图形符号如图 5-15 所示。

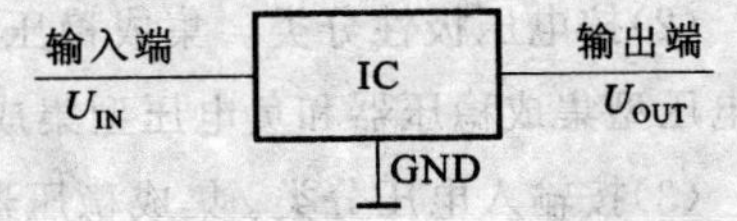

图 5-15　三端集成稳压器电路图形符号

215. 三端集成稳压器是怎样命名的?

答:不同类型的集成稳压器其表示方法也不同。以78系列三端集成稳压器为例,在78的前面通常还加有英文或汉语拼音字母,以代表生产厂商。国产78系列三端集成稳压器用“CW”或“W”表示,其中:“C”是英文CHINA(中国)的字头,“W”是稳压器中“稳”字的第一个汉语拼音字母。进口78系列三端集成稳压器用字母AN、LM、TA、CA、MC、KA、μA、μPC等表示,其中:“AN”代表日本松下公司,“LM”代表美国国家半导体公司,“TA”代表日本东芝公司,“CA”代表美国无线电公司,“MC”代表美国摩托罗拉公司,“KA”代表韩国三星公司,“μA”代表美国仙童公司,“μPC”代表日本电气公司。

78系列三端集成稳压器的后两位数字一般表示产品规格。

例如:CW7806表示国产的78系列三端集成稳压器,其输出电压为6V;CW78M15,其输出电压为15V。再如:LM7806表示美国国家半导体公司生产的78系列三端集成稳压器,其输出电压为6V;TA7806表示日本东芝公司生产的78系列三端集成稳压器,其输出电压为6V。

不同厂家生产的三端集成稳压器,只要输出电压、输出电流相同,就可以相互代换使用。

集成稳压器国内外产品型号对照见表5-4。

表5-4 集成稳压器的分类

分 类	产品型号	国外对应型号
三端固定正输出	CW78××	μA78××、LM78××
	CW78M××	μA78M××、LM78M××
	CW78L××	μA78L××、LM78L××
三端固定负输出	CW79××	μA79××、LM79××
	CW79M××	μA79M××、LM79M××
	CW79L××	μA79L××、LM79L××

续表 5-4

分 类	产品型号	国外对应型号
三端可调正输出	CW117/217/317	LM117/217/317
	CW117M/217M/317M	LM117M/217M/317M
	CW117L/217L/317L	LM117L/217L/317L
三端可调负输出	CW137/237/337	LM137/237/337
	CW137M/237M/337M	LM137M/237M/337M
	CW137L/237L/337L	LM137L/237L/337L
多端可调正输出	CW723/723C	μA723、LM723
	CW3085	CA3085
	CW105/205/305	LM105/205/305、μPC141
	CW1569/1469	MC1569/1469
多端可调负输出	CW104/204/304	LM104/204/304、μPC142
	CW1511	SG1511
	CW1463/1563	MC1463/1563
正、负对称输出	CW1468/1568	MC1468/1568

注：国外型号

CA—美国无线电公司　　LM—美国国家半导体公司

SG—美国硅通用公司　　MC—美国摩托罗拉公司

μA—美国仙童公司　　μPC—日本电气公司

216. 集成稳压器有哪些常用参数？

答：集成稳压器的常用参数及其含义如下：

（1）电压调整率 S_V。是指当输出电流和环境温度保持不变时，由于输入电压的变化所引起的输出电压的相对变化量。该值越小，说明集成稳压器的性能越好。

（2）电流调整率 S_i。是指当输入电压和环境温度保持不变时，由于输出电流的变化所引起的输出电压的相对变化量。该值越小，说明集成稳压器的带负载能力越强。

（3）输出阻抗 Z_o。是指在规定的输入电压 U_i 和输出电流 I_o 的条件下，在输出端上所测得的交流电压 U 和交流电流 I 之比。

(4)纹波抑制比 S_{rip}。是指当输入和输出条件保持不变时，输入的纹波电压峰-峰值与输出的纹波电压峰-峰值之比。

(5)最小输入输出电压差 $(U_i-U_o)_{min}$。是指使稳压器能正常工作的输入电压与输出电压之间的最小电压差值。

(6)输出电压 U_o。是指稳压器的参数符合规定指标时的输出电压。对于固定输出稳压器，它是常数；对于可调式输出稳压器，表示用户可通过选择取样电阻而获得的输出电压范围。

(7)最大输出电流 I_{omax}。是指稳压器尚能保持输出电压不变的最大输出电流，一般也认为它是稳压器的安全电流。

(8)最大功耗 P_M。由稳压器内部电路的静态功耗和调整元件上的功耗两部分组成，对于大功率稳压管，最大功耗主要取决于调整管的功耗。

217. W78××系列和 W79××系列集成稳压器的主要性能是怎样的？

答：W78××系列和 W79××系列集成稳压器是两种常用稳压器，其主要性能参数见表 5-5。

表 5-5 W78××系列和 W79××系列集成稳压器主要性能参数

参数名称	符号	单位	7805	7815	7820	7905	7915	7920
输出电压	U_o	V	5±0.25	15±0.75	20±1	−5±0.25	−15±0.75	−20±1
输入电压	U_i	V	10	23	28	−10	−23	−28
电压最大调整率	S_V	mV	50	150	200	50	150	200
静态工作电流	I_o	mA	6	6	6	6	6	6
输出电压温漂	S_T	mV/℃	0.6	1.8	2.5	−0.4	−0.9	−1
最小输入电压	U_{imin}	V	7.5	17.5	22.5	−7	−17	−22
最大输入电压	U_{imax}	V	35	35	35	−35	−35	−35
最大输出电流	I_{omax}	A	1.5	1.5	1.5	1.5	1.5	1.5

218. 怎样选用集成稳压器？

答：集成稳压器的选用一般分为两步：第一步根据电路要求选择合适的集成稳压器类型；第二步选择集成稳压器的具体参数。分述如下：

(1)根据电路要求选用集成稳压器的类型。集成稳压器的种类很多，应根据应用电路的要求选择合适的类型。

78 系列、79 系列、17 系列、37 系列集成稳压器，具有稳定性能好、输出电压波纹小、成本低等优点，是目前应用最多的通用型稳压器。对电源的精度要求不高的普通型稳压电源电路，可以选用 78 系列(正电压型)或 79 系列(负电压型)固定电压集成稳压器。若是可调式稳压电源电路，则可选用 17 系列(正电压型)或 37(负电压型)系列可调电压集成稳压器。

对电源精度要求较高的电子产品(例如通信设备、航空设备、高档仪器仪表等)的稳压电源电路及使用电池供电的稳压电路，可选用 HT10××系列、HT71××系列、SPT116××系列、LT10××系列、TL750L××系列、CW146××系列、CW145×系列等低压差、低功耗的集成稳压器。

对输出电压需要关断控制的稳压电源电路，应选用多端可控式集成稳压器，例如 PQ05 系列、PQ09 系列、PQ12 系列四端集成稳压器或 L780S 系列、SI3×××系列五端集成稳压器。

对需要同时产生＋5V 输出电压和复位电压的电源电路，可选用 L78LR05、L78MR05 等型号的集成稳压器。对需要多组不同输出电压的电源电路，可选用八端集成稳压器。

(2)选择集成稳压器的主要参数。确定集成稳压器的类型后，还应根据负载电路选择集成稳压器的主要参数，包括输入电压、输出电压、输出电流、压差、电压调整率、电流调整率等。

所选集成稳压器的输入电压应与整流滤波电路的输出电压(或电池的电压)相适应，其输出电压应与负载电路的工作电压值相同，其输出电流应大于负载电路的最大工作电流(要留有一定的功率余量)。

要根据应用电路的电压极性选择正确的输出电压，即集成稳压器的输出电压极性应与应用电路的电压极性相同。

219. 怎样代换集成稳压器？

答：(1)用同类型集成稳压器代换。集成稳压器损坏后，若无同型号集成稳压器更换，也可以选用与其参数相同的同类型集成稳压器代换。例如，LM78××系列集成稳压器可用 W78××系列或 μA78××系列、MC78××系列、LF78××系列、TA78××系列、μPC78××系列的集成稳压器直接代换使用。

(2)用输出电流略高的集成稳压器代换。集成稳压器损坏后，可以用与其输入电压、输出电压值相同而输出电流值略高的集成稳压器来代换。例如，78L05 损坏后，可以用 78M05 直接代换。78M05 损坏后，可用 78N05 或 7805 直接代换。7805 损坏后，可以用 78S05 或 78H05 直接代换。也可以用与其电压、电流相同或电压相同、电流略高的其他类型集成稳压器代换，但不能用高压差的集成稳压器代换低压差的集成稳压器。

220. 怎样检测集成稳压器？

答：(1)测量各引脚之间的电阻值。用万用表测量集成稳压器各引脚之间的电阻值，可以根据测量的结果粗略判断出被测集成稳压器的好坏。

表 5-6～表 5-8 分别是 78××系列、79××系列和 17/38 系列集成稳压器的电阻值(用万用表 $R\times1\text{k}\Omega$ 挡测得)。

表 5-6 78××系列集成稳压器各引脚间电阻值

黑表笔所接引脚	红表笔所接引脚	正常电阻值(kΩ)
电压输入端(V_i)	电压输出端(V_o)	28～50
电压输出端(V_o)	电压输入端(V_i)	4.5～5.5
接地端(GND)	电压输出端(V_o)	2.3～6.9
接地端(GND)	电压输入端(V_i)	4～6.2
电压输出端(V_o)	接地端(GND)	2.5～15
电压输入端(V_i)	接地端(GND)	23～46

表 5-7　79××系列集成稳压器各引脚间电阻值

黑表笔所接引脚	红表笔所接引脚	正常电阻值(kΩ)
电压输入端(V_i)	电压输出端(V_o)	4～5.5
电压输出端(V_o)	电压输入端(V_i)	17～23
接地端(GND)	电压输出端(V_o)	2.5～4
接地端(GND)	电压输入端(V_i)	14～16.5
电压输出端(V_o)	接地端(GND)	2.5～4
电压输入端(V_i)	接地端(GND)	4～5.5

表 5-8　17/38 系列集成稳压器各引脚间电阻值

黑表笔所接引脚	红表笔所接引脚	正常电阻值(kΩ)	
		17 系列集成稳压器	38 系列集成稳压器
电压输入端(V_i)	电压输出端(V_o)	6.8～7.2	7～8.5
电压输出端(V_o)	电压输入端(V_i)	3.5～4.5	3.5～5
电压调节端(ADJ)	电压输出端(V_o)	480～550	500～1MΩ
电压调节端(ADJ)	电压输入端(V_i)	20～25	24～30
电压输出端(V_o)	电压调节端(ADJ)	28～35	25～35
电压输入端(V_i)	电压调节端(ADJ)	100～150	120～180

由于集成稳压器的品牌及型号众多，其电参数具有一定的离散性。通过测量集成稳压器各引脚之间的电阻值，也只能估测出集成稳压器是否损坏。若测得某两脚之间的正、反向电阻值均很小或接近 0Ω，则可判断该集成稳压器内部已击穿损坏。若测得某两脚之间的正、反向电阻值均为无穷大，则说明该集成稳压器已开路损坏。若测得集成稳压器各引脚间的电阻值不稳定，随温度的变化而变化，则说明该集成稳压器的热稳定性能不良。

(2)测量稳压值。即使测量集成稳压器各引脚间的电阻值正常，也不能确定该稳压器就是完好的，还应进一步测量其稳压值是否正常。

测量时，可在被测集成稳压器的电压输入端与接地端之间加上一个直流电压(正极接输入端)。此电压应比被测集成稳压器的标称输出电压高 3V 以上(例如,被测集成稳压器是 7806,加的直流电压应为+9V),但不能超过其最大输入电压。图 5-16～图 5-18 分别为 78××系列、79××系列和 17/38 系列集成稳压器稳压值检测电路。

若测得集成稳压器输出端与接地端之间的电压值输出稳定,且其误差在集成稳压器标称稳压值的±5%范围内,则说明该集成稳压器性能良好。

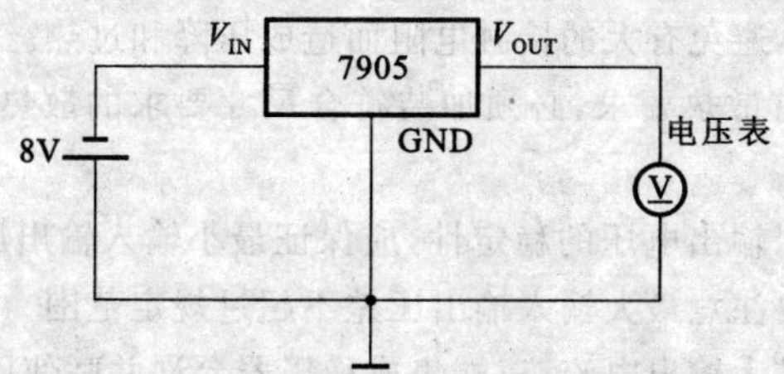

图 5-16　78 系列集成稳压器稳压值测量电路

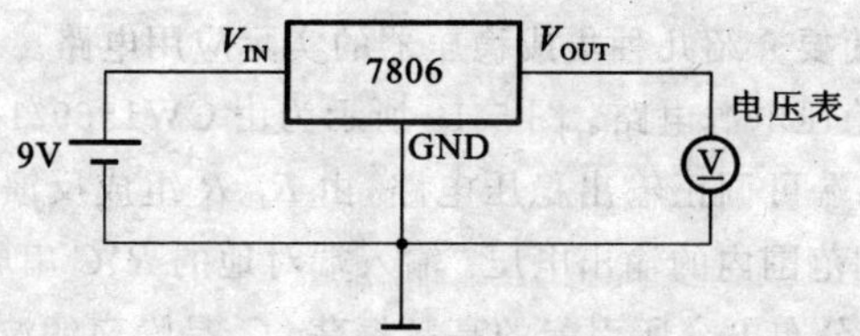

图 5-17　79 系列集成稳压器稳压值测量电路

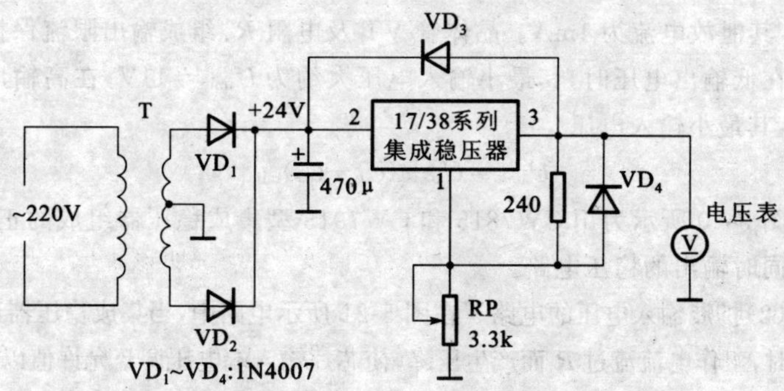

图 5-18　17/38 系列集成稳压器稳压值测量电路

221. 使用集成稳压器时应注意什么？

答：使用集成稳压器时，应注意以下几点：

(1)集成稳压器电路品种很多，每类产品都有其自身的特点和适用范围，因此，在选用时应考虑设计的需要，以及其性能价格比，才能做到物尽其用。因三端稳压器优点比较明显，使用操作都比较方便，选用时可优先考虑。

(2)在装入电路前，一定要搞清楚各端子的作用，避免接错。安装焊接要牢固可靠，避免有大的接触电阻而造成压降和过热。

(3)如果有散热要求，必须加装符合尺寸要求的散热装置，严禁超负荷使用。

(4)为确保输出电压的稳定性，应保证最小输入输出压差。为确保器件安全，又要注意最大输入输出压差不超过规定范围。

(5)为了扩大输出电流，三端集成稳压器允许并联使用。

222. 集成稳压器有哪几种实际应用电路？

答：下面简要介绍几种集成稳压器的实际应用电路。

(1)一般稳压电源电路。图 5-19 所示为由 CW1569/1469 型集成稳压器组成的多端可调正输出稳压电路，由 R_1、R_2组成反馈网络，通过调节 R_1获得可调范围内的输出电压。输入端对地的 R、C 串联网络用以防止引线电感和分布电容所引起的高频振荡。C_N是噪声滤波电容，以限制第一级稳压器的带宽。C_o是输出滤波电容，一般取 50μF 以上，R_3为泄放电阻，其泄放电流为 1mA。晶体管 VT 及电阻 R_{SC}组成输出限流保护电路。在低输出电压时，其最小输入电压大约为 $U_{imin}=11V$，在高输出电压时，其最小输入电压

$$U_{imin}=U_o+(U_o-U_i)_{min}$$

图 5-20 所示为用 CW7815 和 CW7915 型集成稳压器组成的正、负电压同时输出的稳压电路。

(2)扩展输入电压的电路。在图 5-21 所示电路中，当集成稳压器正常工作时，工作电流流过 R 而产生压降，使芯片输入端电压调至允许值以下。

在图 5-22 所示电路中，是利用稳压管 VS 和电阻 R 降压，将 U_i调整到 $U_i=U_S-U_{be}$。

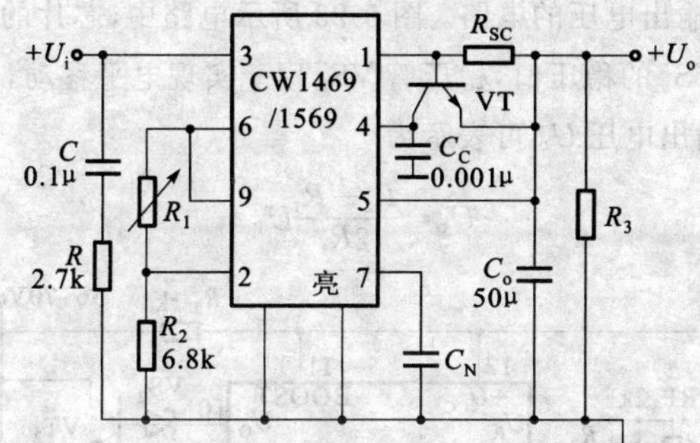

图 5-19 由 CW1569/1469 组成的稳压电路

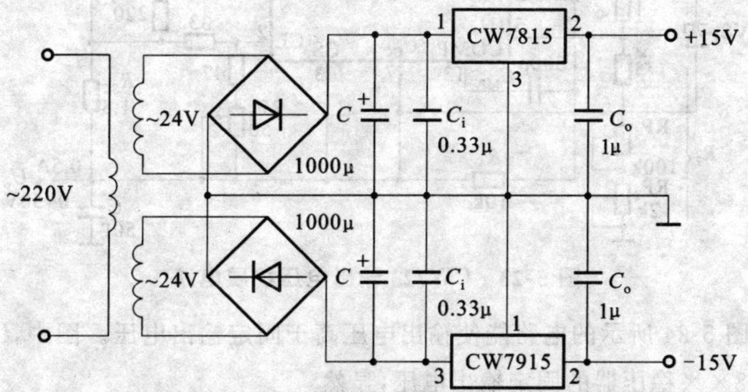

图 5-20 正负电压同时输出的稳压电路

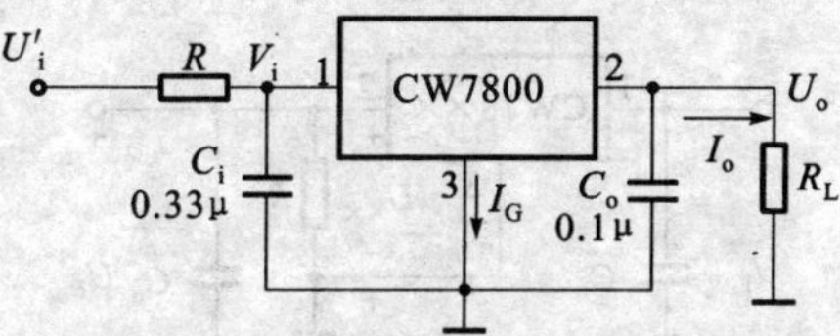

图 5-21 用电阻扩展输入电压的电路

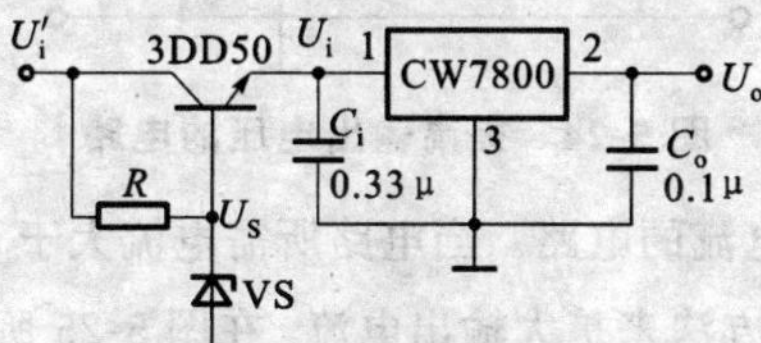

图 5-22 用有源器件扩展输入电压的电路

(3)扩展输出电压的电路。图 5-23 所示电路中,芯片的工作电压决定于稳压管 VS_1 的稳压值,稳压管 VS_2 用于实现电平移动,当取 $R_3=R_4=10k\Omega$ 时,输出电压 U_o 可表示为

$$U_o=\frac{R_2-R_1}{2R_1}U_R$$

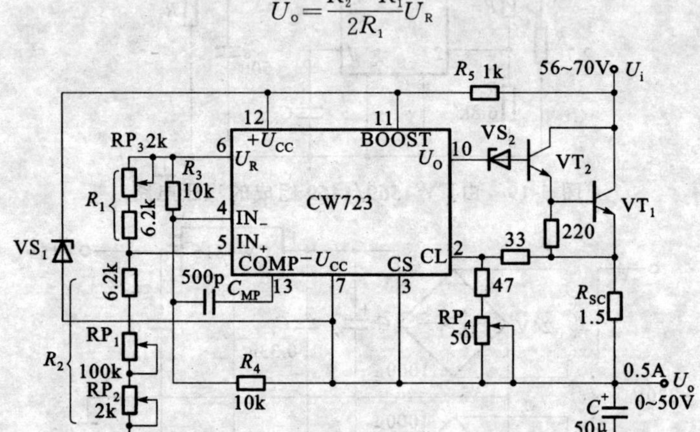

图 5-23　CW723 输出电压扩展电路

图 5-24 所示的电路能使输出电压高于固定输出电压。图中,U_{xx} 为 CW78××稳压器的固定输出电压,显然

$$U_o=U_{xx}+U_Z$$

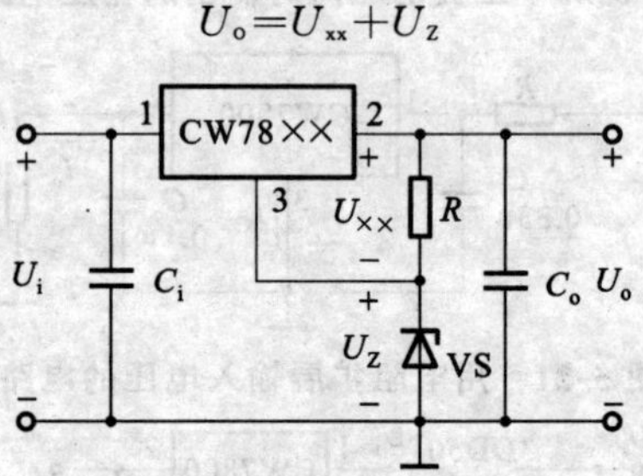

图 5-24　提高输出电压的电路

(4)扩大输出电流的电路。当电路所需电流大于 1~2A 时,可采用外接功率管 VT 的方法来扩大输出电流。在图 5-25 所示电路中,I_2 为稳压器的输出电流,I_C 是功率管的集电极电流,I_R 是电阻 R 上的电流。一

般I_3很小，可忽略不计，则可得出

$$I_2 \approx I_1 = I_R + I_b = -\frac{U_{be}}{R} + \frac{I_C}{\beta}$$

式中 β 是功率管的电流放大系数。设 $\beta=10$，$U_{be}=-0.3V$，$R=0.5\Omega$，$I_2=1A$，则由上式可算出 $I_C=4A$。可见，输出电流 $I_o=I_2+I_C$，它比 I_C扩大了。图中的电阻 R 的阻值要使功率管只能在输出电流较大时才导通。

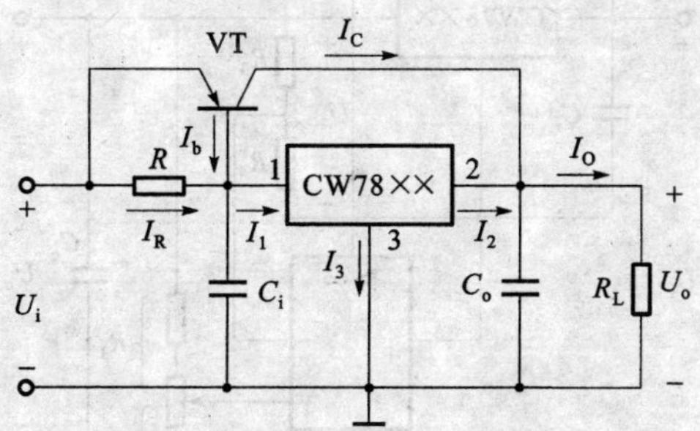

图 5-25 扩大输出电流的电路

(5)扩展功能的电路。

①图 5-26 所示的电路是由 CW117 和 CW337 组成的正负输出电压可调稳压电源，输出电压调节范围为(±1.2～±20)V，输出电流为1A。

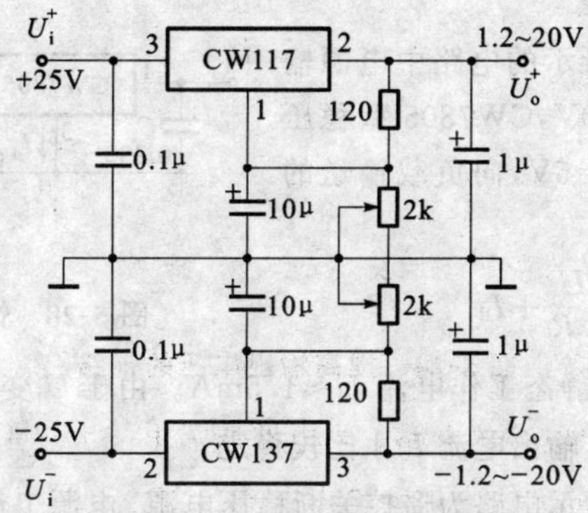

图 5-26 正负输出稳压电源

②图 5-27 所示的电路是由 CW78××型稳压器和运算放大器组成的输出电压可调的稳压电源，图中 $U_{-}\approx U_{+}$，于是由基尔霍夫电压定律可得

$$\frac{R_3}{R_3+R_4}U_{\times\times}=\frac{R_1}{R_1+R_2}U_o$$

$$U_o=(1+\frac{R_2}{R_1})\frac{R_3}{R_3+R_4}U_{\times\times}$$

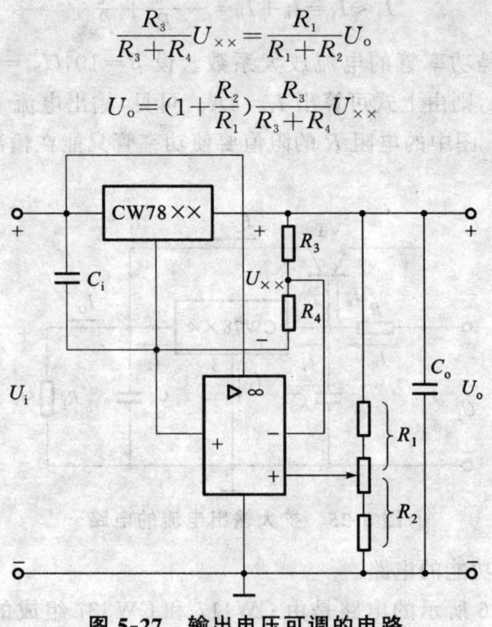

图 5-27　输出电压可调的电路

可见，用可调电阻来调整电阻 R_2与 R_1的比值，便可调节输出电压 U_o的大小。

③图 5-28 所示的电路中电源输入端电压 $U_i=10V$，CW7805 型稳压器输出电压 $U_o=5V$，向负载输送的恒定电流值 I_o为

$$I_o=\frac{U_o}{R}+I_d$$

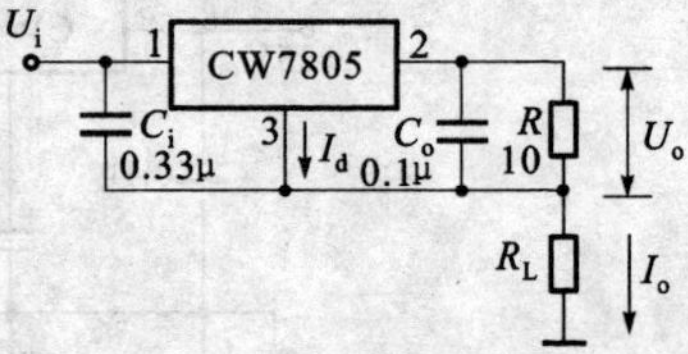

图 5-28　恒流电源

其中稳压器静态工作电流 $I_d\approx1.5mA$。由于 U_i变化时，I_d也变化，故仅当 $I_o\gg I_d$时，输出电流 I_o才比较稳定。

④图 5-29 所示电路为遥控关断稳压电源。电源工作时 VT_2 输入端加上正电压，使 VT_2 及 VT_1 导通。需关断电源时，VT_2 输入端加负电

压，使 VT_2 及 VT_1 截止，电源输入电压 U_i 全降在 VT_1 的 e、c 极间，输出电压 $U_o=0$。

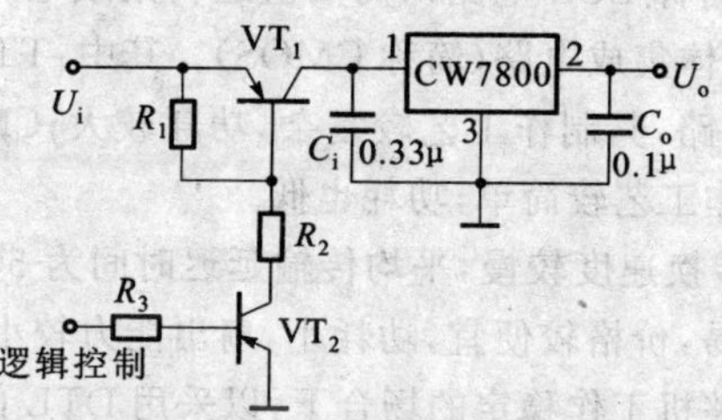

图 5-29 遥控关断稳压电源

223. 集成稳压器常用引出端有哪些功能符号？

答：集成稳压器常用引出端功能符号见表 5-9。

表 5-9 集成稳压器常用引出端功能符号

符 号	功 能	符 号	功 能
ADJ	调整端	IN	输入端
BOOST	输出电流扩展端	NF	噪声滤波端
BAL	平衡调整端	NC	空端
CL	电流限制端	OUT	输出端
CS	电流取样端	OUT_{DS}	直流移位输出端
COMP	频率补偿端	SD	开关控制端
DSS	直流移位取样端	U_I	电源电压输入端
FB	误差信号反馈输入端	U_O	电压输出端
GND	地端	U_{REF}	基准电压端
IN_+	同相输入端，基准输入端	U_N	齐纳输出端
IN_-	反相输入端，反馈端		

（四）常用数字集成电路

224. 常用的数字集成电路有哪些类型？各有什么特点？

答：常用的数字集成电路有二极管-晶体管逻辑集成电路（简称

DTL 电路)、晶体管-晶体管逻辑集成电路(简称 TTL 电路)、射极耦合逻辑集成电路(简称 ECL 电路)、高阈值逻辑集成电路(HTL)、互补型金属氧化物半导体集成电路(简称 CMOS)。其中:TTL、ECL、HTL 属于双极型集成电路,其制作工艺较复杂,功耗较大;CMOS 属于单极型集成电路,其制作工艺较简单,功耗也低。

DTL 电路转换速度较慢,平均传输延迟时间为 50～200ns,抗干扰能力强,制造容易,价格较便宜,功耗小,扇出能力较小,因此,在速度要求不高,但要求整机工作稳定的场合下,以采用 DTL 门电路为适宜。

TTL 电路又分为中速 TTL(简称 NTTL);高速 TTL(简称 HTTL);在电路中引入肖特基二极管的 TTL,称为肖特基 TTL(简称STTL);低功耗 TTL(简称 LTTL);低功耗肖特基 TTL(简称 LSTTL);先进低功耗肖特基 TTL(简称 ALSTTL)等。

TTL 电路具有中等开关速度,每级门的传输延迟时间最快为 3～7ns;电路占用管芯面积较大,集成度低于 MOS 集成电路;电路的驱动能力较强;电路的功耗较大(但 LTTL、LSTTL 功耗较低),典型 TTL 门电路的开关速度与功耗的乘积为 132×10^{-12}J;扇出能力较大,与现有系统兼容。典型 TTL 电路的性能价格比较为理想。在数字系统中广泛应用。

TTL 电路各系列型号对照见表 5-10。

表 5-10　TTL 集成电路各系列型号对照表

列	子系列	名　称	国标型号	国际型号	开关速度(ns)	功耗(mW)
TTL	TTL	标准 TTL 系列	CT1000	54/74×××	10	10
	HTTL	高速 TTL 系列	CT2000	54/74H×××	6	22
	STTL	肖特基 TTL 系列	CT3000	54/74S×××	3	19
	LSTTL	低功耗肖特基 TTL 系列	CT4000	54/74LS×××	9.5	2
	ALSTTL	先进低功耗肖特基 TTL 系列		54/74ALS×××	4	1

ECL 集成电路的特点是:速度快,电路的传输延迟时间可达 1～5ns;速度功耗乘积和 TTL 电路相当;负载能力强;逻辑摆幅较小,仅有

0.8V；抗干扰能力弱；具有互补输出；扇出能力较大。ECL 电路常使用在要求速度快、干扰小、不计较功耗的数字系统中。

HTL 电路在电路中引入了稳压二极管，以提高电路的阈值电压。因此，HTL 电路使用在环境比较恶劣而对速度要求不高的数字系统中。

CMOS 集成电路与 TTL 集成电路相比较，具有静态功耗低（25～100μW），电源电压范围宽（3～18V）（但 74HC 系列的电源电压范围为 2～6V），抗干扰能力强，输入阻抗高（大于 100MΩ），扇出能力强，逻辑摆幅大及温度稳定性好等优点。但也存在着工作速度低，功耗随频率的升高显著增大，对静电破坏敏感等缺点。

225. 我国生产 CMOS 集成电路的情况如何？

答：我国生产的 CMOS 集成电路分 CC4000 系列和 C000 系列两大类。CC4000 系列的工作电压范围为 3～18V；C000 系列共分三种型号，对应的工作电压范围分别为 8～12V、7～15V、3～18V。

CC4000 系列产品与国际标准相同，只要 4 后面的数字相同，均为相同功能、相同特性的器件。可以与国外 CD、MC、TC 等系列直接互换，例如国产六非门 CC4069 与日本产的 TC4069，美国产的 CD4069、MC14069 完全相同，可以互换；国产的 2 输入端四与非门 CC4011 与美国产的 CD4011、MC14011，日本产的 TC4011、μPD4011、MCM4011，西欧产的 HEF4011 等均可通用。

C000 系列电路以及部分厂标系列产品与 CC4000 系列的引线排列不尽相同，大多不能直接代换，使用时应注意区别。

226. 数字集成电路有哪些常用参数？

答：数字集成电路常用参数符号及其含义见表 5-11。

表 5-11 数字集成电路常用参数符号及其含义

参数名称	符号	含义	单位
平均传输延迟时间	t_{pd}	逻辑状态从门电路的输入端传送到输出端所需要的时间。它可以用来衡量门电路的工作速度，其值越小，表示门电路的工作速度越高	ns

续表 5-11

参数名称	符号	含　义	单位
功耗	P	门电路的电源电压与电源供给电路的平均电流的乘积。功耗随门电路种类的不同而有所区别。随门电路工作速度的增加，功耗随之增加	mW
品质因素	M	平均传输延迟时间与功耗的乘积，即 $M=Pt_{pd}$	pJ
噪声容限电压	U_N	电路的输入电平能够承受的噪声干扰电压的最大值，在小于等于此干扰电压的影响下，逻辑电路仍能保持其正常的逻辑功能。噪声容限电压越大，说明逻辑电路抗干扰能力越强	V
阈值电压	U_T	电路从一种状态转换到另一种状态的输入电压。其值近似为输入高、低电平的中点电压值	V
扇入数	N_I	指一个门电路具有的独立输入端个数	
扇出数	N_o	指一个门电路能够驱动同类逻辑门电路的个数	
工作温度	T	指集成电路能够正常工作的温度范围	℃
输出高电平电压	U_{OH}	电路处于截止状态的输出电平。TTL 电路一般要求其值大于等于 3.2V，CMOS 电路其值近似等于电源电压 U_{DD}，当然输出高电平会随扇出数的增加而降低	V
输出低电平电压	U_{OL}	在输出端接有额定负载时，电路处于饱和导通状态时的输出电平。TTL 电路一般要求其值小于等于 0.35V，CMOS 电路其值约为 0V	V
输入高电平的最小值	U_{IH} (min)	对非门而言，为保证输出为额定低电平所允许的高电平输入的最小值	V
输入低电平的最大值	U_{IL} (max)	对非门而言，为保证输出为额定高电平所允许的低电平输入的最大值	V
高电平输入电流	I_{IH}	当 TTL 门电路输入端接额定高电平时，流入此门电路输入端的电流。一般 TTL 门电路的 I_{IH} 不超过 70μA	μA

续表 5-11

参数名称	符号	含义	单位
低电平输入电流	I_{IL}	当 TTL 门电路输入端接额定低电平时，从门电路输入端流出的电流。一般 TTL 门电路的 I_{IL} 的最大值不超过 1.6mA	mA
高电平输出电流	I_{OH}	表示输出端为高电平时，流出输出端的电流	mA
低电平输出电流	I_{OL}	表示输出端为低电平时，流入输出端的电流	mA
最高工作频率	f_{max}	逻辑电路在规定电源电压和规定容性负载下，使输出逻辑波形尚未失真，但其幅度开始下降时的输入频率	Hz

227. 使用 TTL 集成电路应注意什么？

答：使用 TTL 集成电路应注意以下几方面：

(1)为保证电路正常工作，电路的工作条件不应超过所规定的极限范围。为防止电路损坏，必须严格按推荐工作参数进行测试和使用。

(2)电路如用手工焊接，不得使用大于 45W 的电烙铁，应选用中性焊剂。

(3)TTL 电路电源电压的典型值为＋5V，5400 系列的电源电压为 4.5～5.5V；7400 系列的电源电压为 4.75～5.25V。正常使用时供电电源应符合这一要求。若供电电压过低，可能造成逻辑功能不正常；若供电电压过高，可能造成集成电路的损坏。

(4)TTL 电路在工作状态高速转换时，电源电流会出现瞬态尖峰值，称为尖峰电流或浪涌电流，幅度可达 4～5mA，该电流在电源线与地线上产生的压降将引起噪声干扰。为此在集成电路电源和地之间接 0.01μF 高频滤波电容，在电源输入端接 20～50μF 低频滤波钽电容或电解电容，能够有效地消除电源线上的噪声干扰。同时，为了保证系统的正常工作，必须保证电路接地良好。

(5)不能将电源和地线接反，否则将烧坏电路。

(6)各输入端不能直接与高于5.5V和低于−0.5V的低内阻电源相连，因为低阻电源会产生较大电流而烧坏电路。

(7)输出端不允许与低内阻电源相连，但可以通过适当数值的电阻相连，以提高输出电平。

(8)输出端接有较大容性负载时，电路在断开到接通的瞬间，会产生很大的冲击电流损坏电路，应用时应串入电阻。

(9)除具有OC结构(集电极开路与非门)和三态输出结构(输出端除出现高电平和低电平外，还可以出现第三种状态——高阻状态)的电路以外，不允许将电路输出端并联使用。

(10)TTL电路多余输入端的处理。与门、与非门TTL电路多余输入端可以悬空，但这样处理容易受到外界干扰而使电路产生错误动作；或门、或非门的多余输入端不能悬空。所以对门电路的多余输入端一般采取接地以直接获得低电平输入(或门、或非门)；接电源U_{CC}以获得高电平输入(与门、与非门)。同时也可以采取与其他输入端并联使用的方法，但这样对信号驱动电源的要求会相应增加。

(11)尽量不要把74系列TTL电路与4000系列CMOS电路混合使用构成一个系统。这是因为：一方面是各电路的速度不一样；另一方面是可能要增加接口电路，给电路设计带来不便。

TTL门电路、触发器和计数器的部分品种型号见表5-12。

表5-12　TTL门电路、触发器和计数器的部分品种型号

类型	型　号	名　称
门电路	CT4000(74LS00)	四2输入与非门
	CT4004(74LS04)	六反相器
	CT4008(74LS08)	四2输入与门
	CT4011(74LS11)	三3输入与门
	CT4020(74LS20)	双4输入与非门
	CT4027(74LS27)	三3输入或非门
	CT4032(74LS32)	四2输入或门
	CT4086(74LS86)	四2输入异或门

续表 5-12

类型	型　号	名　称
触发器	CT4074(74LS74)	双上升沿 D 触发器
	CT4112(74LS112)	双下降沿 JK 触发器
	CT4175(74LS175)	四上升沿 D 触发器
计数器	CT4160(74LS160)	十进制同步计数器
	CT4161(74LS161)	二进制同步计数器
	CT4162(74LS162)	十进制同步计数器
	CT4192(74LS192)	十进制同步可逆计数器
	CT4290(74LS290)	2-5-10 进制计数器
	CT4293(74LS293)	2-8-16 进制计数器

228. 使用 CMOS 集成电路应注意什么？

答：使用 CMOS 集成电路应注意以下几方面：

(1)操作注意事项。静电击穿是 CMOS 电路失效的原因之一，在实际使用时应注意：

①在防静电材料中储存或运输。

②需要矫直引线或进行手工焊接时，所采用的设备应接地。

③电源接通时，不应把器件从测试座上插入或拔出。

④测试电路时，应先接通线路板电源，后接通信号源电源；断电时应先断开信号源电源，后断开线路板电源。

(2)使用输入端注意事项。

①输入信号电压必须控制在 U_{SS}（“源”电源电压）～U_{DD}（“漏”电源电压）之间。

②输入端接低内阻信号源时，应在输入端与信号源之间串接限流电阻。

③输入端接大电容时，要加限流电阻，电路如图 5-30 所示。

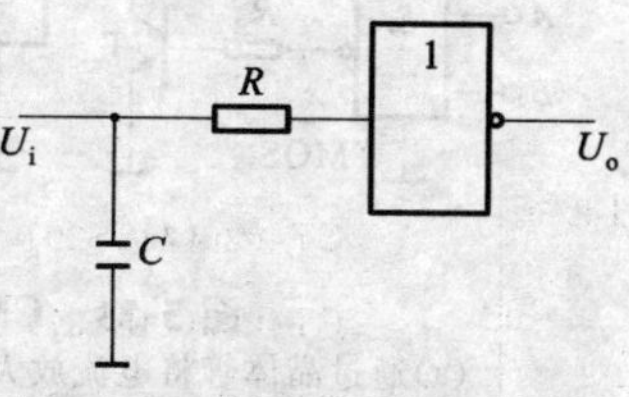

图 5-30　输入端接有大电容时的保护措施

④CMOS 门电路的多余输入端不允许悬空，要根据电路逻辑功能的不同接 U_{DD}（高电平）或 U_{SS}（低电平），否则容易引起影响电路工作的外界干扰。连接的原则是不影响门电路输入端的逻辑功能。具体方法是或门和或非门的多余输入端，接至 U_{SS}（地）端；与门和与非门的多余输入端，接至 U_{DD}（电源）端；也可以将多余的输入端与使用的输入端并联起来（但对阈值电平要求较高或工作速度较高时，不宜采用此法）。CMOS逻辑电路的多余的空脚（NC）及输出端可以任其闲置。

（3）使用输出端注意事项。

①输出端的电平只能在 U_{SS}～U_{DD}之间。

②不允许直接与 U_{DD}或 U_{SS}连接。

③为增加 CMOS 门电路的驱动能力，同一芯片上的几个电路可以并联在一起使用，不在同一芯片上不允许这样使用。

（4）电源。

①电源电压应保持在最大极限电源电压范围之内。

②CMOS 门电路的电源极性不能倒接。

229. CMOS 门电路与 TTL 门电路如何连接？

答：（1）CMOS 门电路驱动 TTL 电路。由于 CMOS 电路的驱动电流小，而 TTL 电路的输入电流大，为了使两者匹配，可采用图 5-31 所示的两个电路。图 5-31（a）所示是通过晶体管将电流放大；图 5-31（b）所示是采用漏极开路的 CMOS 驱动门，它将吸收较大的负载电流。

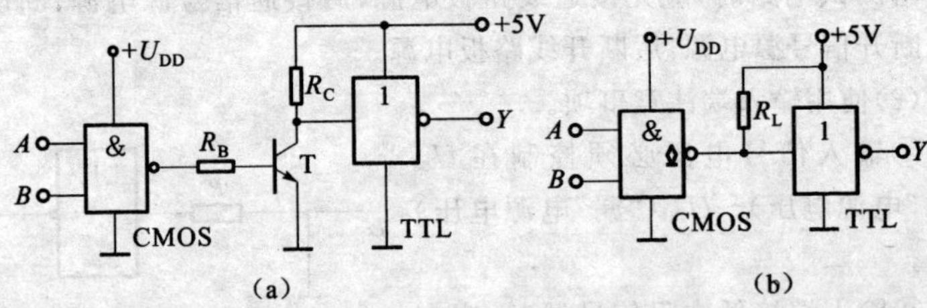

图 5-31 CMOS 电路驱动 TTL 电路

（a）通过晶体管将电流放大 （b）采用漏极开路的 CMOS 驱动门

（2）TTL 电路驱动 CMOS 电路。由于 TTL 电路的输出电平低，而

CMOS电路的输入电平高，所以采用图 5-32 所示的两个电路。图 5-32(a)是用电阻 R_L(几百至几千欧)来提高 TTL 门的输出电平(因为 TTL 门输出高电平时，输出管截止，其漏电流很小，通过电阻 R_L 可将其输出高电平提高到 $U_{OH} \approx U_{DD}$)；图 5-32(b)是采用集电极开路的驱动门，其输出端晶体管耐压较高。

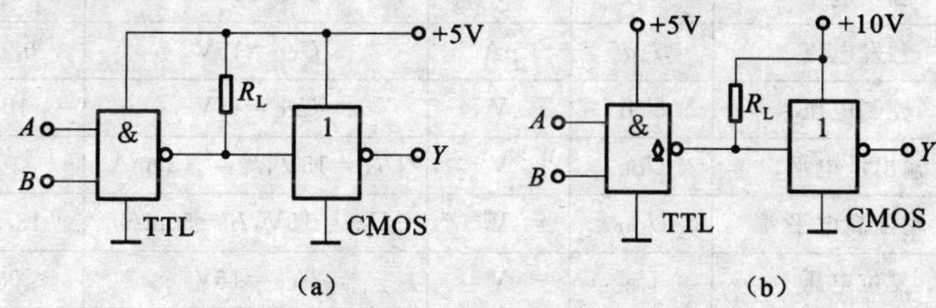

图 5-32 TTL 电路驱动 CMOS 电路

(a)用电阻 R_L 提高 TTL 门的输出电平 (b)采用集电极开路的驱动门

(五)集成定时器

230. 什么是 555 型集成定时器？常用的有哪两种？

答：555 型定时器是一种数字电路和模拟电路相结合的中规模集成电路。它既能产生周期性的时钟信号，又能产生具有一定规律的时序信号，其应用极为广泛，通过其外部不同的连接，就可以构成单稳态触发器、多谐振荡器和施密特触发器。

常用的 555 型定时器有 TTL 定时器 CB555 型和 CMOS 定时器 CC7555 型等。它们的外引线编号及其功能是一致的。

231. CB555 型集成定时器有哪些主要性能参数？

答：CB555 型集成定时器的主要性能参数见表 5-13。

表 5-13 CB555 型集成定时器的主要性能参数

参数名称	符号	单位	测试条件	数值
电源电压	U_{CC}	V		5～16
电源电流	I_{CC}	mA	$U_{CC}=15V, R_L=\infty$	10

续表 5-13

参数名称	符号	单位	测试条件	数值
阈值电压	U_{TH}	V	$U_{CC}=15V$	10
阈值电流	I_{TH}	μA	$U_{CC}=15V$	0.1
触发电压	U_{TR}	V	$U_{CC}=15V$	5
触发电流	I_{TR}	μA	$U_{CC}=15V$	0.5
控制电压	U_{CO}	V	$U_{CC}=15V$	10
输出低电平	U_{OL}	V	$U_{CC}=15V, I_L=-50mA$	1
输出高电平	U_{OH}	V	$U_{CC}=15V, I_L=50mA$	13.3
复位电压	U_R	V	$U_{CC}=15V$	≤0.4
复位电流	I_R	mA	$U_{CC}=15V$	≥0.5
最大输出电流	I_{OM}	mA	$U_{CC}=15V$	≤200
最高振荡频率	f_{max}	kHz	$U_{CC}=15V$	≤300
输出上升时间	t_r	ns	$U_{CC}=15V$	≤150
时间误差	Δt	%	$U_{CC}=15V$	≤5
时间误差温度漂移	$\frac{\Delta t}{t}/\Delta T$	%/℃	$U_{CC}=15V$	0.05
时间误差电压漂移	$\frac{\Delta t}{t}/\Delta U_{CC}$	%/V	$U_{CC}=5\sim15V$	0.05

232. CC7555 型集成定时器有哪些性能参数？

答：CC7555 型集成定时器的主要性能参数见表 5-14。

表 5-14　CC7555 型集成定时器的主要性能参数

参数名称	符号	单位	测试条件	数值
电源电压	U_{DD}	V	$-40℃\leqslant T_A\leqslant+85℃$	3~18
电源电流	I_{DD}	μA	$U_{DD}=3V$	60
			$U_{DD}=18V$	120
时间误差	初始精度	%	$5V\leqslant U_{DD}\leqslant15V$	≤5
	温漂	10^{-6}℃		50
	随电压漂移	%V		1.0

续表 5-14

参数名称	符号	单位	测试条件	数值
阈值电压	U_{TH}	V	$5V \leqslant U_{DD} \leqslant 15V$	$2U_{DD}/3$
触发电压	U_{TR}	V	$5V \leqslant U_{DD} \leqslant 15V$	$U_{DD}/3$
触发电流	I_{TR}	pA	$U_{DD}=15V$	50
复位电流	I_R	pA	$U_{DD}=15V$	100
复位电压	U_R	V	$5V \leqslant U_{DD} \leqslant 15V$	0.7
控制电压	U_{CO}	V	$5V \leqslant U_{DD} \leqslant 15V$	$2U_{DD}/3$
输出低电平	U_{OL}	V	$U_{DD}=15V, I_{OL}=-3.2mA$	0.1
输出高电平	U_{OH}	V	$U_{DD}=15V, I_{OH}=1mA$	14.8
输出上升时间	t_r	ns	$R_L=10M\Omega, C_L=10pF$	40
输出下降时间	t_f	ns	$R_L=10M\Omega, C_L=10pF$	40
最高振荡频率	f_{max}	kHz	无稳态振荡	≥500

233. CB555 型集成定时器电路的特点是什么？

答：CB555 型定时器的电路和外引线排列如图 5-33 所示。它含有两个电压比较器 AU_1 和 AU_2、一个由**与非**门组成的基本 RS 触发器、一个**与**门、一个**非**门、一个放电晶体管 VT 以及由三个 5kΩ 的电阻组成的分压器。比较器 AU_1 的参考电压 $U_{R1}=2U_{CC}/3$，加在同相输入端；AU_2 的参考电压 $U_{R2}=U_{CC}/3$，加在反相输入端。如果 5 端外接固定电压 U_{CO}，则 $U_{R1}=U_{CO}$，$U_{R2}=U_{CO}/2$；当 5 端不用时，经 0.01μF 的电容接“地”，以防干扰引入。

$\overline{R'}_D$是置 **0** 输入端，低电平有效，加上低电平，输出电压 $u_o=\mathbf{0}$，不受其他输入端状态的影响。正常工作时，$\overline{R'}_D=\mathbf{1}$。$u_{i1}$和 u_{i2}分别为 6 端和 2 端的输入电压。

u_{i1}和 u_{i2}分别与 U_{R1}和 U_{R2}比较，得出 AU_1 和 AU_2 的输出状态，由此得出基本 RS 触发器 Q 端的状态，而后得出 u_o的状态。工作原理的说明列在表 5-15 中。

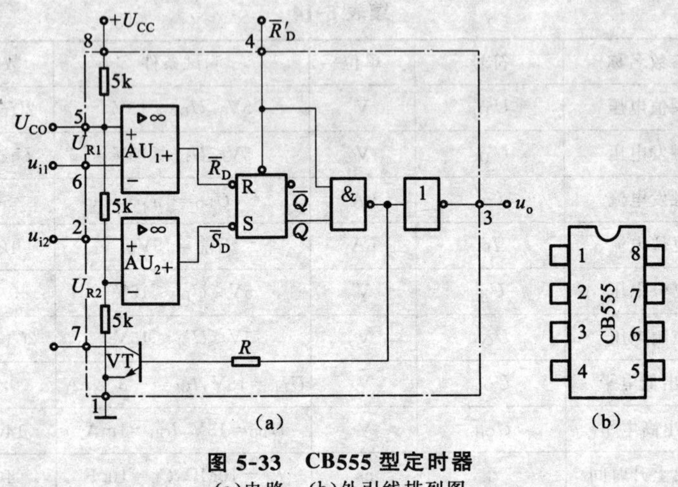

图 5-33　CB555 型定时器

(a)电路　(b)外引线排列图

表 5-15　CB555 型的工作原理说明表

$\overline{R}'_D$	u_{i1}	u_{i2}	$\overline{R}_D$	$\overline{S}_D$	Q	u_o	T
0	×	×	×	×	×	0	导通
1	$>U_{R1}$	$>U_{R2}$	0	1	0	0	导通
1	$<U_{R1}$	$<U_{R2}$	1	0	1	1	截止
1	$<U_{R1}$	$>U_{R2}$	1	1	保持	保持	保持

电源电压范围为 5～18V。输出电流可达 200mA，因此可以直接驱动继电器、发光二极管、扬声器及指示灯等。输出高电压约低于电源电压 1～3V。

234. 什么叫单稳态触发器？由 555 型集成定时器组成的单稳态触发器电路有什么特点？

答：单稳态触发器是指只有一种稳定状态的触发器。即：在未加入触发信号时，触发器处于稳定状态，经信号触发后，触发器翻转，但新的状态只能暂时保持，经过一定时间（由电路参数决定）自动翻转回原来的状态。

图 5-34(a)所示电路是由 CB555 型定时器组成的单稳态触发器。R

和 C 是外接元件，触发脉冲 u_i 由 2 端输入。下面对照图 5-34(b)的波形图进行分析。

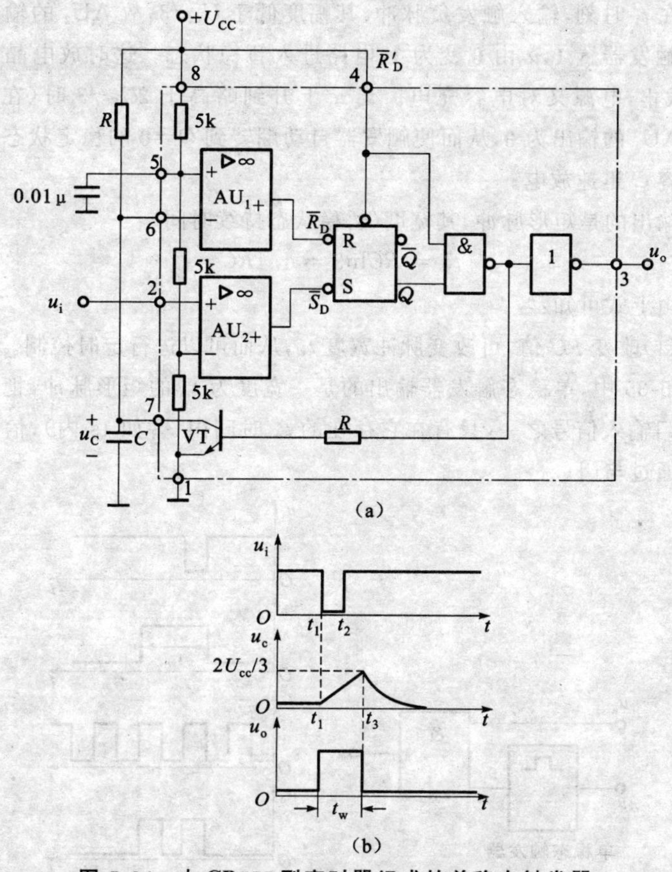

图 5-34 由 CB555 型定时器组成的单稳态触发器

(a)电路图 (b)波形图

在 t_1 以前，触发脉冲尚未输入，u_i 为 **1**，其值大于 $U_{CC}/3$，故比较器 AU_2 的输出为 **1**。若触发器的原状态 $Q=\mathbf{0}$，$\overline{Q}=\mathbf{1}$，则晶体管 VT 饱和导通，$u_C \approx 0.3V$，故 AU_1 的输出也为 **1**，触发器的状态保持不变。若 $Q=\mathbf{1}$，$\overline{Q}=\mathbf{0}$，则 VT 截止，U_{CC} 通过 R 对电容 C 充电，当 u_C 上升到略高于 $2U_{CC}/3$

时，比较器 AU_1 的输出为 **0**，使触发器翻转为 $Q=\mathbf{0}, \overline{Q}=\mathbf{1}$。

可见，在稳定状态时，$Q=\mathbf{0}$，即输出电压 u_o为 **0**。

在 t_1 时刻，输入触发负脉冲，其幅度低于 $U_{CC}/3$，故 AU_2 的输出为 **0**，将触发器置 **1**，u_o由 **0** 变为 **1**，电路进入暂稳状态。这时放电晶体管 VT 截止，电源又对电容充电。当 u_C上升到略高于 $2U_{CC}/3$ 时（在 t_3时刻），AU_1 的输出为 **0**，从而使触发器自动翻转到 $Q=\mathbf{0}$ 的稳定状态。此后电容 C 迅速放电。

输出的是矩形脉冲，其宽度（暂稳状态持续时间）

$$t_W = RC\ln 3 = 1.1RC$$

由上式可知：

（1）改变 RC 值，可改变脉冲宽度 t_W，从而可以进行定时控制。例如在图 5-35 中，单稳态触发器输出的是一宽度为 t_W 的矩形脉冲，把它作为**与**门输入信号之一，只有在它存在的 t_W 时间内（譬如 1s 内），信号 u_a 才能通过**与**门。

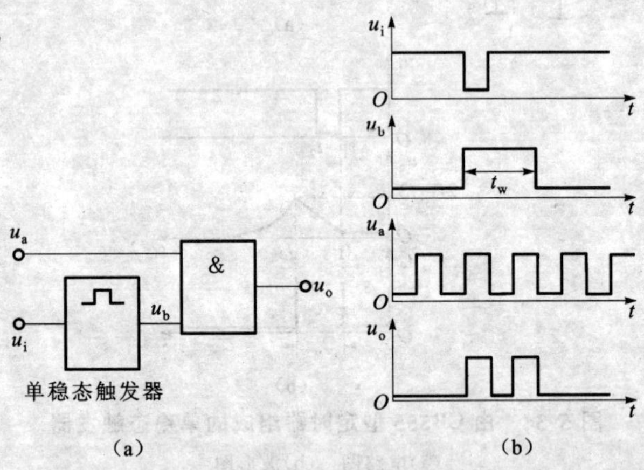

图 5-35　单稳态触发器的定时控制

(a)电路示意图　(b)波形图

（2）输入脉冲的波形往往是不规则的（例如由光电管构成的脉冲源），边沿不陡，幅度不齐，不能直接输入到数字装置，需要经单稳态触发器或另外某种触发器整形。因为单稳态触发器的输出只有 **1** 和 **0** 两种状态，在 RC 值一定时，就可得到幅度和宽度一定的矩形波输出脉冲，如图 5-36 所示。

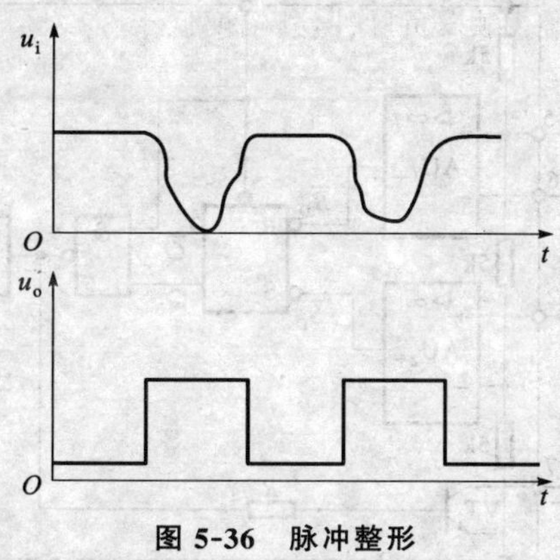

图 5-36 脉冲整形

235. 什么是多谐振荡器？由 555 型集成定时器组成的多谐振荡器有什么特点？

答：多谐振荡器实质上是一种无稳态触发器。它在自激振荡的作用下，无需外加触发脉冲，就能周期性地变换自身的状态，同时在输出端输出矩形脉冲。由于矩形脉冲含有丰富的谐波，所以又把无稳态触发器称为多谐振荡器。

图 5-37(a)所示电路是由 CB555 型定时器组成的多谐振荡器。R_1、R_2 和 C 是外接元件。

接通电源 U_{CC}后，它经 R_1和 R_2对电容 C 充电，当 u_C上升到略高于 $2U_{CC}/3$ 时，比较器 AU_1 的输出为 **0**，将触发器置 **0**，u_o为 **0**。这时放电晶体管 VT 导通，电容 C 通过 R_2和 VT 放电，u_C下降。当 u_C 下降到略低于 $U_{CC}/3$ 时，比较器 AU_2 的输出为 **0**，将触发器置 **1**，u_o又由 **0** 变为 **1**。这时，放电晶体管 VT 截止，U_{CC}又经 R_1和 R_2对电容 C 充电。如此重复上述过程，u_o为连续的矩形波，如图 5-37(b)所示。

第一个暂稳状态的脉冲宽度 t_{W1}，即电容 C 充电的时间

$$t_{W1} \approx (R_1+R_2)C\ln 2 = 0.7(R_1+R_2)C$$

第二个暂稳状态的脉冲宽度 t_{W2}，即电容 C 放电的时间

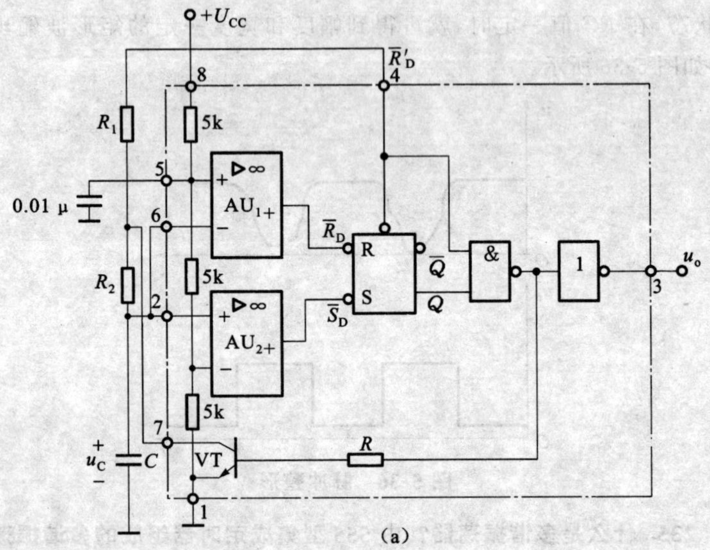

(a)

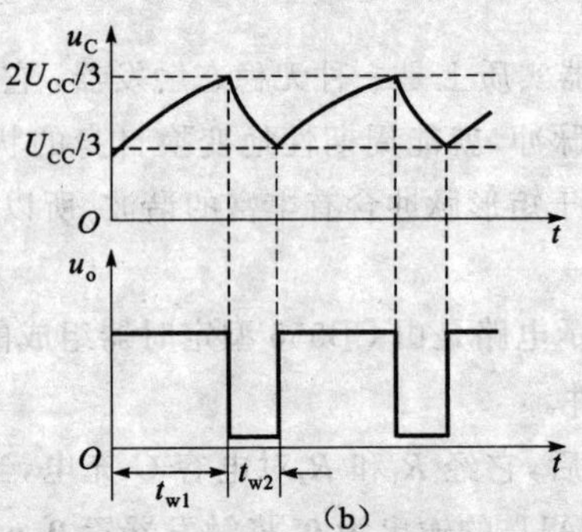

(b)

图 5-37　由 CB555 型定时器组成的多谐振荡器

(a)电路图　(b)波形图

$$t_{w2} \approx R_2 C \ln 2 = 0.7 R_2 C$$

振荡周期

$$T = t_{w1} + t_{w2} \approx 0.7(R_1 + 2R_2)C$$

振荡频率

$$f=\frac{1}{T}=\frac{1.43}{(R_1+2R_2)C}$$

由 555 型定时器组成的振荡器，最高工作频率可达 300kHz。输出波形的占空比为

$$D=\frac{t_{W1}}{t_{W1}+t_{W2}}=\frac{R_1+R_2}{R_1+2R_2}$$

图 5-38 所示电路是占空比可调的多谐振荡器。图中用 VD_1 和 VD_2 两只二极管将电容 C 的充放电电路分开，并接一只电位器 RP。

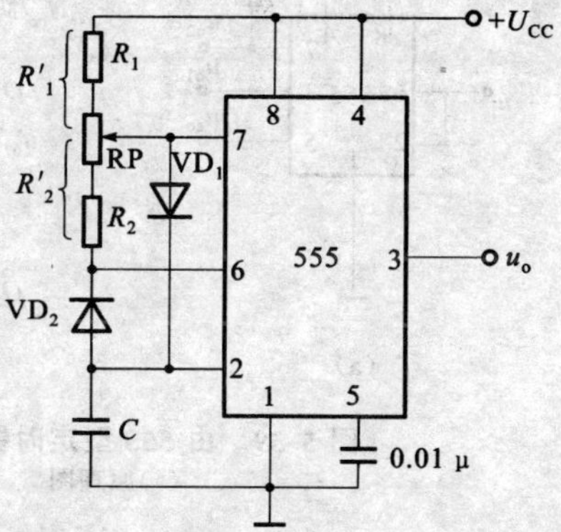

图 5-38 占空比可调的多谐振荡器

充电电路

$U_{CC} \rightarrow R'_1 \rightarrow VD_1 \rightarrow C \rightarrow$“地”

放电电路

$C \rightarrow VD_2 \rightarrow R'_2 \rightarrow$ VT（内部放大管，图中未见）→“地”

充电和放电的时间分别为

$t_{W1} \approx 0.7R'_1C$，$t_{W2} \approx 0.7R'_2C$

占空比为

$$D=\frac{t_{W1}}{t_{W1}+t_{W2}}=\frac{R'_1}{R'_1+R'_2}$$

236. 用 555 型集成定时器如何组成施密特触发器？

答：图 5-39(a)所示电路是用 555 型定时器组成施密特触发器的原理图，图中将⑥脚和②脚相连。输入为一组三角波信号，当 $u_i \geqslant 2U_{CC}/3$ 时，③脚输出为 **0**；当 $u_i \leqslant U_{CC}/3$ 时，③脚输出为 **1**。于是从③脚就得到方波输出信号。该电路输入输出波形，如图 5-39(b)所示。

如果在⑤脚即控制端接一可调的控制电压 U_{Co}，即可得到回差电压（上下限触发电平之差，亦称滞回电压）可调的施密特触发器。

如果在⑦脚即放电端外接一电阻，并与另一电源 U'_{CC} 连接，由 u_{o2} 输出信号可实现电平转换。

这种施密特触发器在脉冲电路中常用做波形的变换、整形和脉冲

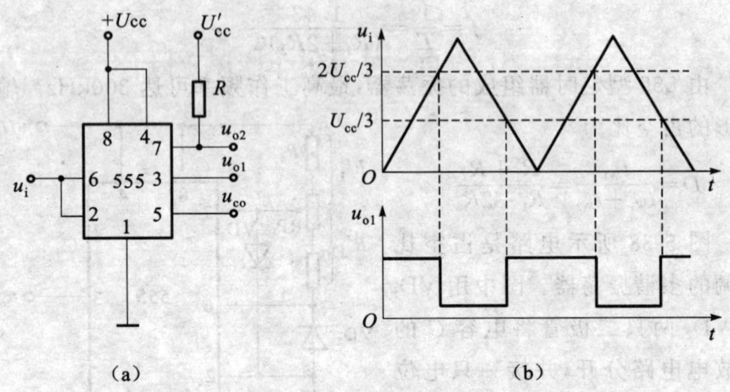

图 5-39　由 555 型定时器组成的施密特触发器
(a)原理图　　(b)波形图

幅度的鉴别。

237. 怎样检测 555 型集成定时器？

答：集成定时器内含数字电路和模拟电路，用万用表很难直接测出其好坏。可以用如图 5-40 所示的测试电路来检测其好坏。测试电路由阻容元件、发光二极管 LED、6V 直流电源、电源开关 S 和 8 脚 IC 插座组成。将集成定时器(例如 NE555 型)插入 IC 插座后，按下电源开关 S，若被测集成定时器正常，则发光二极管 LED 将闪烁发光；若 LED 不亮或一直亮，则说明被测集成定时器性能不良。

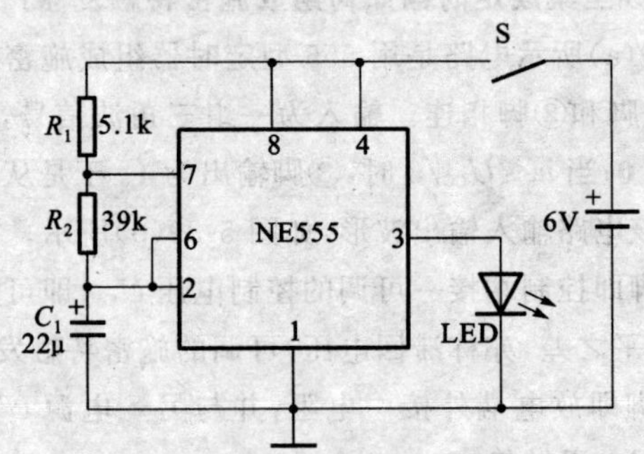

图 5-40　集成定时器测试电路

六、变频器及其应用

238. 什么是逆变电路？什么是变频电路？

答：当直流电源向交流负载供电时，必须经过直流-交流变换，能够实现直流(DC)-交流(AC)变换的电路称为逆变电路。可以这样说，逆变电路的基本作用是将直流电源转换为交流电源。

变频电路是利用电力半导体器件的通断作用，将工频电源变换为另一频率的电能控制装置电路。根据变换方式的不同，可分为交-交和交-直-交两种形式。

交-直-交变频电路的基本构成如图 6-1 所示。

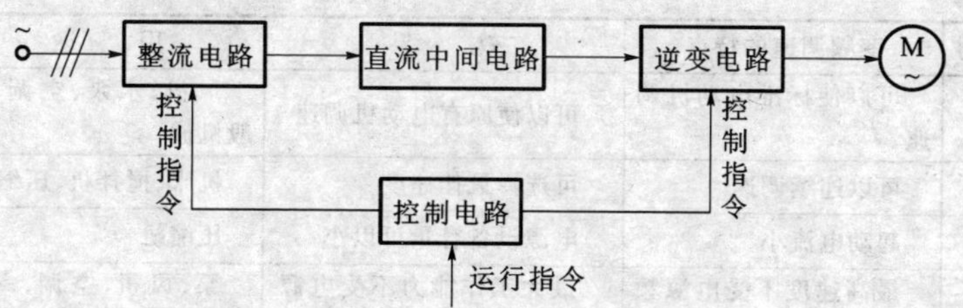

图 6-1　交-直-交变频电路基本构成

239. 变频调速的基本原理是什么？

答：异步电动机的转速表达式为

$$n_0=60f_1/p$$

$$n=60f_1(1-s)/p=n_0(1-s)$$

式中　n——转子转速(r/min)；

f_1——供电频率(Hz)；

s——转差率；

n_0——同步转速(r/min)；

p——磁极对数。

由上式可知，只要平滑地调节笼型异步电动机的供电频率 f_1，就可以平滑地调节笼型异步电动机的同步转速 n_0，从而实现笼型异步电动机的无级调速，这就是变频调速的基本原理。在实际应用时，需要在调节定子电源频率 f_1 的同时还要调节定子电压 U_1，通过 U_1 和 f_1 的协调控制实现不同类型的变频调速。

240. 变频调速有什么特点？

答：异步电动机变频调速既有良好的调速性能，又能发挥异步电动机结构简单、运行可靠的优越性。具体说有以下优点：调速范围广、稳定性好、平滑性较高、机械特性较硬；可以方便地实现恒转矩或恒功率调速；异步电动机的转差功率可以通过整流、逆变而回馈电网，运行效率高，比较经济。整个调速特性与直流电动机调压调速和弱磁调速十分相似。目前变频调速已成为异步电动机最主要的调速方式，在许多领域都得到了广泛的应用。变频调速的特点见表 6-1。

表 6-1 变频调速的特点

序号	变频调速的特点	效　果	用　途
1	可以使标准电动机调速	可以使原有电动机调速	风机、水泵、空调、一般机械
2	可以连续调速	可选择最佳速度	机床、搅拌机、压缩机
3	起动电流小	电源设备容量可以小	压缩机
4	最高速度不受电源频率影响	最大工作能力不受电源频率影响	泵、风机、空调、一般机械
5	电动机可以高速化、小型化	可以得到用其他调速装置不能实现的高速度	内圆磨床、化纤机械、运送机械
6	防爆	与直流电动机相比，防爆容易、体积小、成本低	药品机械、化工设备
7	低速时定转矩输出	低速时电动机堵转也无妨	定尺寸装置
8	可以调节加减速的大小	可使运送机械稳定运行	运送机械
9	可以用于笼型异步电动机	容易维护	生产流水线、车辆、电梯

241. 变频调速时，为什么常采用恒压频比（即保持 U_1/f_1 为常数）的控制方式？

答：由电机学知

$$E_g = 4.44 f_1 N_1 K_{N1} \Phi_m$$

$$T_e = C_T \Phi_m I'_2 \cos\varphi_2$$

式中 E_g——每相中气隙磁通感应电动势有效值(V)；

N_1——定子每相绕组串联匝数；

K_{N1}——基波绕组系数；

Φ_m——每极气隙主磁通量；

T_e——电磁转矩(N·m)；

C_T——转矩常数；

I'_2——转子电流折算至定子侧的有效值(A)；

$\cos\varphi_2$——转子电路的功率因数。

如果忽略不计定子绕组上的阻抗压降，则有

$$U_1 \approx E_g = 4.44 f_1 N_1 K_{N1} \Phi_m$$

式中 U_1——定子相电压(V)。

于是，主磁通

$$\Phi_m = \frac{E_g}{4.44 f_1 N_1 K_{N1}} \approx \frac{U_1}{4.44 f_1 N_1 K_{N1}}$$

如果现在只改变 f_1 调速，设 $f_1\uparrow$，则 Φ_m将$\downarrow$，于是转矩 $T_e\downarrow$，这样电动机的拖动能力会降低，对恒转矩负载会因拖不动而堵转；如果调节 $f_1\downarrow$，则 $\Phi_m\uparrow$，当 f_1 小于额定频率时，主磁通 Φ_m将超过额定值。由于在电动机设计时，主磁通 Φ_m的额定值一般选择在铁心的临界饱和点，所以当在额定频率以下调频时，将会引起主磁通饱和，这样励磁电流急剧升高，使定子铁心损耗 $I_m^2 R_m$急剧增加。这两种情况都是实际运行中所不允许的。

要避免上述两种情况的发生，办法就是使 U_1/f_1＝常数，使电动机气隙磁通 Φ_m维持不变，即电动机的输出转矩不变，从而获得恒转矩的调速特性。

242. 变频调速有哪两种基本方式？各有什么特点？

答：变频调速有恒磁通变频调速和弱磁恒功率变频调速两种。

(1)恒磁通变频调速。适用于电动机额定频率 f_{1N}向下调速的场合。由于 $\Phi_m \propto E_1/f_1$，故调节定子的供电频率 f_1 时，按比例调节定子的感应电动势 E_1，即保持 E_1/f_1＝常数，可以实现恒磁通变频调速，这相当于直流电动机调压调速的情况，属于恒转矩调速方式。

但是，由于定子感应电动势 E_1 是无法直接测量和直接控制的，因此，只能直接调节的是外加的定子供电电压 U_1。若忽略定子绕组阻抗压降，则 $U_1 \approx E_1$，因此，可以采用 $U_1/f_1=$ 常数的恒压频比控制方式进行变频调速。在进行恒压频比的变频调速时，当 f_1 较小时，由于 U_1 也较小，因而定子绕组阻抗压降相对较大，故不能保持磁通不变。因此，这种恒压频比的变频调速只能保持磁通近似不变，实现近似的恒磁通变频调速，这只能认为是近似的恒转矩调速方式，其机械特性曲线如图 6-2 所示。

在这种情况下，可以采用专门电路，在低速时人为地适当提高定子电压 U_1，以补偿定子阻抗压降的影响，使磁通基本保持不变，实现恒磁通、恒转矩的变频调速。这种具有压降补偿的恒压频比控制特性曲线如图 6-3 所示。

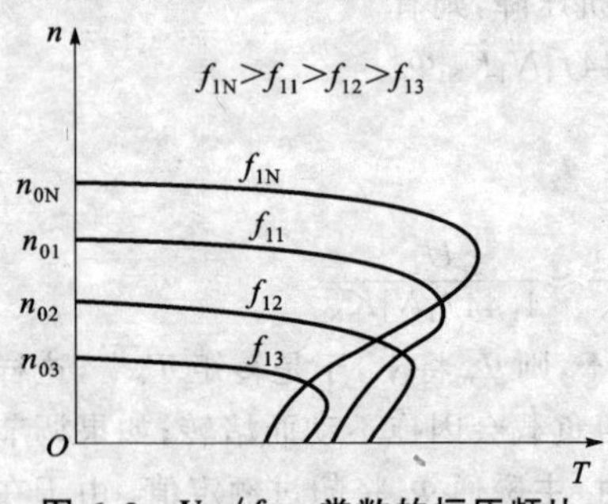

图 6-2 $U_1/f_1=$ 常数的恒压频比控制的机械特性曲线

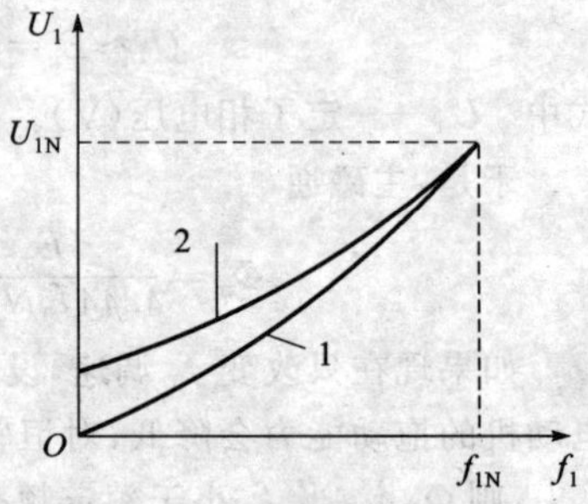

图 6-3 恒压频比控制特性曲线

1. 不带压降补偿 2. 带压降补偿

(2)弱磁恒功率调速。适用于电动机额定功率 f_{1N} 向上调速的场合。由于电压 $U_1=U_{1N}$ 不变，同步转速 $n_0=60f_1/p$，当 f_1 提高时，n_0 随之提高，最大转矩减小，机械特性曲线上移。由于 f_1 提高而 U_1 不变，则气隙磁通减弱导致弱磁升速而转矩减小。因此，基频以上变频调速属于弱磁恒功率调速，机械特性曲线如图 6-4 所示。

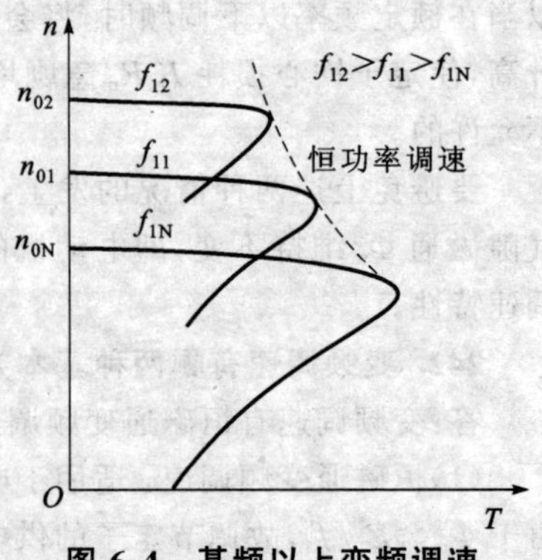

图 6-4 基频以上变频调速时的机械特性曲线

由上面的分析可知，在 $f_1 \leqslant f_{1N}$ 时，对恒转矩负载，一般都采用电压频率比例调节，低频段加以电压补偿的恒转矩调速方式；在 $f_1>f_{1N}$ 时，采取只调频率不调电压的近似恒功率调速方式。

把基频以上和基频以下两种情况结合起来，可得图 6-5 所示的笼型异步电动机变频调速控制特性曲线。在基频以下，属于恒转矩调速的性质；而在基频以上，基本属于恒功率调速。

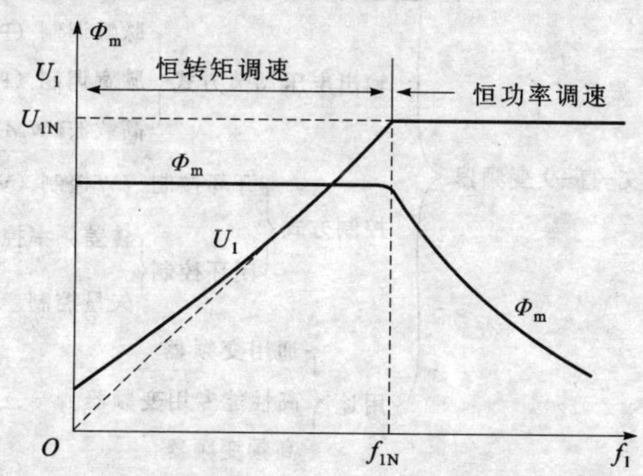

图 6-5 笼型异步电动机变频调速控制特性曲线

243. 变频器有哪些基本类型?

答：变频器的品种很多，分类方法也不相同，一般按下列两种方法分类：

(1)按变频器变换频率的方式划分。分为交-交变频器和交-直-交变频器两种。交-交变频器直接将电网交流电变为可调频调压的交流电输出，没有中间直流环节，故又称为直接变频器；交-直-交变频器需先将电网交流电经过整流器变成直流电，再经逆变器将直流变换为可调压调频的交流电，故又称为间接变频器。

从变频电源的性质上看，无论是交-交变频器还是交-直-交变频器，又都可分为电压型变频器和电流型变频器。

(2)按变频器的控制方式划分。分为开环控制和闭环控制。开环控制与闭环控制的主要区别在于，在变频器的输入、输出控制中，是否有反馈信号（电压、频率、转速等）参与其中。通过反馈信号进行控制的，称为闭环控制；不通过反馈信号控制的，称为开环控制。例如：恒压频比（即 $U/f=$ 常数）控制属于开环控制，而转差频率控制和矢量控制则属于闭环控制。

此外，还可以根据变频器中调制信号的类型，将变频器分为脉幅调制(PAM)、脉宽调制(PWM)和高载波频率的 PWM 控制三类。

变频器的大致分类情况，如图 6-6 所示。

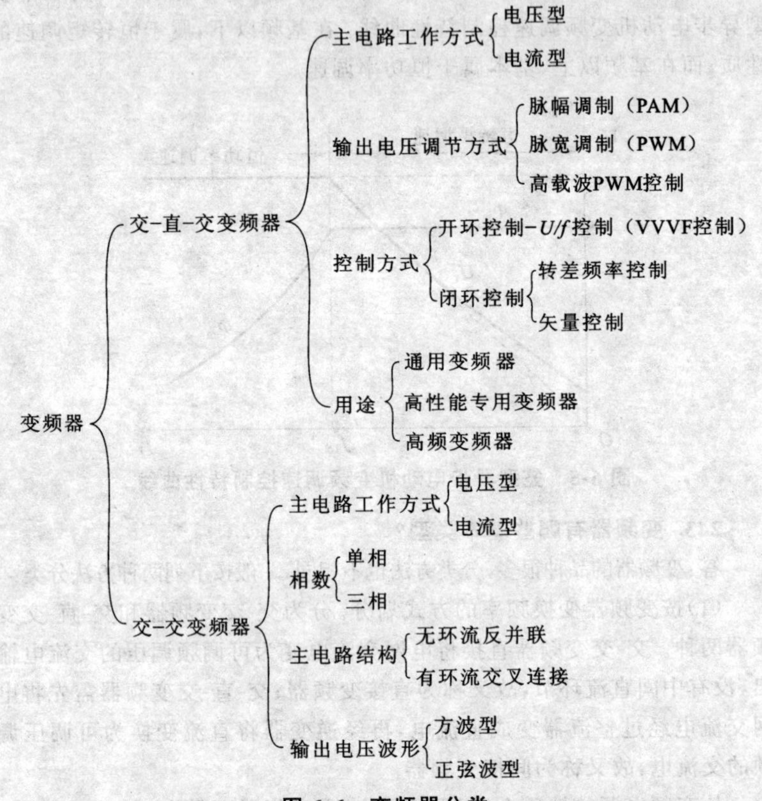

图 6-6　变频器分类

244. 交-交变频器与交-直-交变频器的主要特点有哪些？

答：交-交变频器与交-直-交变频器的主要特点见表 6-2。

表 6-2　交-交变频器与交-直-交变频器的主要特点

变频器类型 / 比较内容	交-交变频器	交-直-交变频器
换能方式	一次换能，效率较高	二次换能，效率略低
换相方式	电网电压换相	强迫换相或负载换相
装置器件数量	较多	较少

续表 6-2

比较内容 \ 变频器类型	交-交变频器	交-直-交变频器
器件利用率	较低	较高
调频范围	输出最高频率为电网频率的 1/3～1/2	频率调节范围宽
电网功率因数	较低	如用可控整流桥调压，则低频低压时功率因数较低；如用斩波器或 PWM 方式调压，则功率因数较高
适用场合	低速大功率拖动	可用于各种拖动装置、稳频稳压电源和不间断电源

245. 交-直-交变频器有哪几种类型？各有哪些主要特点？

答：交-直-交变频器根据其中间滤波环节是电容性或电感性，可分为电压型变频器和电流型变频器两种。这两种变频器的主要特点见表 6-3。

表 6-3　电流型和电压型交-直-交变频器的主要特点

比较内容 \ 变频器类型	电流型	电压型
直流电路滤波环节	电感器	电容器
输出电压波形①	决定于负载，当负载为异步电动机时，近似正弦形	矩形
输出电流波形①	矩形	决定于逆变器电压与负载电动机的电动势，近似正弦形，有较大的谐波分量
输出动态阻抗	大	小
再生制动	尽管整流器电流为单向，但电感线圈上电压反向容易、再生制动方便，主电路不需附加设备	整流器电流为单向且电容器上电压极性不易改变，再生制动困难，需要在电源侧设置反并联有源逆变器
过电流及短路保护	容易	困难

续表 6-3

比较内容 \ 变频器类型	电流型	电压型
动态特性	快	较慢，如用脉宽调制(PWM)逆变器则快
对晶闸管要求	耐压高，对关断时间无严格要求	耐压一般可较低，关断时间要求短
电路结构	较简单	较复杂
适用范围	单机、多机拖动	多机拖动、稳频稳压电源或不间断电源

注：①均指简单的三相桥式逆变器，既不用脉宽调制也不进行多重叠加。

246. 什么是转差频率控制？有什么特点？

答：转差频率控制是一种直接控制转矩的方法。从图 6-7 所示异步电动机的稳态等效电路可以求得

$$I'_2=\frac{E_1}{\sqrt{(\frac{R'_2}{s})^2+(2\pi f_1 L'_2)^2}}$$

定义转差频率

$$f_s=sf_1$$

转子电流折算值

$$I'_2=\frac{E_1}{f_1}=\frac{1}{\sqrt{(\frac{R'_2}{f_s})^2+(2\pi L'_2)^2}}$$

转矩则可由下式给出：

$$T=\frac{mp(I'_2)\frac{R'_2}{s}}{2\pi f_1}=\frac{mp}{2\pi}(\frac{E_1}{f_1})^2\frac{f_s R'_2}{(R'_2)^2+(2\pi f_s L'_2)^2}$$

从上式可知，当转差频率 f_s较小时，如果 E_1/f_1＝常数，则电动机的转矩基本上与转差频率 f_s成正比。异步电动机的这个特性意味着，在进行 E_1/f_1控制的基础上，只要对电动机的转差频率 f_s进行控制，就可以达到控制电动机输出转矩的目的。这就是转差频率控制的基本出发点。

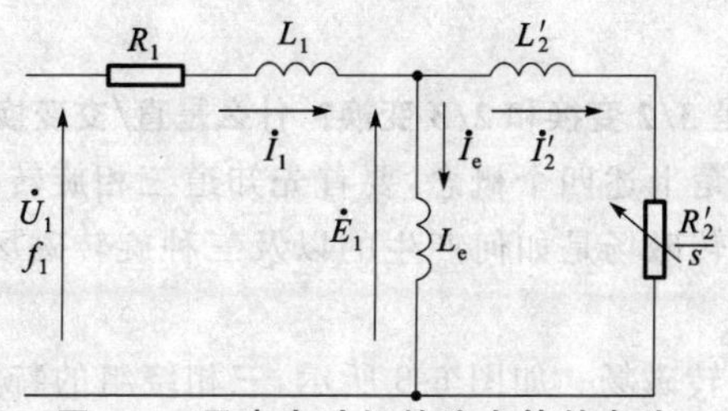

图 6-7　异步电动机的稳态等效电路

$\dot{U}_1$. 定子相电压　f_1. 供电频率　$\dot{E}_1$. 内部感应电动势　$\dot{I}_1$. 定子电流
$\dot{I}_e$. 励磁电流　$\dot{I}_2'$. 转子电流折算值　R_1. 定子每相电阻　L_1. 定子每相漏感
R'_2. 转子每相电阻折算值　L'_2. 转子每相漏感折算值　s. 转差率
L_e. 定子每相绕组产生气隙主磁通的等效电感，即励磁电感

另一方面，对于异步电动机来说，有如下关系：

$$f=f_n+f_s$$

式中　f——定子电源频率；

f_n——电动机的实际转速 n 对应的电源频率；

f_s——转差频率。

所以，在进行 E_1/f_1 控制的基础上，只要知道了 f_n，并根据希望得到的转矩(对应于某一转差频率 f_{so})，按照上式调节变频器的输出频率 f_n，就可使电动机具有某一所需的转差频率 f_{so}，即使电动机给出所需的输出转矩。

此外，当 E_1/f_1 一定时，控制电动机的转差频率，还可以达到控制电动机转子电流的目的。在采用了转差频率控制方式的变频器中，上述特性被用于对电动机进行保护。这是因为只要能够控制电动机的转差频率，使之不超过电动机最大过载能力时的转差频率，就可以限制电动机转子的最大电流，从而起到保护电动机的作用。

因为在采用转差频率控制方式时，需要检测电动机的实际转速，所以需要在电动机轴上安装速度传感器。电动机的转速检测由速度传感器和运算电路完成，控制电路还要通过适当的运算，根据检测到的速度产生转差频率和其他的控制信号。此外，在采用了转差频率控制方式的变频器中，往往还加有电流负反馈，对频率和电流进行控制。所以这种变频器具有良好的稳定性，并对急速的加减速和负载变动，有良好的动态响应特性。

247. 什么是 3/2 变换和 2/3 变换？什么是直/交变换和交/直变换？

答：要搞清楚上述四个概念，要首先知道三相旋转磁场、两相旋转磁场、旋转体旋转磁场是如何产生的以及三种旋转磁场是如何实现等效变换的。

(1)三相旋转磁场。如图 6-8 所示，三相绕组的特点是：三个绕组(U_1-U_2、V_1-V_2、W_1-W_2)在空间位置上互隔 $2\pi/3$rad 电角度(在 $2p=2$ 的情况下，电角度和机械角度是相等的)，其中，U_1、V_1、W_1 是首端，U_2、V_2、W_2 是尾端。

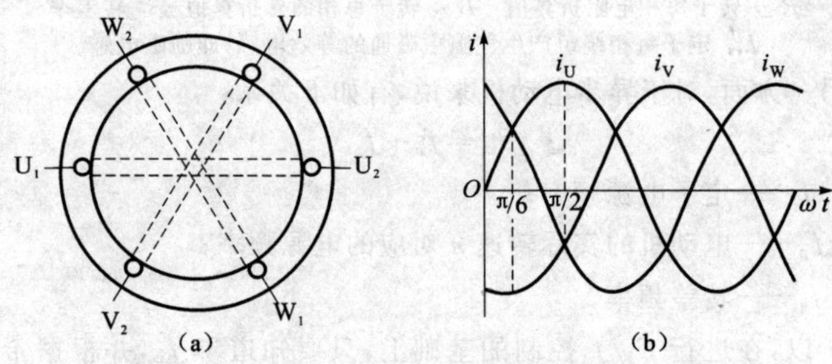

图 6-8 三相绕组与三相电流

(a)三相绕组 (b)三相电流

三相交流电流的特点是，三个电流在时间(相位)上互差 $2\pi/3$rad 电角度。将三相交变电流通入三相绕组后的合成磁场，如图 6-9 所示，其特点是：

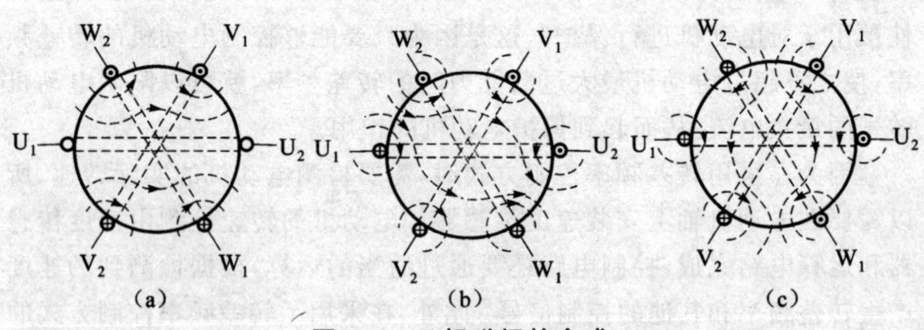

图 6-9 三相磁场的合成

(a)$\omega t=0$ (b)$\omega t=\pi/6$rad (c)$\omega t=\pi/2$rad

①随着时间的推移，合成磁场的轴线在旋转，并且容易看出，电流交变一个周期，磁场也将旋转一周。

②在旋转过程中，合成磁感应强度不变，故称为圆形旋转磁场。

(2)两相旋转磁场。如图 6-10 所示，两相绕组的特点是，两个绕组在空间位置上互相垂直(互差 π/2rad 电角度)。两相交变电流在时间(相位)上互差 π/2rad 电角度。将两相电流通入两相绕组后的合成磁场如图 6-11 所示。

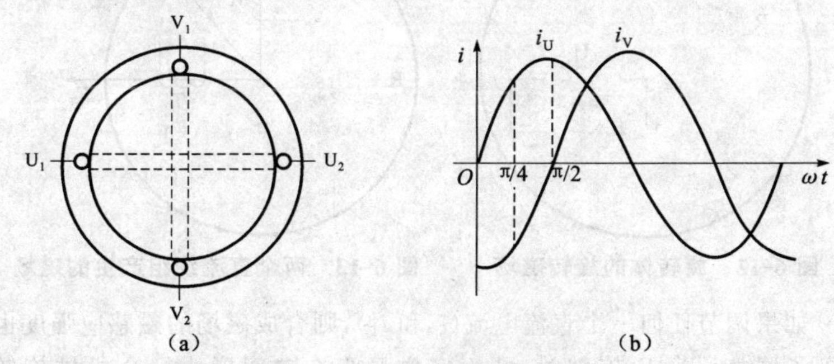

图 6-10 两相绕组与两相电流

(a)两相绕组 (b)两相电流

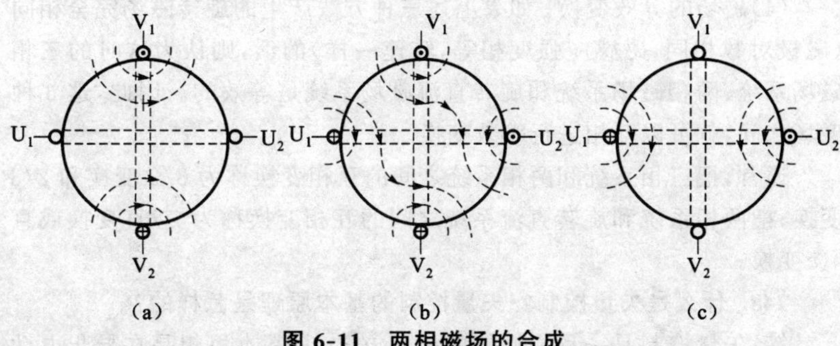

图 6-11 两相磁场的合成

(a)$\omega t=0$ (b)$\omega t=\pi/4$rad (c)$\omega t=\pi/2$rad

可以看出，其合成磁场具有和三相旋转磁场完全相同的特点。

(3)旋转体的旋转磁场。如图 6-12 所示，在旋转体 R 上放置一个直流绕组 U，U 内通入直流电流，产生一个恒定磁场。当旋转体 R 旋转时，恒定磁场也随之旋转，在空间形成了一个旋转磁场。由于是借助于机械运动而得到的，故也称为机械旋转磁场。

如果在旋转体 R 上放置两个互相垂直的直流绕组 M 和 T，则当两个绕组内分别通入电流 i_M 和 i_T 时，它们的合成磁场仍然是恒定磁场，如图 6-13 所示。

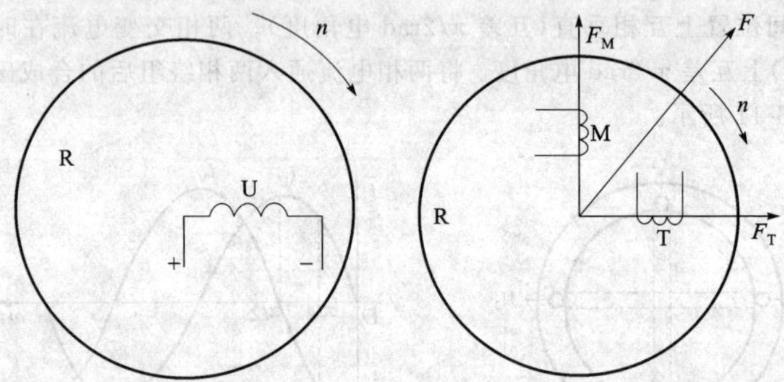

图 6-12　旋转体的旋转磁场　　图 6-13　两个直流绕组产生的磁场

如果调节任何一个直流电流（i_M 和 i_T），则合成磁场的磁感应强度也得到了调整。当 R 旋转时，此恒定磁场将在空间形成一个机械旋转磁场。

（4）磁场的等效变换。如果上述三种方法产生的旋转磁场完全相同（磁极对数相同，磁感应强度相等，转速一样）的话，则认为这时的三相磁场系统、两相磁场系统和旋转直流磁场系统是等效的。因此，这 3 种磁场之间，就可以互相进行等效变换。

通常，把三相系统和两相系统之间的互相变换称为 3/2 变换和 2/3 变换；把两相系统和旋转直流系统之间的互相变换称为交/直变换或直/交变换。

248. 什么是矢量控制？矢量控制的基本原理是怎样的？

答：矢量控制是一种高性能的控制方式，其基本思想是在异步电动机中，设法模拟直流电动机转矩控制的规律。具体说，就是在磁场定向坐标上，将电流矢量分解成产生磁通的励磁电流分量和产生转矩的转矩电流分量，并使两分量互相垂直，彼此独立，然后分别进行调节。这样异步电动机的转矩控制，从原理和特性上就和直流电动机相似了。因此矢量控制的关键是对电流矢量的幅值和空间位置（频率和相位）的控制。

矢量控制基本框图如图 6-14 所示，给定控制器将给定信号分解成两个互相垂直且独立的直流信号 i_M 和 i_T。然后通过“直/交变换”将 i_M 和 i_T 变换成两相电流信号 i_α 和 i_β，又经“2/3 变换”，得到三相交流的控制信号 i_A、i_B、i_C，去控制逆变桥。

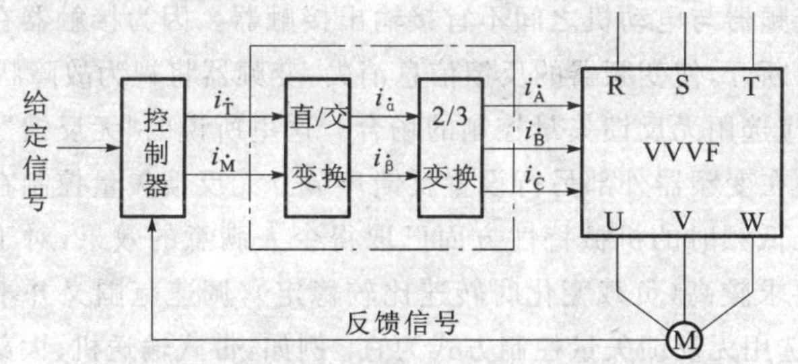

图 6-14 矢量控制的基本框图

电流反馈用于反映负载的状况，使直流信号中的转矩分量 i_T 能随负载而变，从而模拟出类似于直流电动机的工作状况。

转速反馈用于反映拖动系统的实际转速和给定值之间的差异，并使之以最快的速度进行校正，从而提高了系统的动态性能。

249. 哪些情况不能应用矢量控制方式？哪些情况应选用矢量控制方式？

答：(1)因为矢量控制方式需要根据电动机参数进行一系列的变换运算，故凡是有可能影响计算精度的场合，都不宜使用。主要包括以下几种情况：

①由于配用电动机容量不匹配影响计算精度。配用电动机的容量应与变频器的容量，最多相差一个挡次。例如，一台容量为 110kV·A 的变频器，应该配用容量为 75kW 的电动机，如配用 55kW 的电动机，还在允许范围内。但如配用 37kW 的电动机，则因为电动机的参数与 75kW 电动机的参数相差较大，不宜采用。

②由于磁极对数超过变频器设计范围，影响计算精度。变频器是按 4 极电动机的参数设计的，因此，使用时电动机的磁极对数最多也只能与 4 极相差一个挡次。就是说，在变频器与电动机容量相同的情况下，

电动机可以是 2 极的或 6 极的，若配用 8 极以上的电动机就不宜采用矢量控制的变频器了。

③控制电动机台数必须是一台对一台。即只能是一台变频器控制一台电动机。如果用一台变频器控制两台或两台以上的电动机，则因两台电动机并联后的参数与一台电动机的参数相差很大而不能使用。

④变频器与电动机之间不宜接输出接触器。因为接触器在运行过程中一旦断开，使变频器的反馈信息消失，变频器将视为故障状态。

(2)应选用无反馈矢量控制的场合。这里所说的“无反馈”，是指不需要用户在变频器外部另行设置反馈环节。无反馈矢量控制在改善异步电动机低频时的机械特性方面已取得令人满意的效果，对于一些机械特性要求较高(负载变化时转速比较稳定)，调速范围又并不很宽的场合，以选用无反馈矢量控制方式为宜。例如，带式输送机、大部分纺织机械和塑料加工机械等。

(3)应选用有反馈矢量控制方式的场合。

①对机械特性的硬度和动态响应能力都要求较高，调速范围又很宽的场合，应选用有反馈矢量控制方式。例如，龙门刨床等。

②对运行安全有较高要求，并要求在零速状态下也有足够转矩的场合。例如，起重机械等。

250. 各种控制方式变频器的应用范围和基本特性如何？

答：当从控制理论的角度对变频器进行分类时，变频器的控制方式可以分为开环控制和闭环控制两种方式。其中 U/f 控制属于开环控制，而转差频率控制和矢量控制则属于闭环控制。二者的区别主要在于在 U/f 控制方式中没有采用反馈控制，而在转差频率控制方式和矢量控制方式中则采用反馈控制。

虽然 U/f 控制变频器采用的是开环控制方式，在转速控制方面不能给出满意的控制性能，但是，由于这种变频器有着很高的性能价格比，在以节能为目的的各种用途和对转速精度要求不太高的各种用途中得到了广泛的应用。

与采用了开环控制方式的 U/f 控制相比，转差频率控制采用的是一种进行转速反馈控制的闭环控制方式，其动、静态性能都优于 U/f

控制。因此,可以应用于对转速和精度有较高要求的各种调速系统。但是,由于采用这种控制方式的变频器的控制性能不如矢量控制变频器,而且二者在硬件电路的复杂程度上相差不大,目前采用转差频率控制方式的变频器已基本上被矢量控制变频器所取代。

矢量控制是异步电动机的一种理想的控制方式。它具有许多优点,例如,可以从零转速进行速度控制,调速范围宽;可以对转矩进行精确控制;系统响应速度快;加减速特性好等。

在矢量控制方式中,有速度传感器的矢量控制变频器的性能优于无速度传感器的矢量控制变频器。但是,由于采用这种控制方式时需要在异步电动机上安装速度传感器,严格来讲,这种变频器难以充分发挥异步电动机本身具有的结构简单、坚固耐用等特长。此外,在某些情况下,由于电动机本身或所在环境的原因无法在电动机上安装速度传感器。

表 6-4 给出了各种控制方式变频器的应用范围和基本特性对比。

表 6-4 各种控制方式变频器的应用范围和基本特性对比

比较项目		控制方式			
		U/f 控制	转差频率控制	矢量控制(无速度传感器)	矢量控制(有速度传感器)
变频器形式	电压型变频器	适合	适合	不适合①	不适合①
	电流型变频器	适合	适合	适合	适合
	电压型PWM 变频器	适合	适合	适合	适合
速度传感器		不要	要	不要	要
速度控制	零速运行	不可	不可	不可	可
	极低速运行	不可	可	不可	可
	速度控制范围	1∶10～1∶20	1∶20～1∶50	1∶20～1∶50	1∶1000
	响应速度	慢	快于U/f控制	快	快(30～1000rad/s)
	定常精度②	转差随负载转矩变化	模拟控制 0.1% 数字控制 0.01%	0.5%	模拟控制 0.1% 数字控制 0.01%

续表 6-4

比较项目		控制方式			
		U/f 控制	转差频率控制	矢量控制（无速度传感器）	矢量控制（有速度传感器）
转矩控制	是否适合	不可	通常不用	适合	适合
	响应速度	—	慢	快	快
电路结构		最简单	简单	较复杂	复杂
特征	优点	(1)结构简单 (2)容易调整 (3)可以用于普通电动机	加减速和定常特性优于 U/f 控制	(1)可以进行转矩控制 (2)不需要速度传感器 (3)转矩响应速度快	(1)转矩控制性能好 (2)转矩响应速度快 (3)速度控制范围宽
	缺点	(1)低速时难以保证转矩 (2)不能进行转矩控制 (3)急加速和负载突增时将发生失速	(1)需要设定转差频率 (2)需要高精度的速度传感器	需要正确设定电动机参数	(1)需要正确设定电动机参数 (2)需要高精度的速度传感器

注：①因为采用的是电压源，所以无法在逆变电路部分对瞬时电流进行控制。

②定常精度，通常作为表示精度的数值，是以额定频率或额定速度为基准，将误差用百分比表示出来。对于开环控制为频率精度，闭环控制为转速精度。

251. 变频器由哪几部分构成？

答：变频器的构成如图 6-15 所示。

(1)主电路。给异步电动机提供调压调频电源的电力变换部分，称为主电路。主电路一般由三部分构成：将工频电源变换为直流功率的整流器，吸收在整流器和逆变器中产生的脉动电压的平波电路，以及将直流功率变换为交流功率的逆变器。另外，异步电动机需要制动时，有时要附加制动电路。

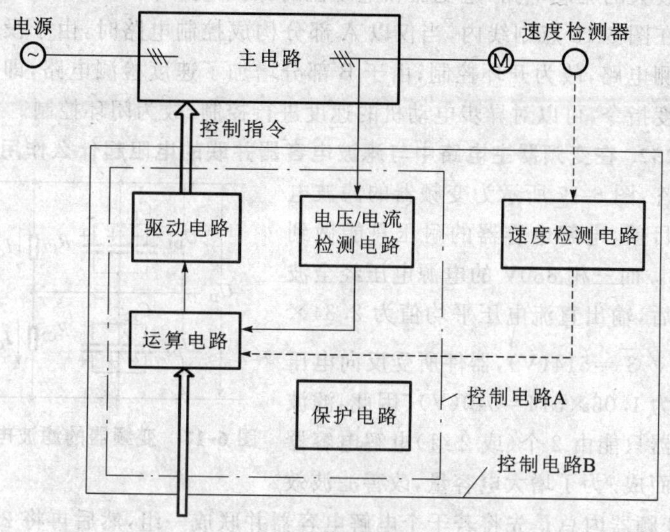

图 6-15 变频器的构成

低压中小容量变频器采用的交-直-交型变频器的主电路如图6-16所示。

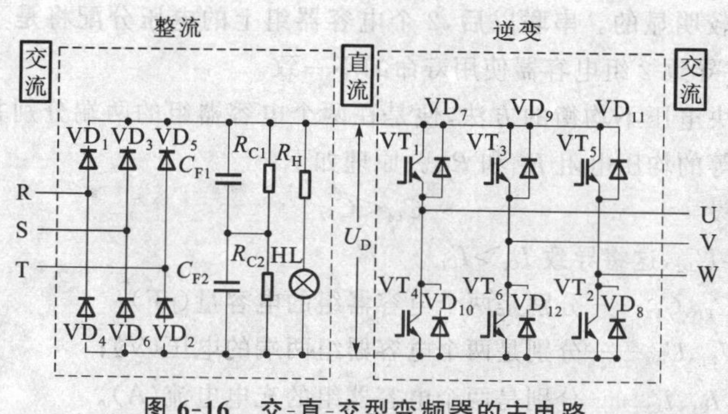

图 6-16 交-直-交型变频器的主电路

(2)控制电路。给主电路提供控制信号的电路，称为控制电路。

控制电路一般由以下电路组成：频率、电压的运算电路；主电路的电压、电流检测电路；电动机的速度检测电路；将运算电路的控制信号进行放大的驱动电路；逆变器和电动机的保护电路等。

在图 6-15 点划线内，当仅以 A 部分构成控制电路时，由于没有速度检测电路，故为开环控制；由于 B 部分增加了速度检测电路，即增加了速度指令，可以对异步电动机的速度进行控制，故为闭环控制。

252. 在变频器主电路中与滤波电容器并联的电阻起什么作用？

答：图 6-17 所示为变频器的滤波电路。目前，电解电容器的耐压只能做到 450V。而三相 380V 的电源电压经全波整流后，输出直流电压平均值为 $2.34\times380/\sqrt{3}=514(\mathrm{V})$，器件所受反向电压峰值为 $1.05\times514=540(\mathrm{V})$。因此，滤波电容器只能由 2 个（或 2 组）电解电容器串联而成。为了增大电容量，改善滤波效果，变频器内总是先将若干个电解电容器并联成一组，然后再将 2 组电容器（C_{F1}和 C_{F2}）串联起来。

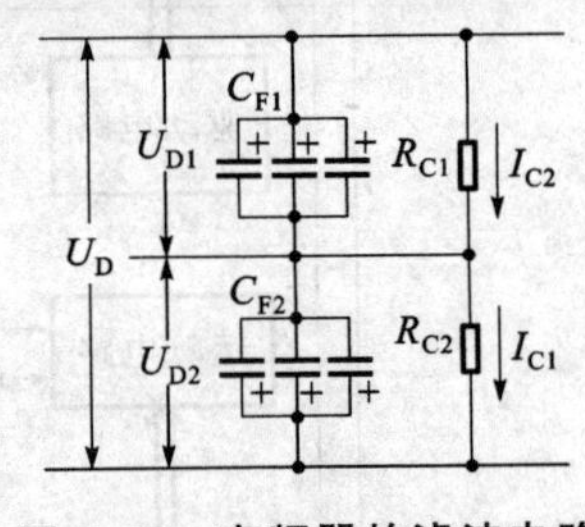

图 6-17　变频器的滤波电路

由于每个电容器的电容量不可能绝对相同，尤其是电解电容器，其电容量的离散性较大，若干个并联以后，2 组电容器的电容量之间的差异是比较明显的。串联以后，2 个电容器组上的电压分配将是不均衡的，这将导致 2 组电容器使用寿命的不一致。

解决电压不均衡的方法，便是在两个电容器组的两端分别并联电阻值相等的均压电阻 R_{C1}和 R_{C2}。原理如下：

假设　　$C_{F1}<C_{F2}$

则 $U_{D1}>U_{D2}$，这将导致 $I_{C2}>I_{C1}$

式中　C_{F1}、C_{F2}——分别是两个电容器组的电容量（μF）；

U_{D1}、U_{D2}——分别是两个电容器组两端的电压（V）；

I_{C1}、I_{C2}——分别是两个电容器组的充电电流（A）。

就是说，C_{F2}上的充电电流较大，从而使 U_{D2}有所提高，使 U_{D1}和 U_{D2}趋于均衡。

由于电阻的阻值容易做得比较准确，从而保证了均压的效果。

253. 图 6-16 中所示的直流电源指示灯 HL 为什么不装在面板上？

答：变频器中表示变频器已经通电的指示灯是装在面板上的电源指示灯。直流电路中的电源指示灯 HL，并不指示变频器是否通电，而是指示滤波电容器上是否有电。

当变频器切断电源后，由于逆变桥已经停止工作，滤波电容器的放电过程将十分缓慢。因此，当维修人员打开变频器的盖子后，滤波电容器上往往还有较高的直流电压，有可能对维修人员的人身安全构成威胁。

所以，直流电路电源指示灯的作用是向维修人员警示：滤波电容器尚未放电完毕，不能触摸带电部分。

254. 每个逆变管旁边，为什么都要反并联二极管？

答：逆变桥中，每个逆变管旁边，都要反并联一个二极管，如图 6-18(a)中的 VD_7～VD_{12}，它们的作用有以下几个方面：

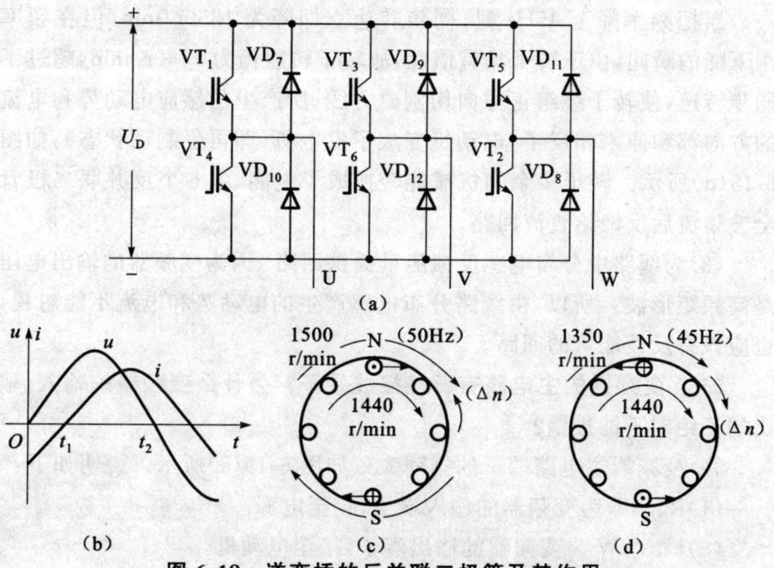

图 6-18 逆变桥的反并联二极管及其作用

(a)逆变桥的电路结构 (b)电压与电流的波形

(c)频率为 50Hz 时的情形 (d)频率为 45Hz 时的情形

(1)为绕组电感反馈能量提供回路。异步电动机的定子电路是感性电路，其电流的变化将滞后于电压，如图 6-18(b)所示。

$0\sim t_1$段:电流 i 与电压 u 的方向相反,是绕组的自感电动势(即反电动势)克服电源电压在作功(磁场作功)。这时的电流将通过反并联二极管流向直流回路。

$t_1\sim t_2$:电流 i 与电压 u 的方向相同,是电源电压克服绕组的自感电动势在作功(电源作功)。这时的电流是通过逆变管流向电动机的。

如果没有反并联二极管,则因为逆变管只能单方向导通,绕组的磁场无法与电源交换能量,电动机的电流波形将发生畸变。

(2)降速时为拖动系统释放机械能提供回路。变频调速系统是通过降低频率来减速的。

例如,当电动机的工作频率为 50Hz 时,其同步转速为 1500r/min,转子转速为 1440r/min,低于同步转速,转子绕组反方向切割磁力线,所产生的电磁转矩使转子旋转,如图 6-18(c)所示。

当把频率降至 45Hz 时,同步转速立即降为 1350r/min,但在频率刚下降的瞬间,由于转子具有惯性,故转子转速仍为 1440r/min,超过了同步转速,使转子绕组正方向切割磁力线,所产生的感应电动势和电流的方向都和原来相反了,电动机变成了发电机(即再生制动状态),如图 6-18(d)所示。转子多余的机械能转换成了电能,由 6 个反并联二极管全波整流后反馈给直流回路。

(3)为线路中分布电感反馈能量提供回路。因为变频器的输出电压是高频矩形波。所以,由线路分布电感产生的电动势和电流不能忽视,也应该有反馈能量的回路。

255. 变频器的主电路有哪些接线端子?为什么变频器的输入、输出端子绝对不能接错?

答:变频器主电路端子的排列大致如图 6-19(a)所示。说明如下:

(1)R、S、T 为变频器的输入端子,接至电源。

(2)U、V、W 为变频器的输出端子,接至电动机。

(3)P、N 为滤波后直流电路的+、-端子。

(4)P+为整流桥输出的+端,出厂时 P+端与 P 端之间用一铜片短接。在需要接入直流电抗器 DL 时,拆去铜片,将 DL 接在 P+和 P 之间。

(5)PE 为接地端。

图 6-19(b)所示是接入直流电抗器和制动单元、制动电阻的情形。

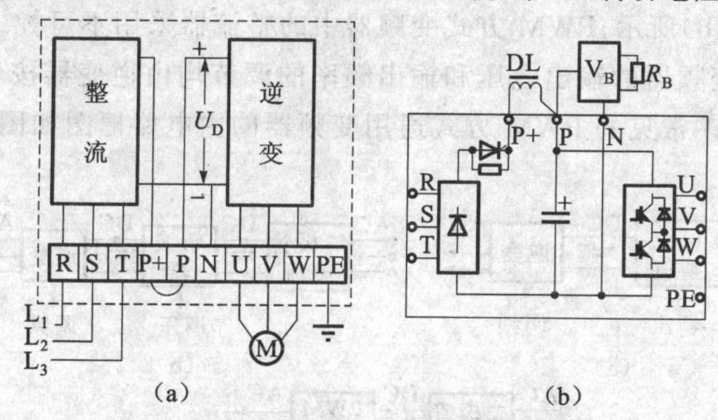

图 6-19 变频器主电路的端子排列

(a)主电路的接线端子 (b)与原理图的对照

如果将变频器的电源进线错误地接到了变频器的 U、V、W 端，则不管哪个逆变管导通，都将引起两相间的短路而迅速烧坏逆变管。

在图 6-20 中，假设在某一瞬间，电源的 R 端为"＋"，而 S 端为"－"，则在逆变管 VT_3 导通时，电流将经 VD_7 和 VT_3 而短路，将立即烧坏 VT_3。

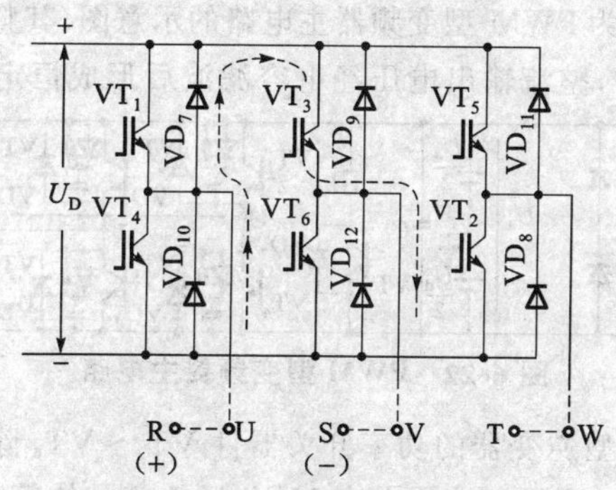

图 6-20 电源接错的后果

256. 交-直-交电压型变频器有哪两种输出电压的调制方式？

答：对交-直-交电压型变频器输出电压的调节有脉幅调制(PAM)方式和脉宽调制(PWM)方式两种。PAM 方式是通过改变直流电压的幅值进行调压，逆变器只负责调节输出频率，由相控晶闸管整流器或直流斩波器通过调节直流电压 U_d 来实现变频器输出电压的调节，如图 6-21(a)、(b)所示；PWM 方式变频器中的整流器采用不可控二极管整流电路，变频器的输出电压和输出频率的调节均由逆变器按 PWM 方式来完成。常见的 PWM 方式通用变频器的主电路框图如图 6-21(c)所示。

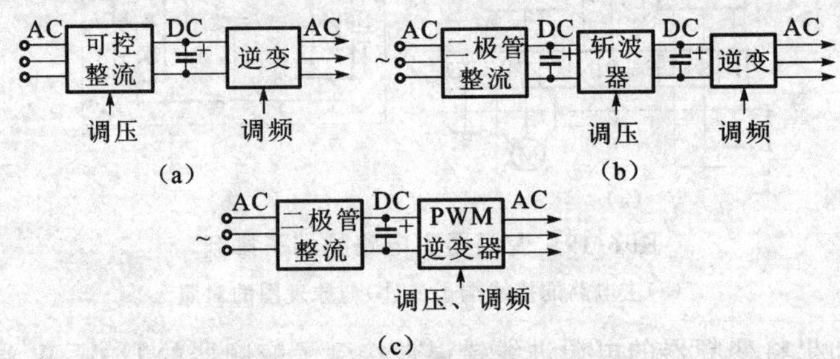

图 6-21 交-直-交电压型变频器的结构形式

(a)相控晶闸管整流器调压逆变器调频 (b)直流斩波器调压逆变器调频

(c)PWM 逆变器调压、调频

257. PWM 型变频器主电路是怎样构成的？

答：图 6-22 为 PWM 型变频器主电路的示意图。其整流部分为二极管不可控整流桥，整流输出电压经电容滤波后形成恒定幅值的直流电

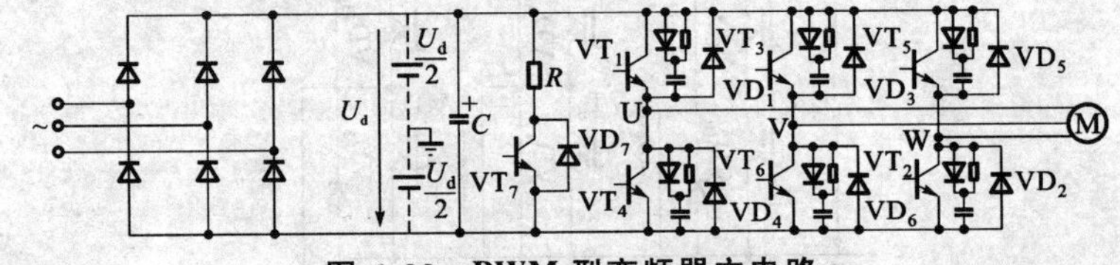

图 6-22 PWM 型变频器主电路

压 U_d。其 PWM 型逆变器的功率开关器件 VT_1～VT_6 除可用六只电力晶体管(GTR)外，还可以选用电力 MOS 场效应晶体管(MOSFET)、绝缘栅双极型晶体管(IGBT)等有自关断能力的电力电子器件。只要按一定规律(脉冲宽度调制规律)控制逆变器的功率开关器件 VT_1～VT_6 的导通和关断，在逆变器的输出端便可获得一系列恒幅调宽的矩形脉冲波形，通过改变矩形脉冲的宽度可以控制逆变器输出交流基波电压的

幅值，通过改变调制周期可以控制其输出频率，从而使变压变频(VVVF)协调控制在逆变器中同时完成。

由于直流电源是由二极管整流器得到的，所以能量只能由交流电网向逆变器单方向流动，不能向交流电网反馈能量。因此当电动机工作在发电制动时，电动机反馈能量将经过回馈二极管 $VD_1 \sim VD_6$ 向电容 C 充电，使电容上的直流电压升高。为了避免直流电压过高，在逆变器的直流侧接入制动(放电)电阻 R 和电力晶体管 VT_7。当直流电压升高到某一限定值时，使 VT_7 饱和导通接入电阻 R，将部分反馈能量消耗在电阻上，这样，电动机就可以实现发电回馈制动。

258. 脉宽调制型逆变器有哪些优点？

答：脉宽调制型(PWM)逆变器是随着全控、高开关频率等新型电力电子器件的产生而逐步发展起来的，其主要优点是：

(1)主电路只有一个可控的功率环节，开关元件少，简化了结构。

(2)使用不可控整流器，使电网功率因数与逆变器输出电压的大小无关而接近于1。

(3)由于逆变器本身同时完成调频和调压任务，因此与中间滤波环节的滤波元件无关，逆变器动态响应加快。

(4)可获得比常规阶梯波更好的输出电压波形，输出电压的谐波分量极大地减小，能抑制或消除低次谐波，实现近似正弦波的输出交流电压波形。

259. 输出为阶梯波的交-直-交变频装置有哪些主要缺点？

答：输出为阶梯波的交-直-交变频装置的主要缺点是：

(1)由于变频装置要求输出电压和频率都能变化，因此，必须有两个功率可控级(可控整流控制电压，逆变控制频率)，在低频低压时，整流运行在大触发延迟角 α 状态，装置功率因数低。

(2)由于存在大电容滤波，装置的动态响应差，动态时无法保持电压与频率之比恒定。

(3)由于输出是阶梯波，谐波成分大。

260. 什么是正弦波脉宽调制(SPWM)？有几种调制方式？

答：脉宽调制技术中，一般以所期望的波形作为参考信号，而受它调制的信号为载波信号。通常，把参考信号为正弦波的脉宽调制方式称为正弦波脉宽调制（SPWM），而把采用 SPWM 方式的变频器称为SPWM变频器。目前，用于一般工业领域的通用变频器大多数为SPWM变频器。

在 SPWM 方式中，参考信号为正弦波，而载波信号一般为三角波。SPWM方式控制电路框图如图 6-23 所示。

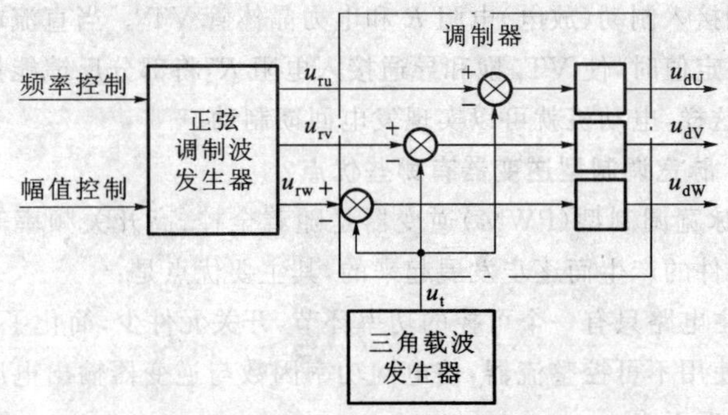

图 6-23 SPWM 方式控制电路框图

根据调制脉冲极性的不同，正弦波脉宽调制可以分为单极性和双极性两种情况。

(1)单极性调制方式。在单极性的 SPWM 调制方式中，参考信号为单极性三相对称且可变频变幅的正弦波 u_{ru}、u_{rv}、u_{rw}，这三个弱电信号彼此互差 120°电角度，共用的载波信号为单极性三角波 u_t。在逆变器输出的半个周波内，在倒向信号控制下，同一相的两个臂上的 GTR 仅有一个可以反复通断，而另一个始终截止。例如，在图 6-22 中 U 相的正半周内，倒向信号为正，VT_1 可反复通断，即当 $u_{ru}>u_t$时，VT_1 导通，当 $u_{ru}<u_t$时，VT_1 截止，而 VT_4 则始终截止。同理，在 U 相的负半周内，倒向信号为负，则 VT_4 反复通断，而 VT_1 始终截止。由于载波信号为等腰三角形，其两腰是线性变化的，它与光滑的正弦曲线相比较后，得到的各脉冲的宽度也随时间按正弦规律变化，因此，输出的调制波是恒幅、等矩而不等宽的脉冲序列，其脉冲宽度也是呈正弦分布，各脉冲与正弦曲线下对应的面积成正比，如图 6-24(a)所示。

显然，在单极性的 SPWM 调制方式中，改变参考信号正弦波的幅值即可改变逆变器输出电压的大小；改变参考信号正弦波的频率即可改变逆变器输出电压的频率。

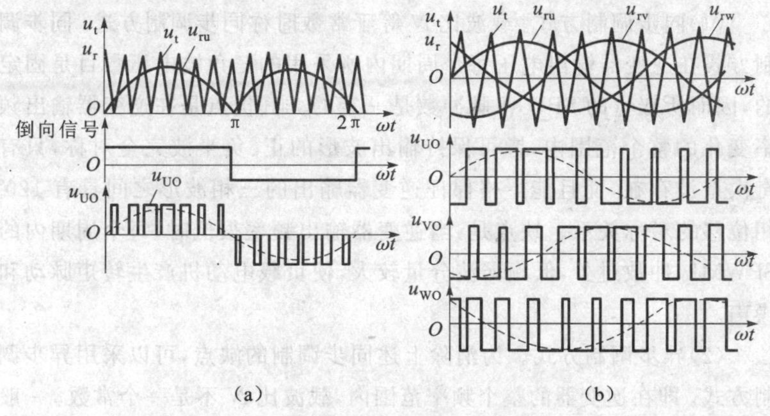

图 6-24 SPWM 调制波形

(a)单极性(U 相) (b)双极性(三相)

(2)双极性调制方式。在双极性的 SPWM 调制方式中，参考信号和载波信号均为双极性信号。在逆变器输出的半个周期内，同一相的两个功率器件 GTR 互补交替通断。仍以 U 相为例，其调制规律为：不论正负半周，只要 $u_{ru}>u_t$，VT_1 就导通，而 VT_4 则截止；反之，只要 $u_{ru}<u_1$，VT_4 就导通，而 VT_1 则截止。由于参考信号本身具有正负半周，无需倒向信号进行正负半周判断，因此双极性 SPWM 的调制规律十分简单。双极性 SPWM 调制输出波形如图 6-24(b)所示。若改变参考信号正弦波的幅值和频率，即可分别改变逆变器输出电压的大小和频率。

可见，在 SPWM 调制方式的逆变器中，只要改变参考信号正弦波的幅值，就可以调节逆变器输出交流电压的大小；只要改变参考信号的频率，就可以改变逆变器输出交流电压的频率。因此，SPWM 变频器的变压变频十分方便。

261. SPWM 逆变器有哪几种调制方式？各有什么特点？

答：在 SPWM 逆变器中，三角波电压频率 f_t 与参考波电压频率(即逆变器的输出频率)f_r 之比 $N=f_t/f_r$ 称为载波比，也称调制比。根据载波比的变化与否,SPWM 逆变器调制方式可分为同步式、异步式和分段同步式三种。

(1)同步调制方式。载波比 N 等于常数时称同步调制方式。同步调制方式在逆变器输出电压每个周期内所采用的三角波电压数目是固定的,因而所产生的 SPWM 脉冲数是一定的。其优点是在逆变器输出频率变化的整个范围内,皆可保持输出波形的正、负半波完全对称,只有奇次谐波存在,而且能严格保证逆变器输出的三相波形之间具有 120°相位移的对称关系。缺点是:当逆变器输出频率很低时,每个周期内的SPWM脉冲数过少,低频谐波分量较大,使负载电动机产生转矩脉动和噪声。

(2)异步调制方式。为消除上述同步调制的缺点,可以采用异步调制方式。即在逆变器的整个频率范围内,载波比 N 不是一个常数。一般在改变参考波频率 f_r时,保持三角波频率 f_t不变,因而提高了低频时的载波比,这样逆变器输出电压每个周期内 PWM 脉冲数可随输出频率的降低而增加,相应地可减少负载电动机的转矩脉动与噪声,改善了调速系统的低频工作特性。但异步控制方式在改善低频工作性能的同时,又失去了同步调制的优点。当载波比 N 随着输出频率的降低而连续变化时,它不可能总是 3 的倍数,势必使输出电压波形及其相位都发生变化,难以保持三相输出的对称性,因而引起电动机工作不平稳。

(3)分段同步调制方式。实际应用中,SPWM 逆变器多采用分段同步调制方式。它集同步调制方式和异步调制方式之所长,而克服了两者之不足。即把整个变频范围划分为若干频段,在每个频段内维持 N 恒定,而对不同的频段取不同的 N 值。在一定频率范围内采用同步调制,发挥同步调制保持输出波形对称的优点;在低频运行时,使载波比逐级地增大,以发挥异步调制的长处,克服同步调制的不足。采用分段同步调制方式,需要增加调制脉冲切换电路,从而增加控制电路的复杂性。

分段同步调制划分见表 6-5,分段同步调制的 f_t、f_r关系如图 6-25所示。

表 6-5 分段同步调制划分

逆变器输出频率 f_r(Hz)	载波比 N	开关频率 f_t(Hz)
32～62	18	576～1116
16～31	36	576～1116
8～15	72	576～1080
4～7.5	144	576～1080

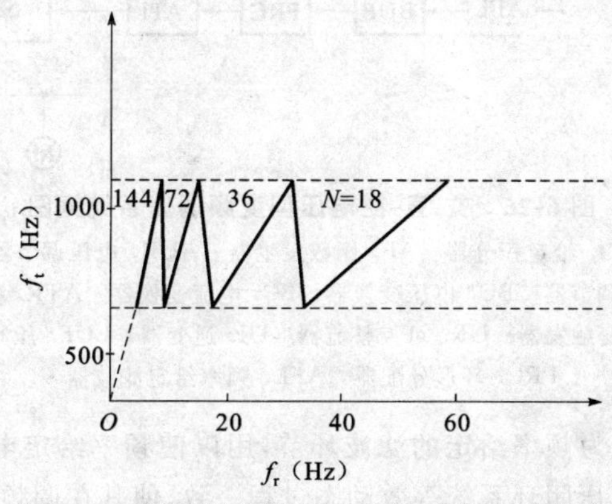

图 6-25 分段同步调制时 f_t与 f_r的关系曲线

262. 交-直-交电压型变频调速系统由哪几部分组成？其工作原理是怎样的？

答：图 6-26 所示为交-直-交电压型变频调速系统框图。

(1)AG 为给定积分器。将阶跃输入电压变为斜率可调的斜坡电压，作为变频器输出电压与输出频率的统一指令。

(2)AF 为函数发生器。当输出频率低于额定频率时，要求可控整流的输出电压与相应输出频率之比保持常数。当输出频率十分低时(5Hz 以下)，又要求适当地提高输出电压，以保持恒磁通调速。当输出频率高于额定频率时，要求输出电压保持在额定值。

(3)AUR、ACR 分别为电压、电流调节器；BU、BC 分别为电压、电流变换器。它们构成如直流传动一样的电压、电流双闭环调速系统。

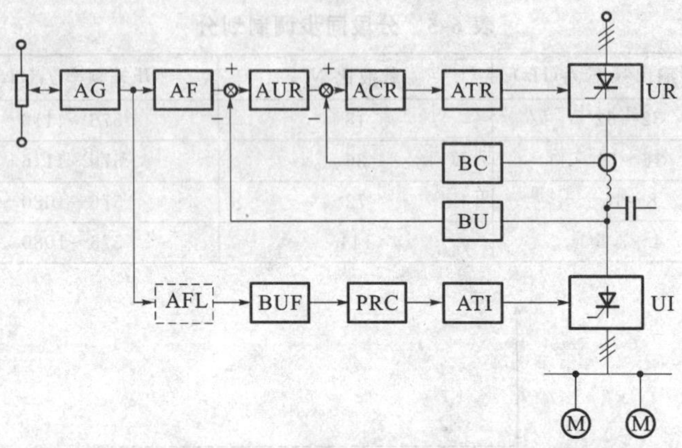

图 6-26　交-直-交电压型变频调速系统框图

AG. 给定积分器　AF. 函数发生器　AUR. 电压调节器
ACR. 电流调节器　BU. 电压变换器　BC. 电流变换器　ATR. 整流触发器
ATI. 逆变触发器　UR. 可控整流器　UI. 逆变器　BUF. 压频变换器
PRC. 环形分配器　AFL. 频率给定滤波器

(4)AFL 为频率给定的滤波环节,用以使频率给定电路的动态过程大体上与电压闭环系统等效动态过程一致,使其在调频调压过程中,电压与频率协调变化。

(5)BUF 为电压频率变换器。根据输入电压大小,转换成相应频率,通常要求输入电压与输出频率按线性关系变化。

(6)PRC 为环形分配器。用以对输入频率进行分频,使这些脉冲分成互差 $T/6$ 的间隔(T 是变频后的交流电周期),送入逆变触发器 ATI,分别控制各桥臂的开关元件。

电压型变频传动系统多用于电动机传动,或不要求快速调节的不可逆传动,如辊道、风机、泵等。

263. 交-直-交电流型变频调速系统由哪几部分组成?其工作原理是怎样的?

答:图 6-27 所示为交-直-交电流型变频调速系统框图。与电压型变频调速系统不同,电压反馈不能取自中间直流电路而是取自逆变器输出端。该系统为可逆系统,根据正、反转要求,给定积分器 AG 输出正、负极性不同电压。但在系统中改变整流桥输出电压和逆变器输出频率仅需单一极性控制电压，因此函数发生器 AF 兼有绝对值变换器功能，而在频率控制电路加入绝对值变换器 BA。同时，用相序鉴别器 AP 检测出输入信号极性，控制环形分配器 PRC 的输出，以改变逆变器 UI 输出电压的相序，实现可逆运转。

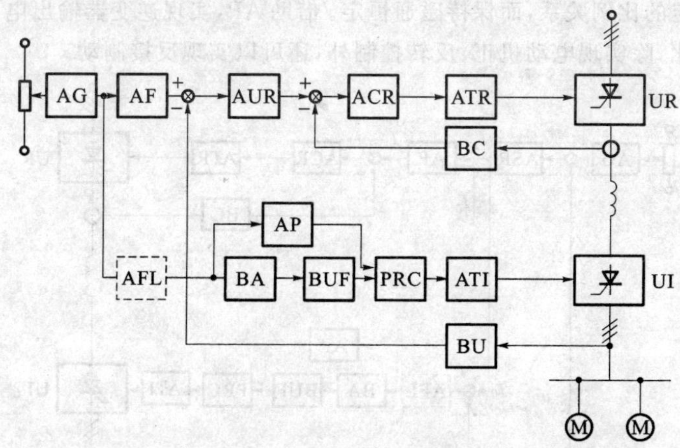

图 6-27　交-直-交电流型变频调速系统框图

AG. 给定积分器　AF. 函数发生器　AUR. 电压调节器　ACR. 电流调节器　ATR. 整流触发器　UR. 可控整流器　BC. 电流变换器　AFL. 频率给定滤波器　BU. 电压变换器　AP. 相序鉴别器　BA. 绝对值变换器　BUF. 压频变换器　PRC. 环形分配器　ATI. 逆变触发器　UI. 逆变器

带补偿的 U/f 恒定控制的电流型变频系统多用于中大容量单机传动，也可用于如辊道等多机传动。

使用电流型逆变器，还可以用一台小于电动机容量的逆变器，顺序直接起动、制动数台电动机，以保证减少电动机起动时对电网的冲击，并使其能按工艺要求间歇运行，同时达到节约电能的目的。

264. 恒磁通转差频率控制电流型变频调速系统由哪几部分组成？其工作原理是怎样的？

答：图 6-28 所示为恒磁通转差频率控制电流型变频调速系统框图。图中 AF 为电流给定值的函数发生器，兼起绝对值变换器作用。I_2

为 ASR 的输出，相应于给定的电动机转子电流，I_1 为电动机定子电流的给定值。ASR 另一输出作为转差频率 f_s与速度信号 f_n相加，形成所需的逆变器频率 f_0 信号。ASR 设有限幅，当突加升、降信号或静止起动时，能保证电动机在最大转矩下加减速。AFL 保证频率给定电路动态过程与电流环等效动态过程大体一致，从而使 I_2 与 f_s在动态过程中保持一定的比例关系，而保持磁通恒定。借助 AP，实现逆变器输出电压相序变化，除实现电动机正、反转控制外，还可以实现反接制动。

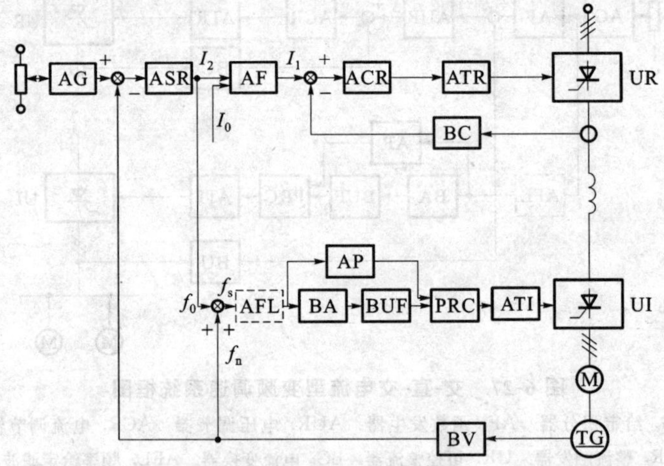

图 6-28 恒磁通转差频率控制电流型变频调速系统框图

AG. 给定积分器 ASR. 速度调节器 AF. 函数发生器 ACR. 电流调节器
ATR. 整流移相触发器 BC. 电流检测变换器 ATI. 逆变触发器
BV. 转速检测变换器 AFL. 频率给定滤波环节 BA. 绝对值变换器
AP. 相序鉴别器 BUF. 电压-频率变换器 PRC. 可逆环形分配器 UI. 逆变器

该系统能方便地实现正、反转和再生制动状态，实现四象限运行。在起、制动时可利用最大转矩，系统的动态性能较好，采用转速反馈，稳态运行可实现无差调节，适用于高性能转速控制场合。该系统要求良好的测速装置。

265. 采用电子转差频率测量的变频调速系统由哪几部分组成？其工作原理是怎样的？

答：图 6-29 所示为一种采用电子转差频率测量环节的变频调速系

统框图，其频率控制电路环节与图 6-28 所示的相似。在电流控制电路中，则将电子转差测量环节的输出作为转子电流的给定值。图中 ADR 为微分调节器，用以改善系统的动态性能。AFR 为频率调节器，PS 为转差测量环节。

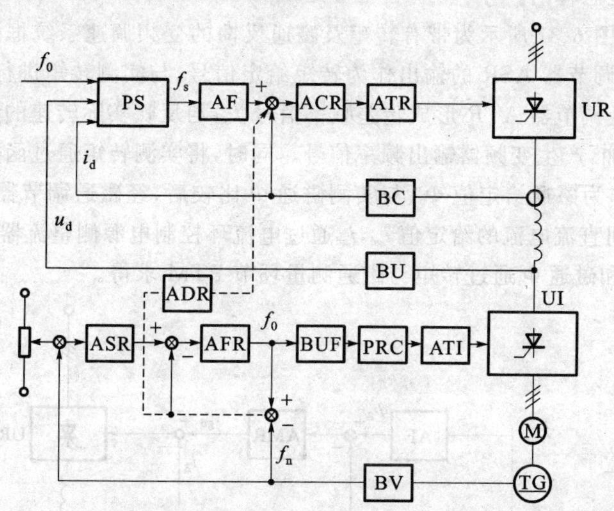

图 6-29 采用电子转差频率测量环节的变频调速系统框图

PS. 转差测量环节 AF. 函数发生器 ACR. 电流调节器 ATR. 整流移相触发器 BC. 电流检测变换器 BU. 电压检测变换器 ASR. 速度调节器 ADR. 微分调节器 AFR. 频率调节器 BUF. 电压-频率变换器 PRC. 环形计数器 ATI. 逆变触发器 BV. 转速检测变换器

电子式模拟转差频率测量示意图如图 6-30 所示，u_d、i_d 分别为电流型变频器中间直流电路的电压及电流的瞬时值，p_0 反映电动机损耗，f_0 为定子频率，均为模拟量。

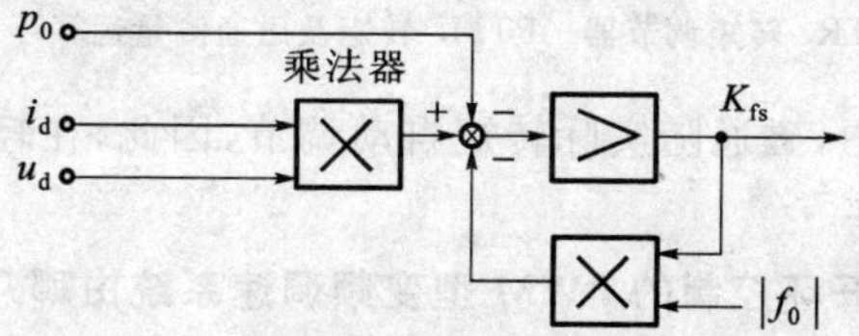

图 6-30 电子式模拟转差频率测量示意图

不论采用什么方式，动静态指标高的转差频率测量都是重要环节，应予以特别重视。

266. 带有转矩及磁通反馈的变频调速系统由哪几部分组成？其工作原理是怎样的？

答：图 6-31 所示为带有转矩及磁通反馈的变频调速系统框图。图中，转速调节器 ASR 的输出作为转矩给定信号，与实测转矩进行比较，通过转矩调节器 ATR 形成转差频率信号 f_s，与反映实际转速的频率信号 f_n相加，产生变频器输出频率信号。同时，将实测转矩通过函数发生器 AF 作为磁通给定值 Φ_g，与实测磁通 Φ 比较后，经磁通调节器 AMR 作为中间直流电流的给定值 i_{gd}，i_{gd}通过电流环控制电源侧整流器。实际转矩 T 和磁通 Φ 通过转矩与磁通测量环节 PTM 求得。

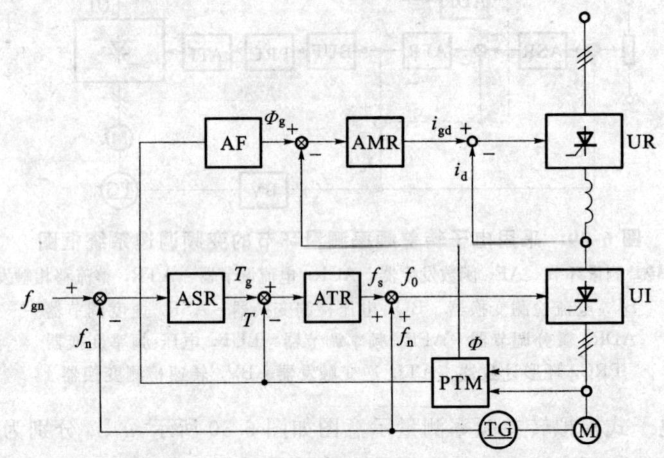

图 6-31 带有转矩及磁通反馈的变频调速系统框图

AF. 函数发生器 AMR. 磁通调节器 ASR. 转速调节器

ATR. 转矩调节器 PTM. 转矩及磁通测量运算环节

在该系统中，磁通随实际转矩自动调节，因此，在轻载时有较高的功率因数及效率。

267. 转速开环控制的 PWM 型变频调速系统由哪几部分组成？其工作原理是怎样的？

答：图 6-32 所示为一种转速开环控制的 PWM 型变频调速系统框

图。由图可见，系统由主电路和控制电路组成，主电路是一个典型PWM型交-直-交变频器主电路。控制电路主要由PWM控制信号形成电路、GTR的基极驱动电路和保护电路等组成。

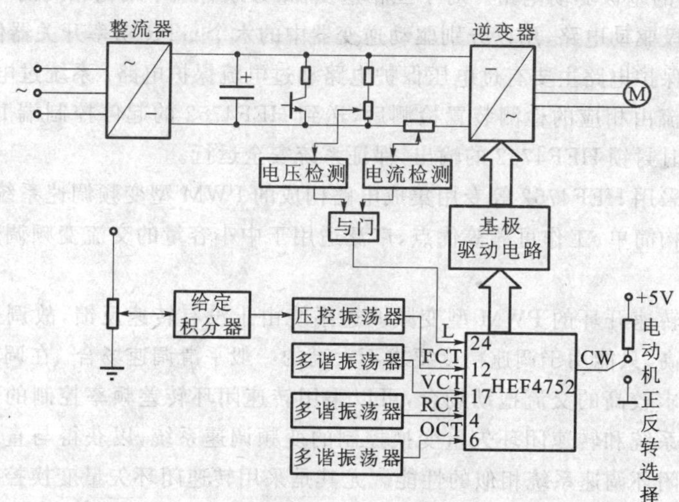

图 6-32 转速开环控制的PWM型变频调速系统框图

PWM控制信号形成电路，主要由专用于产生三相SPWM控制信号的大规模集成电路芯片(HEF4752)、转速给定电位器、给定积分器、一个压控振荡器和三个多谐振荡器组成。HEF4752的几个信号输入端的功能是：FCT端控制输出频率；VCT端控制输出交流电压大小；RCT端控制最高开关频率；OCT端控制开关器件切换的推迟时间；CW端控制电动机的转向；L端控制电动机的起动和停止。在不考虑低速段调速时压降补偿的情况下，HEF4752的VCT端的输入可以是固定频率的脉冲信号。

起动时，由转速给定电位器给出的直流电压作为电动机的转速指令，经给定积分器的积分变成一定斜率的斜坡电压，加到压控振荡器的电压控制端，使其产生频率由低逐步升高的一系列脉冲信号，以使电动机的起动电流频率和起动电压由零逐渐上升，从而减小电动机的起动电流及其对GTR的冲击。当电动机转速升高到期望转速时，给定积分器的输出电压也为直流电压。

由于 HEF4752 输出的 SPWM 控制信号较小，故系统中采用了 GTR 的基极驱动电路。对于三相逆变器，必须有六个结构相同的 GTR 的基极驱动电路，用以分别驱动逆变器中的六个 GTR 功率开关器件。

保护电路主要有过电压保护电路和过电流保护电路。系统过电压、过电流由相应的检测装置检测后，送到 HEF4752 的起停控制端 L，用来及时封锁 HEF4752 的输出，保证系统安全运行。

采用 HEF4752 等专用集成电路构成的 PWM 型变频调速系统，具有结构简单、工作可靠等优点，广泛适用于中小容量的交流变频调速系统。

转速开环的 PWM 型变频调速系统由于没有转速反馈，故调速性能不高，只能用于调速精度要求不太高的一般平滑调速场合。在调速性能要求较高的交流拖动场合，可以采用转速闭环转差频率控制的变频调速系统和转速闭环矢量变换控制的变频调速系统，以获得与直流电动机闭环调速系统相似的性能。尤其是采用转速闭环矢量变换控制的变频调速系统，基本上能达到直流双闭环调速系统的动态性能，因而可以取代直流调速系统。

268. 矢量控制的电流型变频调速系统由哪几部分组成？其工作原理是怎样的？

答：图 6-33 所示是矢量控制的电流型变频调速系统框图。从图中可见，磁通检测通过电流法、附加电压法的磁通运算电路，以得到准确的磁通。主控制环中，有速度调节环和磁通调节环。速度调节器 ASR 的输入是电动机转速的指令值 n_g，输出为转矩指令值 i_{1Tg}。磁通调节器 AMR 的输入是电动机磁通的指令值 Φ_{2g}，输出为励磁电流指令值 i_{1Mg}。在主控制环的内侧，设置了调节定子电流 i_1大小的电流控制环，以及控制定子电流 i_1矢量的相角控制环。

在电流控制环中，通过矢量分析器 VA_2，得到 $i_{1g}=\sqrt{i_{1Mg}^2+i_{1Tg}^2}$。同时，在相角控制环节中，$i_{1Mg}$、$i_{1Tg}$经过矢量分析器 VA_1，用矢量旋转器 VR_1 将其变为定子坐标的交流量。VR_1 的输出经过二相/三相变换器送到脉冲分配器 DPC，变换成逆变器的触发信号，决定定子电流矢量 i_1所

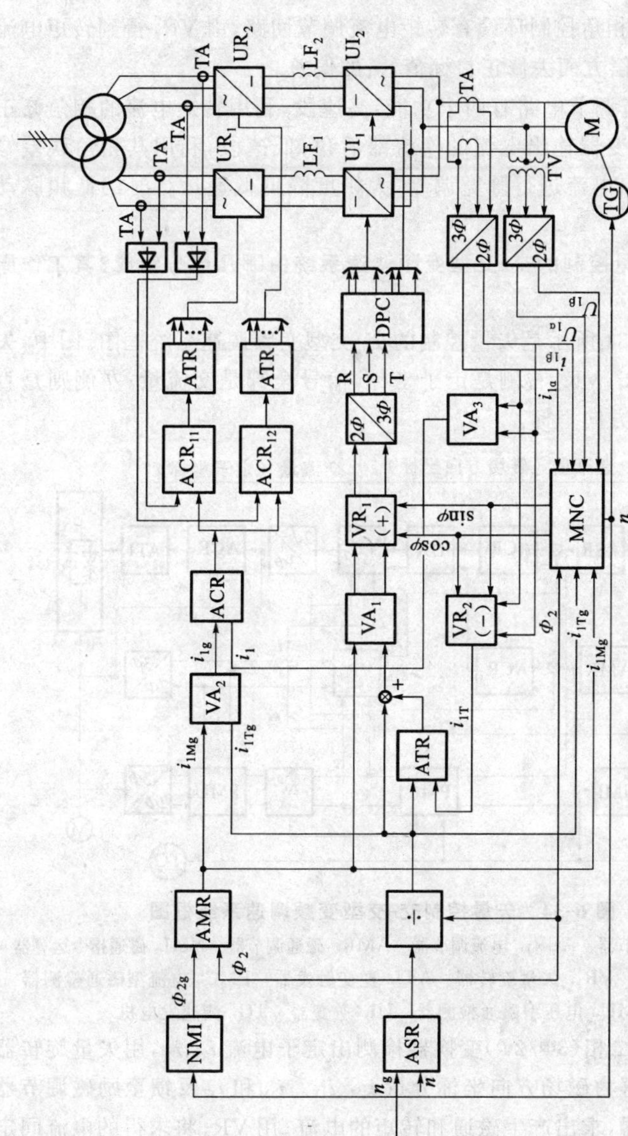

图 6-33 矢量控制电流型变频调速系统框图

NMI.磁通指令运算器 VA.矢量分析器 VR.矢量旋转器 AMR.磁通调节器 ATR.转矩调节器

ASR.转速调节器 ACR.电流调节器 DPC.脉冲分配器 ATR.整流触发器 MNC.磁通运算电路

需的相角。在相角控制环设有转矩电流调节回路，由 VR_2 得到转矩电流 i_{1T}，从相角补偿方面去修正目标值 i_{1Tg}的偏差。

转矩电流调节电路有两个功能：高速段，利用转矩电流的相角修正功能，补偿逆变器输出电流的换流滞后角；低速段，利用其相角误差修正功能对输出电流进行脉宽调制，大幅度降低低速运行时的低频脉动转矩。

269. 矢量控制的交-交型变频调速系统由哪几部分组成？其工作原理是怎样的？

答：图 6-34 所示是矢量控制的交-交型变频调速系统框图。图中，矢量旋转器 VR_1、VR_2 右侧是定子坐标，信号全部是交流量；左侧则是直流量，是磁场方向坐标。

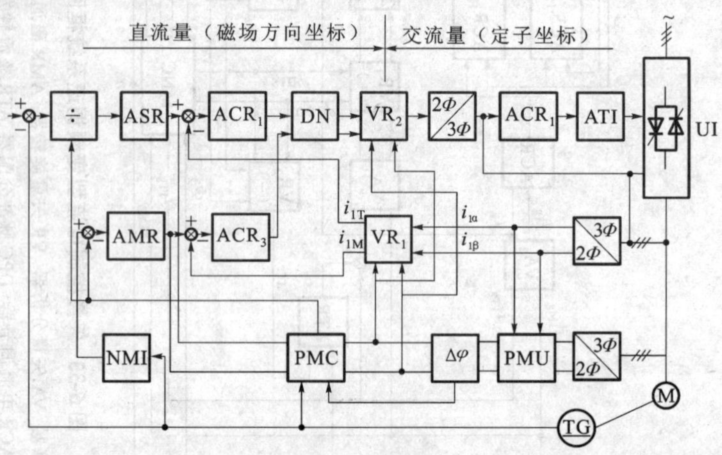

图 6-34　矢量控制交-交型变频调速系统框图

ASR. 速度调节器　ACR_1. 电流调节器　AMR. 磁通调节器　NMI. 磁通指令运算器　DN. 倒相器　VR_1. 矢量旋转器　ATI. 逆变触发器　PMC. 电流型磁通检测器　PMU. 电压型磁通检测器　UI. 逆变器　TG. 测速发电机

用三相-二相（3Φ/2Φ）变换器检测出定子电流 $i_{1\alpha}$、$i_{1\beta}$，用矢量旋转器 VR_1 将其分解为磁场方向坐标分量 i_{1M}、i_{1T}。i_{1M}和 i_{1T}反馈至励磁调节器和转矩调节器，求出产生磁通和转矩的电流。用 VR_2 将求得的电流同定子坐标分量 $i_{1\alpha}$、$i_{1\beta}$合成，经二相-三相（2Φ/3Φ）变换器变换成交-交变频器的电流给定值。

图中 PMU、PMC 是用来检测磁通的。PMU 是通过从电动机端电压求得反电动势，再从反电动势求磁通，方法简单而精度高，但不适宜低速段使用。PMC 是由 i_{1Tg}和 i_{1Mg}经电路运算求磁通矢量，可在全速范围内适用。

270. 微机矢量控制可关断晶闸管(GTO)PWM 变频调速系统由哪几部分组成？其工作原理是怎样的？

答：图 6-35 所示是微机控制的 GTO-PWM 变频调速系统框图。该系统由四个标准微机处理电路(每台微机由一台 16 位微处理器及通用外围电路组成)组成。

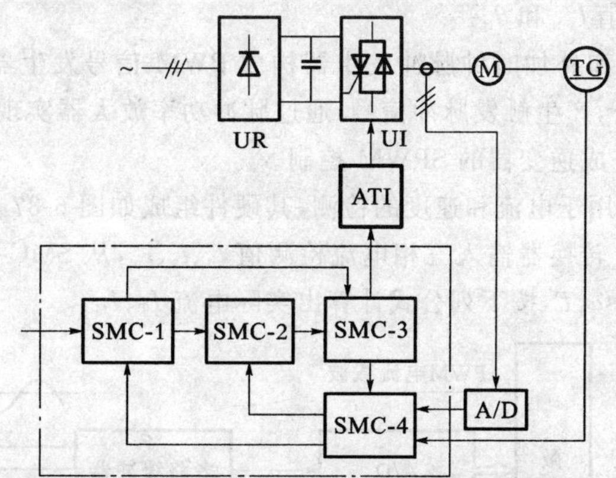

图 6-35 微机控制的 GTO -PWM 变频调速系统框图

UR. 整流器 UI. 逆变器 ATI. 逆变触发器 SMC-1. 速度控制及差频运算 SMC-2. 电流控制及矢量计算 SMC-3. PWM 信号发生 SMC-4. 电流、速度测量

SMC-1 和 SMC-2 分别用于速度和电流控制。图 6-36 所示是其控制处理的框图，SMC-1 每接收一个速度给定，就进行一次速度控制处理，得到一个转矩电流指令 I_{Tg}。同时，根据电动机的速度确定磁通电流的指令值 I_{Mg}，再从 I_{Tg}、I_{Mg}的幅值和电动机的常数(转子阻抗等)计算出转差频率 ω_{sg}，ω_{sg}和速度检测值 ω_r相加，以得出 PWM 逆变器频率 ω_{1g}。然后，将这些结果写入共用存储器。

SMC-2 根据转矩电流和磁通电流的指令值 I_{Tg}和 I_{Mg}与实际检测值 I_T、I_M，经过电流补偿运算和矢量变换，得出 PWM 逆变器的电压幅值和

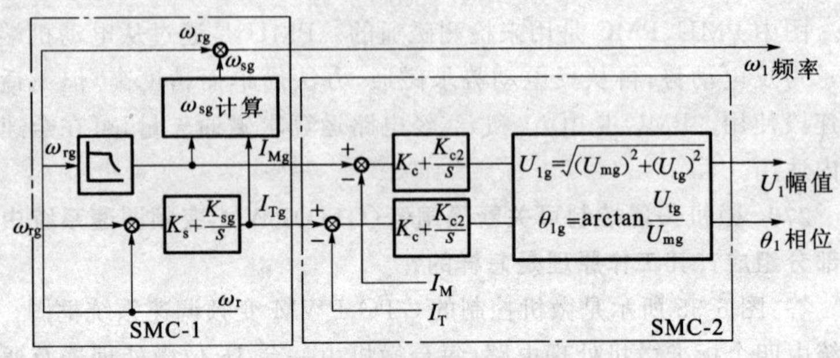

图 6-36　控制处理框图

相位的指令值 U_{1g} 和 θ_{1g}。

SMC-3 和外加时钟脉冲发生器构成 PWM 信号发生器，接受 ω_{1g}、U_{1g} 和 θ_{1g} 指令，产生触发脉冲信号，通过脉冲功率放大器实现 GTO 的开通和关断，完成逆变器的 SPWM 控制。

SMC-4 用于电流和速度的检测，其硬件组成如图 6-37 所示。微处理器经 A/D 转换器输入三相电流检测值 i_u、i_v、i_w，从 SMC-3 输入信号 $\sin\omega_1 T$ 和 $\cos\omega_1 T$，按下列公式计算出实际电流 I_T、I_M：

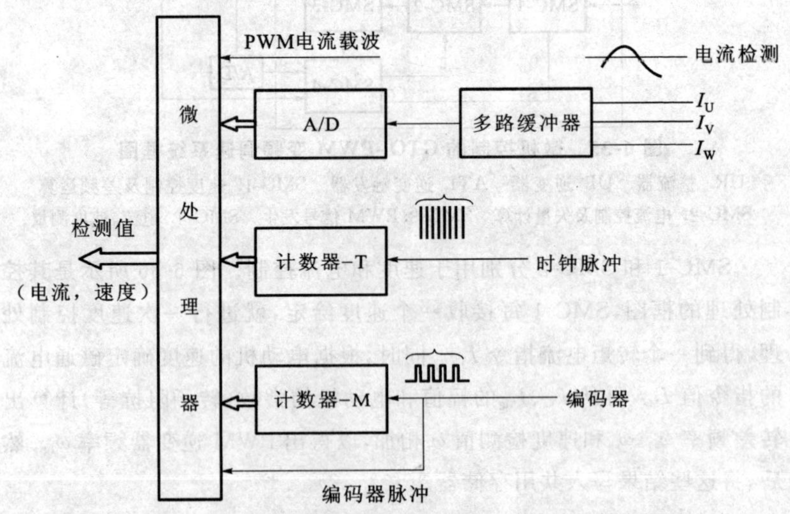

图 6-37　电流和速度检测的硬件组成

$$I_T = A\cos\omega_1 T + B\sin\omega_1 T$$

$$I_M = A\sin\omega_1 T - B\cos\omega_1 T$$

式中

$$A = \sqrt{2}/3(i_u - \frac{1}{2}i_v - \frac{1}{2}i_w)$$

$$B = (i_v - i_w)/\sqrt{6}$$

同时,微处理器根据与电动机轴同步的脉冲编码器的脉冲和时钟脉冲的关系求得实际速度值 ω_r,反馈至 SMC-1 以实现速度控制。

该系统不仅可以实现四象限运行,而且有快速响应的速度控制性能。

271. 什么是函数发生器? 有什么特点?

答:利用运算放大器具有运算能力的特点,使它的输入与输出电压信号之间按事先规定的函数关系变化,这样的运算放大器就叫函数发生器。所以,不同的函数关系使用不同的电路来实现。譬如在运算放大器的输入端输入一定频率的矩形脉冲串,要求输出端输出某一频率的正弦波电压,这样的函数发生器叫正弦函数发生器。在变频调速系统中,当输出频率在基频(即额定频率 f_N)以下时,要求压频比 U/f=常数。当输出频率十分低时,又要求适当地提高输出电压的幅值。当输出频率高于基频时,却要求输出电压保持在额定电压的水平上。这样的函数可以用图 6-38 所示的曲线来表示。图 6-39 所示是实现该函数关系的原理图。图 6-38 中的 B 点是对应于该系统能输出的最低频率 f_{min}时,输入 U_i与输出 U_o的工作点。C 点是对应于基频 f_N的工作点。$\overline{CD}$段对应于基频以上的输出特性。即 U_i应为常数值。$\overline{AB}$段是为了解决在起动过程中,可控整流桥由封锁状态向整流状态过渡之用的,以防止晶闸管的控制极上出现太大的电压变化率。

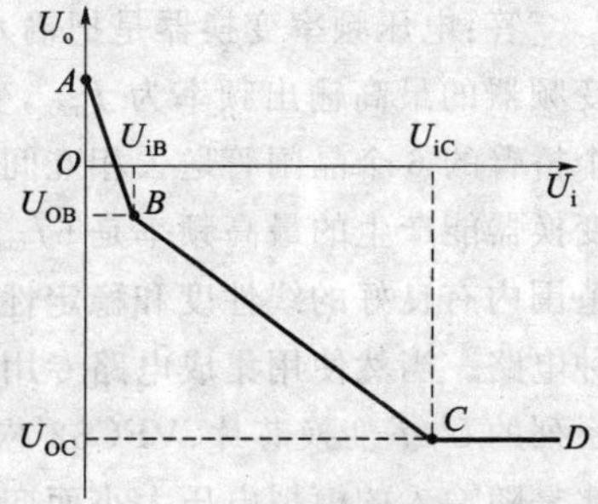

图 6-38 函数发生器特性曲线

在图 6-39 所示电路中 RP_1 可以连续地调节输出频率,RP_2 可以调整$\overline{AB}$段的斜率,RP_3 可以调整限幅输出的大小。

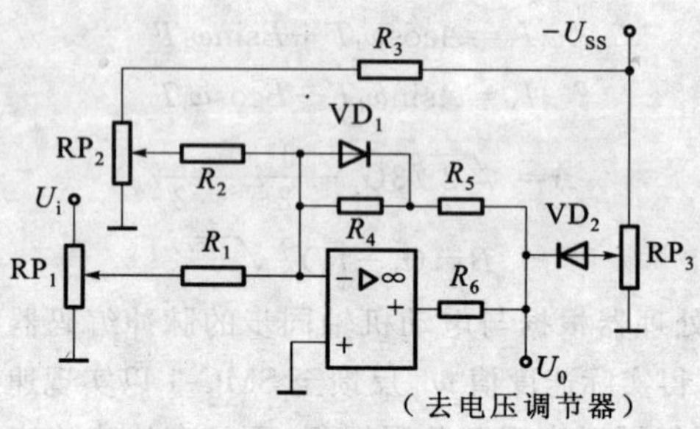

图 6-39　函数发生器原理图

272. 什么是压频(U/f)变换器？有什么特点？

答：电压频率变换器是把输入的电压信号转换成一串脉冲信号。若变频器的最高输出频率为 f_{max}，变频器每运行一个输出周期，必须对各个桥臂的 6 个晶闸管送去相互间隔为 60°的 6 个触发脉冲。故要求压频变换器能产生的最高频率是 $6f_{max}$。对于压频变换器还要求在可控频率范围内有良好的线性度和稳定性。图 6-40 所示就是实现 U/f 变换的一种电路。当然使用集成电路专用的 U/f 变换芯片更为方便，如 LM331 系列的 U/f 变换芯片、VFC32 芯片等。不过它们输出的脉冲串的占空比是随输入的模拟电压大小而变的。

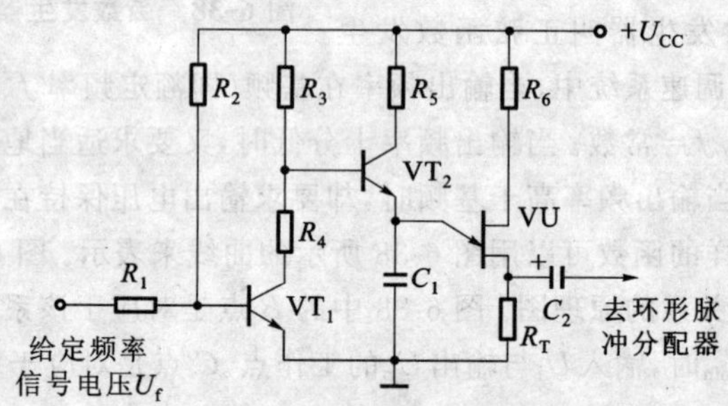

图 6-40　压频变换器原理图

图中 VT_1 是倒相器。因为一般的给定频率信号电压是从零值逐渐增大的正极性电压信号，利用 VT_1 的倒相，把输入的正极性电压变成了 VT_2 能接收的输入电压。VT_2 对 C_1 形成恒流充电电源。充电时间长短由 U_f 的大小确定。U_f 越大，充电时间越短。当 C_1 上的充电电压达到单结晶体管 VU 的峰点电压时，VU 导通。VU 每导通一次，C_2 就输出一个脉冲。U_f 越大，C_2 上输出脉冲的频率越高。

273. 什么是环形脉冲分配器？有什么特点？

答：环形脉冲分配器实际上是一个分频器。它把来自压频变换器的脉冲信号 6 个一组（或 12 个一组）依次分配，经脉冲放大后去触发逆变器的 6 组晶闸管，从而实现逆变。这种分配器可以用不同的元器件组成，如晶体管、晶闸管、磁性元件及数字集成电路等。图 6-41 所示是采用晶体管的双稳电路组成 6 位环形计数器。由于这 6 个触发器左侧和右侧的晶体管的发射极分别接在各自的共同的发射偏压电阻 R_1、R_2 上，且 $R_1/R_2=51\Omega/250\Omega\approx1/5$，因此只有其中 5 个触发器左侧晶体管导通，而右侧晶体管截止时，才能保证各个晶体管发射极电位近似相等。各个触发器的初始工作状态如图 6-42(a)所示。当压频变换器送来一个脉冲时，只能使处于"**1**"状态的第一个触发器翻转为"**0**"状态。又由于第一个触发器的翻转，促使第二个触发器由"**0**"状态翻转为"**1**"状态。接收第一个外来脉冲后的状态画在图 6-42(b)中。当接收第二个外来脉冲时，只能使处于"**1**"状态的第二个触发器翻转成"**0**"状态。第二个触发器翻转带动了第三个触发器翻转为"**1**"状态。依次类推并循环进行。各个触发器按顺序每隔 60°电角度翻转一次，并输出一个脉冲。其波形如图 6-43 所示。如要反转，只要把触发器 2 与 6、3 与 5 的顺序对调即可，这时脉冲序列由 1、2、3、4、5、6 变成 6、5、4、3、2、1。

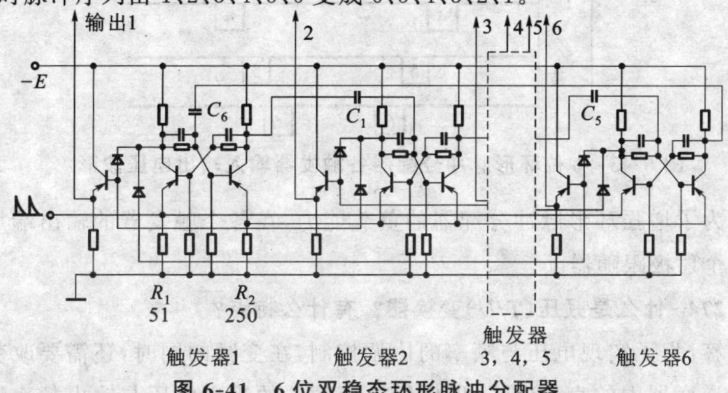

图 6-41　6 位双稳态环形脉冲分配器

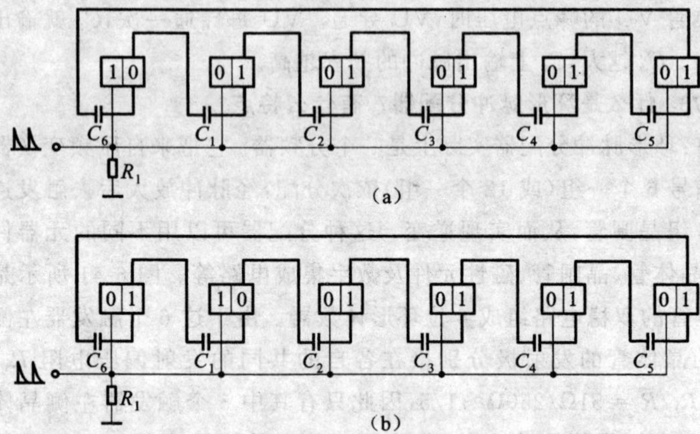

图 6-42　6 位环形脉冲分配器的工作状态

(a)初始工作状态　(b)接收第 1 个脉冲以后的工作状态

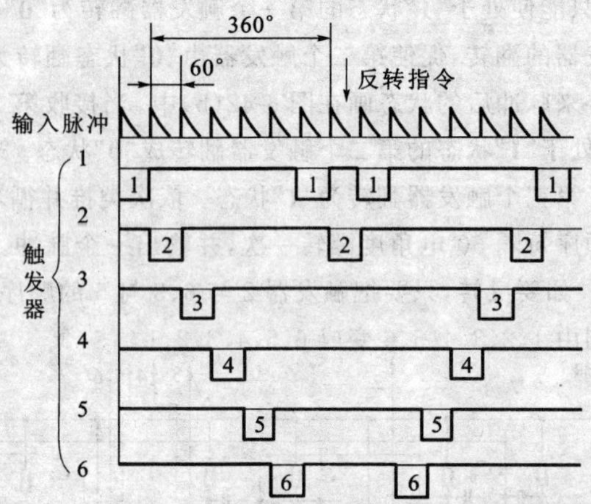

图 6-43　6 位环形脉冲分配器各触发器输入输出电压波形

为了增强环形脉冲分配器的负载能力，在各个触发器的输出端加了一个射极跟随器。

274. 什么是频压(f/U)变换器？有什么特点？

答：为了实现电压与频率的协调控制，在变频的同时，还需要改变输入逆变器中的直流电压，以便保证变频器的输出电压与输出频率保持适当的比值。这要通过频率-电压变换器来实现变压。它也可以用来测量电动机的转速。f/U 变换器也可以用晶体管或集成电路（如 LMX31 系列）来实现。图 6-44 所示就是采用单稳触发器来实现 f/U 转换。它把频率变为宽度与频率成线性关系的矩形波，经射极输出器滤波后变成直流。此直流电压的大小与输入频率成正比，用此直流电压控制晶闸管的 α 角，使可控整流的输出电压受控。

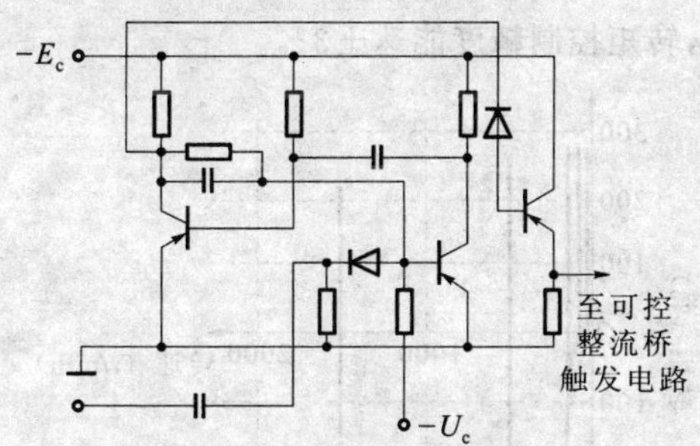

图 6-44　频压变换器原理图

275. 什么是绝对值运算器？有什么特点？

答：绝对值运算器要求它的输入信号不论是正极性还是负极性，其输出信号恒为正极性，且大小与输入信号成正比例。它可以用晶体管或运算放大器组成。图 6-45 所示是由运算放大器组成的电路。$R_1=R_2=R_3$，是 1∶1 的比例环节。当输入信号为负极性时，其输出端为正极性，由 VD_2 输出，VD_1 将负输入信号阻断。当输入信号为正极性时，运放的输出端是负极性，被 VD_2 阻断。这时正极性的输入信号直接由 VD_1 输出。VD_3、VD_4 是限幅输入，是保护运放用的。

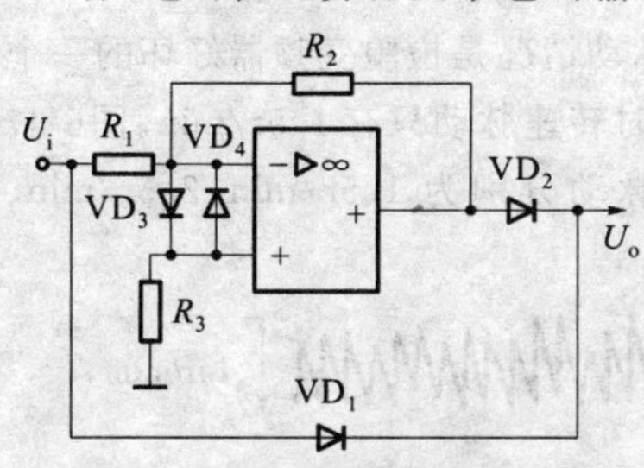

图 6-45　绝对值运算器原理图

276. 变频器质量有哪些关键性指标？

答：变频器质量指标是相当多的，变频器生产厂家都要按 IEC 标准和国标进行生产和检验。作为用户可以从中选取几项关键指标来考核变频器的质量水平是高还是低，能否满足自己的需要，价格昂贵还是便宜。变频器关键性质量指标主要有以下几项：

(1)在0.5Hz时输出的起动转矩。比较优良的变频器在0.5Hz时能输出200%的额定起动转矩(在22kW以下、30kW以上的变频器能输出180%的额定起动转矩)，如图6-46所示。有此种特性时，根据负载要求可实现短时间平稳地加减速，能快速响应急变负载和及时检知再生功率。

(2)速度调节精度和转矩控制精度。现在有的变频器速度调节精度能达±0.005%，转矩控制精度能达±3%。

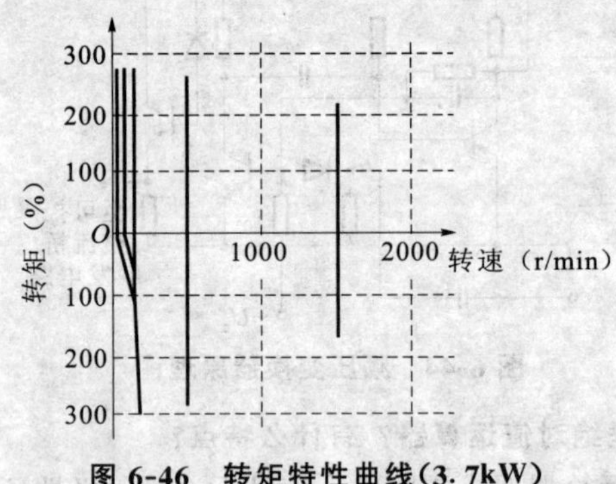

图6-46　转矩特性曲线(3.7kW)

(3)在低转速脉动情况。低转速脉动情况是检验变频器好坏的一个重要标准。有的高质量变频器在1Hz时转速脉动只有1.5r/min。图6-47示出3.7kW变频器在1Hz时转速脉动分别为1.5r/min、2.5r/min、5r/min和14r/min的波形。

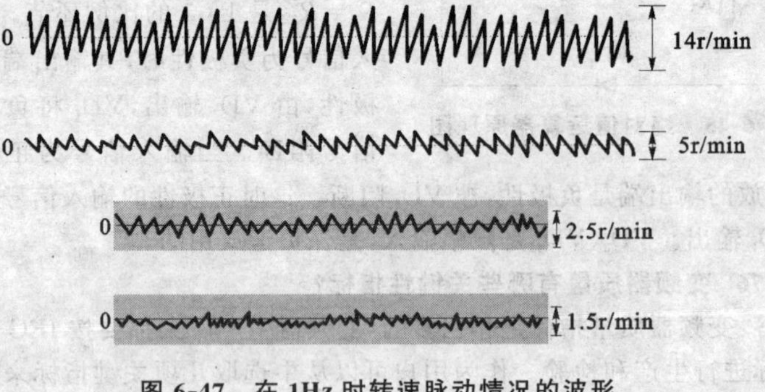

图6-47　在1Hz时转速脉动情况的波形

(4)噪声及谐波干扰。噪声及谐波干扰是衡量变频器质量的一个重要标准。它与变频器使用的器件及调制频率和控制方式有关。一般地说,使用GTO、GTR等器件,调制频率低,人的耳朵能听见,噪声就大;而采用IGBT、IPM等器件,调制频率高,人的耳朵听不见,噪声就小。但高次谐波始终存在。如果采用控制方式较好,也可减少一些谐波量。图6-48示出噪声比较图。

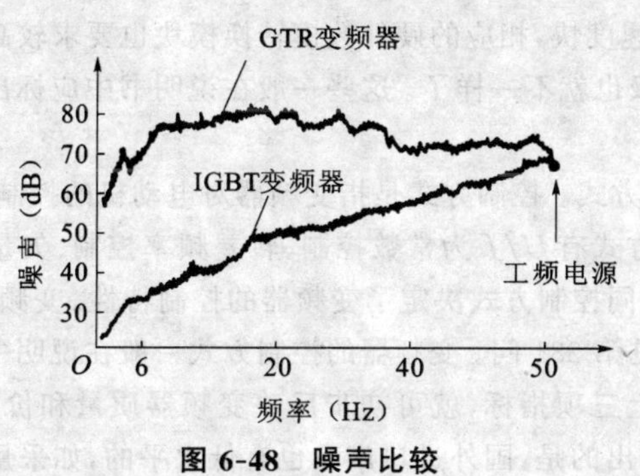

图 6-48 噪声比较

(5)发热量。一台变频器发热量大,证明功耗大,效率低,通风散热系统不好,也影响变频器的寿命。

(6)功能齐全,智能化水平高。在实际应用中,可根据负载情况选择不同功能变频器,但一台高质量的变频器一般都具有较多功能,并且智能化水平较高。

277. 简易评定变频器质量和性能的指标有哪些?

答:变频器的质量和性能要通过仪器测定,只有说明书说明是不够的,但可通过三项指标对变频器的质量和性能做出初步的评价。

(1)变频器主电路形式及所采用的逆变器件。一个变频器是否先进及质量好坏,与变频器内部所采用的逆变器件有关。逆变器中使用的逆变器件有普通晶闸管(SCR)、门极关断晶闸管(GTO)、大功率晶闸管(GTR)、绝缘栅型场效应管(MOSFECT)、绝缘栅双极型场效应管(IGBT)、IGCT、功率集成模块(IPM)等。前三种为电流驱动、耗热量大,调制频率低,谐波干扰严重;后几种为电压驱动,耗热量小,调制频率高,噪声小。特别是功率集成模块(IPM),体积小,可靠性高。在选用变频器时，器件不同价格不一样，质量水平等级也不一样。

（2）变频器所用 CPU 的位数及形式。变频器中输出量的检测与控制、保护的计算、各种波形的产生和模拟以及调速的精度等，都要通过 CPU 来实现，CPU 的位数愈高，计算愈精确，响应速度愈快，处理信息的速度也就愈快，精度愈高，质量愈好。目前，变频器上安装的 CPU 位数有 8 位、16 位、32 位，有些采用双 CPU、64 位，还有些采用三 CPU 等。高位数、速度快，相应的硬件数模转换模块也要求较高，当然价格和质量水平等级也就不一样了。这些一般在说明书中应标出，而且在硬件上应能看出。

（3）控制方式。控制方式是指变频器对电动机的控制方式。变频器常用的控制方式有 U/f 为常数控制、转差频率控制、矢量控制、直接转矩控制等。不同控制方式决定了变频器的控制特性。变频器控制特性所包含的内容见第 281 问。变频器的控制方式一般在说明书上都要标出。

通过以上三项指标，就可初步反映变频器质量和价格在哪一个等级上。应该指出的是：国外进口产品也有低水平的，如采用 GTR 器件，8 位 CPU，SPWM 控制的；国内产品也有高水平的，如采用 IPM 器件、双 CUP、32 位，矢量控制或直接转矩控制的。后者的配置完全能满足低速无谐振，0.5Hz 时起动转矩较大，噪声低、干扰小、发热量小、功能齐全等要求。

278. 变频器的可靠性怎样表示？

答：变频器的可靠性常用平均寿命的大小来衡量。平均寿命，就是平常所说的平均无故障时间，表示为 $MTBF$。其计算公式为

$$MTBF=\frac{1}{N}\sum_{i=1}^{N}t_i$$

式中 $MTBF$——平均无故障时间(h)；

t_i——每台变频器无故障时间(h)；

N——变频器的数量，一般在 10 台以上。

那么，变频器的 $MTBF$ 的标准是多少呢？在国际电工技术委员会(IEC)标准和各国的国家标准均没有做出规定，各厂家在产品样本上均未注明此数据。成都市佳灵电气制造公司对该厂生产的 JP6C-Z 型变频器，统计了 40 家用户，容量为 5.5～160kW 的 400 台变频器，平均无故

障时间为 11388h；JP6C-T9 型全数字式变频器，统计了 20 家用户，容量为 2.2～280kW 的 230 台变频器，*MTBF* 为 8978h。统计结果表明，容量大于 75kW 的变频器 *MTBF* 寿命短一些，如 JP6C-T9 型变频器；容量为 75～280kW 的变频器 *MTBF* 为 7568h，略低于全部产品（2.2～280kW）的 *MTBF* 值（8978h）。一般来说，整机的 *MTBF* 只要达到 5000h 就可称为长寿命。5000h 的概念是每天使用 8h，在 2 年之内无故障产生。在一般情况下，为了更加可靠起见，可将变频器的可靠性指标 *MTBF* 选择为 10000h。

279. 变频器的额定输出容量怎样表示？

答：变频器的额定输出容量是指变频器在额定输出电压和额定输出电流条件下的三相视在输出功率。其数学表达式为

$$P=\sqrt{3}UI\times10^{-3}$$

式中 P——额定输出容量（kV·A）；

U——额定输出电压（V）；

I——额定输出电流（A）。

额定输出电流是变频器在额定输入电流的条件下，以额定容量输出时，可连续输出的电流。它是选择适配电动机（负载）的重要参数，其值为有效值。

280. 变频器对电源有哪些要求？

答：变频器对电源的要求主要有电压/频率、允许电压变动率和允许频率变动率三个方面。其中：电压/频率指输入电源额定电压（220V、380V）和频率（50Hz、60Hz）；允许电压变动率指电源电压幅值的允许波动范围，一般为额定电压的±10%左右；允许频率变动率为电源频率允许的波动范围，一般为额定频率的±5%左右。

281. 变频器的控制特性包括哪些内容？

答：通常包括以下内容：

(1)逆变电路控制方式。是指针对电动机的自身特性、负载特性及运转速度的要求，控制变频器的输出电压（电流）和频率的方式。一般可分为 U/f（电压/频率）、转差频率、矢量运算三种控制方式。

(2)输出频率范围。最低的起动频率一般为 0.1Hz，最高频率则因

变频器性能指标而异。

(3)输出频率分辨率。输出频率分辨率为输出频率变化的最小量。在数字型变频器中,软起动电路(频率指令变换电路)的运算分辨率决定了输出频率的分辨率,如图 6-49 所示。若运算分辨率能达到 1/10000～1/30000,对于一般的应用没有问题;若在 1/1000 左右,则电动机进行加速减速时,可能发生速度不平稳的情况。

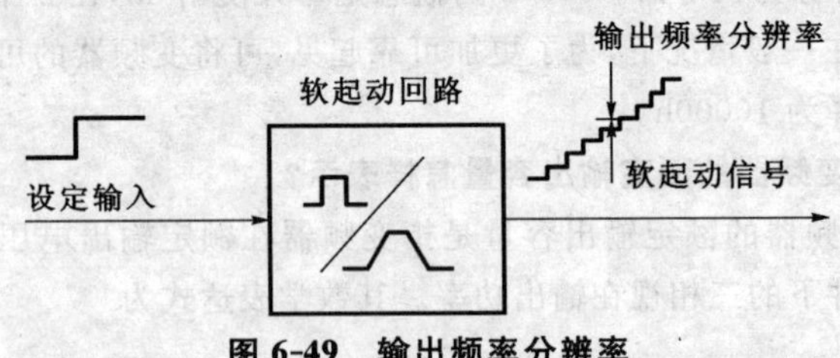

图 6-49 输出频率分辨率

若最高输出频率为 300Hz,分辨率为 1/10000,则输出频率最小的变化幅度为 0.03Hz。

(4)频率设定分辨率。频率设定分辨率为可设定的最小频率值。数字式变频器中,若通过外部模拟信号(0～10V,4～20mA)对频率进行设定,其分辨率由内部 A/D 转换器决定。例如,10 位 A/D 的分辨率为 1/1024,当最高频率为 60Hz 时,频率设定分辨率则为 0.06Hz(0.1%),若以数字信号进行设定,其分辨率由输入信号的数字位数来决定。

(5)输出频率精度。输出频率精度为输出频率根据环境条件改变而变化的程度。

频率精度=频率变动大小×100%最高频率

通常这种变动都是由温度变化或漂移引起的。

(6)频率设定方式。一般采用变频器自身的参数设定方式设定频率,或者通过设定电位器及其他规格为 0～10V(0～5V),4～20mA 的外部输入信号设定频率。同时,变频器还具有对外部信号进行偏置调整、增益调整、上下限调整等功能。在需要较高控制精度的场合备有容易实现上述功能的附选件。

高性能变频器还可选用数字(BCD 码、二进制码)输入以及上位机通过通信接口 RS-232C 和 RS-422 等发送的串行信号设定频率。

(7)电压/频率特性。电压/频率特性为在频率可变化范围内,变频器输出电压与频率的比。一般的变频器都备有已确定好的多种 U/f 特性(如转矩增强特性、二次降负载用节能特性等),以适应不同负载的需要。图 6-50 所示为普通异步电动机电压/频率特性曲线。

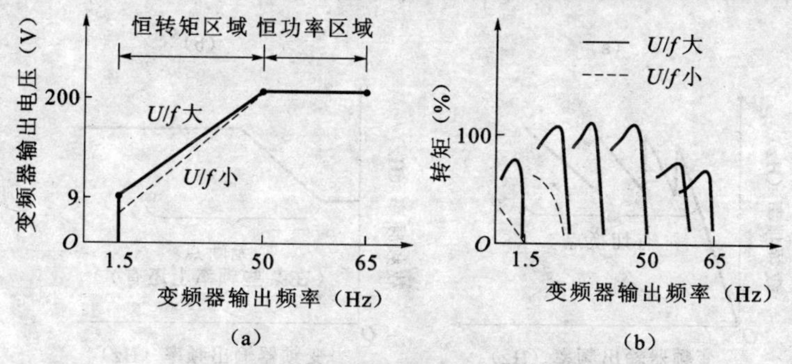

图 6-50 普通异步电动机电压/频率特性曲线

(a)U/f 特性曲线 (b)转矩特性曲线

(8)载频频率。载频频率的高低决定了变频器输出电压(电流)PWM 脉冲数的多少,即标志着输出波形的质量,载频频率越高,输出电压(电流)波形越好。其频率的上限受到功率元件开关速度的限制。早期双极性功率晶体管的载频频率为 1～3kHz。目前由于变频器采用 IGBT 元件,载频频率可达 10～15kHz。

若变频器输出频率与载频频率同步,则称之为同步 PWM,否则称之为异步 PWM。同步 PWM 在载频频率切换点会产生冲击,不适合精密运转,而异步 PWM 可实现全程平滑运转,如图 6-51 所示。

此外,载频频率还可引起电动机的噪声和机械负载的共振,为了避免此类现象的发生,有的厂家设置了可设定载频功能。

(9)过载能力。变频器所允许的过载电流,以额定电流的百分数和允许的时间来表示。一般变频器的过载能力为额定电流的 150%,持续 60s(小容量型也有 120s),或者 130%,60s。如果瞬时负载超过了变频器的过载耐量,即使变频器与电动机的额定容量相符,也应该选择大一挡的变频器。

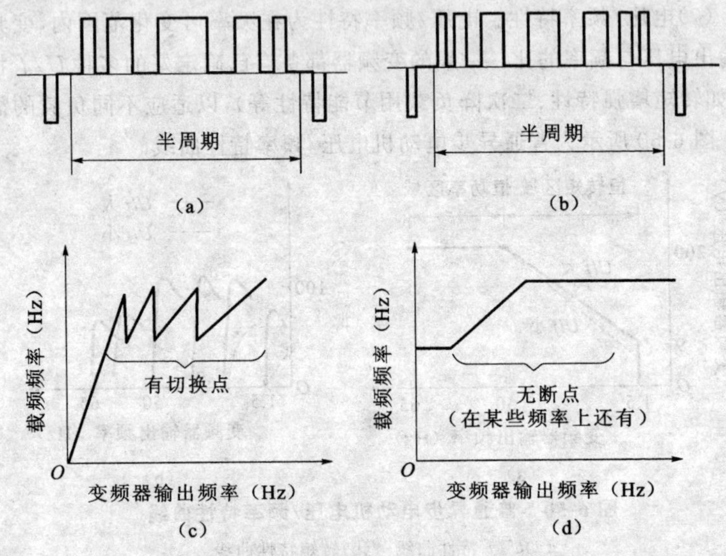

图 6-51　载频频率对输出频率的影响

(a)载频频率低　(b)载频频率高　(c)同步方式　(d)异步方式

(10)加减速时间设定。加速、减速时间作为基本功能可分别设定，以使调试工作更加简单易行。高性能变频器还具有曲线型加速和多挡加减速时间设定，以及外部控制加减速功能。例如，用一台变频器控制两台电动机时，可用两挡加减速时间分别设定不同的加减速度，以适应两台不同负载的电动机。

(11)制动方式。除了采用电动机的机械制动以外，变频器还可进行电气制动。变频器的电气制动一般分为能耗制动、电源回馈制动、直流制动三种。前两类都是电动机把能量反馈到变频器，其中能耗制动将能量消耗在制动电阻上，转换成热能；电源回馈制动则将能量通过回馈电路反馈到供电电网上。直流制动则是运用变频器输出的直流电压，在电动机绕组中产生直流电流，将转子的能量以热能的形式消耗掉。因此，直流制动不需另加设备或元件而非常实用易行。

直流制动通常用于数赫以下的低频区域，即电动机即将停止之前，而其他制动不能产生有效制动力的场合。在停止频率很低的情况下，也可实行全程直流制动。为避免电动机过热，制动力不能太大，时间也不能太长。一般直流制动的制动力为电动机额定转矩的40%～60%，工作持续率希望在3%～5%以内。直流制动电路及工作原理示意如图6-52所示。

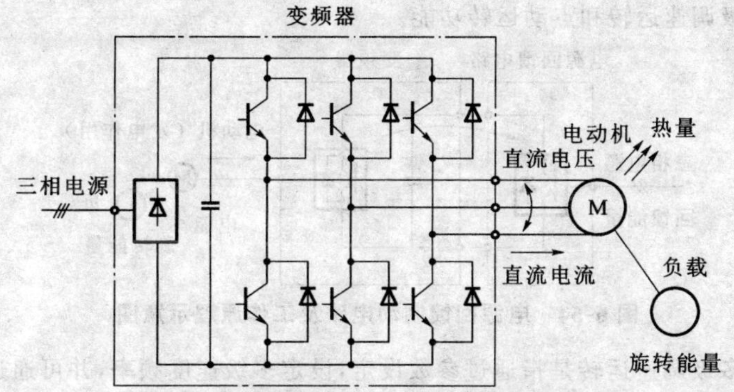

图6-52 直流制动电路及工作原理示意图

能耗制动时，若不加外接制动电阻，制动力约为电动机额定转矩的20%；加外接制动电阻，制动力可达电动机额定转矩的100%。由于制动电阻需要散热的时间，所以能耗制动一般用于制动频率不高的场合，工作持续率在10%～15%。能耗制动电路及工作原理示意如图6-53所示。

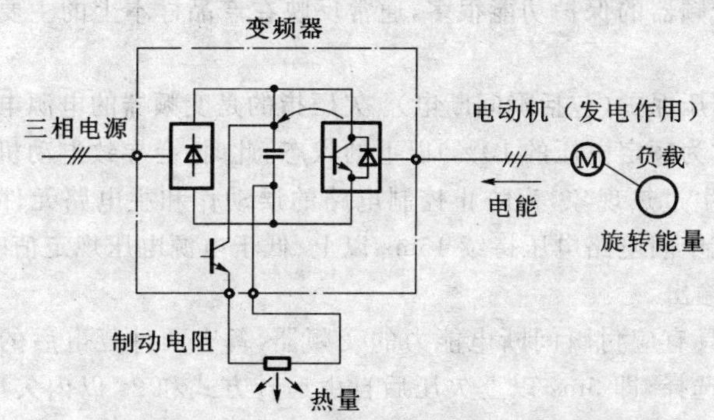

图6-53 能耗制动电路及工作原理示意图

从节能的角度来看，电源回馈制动是最好的一种方式。电源回馈制动电路及工作原理示意如图6-54所示。因为电源反馈电路很昂贵，所以一般用于高频率制动运转。

(12)运行控制方式。作为变频器必备的功能,应具有标准的、由触头控制的起动、停止、正转、反转输入,同时还可对停止的方式进行设定,如减速停止、自由停止、直流制动停止等。此外,变频器通常都还具有多级调速运转和点动运转功能。

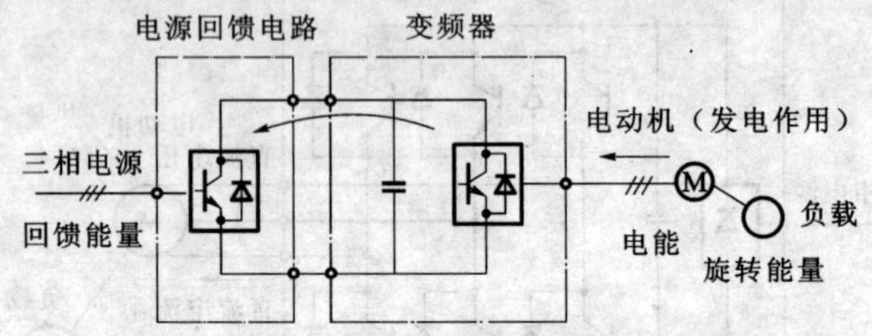

图 6-54　电源回馈制动电路及工作原理示意图

多级调速运转是指通过参数设定,设定多级速度频率,并可通过外部信号选择使用某一级速度。高性能变频器可设定 3~8 级速度频率。

点动运转是一种与所设置的加减速时间无关的、单步的、以点动频率运转的驱动功能。点动频率可为固定的,亦可任意设定。该功能主要用于对机械设备进行微调的场合。

282. 变频器有哪些保护功能?

答:变频器的保护功能很多,通常反映在产品样本上的主要有以下内容:

(1)欠压保护(包括瞬间断电)。欠压指的是变频器的电源电压在规定值(通常为额定电压的 10%)以下的状态。此时,会导致电动机的转矩不足而发生过热现象,为防止控制电路的误动作和主电路元件工作异常,在直流中间电路电压持续 15ms 以上、低于电源电压规定值时,变频器将停止输出。

对于具有应付瞬间断电能力的变频器,备有两种复电后的运转方式供用户选择,即 5ms 以上欠压后自由运转方式和 2s 以内欠压、断电时复电后的连续运转方式。瞬间断电后的自动连续运转方式相关参数变化曲线如图 6-55 所示。

(2)过压保护。电源电压过高或电动机急剧减速以及负载为起重机、电梯的场合,当直流电路的电压超过规定值时,为防止主电路元件因过压而损坏,变频器将停止输出。

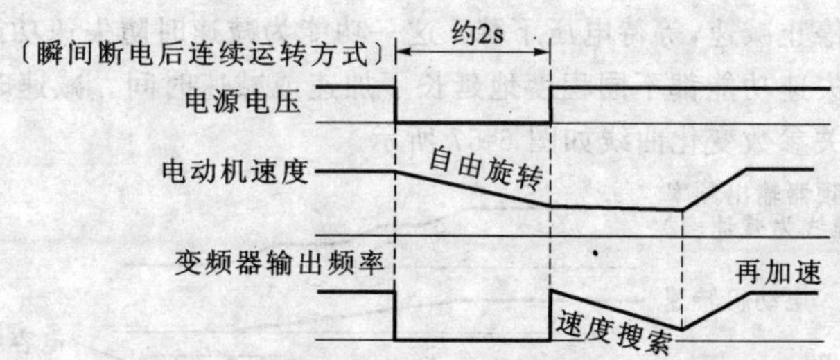

图 6-55 瞬间断电后自动连续运转方式相关参数变化曲线

(3)过流保护。由于电动机直接起动或变频器输出侧发生相间短路或接地等事故时,变频器的输出电流会瞬间急剧增大,当超过主电路元件的允许值时,为保护其不被击穿,将关闭主电路元件(基极阻断)停止输出。变频器的瞬间过流保护通常设定在额定输出电流的200%左右。

(4)防失速功能。加速时失速的概念是指U/f控制的变频器,在无转速反馈的情况下,电动机(负载)瞬间急剧提高转速,使得变频器输出的频率与电动机实际的运转频率之差(即转差频率)很大,而与此同时,变频器的输出电流又受到限制,使得电动机得不到足够的转矩进行加速而维持原状的现象。失速发生时,由于转差过大,一般都伴随着过电流现象的发生而导致变频器跳闸。在加速过程中为避免陷入此种状态,通常采取在过电流现象发生时暂时停止增加(保持)频率的方法,等待电流减小以达到防失速、无跳闸的效果。加速时防失速保护相关参数变化曲线如图6-56所示。

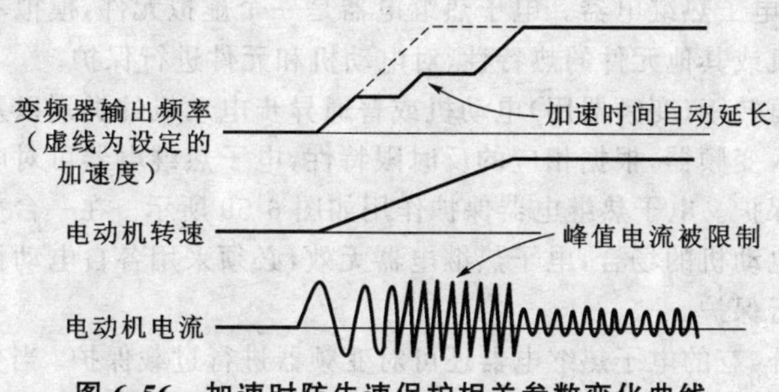

图 6-56 加速时防失速保护相关参数变化曲线

电动机减速时同样会发生失速现象,只不过因惯性产生的能量回馈,导致的不是过电流而是过电压,可根据过电压状况,采用同样的控制方法停止减速，等待电压下降。这一功能为减速时防失速功能。以上两种防失速功能都不同程度地延长了加速或减速时间。减速时防失速保护相关参数变化曲线如图 6-57 所示。

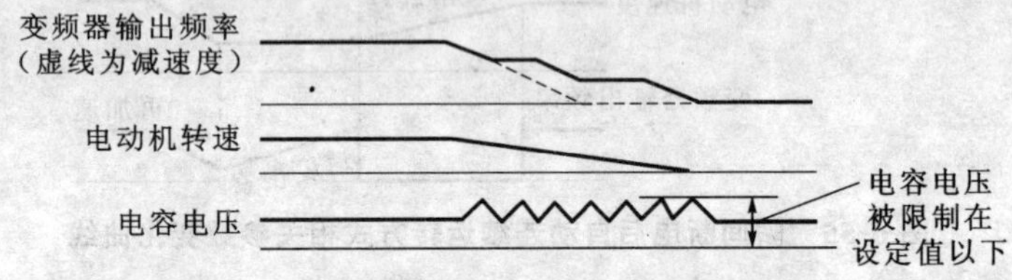

图 6-57　减速时防失速保护相关参数变化曲线

在泵和风机运转时，转矩以速度的平方变化。由于某种干扰，电动机电流有可能超出变频器额定电流而导致过流保护电路动作，引起变频器跳闸。为避免上述情况发生，运用防失速功能降低变频器的输出频率以减小电动机电流，当干扰消失后再恢复到原来的速度上运行。这一功能为运转中防失速功能。运转中防失速时相关参数变化曲线如图 6-58所示。

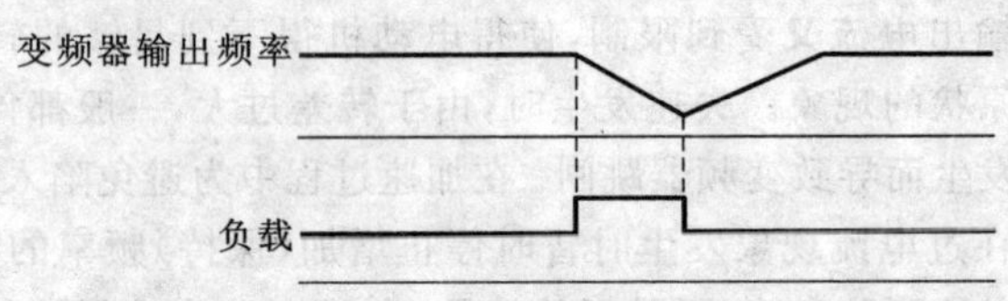

图 6-58　运转中防失速时相关参数变化曲线

(5)电子热继电器。电子热继电器是一个虚拟元件，模拟不同频率下电动机或其他元件的热特性，对电动机和元件进行保护。

将恒转矩(变频器用)电动机或普通异步电动机的类别以及必要的参数输入变频器，根据相应的反时限特性，电子热继电器可对电动机进行过载保护。电子热继电器保护作用如图 6-59 所示。在一台变频器驱动多台电动机的场合，电子热继电器无效，必须采用各自电动机的热继电器进行保护。

此外，有的电子热继电器还可对变频器进行过载保护。当变频器的输出电流在额定值的 110％～115％时，电子热继电器电路根据反时限特性，对其进行保护。

(6)再起动功能。具有再起动功能的变频器在保护功能起作用后变

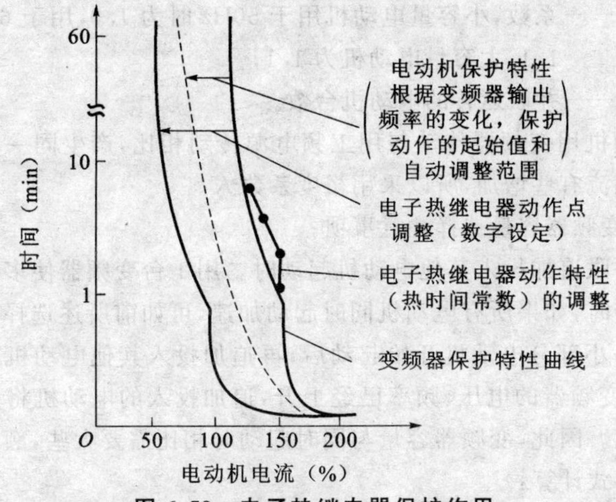

图 6-59 电子热继电器保护作用

频器将停止输出，自动检查主电路，若无异常则重新起动。再起动的次数可设定，一般最多可达十次，但发生瞬间断电、过流、过压、过载以外的事故时，再起动功能无效。

(7)监测信号的显示和输出。变频器的输出信号通常包括故障检测信号、速度检测信号、电流计端子和频率计端子输出信号等。这些信号和各种其他设备构成控制系统，对变频器的工作状态进行监测。

283. 如何选择变频器的容量？

答：(1)根据电动机电流选择变频器的容量。在产品样本中通常给出最大适配电动机的功率(kW)。应该注意，这个功率一般是以 4 极普通异步电动机为对象，而 6 极以上电动机和变极电动机等特殊电动机的额定电流大于 4 极普通异步电动机。因此，在使用 6 极以上的电动机或多台电动机并联运转等场合，仅用适配电动机功率的数值不能确切地选择变频器，还要考虑变频器的额定输出电流是否满足电动机的额定电流。可按下式决定变频器的容量：

$$I_N \geqslant \sum_n K I_{mN}$$

式中 I_N——变频器的额定输出电流(A)；

I_{mN}——电动机的额定电流(A)；

K——系数，小容量电动机用于 50Hz 时为 1.0，用于 60Hz 时为 1.1，大容量电动机为 1.1；

n——并联运转的电动机台数。

电动机用变频器传动与用工频电源传动相比，产生同一功率时的电动机电流有些增加，所以采用裕度系数 K。

(2)变频器容量选择注意事项。

①并联追加投入其他电动机起动时。用 1 台变频器使多台电动机并联运转时，如果所有电动机同时起动加速，可如前所述选择容量。但是对于一小部分电动机开始起动后，再追加投入其他电动机起动的场合，此时变频器的电压、频率已经上升，追加投入的电动机将产生大的起动电流。因此，变频器容量与同时起动时相比需要大些，额定输出电流可按下式计算：

$$I_N \geqslant \sum_{n_1} KI_{mN} + \sum_{n_2} I_{ms}$$

式中　I_N、I_{mN}、K——同前式；

n_1——先起动的电动机台数；

n_2——追加投入起动的电动机台数；

I_{ms}——追加投入电动机的起动开始电流。

②大过流容量。根据负载的种类往往需要过流容量大的变频器。但通用变频器过流容量通常多为 125%、60s 或 150%、60s，需要超过此值的过流容量时必须增大变频器的容量。例如，对于 150%、60s 的变频器要求 200%的过流容量时，必须选择按前式算出额定电流的 1.33 倍的变频器容量(1.33=200/150)。

③轻载电动机。电动机的实际负载比电动机的额定输出功率小时，多认为可选择与实际负载相称的变频器容量。但是对于通用变频器即使实际负载小，使用比按电动机额定功率选择的变频器容量小的变频器并不理想，其理由如下：

a．电动机在空载时也流过额定电流 30%～50%的励磁电流。

b．起动时流过的起动电流与电动机施加的电压、频率相对应，而与负载转矩无关。如果变频器容量小，此电流超过过流容量则往往不能起动。

c. 电动机的电抗随电动机容量的不同而不同，即使电动机电流相同，电动机容量越大其脉动电流值也越大，因而超过变频器的过电流耐量。例如 7.5kW 的标准电动机在 2.2kW(负载率 30%)下使用时，如表 6-6 所示。根据电动机在 2.2kW 时的电流采用 3.7kW 的变频器运转就足够了。3.7kW4 极电动机在 100%负载(电动机电流 17A)运转时的电流波形如图 6-60(a)所示；7.5kW4 极的电动机在轻载下(电动机电流 17A)运转时的电流波形如图 6-60(b)所示。两者相比可以看出，即使电动机电流相同，7.5kW 的脉动电流值却变得相当大了。

表 6-6　标准电动机轻载时电流值与变频器的额定电流

(电动机为 7.5kW，4 极，200V，50Hz)

标准电动机	功率(kW)	7.5	5.5	3.7	2.2	0
	负载率(%)	100	73	50	30	0
	电流(A)	28.6	22.6	17.9	14.5	12.2
变频器	容量(kW)	7.5	5.5	3.7	2.2	1.5
	额定电流(A)	33	24	17	11	8

3.7kW 的变频器是按图 6-60(a)的脉动电流来确定过电流的大小，如果用它来传动 7.5kW 的电动机，则过电流保护容易动作而不能工作。对于本例必须选用 5.5kW 的变频器。

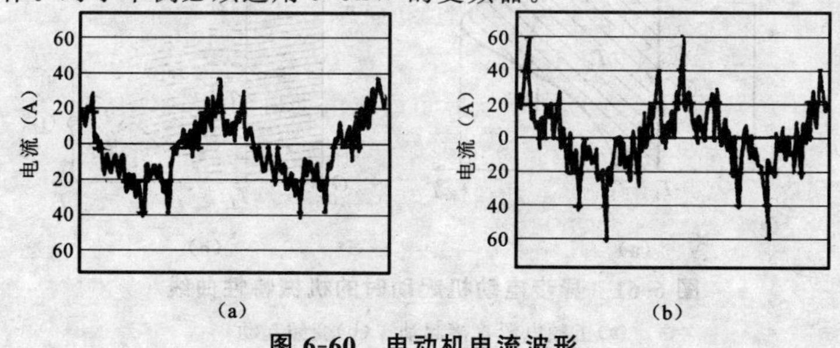

图 6-60　电动机电流波形

(a)3.7kW，4 极，全负载　电动机电流：17A　脉动电流：40A

(b)7.5kW，4 极，轻负载　电动机电流：17A　脉动电流：60A

④起动转矩和低速区转矩。电动机用通用变频器起动时，其起动转矩同用工频电源起动相比多数变小，根据负载的起动转矩特性有时不能起动。另外，在低速运转区的转矩有比额定转矩减小的倾向。

用选定的变频器和电动机不能满足负载所要求的起动转矩和低速区转矩时，变频器和电动机的容量还需要再加大。

284. 变频起动有什么特点？

答：(1)起动电流小。因为起动频率是从最低频率起按预置的加速时间逐渐上升的。在起动瞬间，变频器的输出频率很低，旋转磁场的转速以及转子绕组与旋转磁场的相对速度也都很低，故起动电流很小，一般可控制在电动机额定电流上下。

(2)起动过程的冲击小。异步电动机接上工频电源直接起动时，起动过程冲击大。异步电动机起动时的机械特性曲线如图 6-61(a)中之曲线①所示，曲线②是负载的机械特性。由该图可知，在起动过程中，动态转矩 T_d($T_d=T_M-T_L$)很大，所以拖动系统的加速过程将很快，对生产机械冲击很大，使生产机械的使用寿命受到影响。变频起动时，电动机在起动过程中的机械特性曲线簇如图 6-61(b)中的曲线①所示，负载的机械特性仍为曲线②。由该图可知，在整个起动过程中，动态转矩并不大，故加速过程将能保持平稳，减小了对生产机械的冲击。

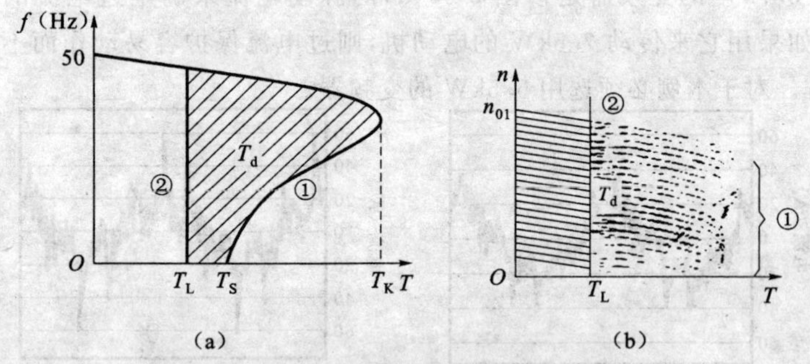

图 6-61 异步电动机起动时的机械特性曲线

(a)工频电源直接起动 (b)变频起动

285. 变频起动和软起动器起动有什么区别？

答：(1)起动转矩不同。

①软起动器的起动方式，实际上就是无级降压起动。异步电动机在改变电源电压时，其机械特性的临界转差是不变的，但临界转矩减小较多。因此，在低压起动时，起动转矩将大幅减小，如图 6-62(a)所示。

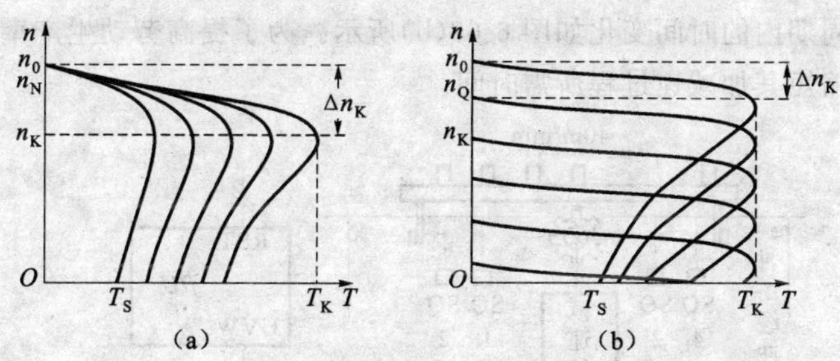

图 6-62 软起动与变频起动的机械特性曲线

(a)软起动 (b)变频起动

②变频调速是低频起动，因变频器有各种补偿功能和矢量控制功能，低频运行时，电动机的机械特性将大为改善，可以保证有较大的起动转矩，如图 6-62(b)所示。

(2)起动过程不同。

①软起动器虽然可以减小起动电流，但难以控制电动机起动时间的长短。

②变频器则可以根据生产机械的具体需要，任意预置加速时间，使起动过程十分平稳。

286. 决定变频器加减速时间的主要依据是什么？

答：主要依据有两个方面：

(1)拖动系统的惯性。在变频器的输出频率上升的过程中，电动机转子的转速能否跟得上频率的上升。如果加速时间预置得较短，变频器输出频率上升较快，而拖动系统的惯性又较大，则电动机转子的转速必将跟不上频率的上升，导致旋转磁场与转子间的转差增大，电动机的电流也必增大。所以，只有在拖动系统能够跟得上频率上升的情况下，才能将加速过程中的电流限制在允许范围内。

(2)生产机械的要求。

①要求缩短加减速时间者。由于拖动系统的加速过程属于不进行生产的过渡过程。因此，部分生产机械从提高劳动生产率的角度出发，要求尽量缩短加速时间和减速时间。如图 6-63(a)所示的喷漆传送带，其一个周期内的时间变化如图 6-63(b)所示。为了提高劳动生产率，要求尽量缩短其加减速过程所需时间。

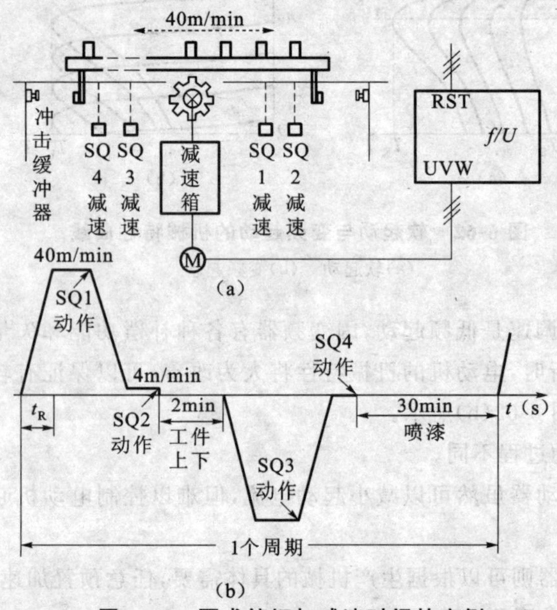

图 6-63　要求缩短加减速时间的实例

(a)喷漆传送带　(b)一个周期的时间变化

②要求延长加减速时间者。某些机械本身的惯性不大，但从加减速过程力求平稳的角度出发，要求适当延长加减速时间。

例如，图 6-64(a)所示的玻璃瓶传送带，若加减速时间过短，会导致玻璃瓶的倾倒。故应适当延长加减速时间，减缓速度的变化；又如，图 6-64(b)所示的水泵，如起动和停机时间过短，将在管路中产生水锤效应，对管路有很大的破坏作用。为了彻底消除水锤效应，应延长加减速时间。

总之，在预置加减速时间时，既要注意拖动系统惯性的大小，又要

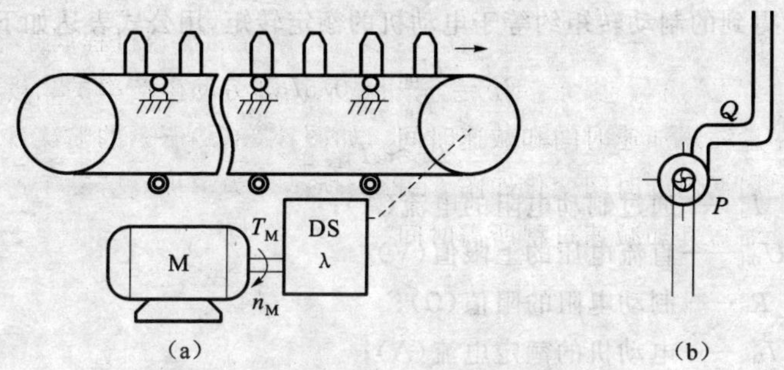

图 6-64 要求延长加减速时间的实例

(a)玻璃瓶传送带 (b)水泵

考虑生产机械对过渡过程的要求。

287. 变频器的起动频率以多大为宜?

答:(1)恒转矩负载。一般情况下,以起动时电动机的转差不超过额定转差为宜。例如,Y132M-4 型电动机(7.5kW)的额定转速为 $n_{MN}=1440\text{r/min}$,则额定转差为

$$\Delta n = 1500\text{r/min} - 1440\text{r/min} = 60\text{r/min}$$

和额定转差对应的频率是

$$\Delta f = \frac{p\Delta n}{60} = \frac{2\times 60}{60}\text{Hz} = 2\text{Hz}$$

则起动频率的预置范围应该是

$$f_s \leqslant 2\text{Hz}$$

个别情况下,如需要进一步加大起动转矩,起动频率的上限值 f_{SH} 也以不超过 5Hz 为宜。

$$f_{SH} \leqslant 5\text{Hz}$$

(2)二次方律负载。由于二次方律负载在低速时的阻转矩很小,故起动频率可以适当升高,但一般也不宜超过 10Hz。

$$f_{SH} \leqslant 10\text{Hz}$$

288. 怎样决定变频器直流制动电路中制动电阻的阻值?

答:准确计算制动电阻的方法是比较麻烦的,必要性也不大。这里介绍的是根据各说明书提供的数据统计而得的粗略算法。

(1)粗略算法。当通过制动电阻的电流等于电动机额定电流的 50%

时，所得到的制动转矩约等于电动机的额定转矩，用公式表达如下：

$$I_B = \frac{U_{DH}}{R_B} = 0.5I_{MN}$$

$$T_B \approx T_{MN}$$

式中 I_B——通过制动电阻的电流(A)；

U_{DH}——直流电压的上限值(V)；

R_B——制动电阻的阻值(Ω)；

I_{MN}——电动机的额定电流(A)；

T_B——制动转矩(N·m)；

T_{MN}——电动机的额定转矩(N·m)。

在满足 $T_B \approx T_{MN}$ 的情况下，制动电阻可计算如下：

$$R_B = \frac{2U_{DH}}{I_{MN}}$$

(2)制动电阻的取值范围。各变频器生产厂家为了减少制动电阻的阻值挡次，常常对若干种不同容量的电动机提供阻值相同的制动电阻。因此，在制动过程中所得到的制动转矩的差异是较大的。统计结果表明：

①制动转矩的估算及取值范围。如上述，制动转矩可估算如下：

$$T_B \approx \frac{2I_B}{I_{MN}} T_{MN}$$

通常取 $T_B = (0.8 \sim 2.0)T_{MN}$

②制动电阻的取值范围

$$R_B = \frac{2.5U_{DH}}{I_{MN}} \sim \frac{U_{DH}}{I_{MN}}$$

可以看出，制动电阻的大小，是允许在一定范围内变动的。

289. 变频器外接主电路中空气断路器起什么作用？怎样选择？

答：(1)空气断路器的作用。

①隔离作用。当变频器长时间不用，或需要进行维修时，可断开空气断路器，使变频器与电源隔离。

②保护作用。空气断路器具有过电流和欠电压等保护功能，可以对变频器的主电路起一定的保护作用。

(2)选择时必须考虑的因素。因为空气断路器具有过电流保护功能,为了避免变频器接通电源时引起空气断路器的误动作,在进行选择时,必须考虑以下因素(如图 6-65 所示)。

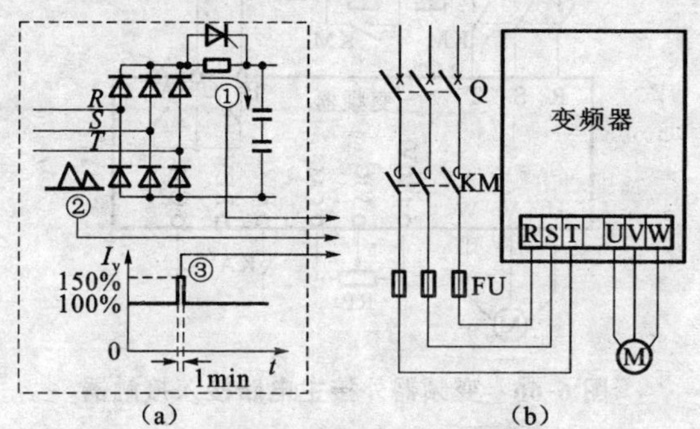

图 6-65 接通电源时使断路器误动作的因素

(a)各种因素示意图 (b)变频器的外接主电路

①变频器在刚接通电源的瞬间,对电容器的充电电流高达额定电流的 2～3 倍(在有限流电阻的情况下)。

②变频器的进线电流是脉冲电流,高次谐波成分极多,当基波电流达到额定值时,实际电流的有效值要比额定电流大。

③变频器本身具有一定的过载能力,通常为 150%,1min。

(3)选择方法。为了避免误动作,空气断路器应选

$$I_{QN} \geqslant (1.3 \sim 1.4) I_N$$

式中 I_{QN}——空气断路器的额定电流(A);

I_N——变频器的额定电流。

290. 变频器的外接主电路中一定要加接触器吗?

答:一般说来,在空气断路器和变频器之间,应该接入接触器,如图 6-66 所示。其主要作用:

(1)控制方便。可通过按钮开关方便地控制变频器的通电与断电。

(2)发生故障时可自动切断变频器电源。这包括以下两个方面:

①变频器自身发生故障,报警输出端子动作(图 6-66 中 B-C 端之间断开),可迅速切断电源。

②当控制系统中有其他故障信号(图 6-66 中之 AL 触头断开)时,也可迅速切断变频器的电源。

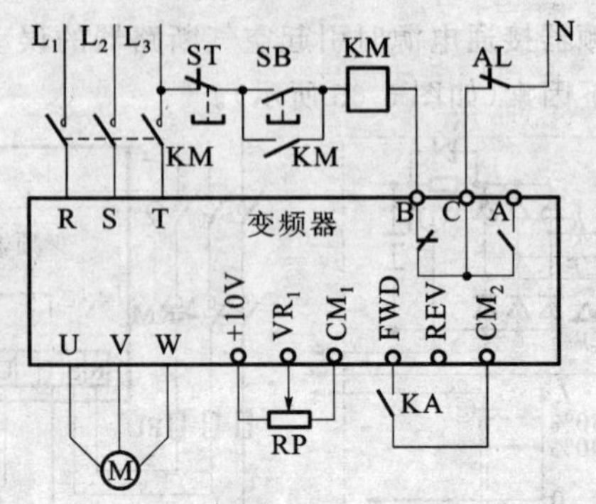

图 6-66 变频器外接主电路接入接触器

选择接触器的要点：因为接触器很少误动作，选择时，只需其主触头的额定电流 I_{KM} 不小于变频器的额定电流 I_N 就可以了。即

$$I_{KM} \geqslant I_N$$

291. 变频器前端是否需要加快速熔断器？

答：就保护功能而言，快速熔断器的作用和空气断路器类似。一般说来，熔断器可以接，也可以不接。但也有人认为，快速熔断器的保护动作比空气断路器快，所以应该接。如接入，其选择方法与空气断路器相同。

292. 变频器与电动机之间是否需要接输出接触器？

答：变频器与电动机之间是否接输出接触器，要根据不同情况进行分析，在有些情况下必须接，而在另外一些情况下则不需要。

(1)不需要接的场合。当一台变频器只控制一台电动机，且并不要求和工频进行切换时，变频器与电动机之间不要接输出接触器。因为，如果接入了输出接触器，则有可能在变频器的功率较高的情况下直接起动电动机，产生较大的起动电流使变频器跳闸。

(2)必须接输出接触器的场合。必须接输出接触器的主要有两种情况，如图 6-67 所示。

①1 台变频器控制多台电动机。这时，每台电动机必须有单独控制的接触器，如图 6-67(a)所示。

②变频和工频需要切换。这种情况下，当电动机接至工频电源时，

必须切断和变频器之间的联系。因此,电动机和变频器之间的接触器是必需的,如图 6-67(b)所示。

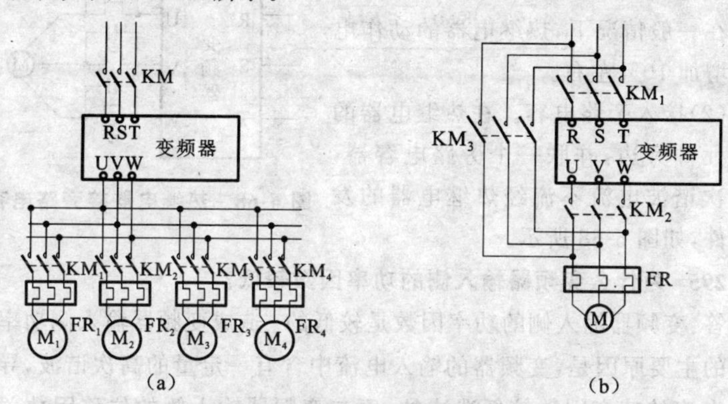

图 6-67 必须接输出接触器的场合

(a)一台变频器接多台电动机 (b)变频和工频切换

293. 变频器与电动机之间是否需要接热继电器?

答:变频器与电动机之间是否需要接热继电器和变频器与电动机之间是否需要接输出接触器类似,也要具体问题具体分析。

当一台变频器只控制一台电动机,且并不要求和工频进行切换时,由于变频器本身具有热保护功能,所以没有必要接热继电器。

当一台变频器接多台电动机时,由于每台电动机的容量比变频器小得多,变频器不可能对每台电动机进行热保护,则每台电动机只能分别由各自的热继电器进行保护。

当电动机需要在变频和工频之间进行切换控制的情况下,因为在工频运行时,变频器不可能对电动机进行热保护,故热继电器也是必需的。

294. 为什么热继电器在变频器输出电路内容易误动作?如何避免?

答:变频器的输出电流波形尽管已经和正弦波十分地接近了,但它毕竟还含有和载波频率相同的高次谐波成分。因此,在输出功率相同的情况下,电动机每相电流的有效值大于工频运行时的相电流。这就是当电动机在额定状态下运行时,热继电器容易误动作的原因。解决的方法如下：

（1）加大热继电器动作电流的挡次。在一般情况下，热继电器的动作电流应增加 10％左右。

（2）接入旁路电容。在热继电器的发热元件旁边，并联一个旁路电容器，使高次谐波电流不流经热继电器的发热元件，如图 6-68 所示。

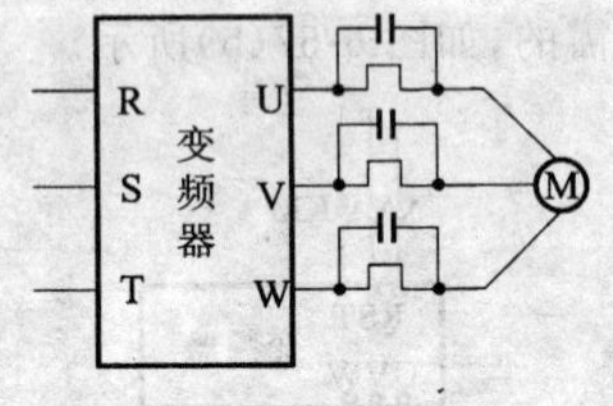

图 6-68　热继电器接旁路电容

295. 为什么变频器输入侧的功率因数较低？

答：变频器输入侧的功率因数是较低的。造成变频器输入侧功率因数低的主要原因是，变频器的输入电流中含有一定量的高次谐波，导致输入电流的畸变因数较低造成的，而与变频器输入侧的位移因数关系不大。说明如下：

（1）变频器输入电流波形。交-直-交电压型变频器的输入侧是整流和滤波电路。显然，只有当电源线电压的瞬时值 u_l 大于电容器两端的直流电压 U_D 时，整流桥中才有充电电流。因此，充电电流总是出现在电源电压的振幅值附近，呈不连续的脉冲形状，如图 6-69(a)～图 6-69(c)所示。它具有很强的高次谐波成分，有关资料表明，输入电流中的 5 次谐波和 7 次谐波分量是很大的，其谐波分析如图 6-69(d)所示。

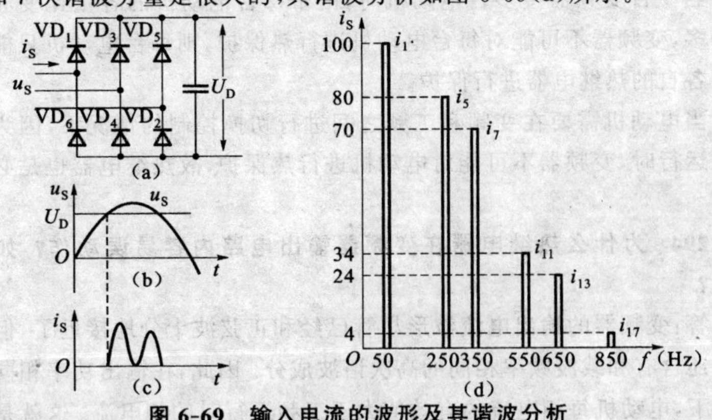

图 6-69　输入电流的波形及其谐波分析

(a)电路　(b)电压波　(c)电流波　(d)谐波分析

(2)功率因数分析。

①在正弦交流电路中,电路所消耗的平均功率和视在功率之比称为功率因数,即

$$\lambda = \frac{P}{S}$$

式中 λ——功率因数;

P——平均功率(kW);

S——视在功率(kV·A)。

功率因数小于1的根本原因,是出现了无功功率的缘故。

②电流与电压频率相同时的平均功率。当电流和电压的频率相同时,功率因数的大小取决于电流与电压之间的相位关系。

图6-70(a)中,假设电流比电压滞后φ角

$$\varphi = 2\pi ft = \omega t$$

式中 φ——功率因数角,即电流比电压滞后的电角度;

f——电流的频率(Hz);

t——时间(s);

ω——角频率,也叫电角速度。

功率的瞬时值p等于电压u和电流i瞬时值的乘积

$$p = u \cdot i$$

由图6-70(a)可知:

在$0 \sim t_1$段:u为"+",i为"-",所以p为"-"值。

在$t_1 \sim t_2$段:u和i都为"+",所以p为"+"值。

下半周也一样。

可见,平均功率被滞后时段内的负功率抵消掉一部分。正、负抵消的功率称为无功功率。滞后角越大,无功功率也越大,平均功率越小。

滞后角的余弦$\cos\varphi$称为位移因数。

③高次谐波电流的平均功率。以5次谐波电流为例,它所消耗的功率瞬时值的大小等于5次谐波电流瞬时值和电压瞬时值的乘积

$$p_5 = u \cdot i_5$$

式中 p_5——5次谐波电流的功率瞬时值(kW);

i_5——5次谐波电流的瞬时值(A)。

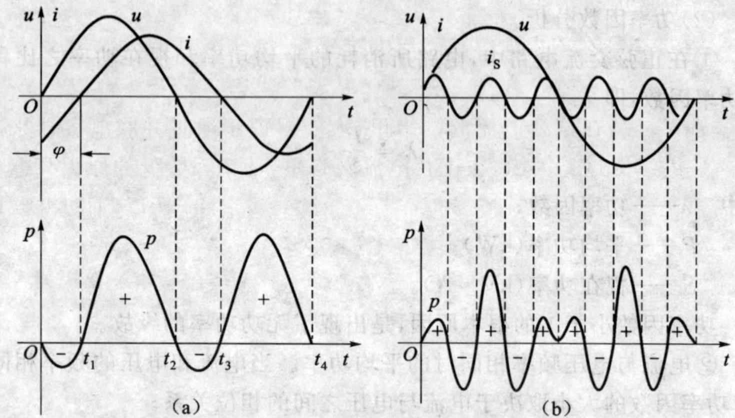

图 6-70 交流电路电流、电压和瞬时功率波形

(a)电流滞后的特点 (b)谐波电流的特点

由上式算得的功率曲线图如图 6-70(b)所示。由该图可知,瞬时功率的一部分为"+",另一部分为"−"。可以证明,在一个周期内,正功率的总和与负功率的总和正好相等,平均功率等于 0。

所以,所有高次谐波电流的平均功率都等于 0,都是无功功率。

非正弦电流中,高次谐波电流所占的比例,称为畸变因数,等于电流基波分量的有效值与总有效值之比,即

$$K_d=\frac{I_1}{\sqrt{I_1^2+I_5^2+I_7^2+\cdots}}$$

式中 K_d——畸变因数;

I_1——电流基波分量的有效值(A);

I_5、I_7、…——分别是 5 次、7 次…谐波电流的有效值(A)。

④完整的功率因数定义

$$\lambda=\frac{P}{S}==\frac{P}{UI}=K_d\cos\varphi$$

式中 λ——功率因数;

cosφ——位移因数。

(3)变频器输入侧的功率因数。变频器中,输入电流的基波分量基本上与电压同相,故 $\cos\varphi\approx1$;但电流的畸变因数较低。所以,变频调速

系统的功率因数较低，为 0.7～0.75。

296. 为什么不用电容器而用电抗器来改善变频器输入侧的功率因数？

答：过去，在正弦电流的网络里，人们习惯于通过并联电容器来改善功率因数。这是因为，在正弦电流网络里，功率因数低的原因只有位移因数这一个方面，不存在畸变因数的问题（$K_d=1$）。所以，通过并联电容器，可以减小合成电流的滞后角（φ角），从而提高了 $\cos\varphi$。

但是，在变频器的输入侧，并不是因为电流滞后而使功率因数低，而是高次谐波电流形成的。所以，要改善功率因数，必须接入电抗器，削弱高次谐波电流。具体方法有：

(1)接入交流电抗器。交流电抗器接在电源和整流桥之间，如图 6-71(a)所示。交流电抗器外形如图 6-71(b)所示。接入交流电抗器后变频器输入侧的电流波形如图 6-71(c)所示，功率因数可提高到 0.85 以上。

(2)接入直流电抗器。直流电抗器接在整流桥和滤波电容器之间，如图 6-72(a)所示。直流电抗器外形如图 6-72(b)所示。接入直流电抗器后变频器输入侧的电流波形如图 6-72(c)所示，功率因数可提高到 0.9 以上。由于直流电抗器的体积较小，故不少变频器在出厂时已将直流电抗器直接装在其内了。

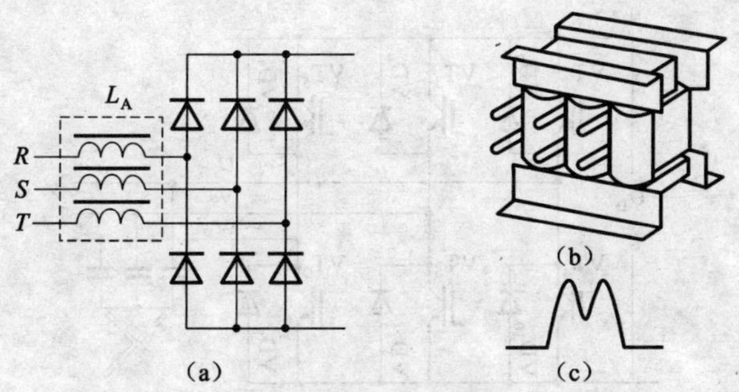

图 6-71 接入交流电抗器

(a)在电路中的接法 (b)外形 (c)电流波形

直流电抗器除了能提高功率因数外，还能削弱在电源刚接通瞬间的冲击电流。

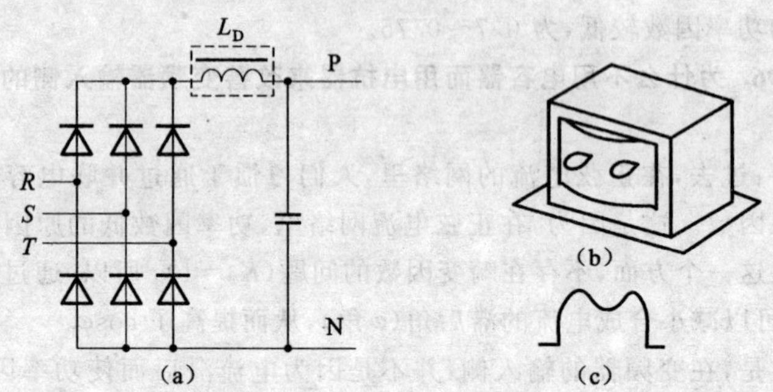

图 6-72 接入直流电抗器

(a)在电路中的接法 (b)外形 (c)电流波形

如果同时配用交流电抗器和直流电抗器,则可将变频调速系统的功率因数提高至0.95以上。

297. 为什么不能在变频器的输出端加电容器来改善功率因数?

答:(1)由于变频器在运行过程中,各桥臂的两个逆变管处于不断地交替导通的状态。因此,如果在输出端接入了电容器(如图6-73所示),则逆变管在交替导通过程中,电容器将不断地充电和放电。使逆变管在向电动机提供电流的同时,又增加了电容器的充电电流和放电电流,导致逆变管损坏。

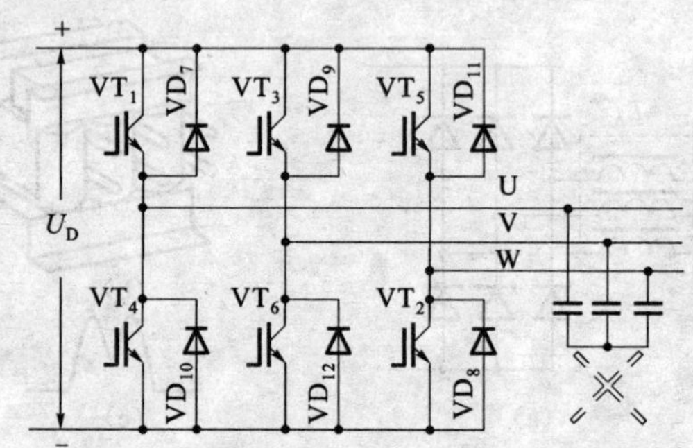

图 6-73 变频器输出侧不允许接电容器

所以,在变频器的输出侧是不允许接入电容器的。

(2)输出侧的功率因数与输入侧无关。因为变频器内部,有一个直流环节,把输入侧和输出侧隔开了。所以,输出侧功率因数的大小,对输入侧是毫无影响的。

298. 为什么不能用功率因数表测量变频器输入侧的功率因数?

答:(1)变频器输入侧的功率因数的特点。

①畸变因数低。变频器的输入电流中,高次谐波成分很大。所以,变频器输入电流的畸变因数 K_d 较低,导致功率因数降低。

②位移因数高。因为变频器输入电流的基波分量基本上是与电源电压同相位的,所以,其位移因数很高,几乎等于 1。

(2)功率因数表的测量结果。功率因数表是根据偶衡表的原理制作的,其偏转角与同频率电压和电流间的相位差有关。所以,它能够准确地测量位移因数。

但对于高次谐波电流,则由于它在一个周期内所产生的电磁力将互相抵消,对指针的偏转角不起作用。所以,如果用功率因数表来测量变频器输入侧的功率因数,所得到的结果是错误的。

299. 能不能用电磁式仪表测量变频器的输出电压?

答:电磁式仪表的基本结构如图 6-74(a)所示。图中 1 是线圈,是固定的;2 是铁心,是带动指针旋转的;3 是指针。

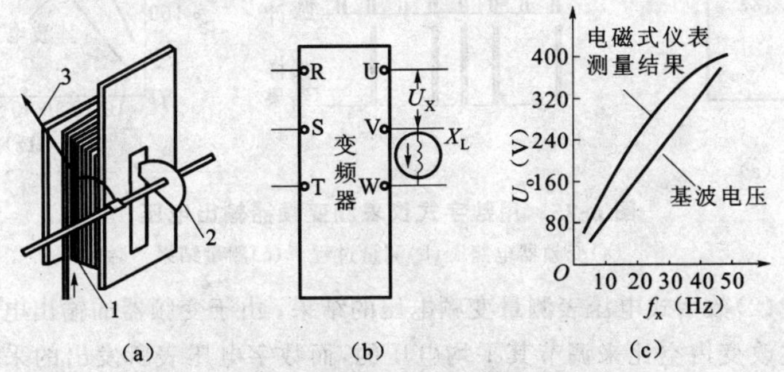

图 6-74　用电磁式仪表测变频器输出电压

(a)电磁式仪表构造　(b)测量电压　(c)测量结果

1. 线圈　2. 铁心　3. 指针

因为电磁式仪表线圈的感抗和频率成正比,即

$$X_{LX}=2\pi f_x L$$

式中　X_{LX}——频率为 f_x 时的感抗(Ω);

f_x——工作频率(Hz);

L——线圈的电感(H)。

用电磁式仪表测量变频器输出电压接线如图 6-74(b)所示。当工作频率 f_x下降时,感抗 X_{LX}也随着减小,在相同的被测电压下,线圈中的电流将增大,从而指针的偏转角也增大,即仪表的读数偏大,如图 6-74(c)所示。所以,用电磁式仪表测量变频器的输出电压时,误差较大。

300. 为什么不能用数字式仪表测量变频器输出电压?

答:(1)数字式仪表的测量原理。变频器接线端子如图 6-75(a)所示。数字式仪表中并无线圈,其主要测量方法是发出一系列频率固定的采样脉冲,对被测量进行采样,如图 6-75(b)所示。每隔一段时间(如 50Hz 的一个周期或半个周期)计算一次采样结果的平均值,得到与被测量成比例的数值,作为其测量结果。

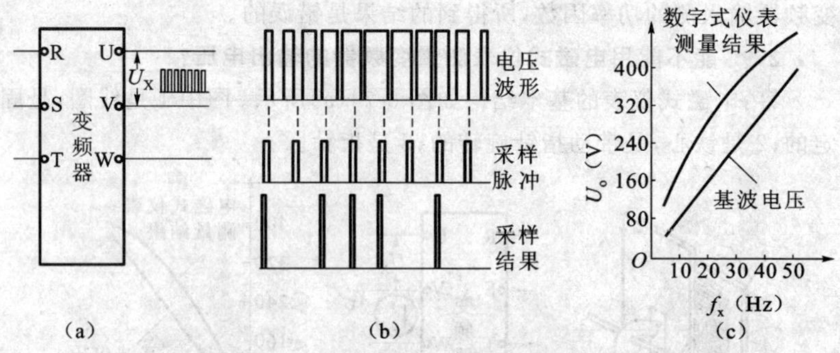

图 6-75 用数字式仪表测变频器输出电压

(a)变频器电路 (b)测量过程 (c)测量结果

(2)数字式电压表测量变频电压的结果。由于变频器的输出电压是通过改变占空比来调节其平均电压的,而数字电压表所发出的采样脉冲的宽度和频率都是固定不变的。当它测量变频器的输出电压时,有时仪表的采样脉冲正好和变频器的电压脉冲重合,采样结果为直流电压值 U_D;有时采样脉冲和电压脉冲正好错开,采样结果为 0V。

因为变频器输出电压的占空比是随着给定频率和所预置的 U/f 变化的,所以,采样的结果无规律可循。但总的来说,因为每次采到的样电压都是直流电压值 U_D,故测量结果偏大,如图 6-75(c)所示。

301. 为什么用整流式仪表测量变频器的输出电压比较准确?

答:(1)磁电式仪表的结构和工作原理。磁电式仪表的基本结构如图 6-76(a)所示。图中,1 是永久磁铁,是固定的;2 是线圈,带动指针旋转;3 是铁心,用于增强磁路的磁通;4 是指针。

当线圈中通入与被测量成正比的电流后,线圈在磁场的作用下转动,并带动指针偏转,偏转角与线圈内电流的平均值成正比。用磁电式仪表进行测量有以下特点:

①只能测量直流电流和电压。当流经线圈的电流方向改变时,线圈的受力方向也将改变。因此,如果通入线圈的电流是交变电流的话,指针将不偏转。所以,磁电式仪表是不能用来直接测量交流电压和电流的。

②测电压时必须加附加电阻。由于磁电式仪表的偏转部分是线圈,故测量电压时,不能像电磁式仪表那样大量增加线圈的匝数。而必须依靠串联一个阻值很大的附加电阻 r_a来减小流过线圈的电流。

(2)整流式仪表及其功用。整流式仪表是由磁电式仪表加整流器组成的。即把交变电压经整流后再通入磁电式仪表,是用磁电式仪表来测量交流电的一种方式,如图 6-76(b)所示。

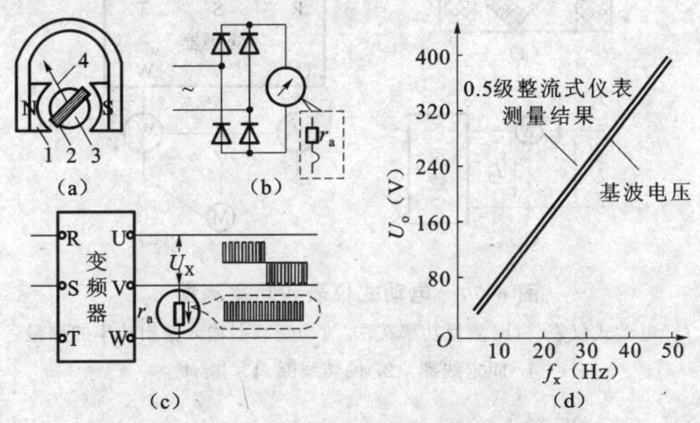

图 6-76 整流式仪表测电压

(a)磁电式仪表 (b)整流式仪表 (c)测量交流电压 (d)测量结果

1. 永久磁铁 2. 线圈 3. 铁心 4. 指针

如上所述，由于线圈的匝数不多，故电感量小。当用来测量交流电压时，因为串联了阻值很大的附加电阻 r_a，故整个测量电路基本上接近于纯电阻性质。所以，利用它来测量变频器的输出电压时，流入线圈的电流波形基本上和电压波形相同，如图 6-76(c)所示。利用这一特点，由整流式仪表来测量变频器的输出电压是比较准确的，其测量结果如图 6-76(d)所示。由于变频器的输出电压中含有高次谐波成分，故测量结果与基波电压相比，略大一些。

需要注意的是，磁电式仪表的读数是和电流的平均值成正比的，要得到有效值，须进行必要的校准。

302. 为什么变频器输出侧可以用两表法测量三相电功率？输入侧却不能？

答：(1)测量功率用的功率表常为电动式仪表。电动式仪表由两组线圈构成：固定线圈 1 和偏转线圈 2。指针 3 与偏转线圈同轴。电动式仪表结构如图 6-77(a)所示。

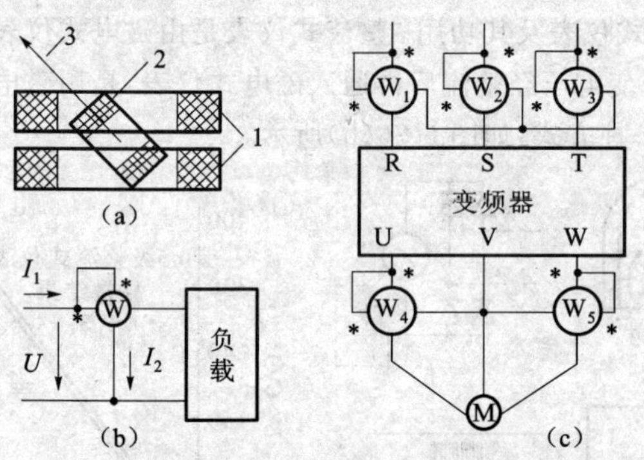

图 6-77 电动式仪表和功率测量

(a)电动式仪表 (b)测量功率接法 (c)变频器输入输出功率的测量

1. 固定线圈 2. 偏转线圈 3. 指针

当两个线圈中分别通入电流时，它们的磁场相互作用，使偏转线圈受力而旋转，偏转角与两线圈内电流的乘积成正比。一般情况下，固定线圈 1 为电流线圈，导线较粗，串联在被测电路中；偏转线圈为电压线圈，导线较细，经串联附加电阻后跨接在被测电压两端，如图 6-77(b)

所示。

(2)变频器功率的测量。因为电动机的三相电流是平衡的,故可用两表法来测量三相电功率。

但三相整流桥的输入电流(即变频器的输入电流)常常是不平衡的,尤其是在负载较轻时。所以只能各相分别测量,再把测量结果相加,得到三相总功率

$$P = P_1 + P_2 + P_3$$

变频器输入输出功率的测量线路如图 6-77(c)所示。

303. 用绝缘电阻表直接检测变频器的绝缘电阻有哪些危害?正确的检测方法是怎样的?

答:(1)不能用绝缘电阻表检测变频器绝缘电阻的主要原因。变频器电路结构如图 6-78 所示。由图可见,变频器逆变电路中的 IGBT 管是由驱动电路(见图 6-78 中之 $D_1 \sim D_6$)驱动的,驱动电路又是受主控板的电压调制信号控制的。因此,控制板与主电路之间,是直接相接的。例如,驱动电路 D_2、D_4、D_6 的 G 端都和主电路的 N 相相接;而 D_1、D_3、D_5 的 G 端则分别和主电路的 U、V、W 相相接等。所以,用绝缘电阻表来测量变频器的绝缘电阻时,绝缘电阻表的直流高压很容易进入控制板,把控制电路击穿。

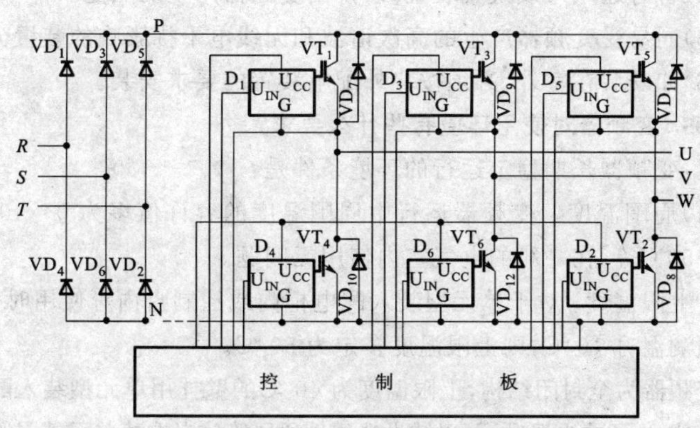

图 6-78 变频器的电路特点

(2)测量变频器绝缘电阻的正确方法。

①外接线绝缘电阻的测量。为了防止绝缘电阻表的高电压施加到变频器上，必须先把需要测量的外接线从变频器上拆下，再对外接线进行测量。

②变频器主电路绝缘电阻的测量。先把变频器的进线端(R、S、T)和出线端(U、V、W)都连接起来，然后再进行测量，如图6-79所示。

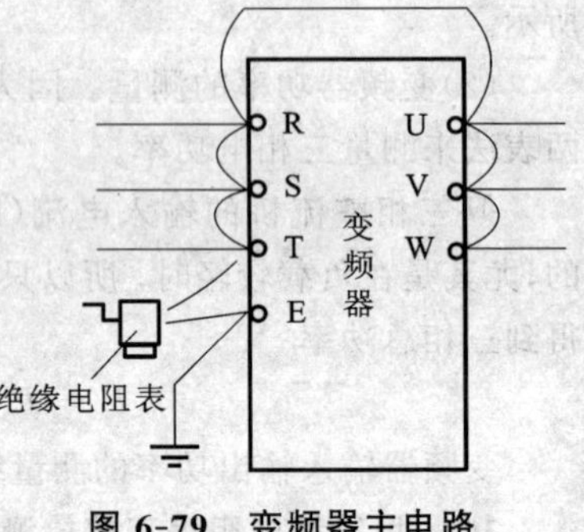

图6-79 变频器主电路绝缘电阻的测量

③控制电路绝缘电阻的测量。应该用万用表的高电阻挡进行测量，而不要用绝缘电阻表或其他有高电压的仪表进行测量。

304. 变频器对安装场所有些什么要求?

答:变频器对安装场所的要求是:

(1)湿气少，粉尘少，无水侵入。

(2)无爆炸性、燃烧性、腐蚀性气体或液体。

(3)安装空间有一定裕量，便于安装、维护和检修。

(4)备有通风口或换气装置，以排出变频器产生的热能。

(5)同易受变频器产生的高次谐波和无线电干扰影响的装置分离。

(6)如安装在室外，必须按户外配电装置的要求安装。

305. 变频器对使用环境有些什么要求?

答:变频器长期稳定运行的环境条件是:

(1)周围温度。变频器运行中周围温度的容许值多为0～40℃或−10～50℃等，在一般的电气室内使用无问题。

①上限温度。对于单元型装入配电柜内或控制盘内等使用时，考虑柜内预测温升10℃，则上限温度多定为50℃。

变频器为全封闭结构，上限温度为40℃的壁挂用单元型装入配电柜内使用时，为了减少温升，可以装设选用件通风管或者取掉单元外罩等。

②下限温度。周围温度的下限值多为0℃或−10℃，以不特别冻结为前提条件。

(2)周围湿度。变频器周围相对湿度为40%以上,90%以下。周围湿度过高,会使电气绝缘性能降低和金属部分腐蚀。周围湿度过低,则容易产生空间绝缘破坏。

(3)周围气体。作为室内设施,其周围不可有腐蚀性、爆炸性或易燃性气体。还要选择粉尘和油雾少的设置场所。

(4)振动。设置场所的振动加速度多被限制在0.3～0.5g(g=9.8m/s^2)以下。振动超过容许值,将使变频器结构件的紧固部分产生松动,接线材料因机械疲劳引起折损,继电器、接触器等有可动部分的器件误动作。对于机床、船舶等事先能预测振动的场合,必须选择有减振措施的机种。

(5)海拔。变频器设置场所的海拔规定在1000m以下。海拔高则气压下降,容易产生绝缘破坏。对在海拔1000m以上使用的变频器的绝缘性能没有直接规定。一般认为,在海拔1500m条件下,耐压降低5%;在海拔3000m条件下,耐压降低20%。

另外海拔高冷却效果也下降,必须注意温升。海拔在1000m以上的额定电流值将减小,1500m减小为99%,3000m减小为96%。从1000m开始,每超过100m容许温升下降1%。

306. 如何计算变频器的效率与损耗?

答:变频器的效率是指变频器本身的变换效率,其值可按下式求出

$$\eta=\frac{P_o}{P_i}\times 100\%=\frac{P_o}{P_o+\Delta P}\times 100\%$$

式中 η——变频器效率(%);

P_o——变频器输出功率(W);

P_i——变频器输入功率(W);

ΔP——变频器内的损耗(W)。

由上式可以看出,变频器效率取决于变频器的损耗。变频器损耗主要产生在逆变部分(约占变频器总损耗的50%)、整流部分(约占40%)和控制电路(约占10%)。

上述损耗中,逆变部分和整流部分的损耗随负载电流的变化而变化。其他损耗与负载电流的变化无关,为一定值。

图 6-80 所示为变频器的效率与电动机功率的关系曲线，变频器的输入、输出功率流失如图 6-81 所示。

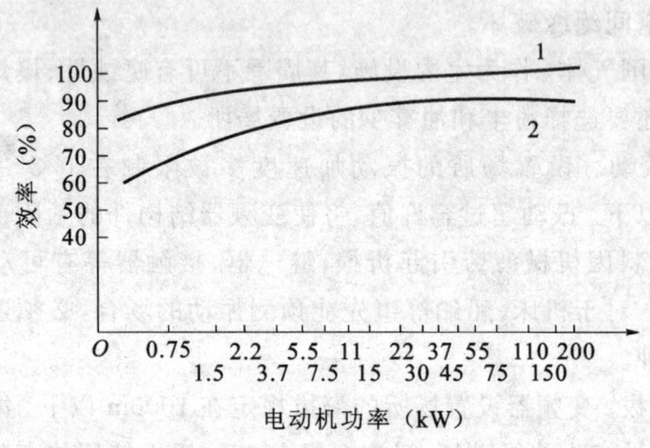

图 6-80　变频器的效率

1. 变频器效率　2. 总效率

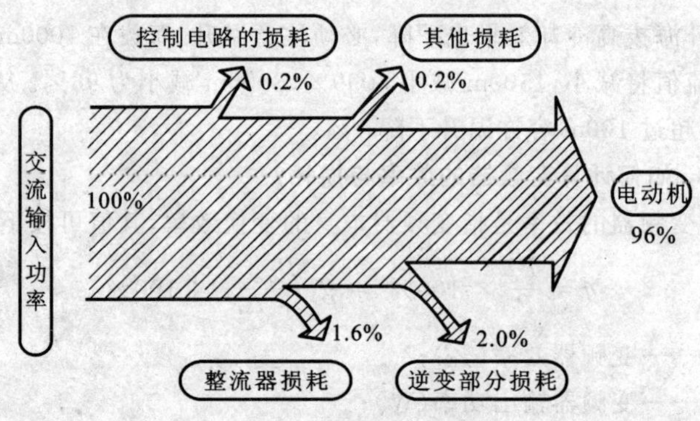

图 6-81　变频器的功率流失

307. 防止变频器发热有哪些对策？

答：(1)变频器的发热量。表 6-7 是 JP6C-T 系列变频器在额定运转时的损耗及发热量，但不含变频器外围电路器件（配线、开关、接触器、继电器等）的发热量。如果外围电路复杂、所用器件数量较大，应将变频器外围电路的发热量一并考虑。

表 6-7 JP6C -T 系列变频器额定运转时的损耗及发热量

<table>
<tr><th colspan="2">变频器装置</th><th rowspan="2">损耗(额定时)(W)</th><th colspan="2" rowspan="2">发热量(kJ/min)</th></tr>
<tr><th>容量(kW)</th><th>电压(V)</th></tr>
<tr><td>0.4</td><td rowspan="7">200/220</td><td>62</td><td>3.72</td><td rowspan="7">加制动器时的发热量</td></tr>
<tr><td>0.75</td><td>118</td><td>7.06</td></tr>
<tr><td>1.5</td><td>169</td><td>10.07</td></tr>
<tr><td>2.2</td><td>190</td><td>11.33</td></tr>
<tr><td>3.7</td><td>273</td><td>16.30</td></tr>
<tr><td>5.5</td><td>420</td><td>25.08</td></tr>
<tr><td>7.5</td><td>525</td><td>31.35</td></tr>
<tr><td>0.75</td><td rowspan="18">400/440</td><td>102</td><td colspan="2">6.10</td></tr>
<tr><td>1.5</td><td>130</td><td colspan="2">7.77</td></tr>
<tr><td>2.2</td><td>150</td><td colspan="2">8.99</td></tr>
<tr><td>3.7</td><td>195</td><td colspan="2">11.66</td></tr>
<tr><td>5.5</td><td>290</td><td colspan="2">17.31</td></tr>
<tr><td>7.5</td><td>395</td><td colspan="2">23.58</td></tr>
<tr><td>11</td><td>580</td><td colspan="2">34.65</td></tr>
<tr><td>15</td><td>790</td><td colspan="2">47.23</td></tr>
<tr><td>22</td><td>1160</td><td colspan="2">69.39</td></tr>
<tr><td>30</td><td>1470</td><td colspan="2">87.78</td></tr>
<tr><td>37</td><td>1700</td><td colspan="2">101.57</td></tr>
<tr><td>45</td><td>1940</td><td colspan="2">115.79</td></tr>
<tr><td>55</td><td>2200</td><td colspan="2">131.25</td></tr>
<tr><td>75</td><td>3000</td><td colspan="2">179.32</td></tr>
<tr><td>110</td><td>4300</td><td colspan="2">256.65</td></tr>
<tr><td>150</td><td>5800</td><td colspan="2">345.52</td></tr>
<tr><td>220</td><td>8700</td><td colspan="2">518.32</td></tr>
</table>

(2)防止变频器过热的对策。设计配电柜或电气室、安装场所时必须使变频器周围温度在上限温度以内。

若不能把变频器周围温度限制在其上限温度以下时，要采用下列方法降低周围温度：

①降低配电柜的温度。由于变频器发热引起配电柜升高的温度 Δt 通常可参照下列经验公式算出

$$\Delta t = \frac{P_1 + P_2}{K_1 A + K_2 q_W}$$

式中 Δt——温升(℃)；

P_1——变频器产生的损耗(W)；

P_2——装设的其他器件产生的损耗(W)；

A——配电柜的散热面积(m^2)；

q_W——换气风量(m^3/min)；

K_1——约为 6(配电柜的结构和材料决定的常数)；

K_2——约为 20(由空气的比热决定的常数)。

为此需要采取或加大配电柜的尺寸，或增加换气量的方法，使配电柜的温升满足下式的关系。

$$\Delta t \leqslant T_U - T_a$$

式中 T_a——配电柜周围温度的最大值(℃)；

T_U——变频器容许周围温度的上限值(℃)。

设由变频器使配电柜的温度上升 10 ℃，周围温度为 40 ℃，根据 $\Delta t=(P_1+P_2)/(K_1A+K_2q_W)$式求得配电柜尺寸见表 6-8。变频器在控制柜内的间隔如图 6-82 所示，变频器在柜内几种安装方式如图 6-83 所示。

柜内布置注意事项如下：

表 6-8 装设变频器的配电柜尺寸

变频器装置		损耗（额定时）(W)	密闭型概略尺寸(mm)			风扇冷却概略尺寸(mm)		
电压(V)	容量(kW)		宽	深	高	宽	深	高
200/220	0.4	62	400	250	700	—	—	—
	0.75	118	400	400	1100	—	—	—
	1.5	169	500	400	1600	—	—	—
	2.2	190	600	400	1600	—	—	—
	3.7	273	1000	400	1600	—	—	—
	5.5	420	1300	400	2100	600	400	1200
	7.5	525	1500	400	2300	—	—	—
400/440	0.75	102	400	400	1000	—	—	—
	1.5	130	400	400	1400	—	—	—
	2.2	150	600	400	1600	—	—	—
	3.5	195	600	400	1600	—	—	—
	5.5	290	700	600	1900	—	—	—
	7.5	395	1000	600	1900	600	400	1200
	11	580	1600	600	2100	600	600	1600
	15	790	2200	600	2300	600	600	1600
	22	1160	2500	1000	2300	600	600	1900
	30	1470	3500	1000	2300	700	600	2100
	37	1700	4000	1000	2300	700	600	2100
	45	1940	4000	1000	2300	700	600	2100
	55	2200	4000	1000	2300	700	600	2100
	75	3000	—	—	—	800	550	1900
	110	4300	—	—	—	800	550	1900
	150	5800	—	—	—	900	550	2100
	220	8700	—	—	—	1000	550	2300

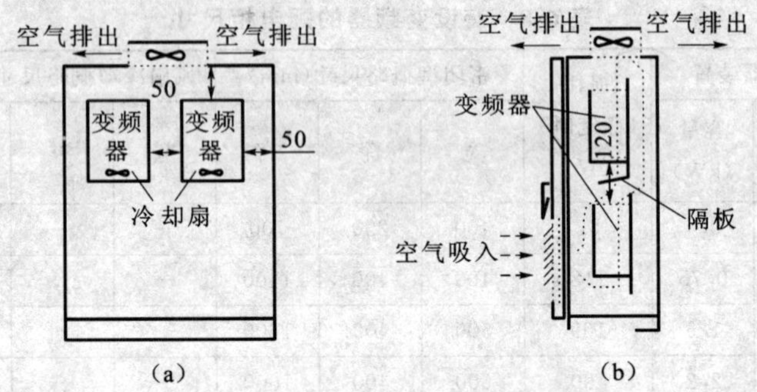

图 6-82　变频器在控制柜内的布置

(a)变频器横向布置　(b)变频器纵向布置

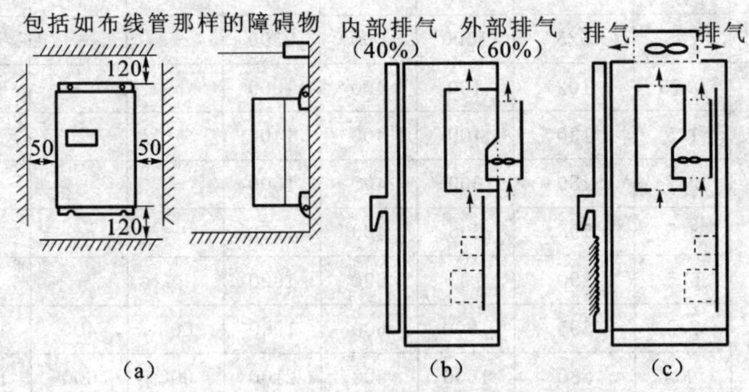

图 6-83　变频器的几种安装方式

(a)横排式　(b)变频器散热片露在盘外冷却安装

(c)变频器散热片露在盘内安装方式

a. 考虑到柜内温度的增加，不得将变频器存放于密封的小盒中，或在其周围空间堆放零件、热源等。

b. 柜内温度不要超过 50 ℃。

c. 在柜内安装冷却(通风)扇时，应使冷却空气能通过热源部分。

d. 当柜内安装一个以上变频器时，可按图 6-82(a)所示横向布置。如果一定要纵向布置(上下)，应在变频器之间加入一块隔板，如图 6-82(b)所示，以防止下面变频器的热量影响上面变频器。

②降低电气室或安装场所的温度。

a. 设置通风口或换气装置时，所需换气风量可按下式求出

$$q_W=\frac{Q}{C_p\rho(T_i-T_e)}$$

式中 q_W——所需换气量（m^3/min）；

Q——室内产生的热量（kJ/min）；

C_p——在 T_e 时空气的定压比热[kJ/(kg·K)]，在压力为 0.1MPa、温度为 0～100℃时为 1kJ/(kg·K)；

ρ——在 T_e℃时空气的密度（kg/m^3），在 20℃时为 1.2kg/m^3；

T_i——室内的目标温度（℃）；

T_e——室外的最高温度（℃）。

b. 冷房装置的选择按表 6-7 的发热量进行，具体的选择要领可参考与空调有关的文献。

308. 变频器长期不用会发生什么问题？

答：长期不用的变频器可能发生的问题是：

（1）高低压电解电容器容量下降，质量变劣。如发生电容器鼓包，甚至内部的电解液溢出等现象，不但会损坏印制电路板，还会危及其他器件。

（2）冷却风机轴承的润滑油可能干涸，影响使用寿命。

所以，对于长期不用的变频器，每隔半年或一年，应通电、空载运行一天。

309. 变频器壁挂式安装和柜式安装哪种方式好？

答：一般来说，壁挂式安装的主要优点是散热较好，但对周围环境的要求较高。因此，在周围环境比较洁净，进出人员较少的场合（如水泵房、中央空调的控制室等处），外围器件（空气断路器、接触器、快速熔断器、电抗器、滤波器等）不多的情况下，可以考虑采用壁挂式安装。

反之，对于周围环境不很洁净，来往人员较多，外围器件也较多的场合，最好采用柜式安装。

310. 为什么变频器的输出线有时需要加粗？

答：因为变频器的输出电压是和输出频率一起变化的，当输出频率很低时，输出电压也很低。此时，线路上的电压降占的比例将增大，使电动机实际得到的电压减小，严重时将不能正常运行。

所以，在电动机和变频器之间的距离较远，工作频率又较低的情况下，必须考虑线路电压降的影响，如图 6-84 所示。必要时，应适当加粗变频器的输出线。一般要求，线路电压降

$$\Delta U \leqslant (2\% \sim 3\%)U_{PN}$$

式中　ΔU——线路电压降(V)；

U_{PN}——变频器的额定相电压(V)。

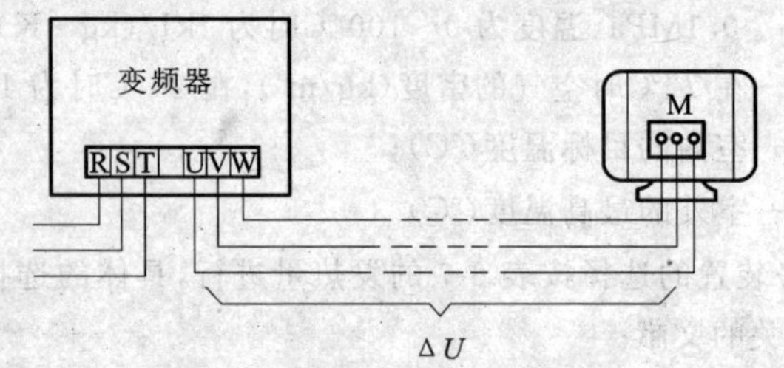

图 6-84　输出线路的电压降

311. 变频器与电动机之间的最长距离是多少？

答：当变频器和电动机之间的连接线很长时，导线的分布电容和电动机的漏磁电感有可能因接近于谐振点而导致电动机的输入电压偏高，从而使电动机容易损坏，或运行时发生振动。因此，从总体上说，变频器和电动机之间的线应尽量短。

具体地说，变频器内部的处理方法不同，两者之间规定的距离也不相同。几种常用变频器与电动机之间的规定距离见表 6-9。

表 6-9　不同变频器对电动机距离的规定

变频器型号	相关条件	规定距离(m)
森兰 SB40	$f_C \leqslant 3kHz$	≤100
	$f_C \leqslant 7kHz$	<100
	$f_C \leqslant 9kHz$	<50
康沃 CVF-G2	—	≤30
英威腾 INVT-G9	$f_C \leqslant 5kHz$	≤100
	$f_C \leqslant 10kHz$	<100
	$f_C \leqslant 15kHz$	<50

续表 6-9

<table>
<tr><th colspan="2">变频器型号</th><th>相关条件</th><th>规定距离(m)</th></tr>
<tr><td colspan="2">惠丰 HF-G</td><td>—</td><td>≤200</td></tr>
<tr><td colspan="2">艾默生 TD3000</td><td>—</td><td>≤100</td></tr>
<tr><td colspan="2" rowspan="2">富士 G11S</td><td>$P_N \leqslant 3.7$kW</td><td><50</td></tr>
<tr><td>$P_N > 3.7$kW</td><td><100</td></tr>
<tr><td colspan="2">日立 SJ300</td><td>—</td><td>≤20</td></tr>
<tr><td colspan="2" rowspan="2">三菱 FR-A540</td><td>$P_N \leqslant 0.4$kW</td><td>≤300</td></tr>
<tr><td>$P_N \geqslant 0.75$kW</td><td>≤500</td></tr>
<tr><td colspan="2" rowspan="3">安川 CIMR-G7</td><td>$f_C \leqslant 5$kHz</td><td>≤100</td></tr>
<tr><td>$f_C \leqslant 10$kHz</td><td><100</td></tr>
<tr><td>$f_C \leqslant 15$kHz</td><td><50</td></tr>
<tr><td rowspan="4">ABB ACS800</td><td rowspan="2">直接转矩控制</td><td>R_2、R_3 外壳</td><td>≤100</td></tr>
<tr><td>R_4、R_6 外壳</td><td>≤300</td></tr>
<tr><td rowspan="2">标量控制</td><td>R_2 外壳</td><td>≤150</td></tr>
<tr><td>R_3、R_6 外壳</td><td>≤300</td></tr>
<tr><td colspan="2" rowspan="3">瓦萨 CX</td><td>$P_N \leqslant 1.1$kW</td><td>≤50</td></tr>
<tr><td>$P_N = 1.5$kW</td><td>≤100</td></tr>
<tr><td>$P_N \geqslant 2.2$kW</td><td>≤200</td></tr>
</table>

注:表中数据来自各变频器的说明书。

312. 什么是变频器的电磁兼容?

答:变频器是电力电子设备,其电子元器件、计算机芯片易受外界的一些电气干扰;同时,变频器自身的元器件、振荡电路、数字电路、触头、开关等在工作中也会产生连续的干扰频谱。因此,变频器运行中既要防止外界干扰,又要防止干扰外界,即通常所说的电磁兼容(Electromagnetic Compatibility)。要做到这一点,就得采取相应措施和配套设备,以保证变频器安全、高效地工作。

313. 当变频器输出侧采用 PWM 调制方式时谐波产生的机理是什么?其对外干扰的方式有哪几种? 都会产生哪些危害?

答:采用 PWM 调制方式的变频器,输出电压和输出电流均有谐波,这是由于变频器中的逆变部分是通过高速半导体开关产生 PWM 调制信号的,这种具有陡变沿的脉冲信号会产生很强的电磁干扰。尤其是输出电流,它们将以各种方式把自己的能量传播出去,形成对其他设备的干扰。

谐波频率的高低与变频器调制频率有关。调制频率低(1～2kHz),在人耳的感觉范围内;高次谐波频率产生的电磁噪声(尖叫声)人耳能听见;调制频率高(20kHz),人耳感觉不到,但高频信号是客观存在的。

变频器(主要是逆变器)产生的谐波向外界传播的途径有辐射和传导两大类,如图 6-85 所示。具体划分,可以分为以下四种方式:一是通过电磁波的方式向空中辐射;二是通过线间电感向周围线路产生电磁感应;三是通过线间电容向周围线路及器件产生静电感应;四是通过电源网络向电网传播。当变频调速系统的容量足够大时,所产生的高频信号将足以对周围各种电子设备的工作形成干扰,其主要后果有:

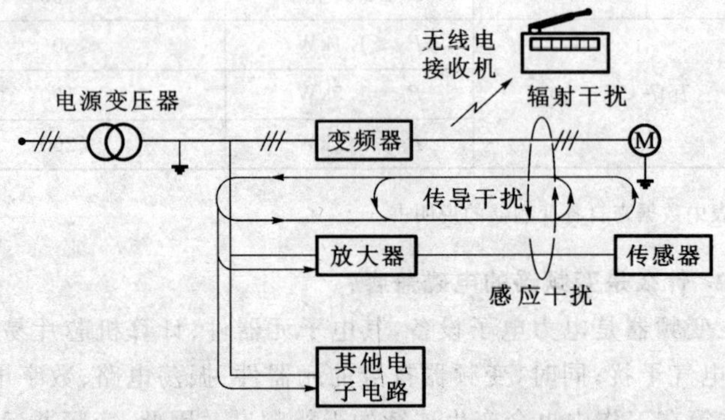

图 6-85 变频器输出侧谐波干扰途径

(1)变压器。电流谐波将增加铜损,电压谐波将增加铁损,综合结果是使变压器温度上升,影响其绝缘能力,并造成容量裕度减小。谐波也可能引起变压器绕组及线间电容之间的共振,及引起铁心磁通饱和或歪斜,而产生噪声。损耗随频率增大而增加,故谐波的高频成分比低频成分对增加变压器的温升,是比较重要的因素。

(2)电动机。引起电动机附加发热,导致电动机额外温升,电动机往往要降容使用。由于输出波形失真,增加电动机的峰值电压,影响电动机的绝缘性能,谐波还会引起电动机转矩脉动以及噪声增加。

(3)电力电容器组。一般规定电容器电流只允许35%的过载,但在实际运转时,由于谐波的影响,常发生严重过载。由于电容器的阻抗伴随频率的增加而减小,故当谐波产生时,电容器即成为一陷流点,流入大量的电流而导致过热,甚至损坏电容器。当电容器与线路阻抗达到共振条件时,会发生振动短路、过电流及产生噪声。

(4)开关设备。由于谐波电流的存在,开关设备在起动瞬间产生很高的电流变化率,致使增加暂态电压的峰值,破坏绝缘。所以当谐波过大时,常会引起一些无熔体开关产生误动作,也很容易使一些开关里的熔体熔断。

(5)保护电器。电流中含有谐波,必会产生额外的转矩,改变电器的动作特性,引起误动作。

(6)计量仪表。电能表等计量仪表,会因谐波而造成感应转盘产生额外的电磁转矩,引起误差,降低精确度。

(7)电力电子设备。在许多场合,电子设备常会产生谐波的电流源,且很容易感受谐波失真而误动作。

(8)通信设备。输电线中若含有谐波,则将产生磁场及电场,以致干扰通信线路。

(9)照明设备。谐波会影响白炽灯的寿命,当谐波增加时,将缩短灯泡寿命。荧光灯或水银灯的启辉器,有时装有电容,此电容器与启辉器及线路的电抗,可能对某一频率的谐波形成共振电路,这将产生额外的热损,甚至会使该灯具损坏。

(10)电脑设备。会因电源电压波形的失真而引起误动作。

314. 防止变频器输出侧谐波干扰的对策有哪些?

答:为了防止变频器输出侧谐波的干扰,可采用以下对策(见图

6-86)：

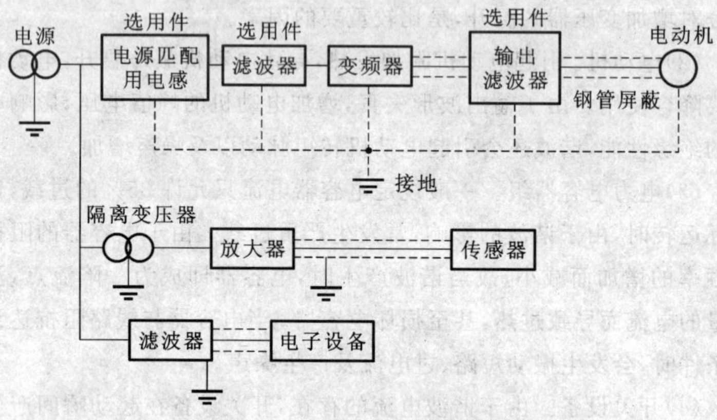

图 6-86　防止谐波干扰对策框图

(1)用铁壳屏蔽变频器。变频器安装于铁壳内，既能屏蔽交流调速系统向外辐射能量，又能防止外界电磁波进入本系统。

(2)变频器的输出线用钢管屏蔽，并与其他弱电信号分别配线。附近的其他灵敏电子设备线路也要屏蔽好。

(3)电源线要采用隔离变压器、电源滤波器以避免传导干扰，如图6-87所示；在要求不高的场合加装零序电抗器，如图6-88所示。

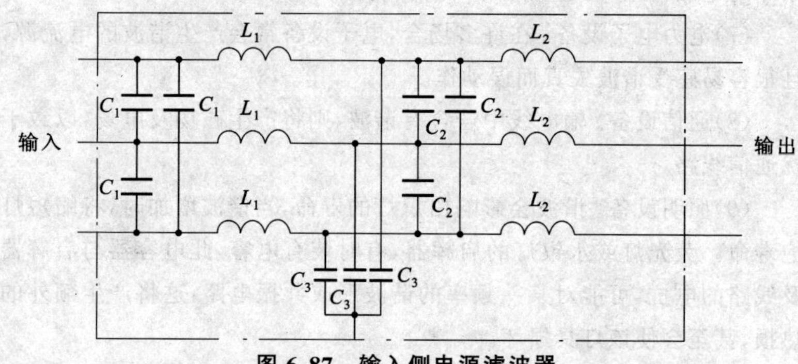

图 6-87　输入侧电源滤波器

C_1：0.47μF×3　　C_2：0.47μF×3　　C_3：1000pF×3

L_1：3mH×3　　L_2：100μH×3

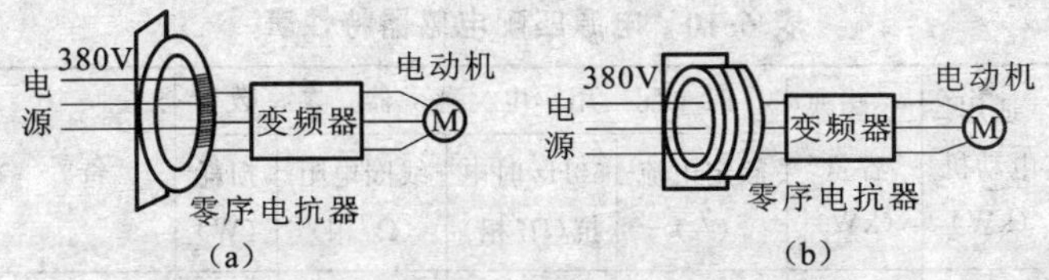

图 6-88 输入端加装零序电抗器防止干扰

(a)用于 3.7～22kW 三相线同一方向绕 4 匝的零序电抗器

(b)用于 30～280kW,磁环 4 个重叠在一起,三相线直接穿过的零序电抗器

(4)为了解决电动机过热和电磁噪声的问题,可以在变频器的输出侧配置输出滤波器,如图 6-89 所示。滤波器一般采用无源滤波器。变频器输出侧安装滤波器时应注意,滤波器的输入侧接变频器的输出侧,滤波器输出侧接电动机,决不能接错。否则,会烧毁变频器。

(5)当电源变压器容量大于 10 倍变频器容量,或电源电压不平衡率超过 3%,或与晶闸管整流装置、功率因数补偿器并联使用时需安装电源匹配用电感器,其参数见表 6-10。采用电感器后对电源改善效果见表 6-11。从表可看出,小容量变频器安装匹配电感器后使功率因数有提高;大容量变频器安装匹配电感器后功率因数无提高,但可改善变频器运行,同时还可起到滤波作用。

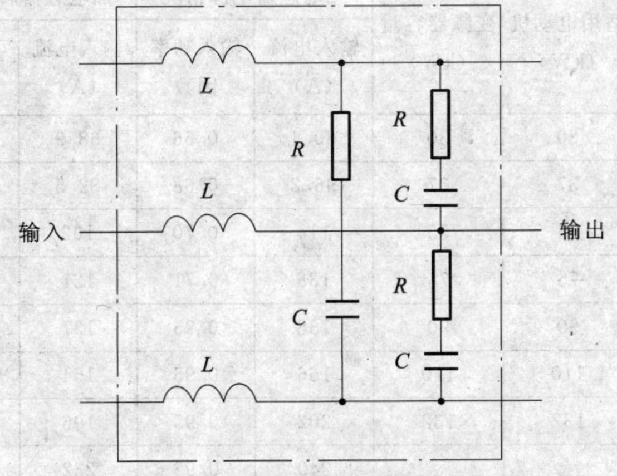

图 6-89 变频器输出侧配置输出滤波器

表 6-10 电源匹配电感器特性表

电网电压（V）	适用电动机（kW）	变频器容量（kW）	匹配用电感器参数				备注
			额定电流（A）	50Hz时电抗（Ω/相）	线圈电阻（Ω/相）	损耗（W）	
380	30	30	100	0.0417	0.00273	38.9	(1)电源变压器容量>10倍变频器容量 (2)电源电压不平衡率超过3% (3)接有功率因数自动补偿器及晶闸管装置 上述三条中任一条满足时，都需装电源匹配电感器
	37	37	100	0.0417	0.00273	55.7	
	55	55	135	0.0308	0.00161	50.2	
	75	75	160	0.0308	0.00161	65.3	
	90	90	250	0.0167	0.000523	42.2	
	110	110	250	0.0167	0.000523	60.3	
	132	132	270	0.0208	0.000741	119	
	160	160	561	0.0100	0.000236	56.4	

表 6-11 采用匹配电感器后电源改善特性表

电网电压（V）	适用电动机（kW）	变频器容量（kW）	无电感器电源情况		加电感器后电源情况	
			输入电流（A）	输入功率因数	输入电流（A）	输入功率因数
380	30	30	80.4	0.66	68.9	0.77
	37	37	96.2	0.68	82.5	0.79
	55	55	114	0.70	102	0.78
	75	75	138	0.71	121	0.80
	90	90	138	0.95	137	0.95
	110	110	166	0.95	164	0.95
	132	132	202	0.95	196	0.95
	160	160	240	0.95	232	0.95
			290	0.95	282	0.95

315. 如何防止外界因素对变频器的电磁干扰?

答:(1)当配电变压器容量大于500kV·A,且变压器容量大于变频器容量10倍以上时,要在变频器输入侧加装交流电抗器。交流电抗器的大小见表6-12。如果变压器与变频器之间的连接阻抗大于表6-12中所示之值,可不装交流电抗器,其选用情况如图6-90所示。

表6-12 交流电抗器数据

电源电压及容量	适用电动机容量(kW)	变频器容量(kW)	选配电抗器			
			额定电流(A)	电抗(Ω/相)	线圈电感(mH)	功耗(W)
电源380V容量500kV·A以上或大于变频器容量10倍	0.75	0.75	2.5	1.196	6.1	10
	1.5	1.5	3.7	1.159	3.69	11
	2.2	2.2	5.5	0.851	2.71	14
	4.0	4.0	9.0	0.512	1.63	17
	5.5	5.5	13	0.349	1.11	22
	7.5	7.5	18	0.256	0.814	27
	11	11	24	0.1825	0.581	40
	15	15	30	0.1392	0.443	46
	18.5	18.5	39	0.1140	0.363	57
	22	22	45	0.0958	0.305	62
	30	30	100	0.0417	0.0273	38.9
	37	37	100	0.0417	0.0273	55.7
	45	45	135	0.0308	0.00161	50.2
	55	55	135	0.0308	0.00161	70.7
	75	75	160	0.0258	0.00161	65.3
	90	90	250	0.0167	0.00161	65.3
	100	100	250	0.0167	0.000523	42.2
	132	132	270	0.0208	0.000741	60.3
	160	160	561	0.0100	0.000236	119
	200	200	561	0.0100	0.000236	90.4
	220	220	561	0.0100	0.000236	107
	280	280	825	0.000667	0.000144	108

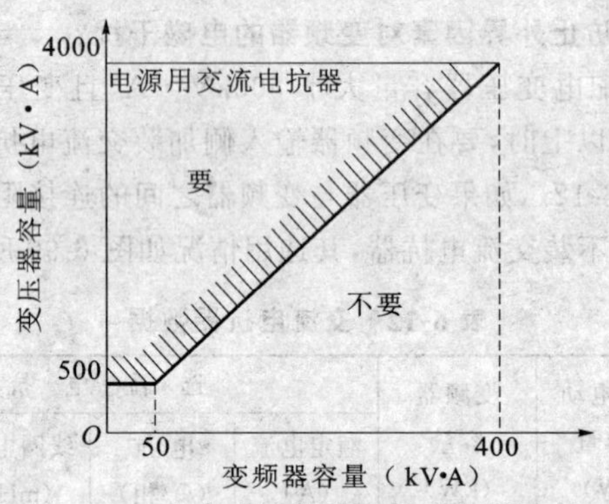

图 6-90　配电变压器容量及变频器容量与选用交流电抗器的关系

(2)当配电变压器输出电压三相不平衡，且其不平衡率大于 3%时，变频器输入电流的峰值就很大，造成连接变频器的电线过热，或变频器过电压或过电流，或损坏二极管及电解电容器等。此时，需加装交流电抗器。特别是当变压器采用 V 形联结时问题更为严重。此时，除在变频器交流侧加装电抗器外，还需在直流侧加装直流电抗器。

表 6-13　直流电抗器数据

电源电压（V）	电动机功率（kW）	变频器容量（kW）	直流电抗器				
			额定电流（A）	电感（mH）	电阻（mΩ）	过电流速率	损耗（W）
380	30	30	80	0.86	9.84	150% 1min	16.2
	37	37	100	0.70	5.60	150% 1min	37.7
	45	45	120	0.58	4.03	150% 1min	42.8
	55	55	146	0.47	3.10	150% 1min	48.4
	75	75	200	0.35	2.38	150% 1min	58.0
	90	90	238	0.29	1.55	150% 1min	68.0
	110	110	291	0.24	1.36	150% 1min	83.0
	132	132	326	0.215	0.941	150% 1min	81.3
	160	160	395	0.177	0.737	150% 1min	92.9

续表 6-13

电源电压 (V)	电动机功率 (kW)	变频器容量 (kW)	直流电抗器				
			额定电流 (A)	电感 (mH)	电阻 (mΩ)	过电流速率	损耗 (W)
380	200	200	494	0.142	0.574	150% 1min	112
	220	220	557	0.126	0.516	150% 1min	118
	280	280	700	0.1	0.347	150% 1min	134

(3)当配电网络接有功率因数补偿电容或晶闸管整流装置时[见图 6-91(a)],变频器输入电流峰值变大,加重了变频器中整流二极管负担[见图 6-91(b)]。若在变频器交流侧连接有交流电抗器,变频器产生的谐波电流输入给补偿电容及配电系统,当配电系统的电感与补偿电容发生谐振呈现最小阻抗时,其补偿电容和配电系统将呈现最大电流[见图 6-91(c)],使变频器及补偿电容都会受损伤。为了防止谐振现象发生,在补偿电容器前串接电抗,就可以使 5 次以上高次谐波的电流成为感性,避免谐振现象的产生。与变频器配套使用的交、直流电抗器数据分别见表 6-12 和表 6-13。

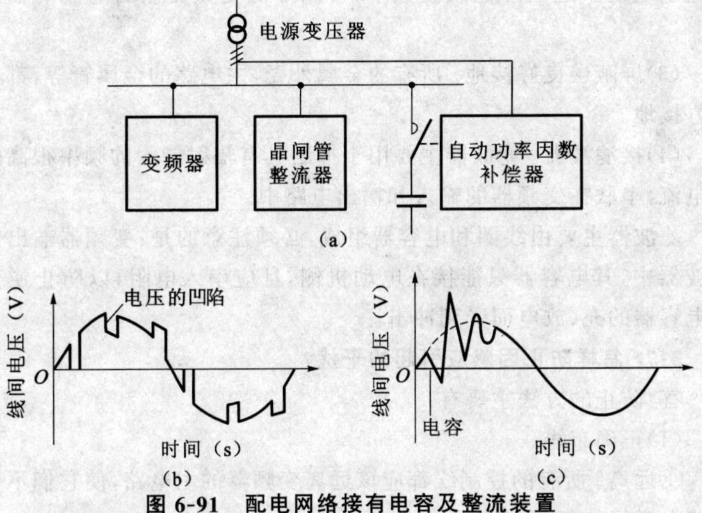

图 6-91 配电网络接有电容及整流装置

(a)装置框图 (b)晶闸管整流器电压的凹陷 (c)电容投入时的异常电压

同时需要指出，变频器的输入侧接有电动机时，此时不要为了补偿电动机功率因数而接入补偿电容，因变频器的逆变部分处于高速开关状态，瞬态输出电压有急剧的变化，会给电容很大的电流，使变频器和电容器都会受到损害。

316. 怎样防止电磁辐射引起的干扰？

答：防止电磁辐射的主要方法有：

(1)加强屏蔽。

①加强变频器的屏蔽。变频器的外壳本身也具有屏蔽作用。此外，如有条件，最好把变频器放在控制柜内，可以加强屏蔽。

②加强主电路的屏蔽。因为高次谐波电流要通过主电路，所以，主电路也是辐射源。应该把主电路的导线穿在金属管内进行屏蔽。

③加强受干扰设备的屏蔽。尽量把干扰的设备放置在金属箱(或金属柜)内，以削弱进入受干扰设备的电磁波强度。

(2)降低载波频率。由于变频器的输出电流中高次谐波的频率与载波频率相同，频率高，辐射能力强。故变频器的辐射干扰多数是由输出电流引起的。适当降低载波频率，可以降低变频器输出电流的辐射强度。

(3)屏蔽层良好接地。所有的金属外壳，主电路的金属管等，都必须良好接地。

(4)接滤波器。滤波器主要用于抑制具有辐射能力的频率很高的谐波电流，串联在变频器的输入和输出电路中。

滤波器主要由线圈和电容器组成，必须注意的是：变频器输出侧的滤波器中，其电容器只能接在电动机侧，且应串入电阻，以防止逆变器因电容器的充、放电而受到冲击。

317. 怎样防止因感应引起的干扰？

答：防止的方法主要有：

(1)正确布线。

①远离。所有的控制线都应该远离变频器的主电路，使它们不受主电路电磁场的影响。

②不平行。控制线不要和主电路平行。

(2)滤波和隔离。模拟量控制信号大多是直流信号,故可以通过滤波和隔离的方法把由感应引起的附加高频信号削弱或消除。

由于滤波电路很难完全消除高频信号,加以电感线圈的电阻压降有可能削弱原来的信号,故必要时可用线性光电耦合管进行隔离和放大。

(3)信号线相绞。

(4)采用屏蔽线。屏蔽线内的金属屏蔽层,可以阻隔电磁信号的进入。一般情况下,金属屏蔽层只应一端接地。

318. 在变频器的输入侧和输出侧加装的滤波器有什么区别?

答:主要区别是:

(1)线圈的匝数不同。变频器输入电流中,高次谐波分量的频率并不很高,故输入滤波器线圈的匝数稍多;而输出电流中高次谐波分量的频率较高,等于载波频率,故输出滤波器线圈的匝数可略少。

(2)附加电路不同。为了提高滤波效果,各生产厂家往往在线圈两端加接电容器。但输出滤波器中,靠近变频器侧是不允许接电容器的。在电动机侧,即使接入电容器,也应串入限流电阻。所以,输出滤波器在接线时,必须注意不能把变频器侧和电动机侧接反。

319. 变频器相互间是否干扰?如何防止?

答:多台变频器之间可能互相干扰,一般有以下两种情况:

(1)多台变频器在同一控制柜中。它们相互干扰的结果,往往是使各台变频器都不能正常工作,大多属于感应干扰。解决的方法有:

①从控制线布线入手。使各变频器控制线远离其他变频器的主电路,防止与其他变频器的主电路平行布线。

②从主电路入手。控制柜内使用金属配电板,所有变频器的主电路都从板后走线,如图 6-92 所示。

(2)多台变频器在同一电路中。容易使线路电压的波形发生畸变,导致变频器因过压或欠压而误动作。具体情况也有两种:

①变频器容量大台数少。大容量变频器在运行时,线路电压有可能发生严重畸变。在这种情况下,所有变频器都应配置交流电抗器。

②变频器容量小台数多。当电路中有很多小容量变频器同时运行时,线路电压的波形虽不一定发生严重畸变,但有许多维持时间很短

(微秒级)的毛刺,导致各变频器不规则跳闸。

解决的方法是,在每个变频器的输入侧都接滤波器。也可以通过预置变频器的重合闸功能来防止变频器停机。

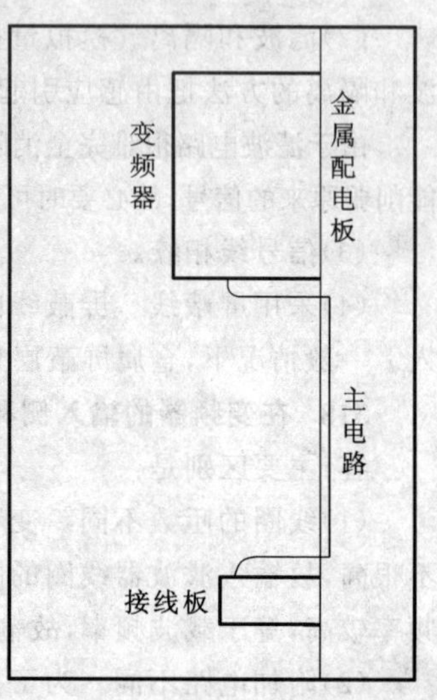

图 6-92　变频器主电路隔离

320. 应用矢量控制方式时,显示屏显示的频率很不稳定是什么原因?

答:因为矢量控制实际上是一种闭环控制,它随时对反馈信息与给定值进行比较,并根据比较结果调整变频器的输出频率与电压。所以,当变频器的显示屏显示输出频率时,其显示的数值都是瞬时值,因此会不断地跳动。

321. 变频器的寿命有多长?

答:变频器虽为静止装置,但也有像滤波电解电容器、冷却风扇等消耗器件,如果对它们使用维护得好,可望有 10 年以上的寿命。

322. 变频器日常检查的项目有哪些?

答:变频器的日常检查,基本上是检查运行中是否有异常现象。主要有:

(1)电动机是否过热,是否有异常声音和异常振动。

(2)变频器工作环境的温度、湿度是否适当。

(3)变频器散热状态是否正常。

(4)冷却系统是否正常。

(5)是否有异常振动声音。

(6)不必取下外盖,根据检查清单的要求,从外面查看变频器有无异常声音、异味及损伤。

(7)如有不良征兆,立即确认它的位置和程度。

(8)确认异常的内容。例如,面板显示或符号异常,输出频率、输出电流、设定频率异常等。如果可以继续运行,应该详细记录异常内容,以便定期检查时作为参考资料。

323. 变频器定期检查的项目有哪些?

答:必须停机才能检查的项目,日常检查发现问题需要停机维修的项目,以及电气特性的检查、调整等,都属于定期检查的范围。检查周期根据变频器的重要性、经济性及使用环境等综合判断来决定,通常为半年到一年。检查的项目主要有:

(1)盘内及空气过滤器的清扫。用真空吸尘器吸取尘埃,吸不掉的东西用布擦拭。为了防止有灰尘、金属物落下,清扫应自上而下进行。主电路元件的引线、绝缘子以及电容器的端部,应该用软布小心地擦拭。空气过滤器的清扫一定要按期进行。

(2)紧固检查。由于温度上升、振动等原因,常常引起器件和紧固件松动,主电路器件、控制电路各端子连接部分要进行紧固检查。

(3)检查锡焊部分、压接端子处有无断线,有无腐蚀。

(4)检查操作机构。对操作机构可动部分、易磨损部分要进行检查、更换或修理。

(5)检查接触器、继电器的触头,损坏的要更换。

(6)检查浪涌吸收电路。检查浪涌吸收电路中电容、电阻有无异常,稳压二极管、非线性电阻等有无变色、变形。

(7)检查保护电路。主要检查保护电路中各器件的动作是否灵敏,是否在给定值内动作,给定值的设定是否准确,联动机构是否按保护顺序动作。保护电路应处于随时能工作的状态。

(8)检查断路器。要检查跳闸电路动作是否正常,检修或更换触头。

(9)测量绝缘电阻。印制电路板类的绝缘电阻值要用万用表的高阻挡测量,其他主电路等用绝缘电阻表测量,其值应在1MΩ以上。

(10)检查运转特性及各部波形。将起动停止、加减速、稳定运转时的各部波形以及稳定度,同试运转时数据相比较。

(11)振动检查。变频器内的接线端子部分和接触部分,由于长时间的运转,常发生腐蚀、接触不良、断线等故障,用小锤轻轻地叩击这些部位,检查有无异常。

(12)备用品的动作确认。备用品应密封,置于尘埃少、无有害气体、湿度低的地方。在定期检查时应将印制电路板、电源单元等装配起来，并确认其性能良好。这样，当发生故障时，随时可以安装到位，缩短修复停工时间。

324. 什么是工频切换选用件？

答：用工频电源运转的电动机，当把它切换到变频器下继续运转时，由于存在切换过电流或再生过电压，使保护电路动作，往往不能顺利地投入。因此，根据旋转电动机残留电压检测出其转速，使变频器输出频率与其相一致，就能顺利地把电动机切换到变频器下继续运行，这就是工频切换选用件的功用。另外，使用这种选用件，可以使用瞬停等原因脱离变频器的电动机在复电时继续运转。即工频切换选用件也可以作为瞬停再起动的装置使用。此外，为适应大容量电动机投切的需要，有的选用件在从变频器切换到工频电源时还具有同步控制功能。

325. 什么是频率跳变选用件？

答：用电动机传动的生产机械有一个固有振荡频率，当采用变频器变速时，在电动机的振荡频率与生产机械固有振荡频率一致的点上，机械系统将会形成谐振（共振），严重的会引起机械损坏。对于用增强机械强度等方法不能避免谐振的场合，可使用频率跳变选用件。谐振点上频率跳变选用件可以使变频器输出频率不在谐振频率上停留而向上或向下跳变，从而使机械系统平滑地运转。

326. 与工频电源相比采用变频器的电动机运转噪声和振动将增大到什么程度？

答：运转噪声和振动与运转频率有关。对于标准电动机，低速运转时，有的频带噪声增大达 10dB(A)，振动增大达 V10 级（全振幅 10μm）。对于变频器，使用的元器件及控制方式不同，噪声的大小也不同。采用 IGBT（绝缘栅型双极晶体管）、IPM（功率集成模块）的变频器与用工频电源运转时产生的振动和噪声差不多，约增大 2dB(A)。

327. 采用变频器控制，如何实现电动机正转、反转的切换？

答：采用工频电源时，当给电动机供电的三相电源中的两相换接即可反转。采用变频器控制时，用同样的方法也可实现反转，但是切换必须在电动机的停止状态下进行。有些机种可不用这种改变主电路相序的办法切换，而用指令信号使变频器输出电压的相序改变，就可以实现电动机的正反转。

328. 变频调速系统选用电动机时有哪些注意事项？

答：(1)电流。对于同一负载，用通用变频器运转与用工频电源运转相比，电动机的额定电流约增加10%。增加的电流将会引起绕组和其他器件的温度上升，要求绕组和其他器件有较高的绝缘强度和耐热等级。

(2)速度控制。

①速度控制的上限。对已有的交流调速系统进行改造时，采用变频器驱动调速；在驱动普通异步电动机超过额定频率运转的场合，一定要检查转子的动平衡和轴承耐磨性。

②中间速度。风扇、风机等大惯性负载的固有振动频率通常都在这段可调速范围内，电动机所产生的脉动转矩的频率一旦与固有振动频率一致，则发生共振，严重的会引起轴断裂，而无法运转。

即使是一般的工业机械，在速度控制范围宽的场合，也有可能出现机械的固有振动频率与运转频率相同的情况。

为避免出现上述现象可采取如下对策：

a. 在变频器上加装频率跳变选用件，当机械系统工作在谐振频率时，频率跳变选件使变频器的输出频率向上或向下跳变，避开共振点运转。

b. 对于采用PAM调制方式控制的变频器，低频时可采用PWM调制方式控制(电流型变频器)及多重化连接，以降低脉动转矩。

c. 采用具有弹性的联轴器。

d. 改变机构的共振频率，将其排除在运转范围之外。

另外，需要对旋转部分的离心力进行核算。例如，叶轮、轴、联轴器、电动机转子等，由于转速变化的幅度和频率使旋转部分受交变应力的作用，必须核算旋转部分的动平衡、疲劳强度、机械强度等，以确认是否安全。

③速度控制的下限。普通异步电动机中使用滚动轴承，虽然对最低速度没有限制，但对大容量电动机及机械侧使用滑动轴承的场合，低速时由于润滑不良会导致油膜过热，需要了解机械设备轴承的工作方式，确定最低的运转速度。

另外，在用变频器对泵的流量进行控制时，因有净扬程的要求，所以需要控制速度的下限值。同样，在用变频器对风速和风量进行控制时，也需根据喘振界限风量确定最低转速。

如此，考虑到电动机自身由于低速时冷却能力下降而确定的最低转速，与机械系统所允许的下限速度一起，决定电动机转速的下限。

(3)容许最高频率范围。通用变频器中有的可以输出工频以上的频率，这就意味着电动机将在高于额定转速的条件下运行。但普通异步电动机是以在工频下运转为前提而制造的，因此，为了保证电动机及负载的运行安全，在工频以上频率使用时，必须确认电动机的最高允许频率。通常，电动机最高允许频率受下列因素的限制：

①电动机的最高转速，不能超过轴承的极限转速。

②风扇、端环等的机械强度和疲劳强度。

③转子的机械强度。

④其他特殊零件的强度。

(4)防止冲击(浪涌)电压引起电动机绝缘性能恶化。用变频器驱动异步电动机时，变频器换向会产生冲击电压，开关元件瞬间开闭也会产生冲击电压，必须采取措施以防止电动机绝缘性能恶化。

329. 采用变频调速后机械的寿命能提高吗？

答：采用变频调速后，设备的机械寿命在一定程度上得到提高，主要表现在以下三个方面：

(1)由于平均转速下降而使设备寿命延长。如风机、水泵、空气压缩机等，在全速运行时由于阻转矩很大，各部分的磨损以及主要部件所受到的应力都很大。采用了变频调速后，由于平均转速降低，应力和磨损都大为减小，使机器的寿命得到延长。

(2)由于起动和停机过程得到改善而使设备寿命延长。许多设备在直接起动和停机时，将因受到较大冲击而影响其使用寿命。

(3)其他方面。对于泵类设备，直接起动将使供水的管道系统产生水锤效应，使阀门、接头和水管受到损坏等。采用变频调速后，由于加速和减速过程可以预置得比较缓慢，从而彻底地消除了水锤效应，延长了水泵和管道系统的寿命。

330. 采用变频调速的生产机械能提高产品质量吗?

答:采用变频调速后,可以使产品的加工条件改善,质量得到提高。主要有如下几个方面:

(1)因实现无级调速而使质量提高。例如,某厂用于研磨轴承外圆的无心磨床,原来是齿轮调速,其转速不可能调得恰到好处。配用变频调速后,操作人员可以一边观察火花,一边调节转速,使加工过程达到最佳状态,从而减小了轴承表面的粗糙度。

(2)因实现了闭环控制而使质量提高。例如,某塑料厂的空气压缩机配用变频器后,实现了恒压供气,产品质量因压缩空气的压力稳定而得到提高。

(3)因检测准确而使质量提高。例如,某纺织厂的浆纱机,有12个单元同步进行,原来凭手感通过调整锥形带来进行微调,不但费力,且调整的精度难以控制。采用了变频调速后,可使变频器显示各单元电动机的输出电流,再以各单元电动机电流的大小作为微调的依据,不但调节准确、方便,也使产品的档次得到提高。

七、可编程序控制器及其应用

331. 什么是可编程序控制器?

答:国际电工技术委员会(IEC)在1987年2月颁布的《可编程序控制器标准(草案)》的第三稿中,对可编程序控制器定义为:“可编程序控制器是一种数字运算操作的电子系统,专为在工业环境下应用而设计。它采用可编程序的存储器,用来在其内部存储执行逻辑运算、顺序控制、定时、计数和算术运算等操作的指令,并通过数字式、模拟式的输入和输出,控制各种类型的机械或生产过程。可编程序控制器及其有关的外围设备,都应按易于与工业控制系统连成一个整体,易于扩充其功能的原则设计。”

从上述定义可以看出,可编程序控制器是专为在工业环境下应用而设计的一种数字运算操作的电子系统。

为避免在使用中与个人计算机(Personal Computer)(简称PC)相混淆,人们通常习惯地把可编程序控制器(Programmable Controller)或可编程逻辑控制器(Programmable Logic Controller)简称为PLC。

本书中可编程序控制器与PLC两种称谓并用。

332. 可编程序控制器与工业控制计算机各有什么特点?

答:(1)工业控制计算机,简称为工控机(IPC),是在个人计算机(PC)的基础上发展起来的,采用总线式结构,硬件的兼容性较强。IPC有各种各样的输入/输出板卡供用户选用,容易实现管理控制网络的一体化。

(2)从发展历程来看,PLC是由继电器逻辑控制发展而来的。所以它在开关量处理、顺序控制等方面具有一定的优势。其发展初期主要侧重于开关量逻辑控制。虽然PLC的功能不断增强,但是其主要的应用领域还是以顺序控制为主的开关量逻辑控制。

PLC的体积小巧紧凑,硬件和操作系统的可靠性总体上比工控机高。工控机来源于个人计算机,主要用于过程控制,或用做控制系统中的上位机和人机接口。

(3)在高端应用方面,很难区分PLC和工控机之间的差异,因为二者均采用同样的微处理器和内存芯片。

(4)PLC和IPC控制相比,具有以下优点:

①对低端应用,PLC具有极大的性能价格比优势。工控机的价格较高,将它用于小型开关量控制系统以取代继电器控制,无论是在体积上还是在价格上都很难接受,且可靠性也远不如PLC。

②PLC的可靠性高,故障停机时间少。IPC控制系统,在实时任务处理、长期稳定运行、抗病毒等方面还未获得广泛的认同。

③PLC采取整体密封或插件组合结构形式,对印制电路板、电源、机架、插座的制造和安装,均采取了严密的措施。

工控机I/O的外部接线,一般都用多芯扁平电缆和插头、插座,从印制电路板上引出,不如PLC的接线端子那样方便可靠。

④PLC的编程语言简单易学。工控机的编程语言较难学,编程的效率也没有PLC高。

工控机可以用组态软件来编程,但是每套组态软件只能用于一个控制系统,需要的软件费用较高。

(5)为了发挥工控机和PLC各自的优点,可以将工控机用做上位机和系统的人机接口,将PLC直接用做控制现场设备的下位机,它们之间通过通信交换信息。

333. 可编程序控制器可以用于哪些场合?

答:可编程序控制器主要用于代替继电器-接触器控制的开关量逻辑控制,也可以用于模拟量闭环过程控制、数据处理、通信联网和运动控制(例如定位控制、机床的多轴数字控制)等场合。目前,已用于所有的工业部门,正在向商业、农业、民用、智能建筑等领域扩展。

334. 可编程序控制与继电器-接触器控制有什么区别?

答:(1)继电器-接触器系统的控制功能是用硬件继电器(或称物理继电器)和硬件接线实现的;PLC的控制功能主要是用软件(即程序)实现的。

(2)PLC采用了计算机技术,具有顺序控制、定时、计数、运动控制、数据处理、闭环控制和通信联网等功能,比继电器-接触器控制系统的功能多。

(3)继电器-接触器控制系统的触头多,易于产生接触不良和误动作,可靠性差,诊断与排除故障非常困难;PLC 梯形图程序中的输出继电器是一种“软继电器”,它们的功能是用软件实现的,PLC 的可靠性高,故障率极低,并且很容易诊断和排除故障。

(4)继电器-接触器的控制功能通过物理连接被固定在线路中,其功能单一,不易修改,灵活性差;PLC 的控制方式灵活,有很强的柔性,仅需修改梯形图就可以改变控制功能。

(5)至今还没有一套通用的容易掌握的继电器-接触器电路设计方法,设计复杂的继电器-接触器电路既困难又费时,设计出的电路也很难阅读和理解;PLC 有大量用软件实现的辅助继电器、定时器和计数器等编程元件供梯形图的设计者使用。

用先进的顺序控制设计法来设计梯形图,比设计相同功能的继电器-接触器电路图花费的时间要少得多。

(6)继电器-接触器系统要在硬件安装、接线全部完成后才能进行调试,发现问题后修改电路花的时间也很多;PLC 控制系统的开关柜制作、现场施工和梯形图设计可以同时进行,梯形图可以在实验室模拟调试,发现问题后修改起来非常方便。

335. 可编程序控制器是如何分类的?

答:PLC 的分类方法如下:

(1)按结构形式分。按照结构形式的不同,PLC 可分为整体式和模块式两种。

①整体式。将可编程序控制器中的微处理器(CPU)、存储器、输入/输出(I/O)部件等,集中安装在一块或少数几块印制电路板上,并连同电源一起装在一个金属或塑料的机壳内,形成一个整体,通常称为主机或基本单元。输入、输出接线端子及电源进线分别在机箱的两侧,并有相应的发光二极管显示输入、输出状态。这种结构的可编程序控制器具有结构紧凑、体积小、重量小、价格低的优点,易于装置在工业设备的内部,通常适合于单机控制,一般小型 PLC 多采用这种结构。

②模块式。将可编程序控制器中各个组成部分做成独立的模块(如 CPU 模块、输入模块、输出模块、电源模块等),各模块做成插件式,然

后以搭积木的方式，将它们组装在一个具有标准尺寸并带有若干插槽的机架内。这种结构PLC的优点是，配置灵活，装配和维修方便，易于扩展功能；缺点是结构较复杂，造价也较高。一般大中型PLC都采用这种结构。

(2)按功能、点数分。可分为小型、中型和大型三类。

①小型PLC。又称为低挡PLC。它的输入输出点数一般在20～128之间，其中输入输出点数小于64的又称为超小型机。小型PLC一般具有逻辑运算、定时、计数、移位、自诊断及监控等基本功能，有些还有少量的模拟量输入输出、算术运算、数据传送、远程输入输出和通信等功能。可用于开关量控制、定时/计数控制、顺序控制及少数模拟量控制等场合，通常用来代替继电器-接触器控制，在单机或小规模生产过程中使用。

②中型PLC。它的输入输出点数通常在120～512之间。除具有小型机的功能外，还具有较强的模拟量(输入输出)、数字计算、过程参数(如比例、积分、微分)调节、数字传送与比较、数据转换、中断控制、远程输入输出及通信联网功能。适用于既有开关量又有模拟量的较为复杂的控制系统，如大型注塑机控制、配料和称量等中小型连续生产过程控制。

③大型PLC。又称为高挡PLC。它的输入输出点数在512以上，其中输入输出点数大于8192的又称为超大型机。除具有中型机的功能外，还具有较强的数据处理、模拟调节、特殊功能函数运算、监视、记录、打印等功能，以及强大的通信联网、中断控制、智能控制和远程控制等功能。一般用于大规模过程控制系统、分布式控制系统和工厂自动化网络等。

336. 可编程序控制器由哪两部分组成？

答：可编程序控制器是一种以微处理器为核心的工业通用自动控制装置。它的组成与一般的微型计算机基本相同，也是由硬件系统和软件系统两大部分组成。

337. 可编程序控制器的硬件系统由哪几部分组成？它们各起什么作用？

答：可编程序控制器的硬件系统由基本单元、I/O扩展单元及外部设备(电源部件、编程器、写入器等)组成。PLC的硬件系统结构如图7-1所示。

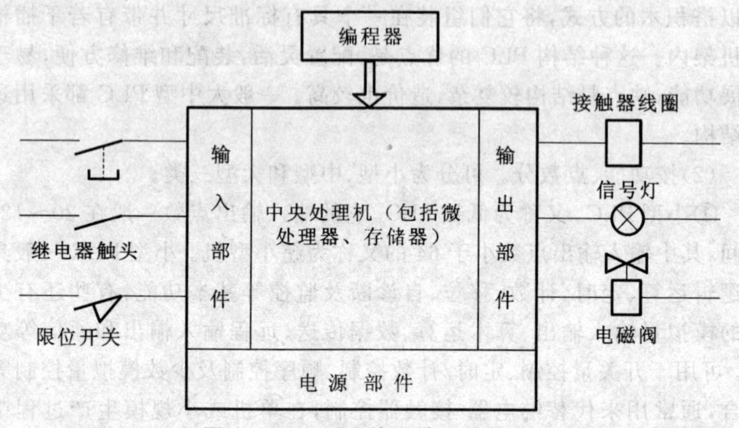

图 7-1　PLC 硬件系统结构框图

(1)基本单元。主要是指中央处理机。它是可编程序控制器的核心，包括微处理器、系统程序存储器和用户程序存储器。

①微处理器(CPU)。它在 PLC 控制系统中的作用类似于人体的神经中枢，整个 PLC 的工作过程都是在 CPU 的统一指挥和协调下进行的。主要作用如下：

a. 接收从编程器输入的用户程序和数据，送入存储器存储。

b. 用扫描方式接收输入设备的状态信号，并存入相应的数据区。

c. 监测和诊断电源、PLC 内部电路工作状态和用户程序编程过程中的语法错误。

d. 执行用户程序，完成各种数据的运算、传递和存储等。

e. 根据数据处理的结果，刷新有关标志位的状态和输出状态在寄存器表中的内容，以实现输出控制、制表打印及数据通信等。

小型 PLC 大多采用 8 位微处理器或单片机；中型 PLC 大多采用 16 位微处理器或单片机；大型 PLC 大多采用高速位片式处理器。PLC 的挡次越高，所用的 CPU 的位数也越多，运算速度也越快，功能越强。

②系统程序存储器。用来存放系统管理和监控程序及对用户程序做编译处理的程序。系统程序由生产厂家根据 PLC 的不同功能编制，并在出厂前将程序固化在存储器内，用户不能改变。

③用户程序存储器。用来存放用户根据生产过程和工艺要求编制

的程序，可通过编程器改变。

可编程序控制器产品样本或说明书中所列的存储器类型及其容量，系指用户程序存储器而言。普通中小型 PLC 的用户存储器容量在 8k 步（1 步占用 1 个地址单元，一个地址单元为两个字节）以下；大型 PLC 的存储器容量可达到 256k 步。

(2)输入/输出(I/O)部件。输入部件（也称输入模块）用来接收现场设备的控制信号（如按钮、开关、传感器等操作信号），并将这些信号转换成中央处理机能够接收和处理的数字信号。其电路结构如图 7-2(a)所示。输出部件（也称输出模块）则相反，它是接收经过中央处理机处理过的输出数字信号，并把它转换成能被控制设备或显示设备接收的电压或电流信号，以驱动电磁阀、接触器等电器设备。其电路结构如图 7-2(b)所示。

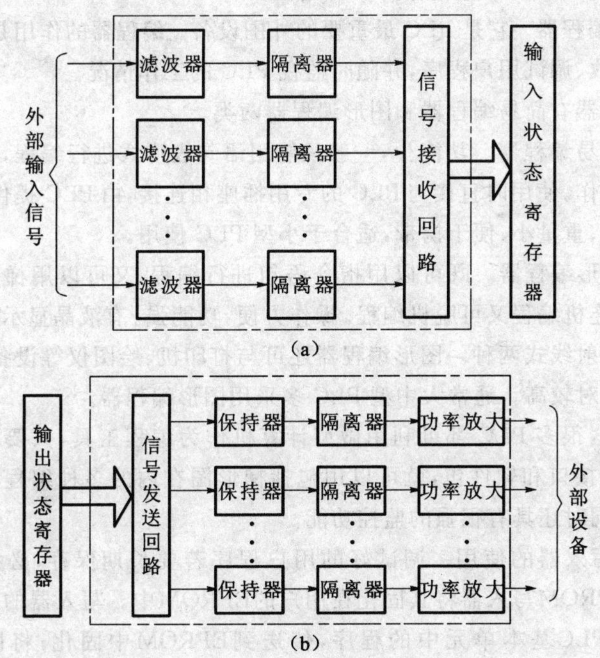

图 7-2　输入/输出部件电路结构框图

(a)输入部件　(b)输出部件

为提高抗干扰能力，一般的输入/输出模块都有光电隔离装置。在数字量输入/输出模块中广泛采用由发光二极管和光电晶体管组成的光电耦合器；在模拟量输入/输出模块中通常采用隔离放大器。

(3)电源部件。PLC 配有开关式稳压电源，用来将外部供电电源转换成供 PLC 内部各部件工作的直流电源。PLC 的电源部件有很好的稳压措施，因此对外部电源的稳定性要求不高，一般允许外部电源电压可以在额定值的 85%～110%范围内波动。小型 PLC 的电源部件往往和 CPU 单元合为一体，大中型 PLC 都有专用电源部件。

有些 PLC 的电源部件还能向外提供直流 24V 稳压电源，用于对外部传感器供电，避免由于外部不合格电源导致传感器误动作或失灵。为防止在外部电源发生故障的情况下 PLC 内部程序和数据等重要信息丢失，PLC 还带有锂电池作为后备电源。

(4)编程器。它是 PLC 最重要的外围设备。编程器的作用是输入、检查、修改、调试用户程序，并随时监视 PLC 的工作情况。

编程器有简易编程器和图形编程器两类。

①简易编程器。功能少，一般只能用语句表形式进行编程，通常需要连机工作。使用时直接与 PLC 的专用插座相连接，由 PLC 提供电源。它体积小、重量小、便于携带，适合于小型 PLC 使用。

②图形编程器。既可以用指令语句进行编程，又可以用梯形图编程；既可连机编程又可脱机编程。操作方便，功能强。有液晶显示的便携式和阴极射线式两种。图形编程器还可与打印机、绘图仪等设备连接，但价格相对较高。通常大中型 PLC 多采用图形编程器。

目前，很多 PLC 都可利用微型计算机作为编程工具，只要配上相应的硬件接口和软件包，就可以用包括梯形图在内的多种编程语言进行编程，同时还具有很强的监控功能。

(5)写入器的使用。调试好的用户程序若要长期保存，必须使用PLC的EPROM写入器将其固化在用户的EPROM中。写入器的主要功能是：将PLC基本单元中的程序，传送到EPROM中固化；将固化在EPROM中的程序传送到PLC基本单元的RAM中；将RAM和EPROM中的程序进行比较，检查 EPROM 中是否有程序存在等。

338. 可编程序控制器的软件系统由哪几部分组成？它们各起什么作用？

答：可编程序控制器的软件系统是指PLC所使用的各种程序的集合，通常可分为系统程序和用户程序两大部分。

(1)系统程序。它是每一个PLC成品必须包括的部分，由PLC厂家提供，用于控制PLC本身的运行。系统程序固化在EPROM中，用户只能调用，不能修改。

系统程序分为：

①管理程序。它是系统程序中最重要的部分。PLC的运行都由它控制，主要功能是：对PLC的输入、输出、运算等操作运行进行先后顺序的管理；规定各种数据、程序的存放地址；生成用户环境以及系统诊断等。

②编译程序。是用来把梯形图程序、语句表程序等编程语言翻译成PLC能够识别的机器语言。

③标准程序模块和系统调用程序模块。它是由许多独立的程序模块组成的，每个程序模块完成一种独立的功能，如输入、输出及特殊运算等。

(2)用户程序。由用户根据控制要求，用PLC的程序语言编制的应用程序，以实现所需的控制目的。用户程序存储在系统程序指定的存储区内，它的最大容量也是由系统程序限定的。

339. 可编程序控制器有哪些性能指标？

答：PLC的主要性能指标有：

(1)用户程序存储容量。通常以字节为单位表示。每16位相邻的二进制数为一个字节，1024个字节为1k字节。对于一般的逻辑操作指令，每条指令占一个字节；定时/计数、移位指令每条占2个字节；数据操作指令每条占2～4个字节。有些PLC是以编程的步数来表示用户程序存储容量的，一条指令包含若干步，一步占用一个地址单元，一个地址单元为两个字节。

(2)输入输出总点数。表示可编程序控制器可以接收输入信号和输出信号的数量。PLC的输入量和输出量有开关量和模拟量两种。对于开关量，其输入输出总点数用最大输入输出点数表示；对于模拟量，输入输出总点数用最大输入输出通道数表示。

(3)扫描速度。是指 PLC 扫描 1k 字节用户程序所需的时间，通常以 ms/k 字节为单位表示。有些 PLC 也以 μs/步来表示扫描速度。

(4)指令种类。是衡量 PLC 软件功能强弱的重要指标，指令种类越多，说明其软件功能越强。

(5)内部寄存器的配置及容量。PLC 内部有许多寄存器用以存放变量状态、中间结果、定时/计数等数据。其数量的多少、容量的大小，直接关系到用户编程时的方便灵活与否。

(6)特殊功能。主要有：自诊断功能、通信联网功能、监控功能、高速计数功能、远程输入/输出功能等。特殊功能越多，PLC 系统配置、软件开发就越灵活、越方便，适应性越强。因此特殊功能也是衡量 PLC 技术水平高低的一个重要指标。

340. 可编程序控制器的等效电路由哪几部分组成？等效电路中的继电器与实际的物理继电器有什么不同？

答：PLC 的控制系统由输入、PC 内部控制（逻辑控制）电路和输出三个基本部分组成。其等效电路如图 7-3 所示。

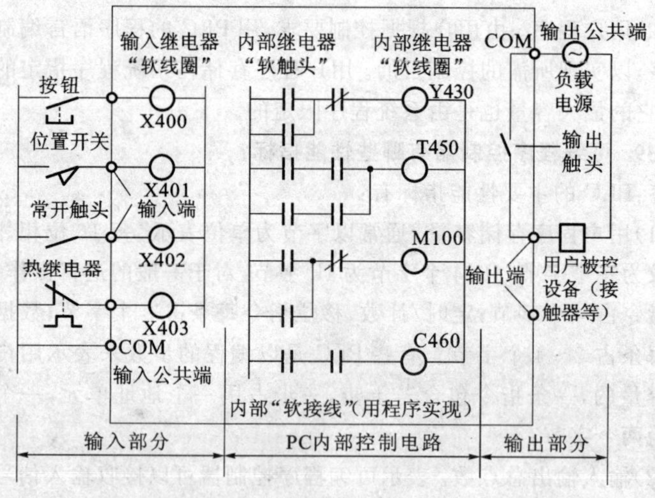

图 7-3 PLC 的控制系统

在传统的继电器控制系统中，其逻辑控制电路是由各种继电器（包括接触器、时间继电器等）及其触头，按一定的逻辑关系用导线连接而成的。在 PLC 等效电路中，用各种可编程继电器（如输入继电器、输出继电器、辅助电器、定时器、计数器等）来模拟实际的继电器和接触器。它们的真实"身份"是存储器中的每一位触发器。该触发器为"1"态，则相当于继电器接通；该触发器为"0"态，则相当于继电器断开。PLC 内部的这些可编程元件，由于在使用上与真实元件有很大的差异，因此，称之为软继电器。

PLC 控制系统利用 CPU、存储器及存储器中的用户程序，通过各种软继电器及其软触头和软接线，来实现逻辑控制。改变用户程序，就可以改变其逻辑控制功能。因此，PLC 控制的适应性很强。

341. 可编程序控制器的工作方式与继电器控制有什么不同？

答：PLC 是以周期性循环扫描的方式执行用户程序的，即在无跳转指令的情况下，CPU 从第一条指令开始，按顺序逐条地执行用户程序，直到用户程序结束，便完成了一次程序扫描，然后再返回第一条指令，开始新的一轮扫描，如此周而复始地进行。PLC 每进行一次扫描循环所用的时间称为扫描周期。

PLC 的扫描工作方式同传统的继电器控制系统明显不同。继电器控制装置采用硬逻辑并行运行的方式。在执行过程中，如果一个继电器的线圈通电，那么该继电器的所有常开和常闭触头，无论处在控制电路的什么位置，都会立即动作，其常开触头闭合，常闭触头断开。而 PLC 在工作过程中，如果某个软继电器的线圈接通，该线圈的所有常开和常闭触头并不一定都立即动作，只有在 CPU 扫描到某个触头时该触头才会动作，其常开触头闭合，常闭触头断开。

342. 可编程序控制器的工作过程分哪几个阶段？每一个阶段的工作内容是什么？

答：PLC 用户程序的执行过程有输入采样、程序执行和输出处理三个主要阶段，如图 7-4 所示。

(1)输入采样阶段（输入刷新阶段）。CPU 按顺序读取全部输入点的通/断状态，并将其写入相应的输入状态寄存器（输入映像寄存器）

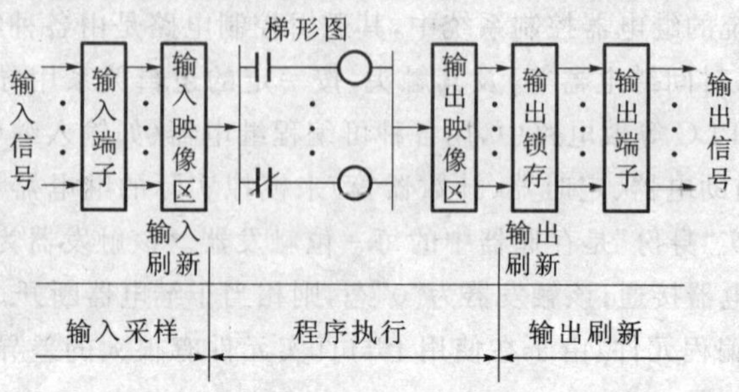

图 7-4 PLC 的工作过程

内。在一个扫描周期内,输入状态寄存器中的内容在采样阶段结束后将保持不变。

(2)程序执行阶段。CPU 扫描用户程序,即按用户程序中指令的顺序逐条执行每条指令。CPU 根据输入状态寄存器、输出状态寄存器的内容和有关数据进行逻辑运算,并将运算的结果写入相应的输出状态寄存器(输出映像寄存器)。

(3)输出处理阶段(输出刷新阶段)。CPU 在执行完所有的指令后,把输出状态寄存器中所有输出继电器的通/断状态转存到输出锁存器中,并以一定的方式将此状态信息输出,来驱动 PLC 的外部负载,从而控制设备的相应动作,形成 PLC 的实际输出。

实际上,在每个扫描周期内,PLC 除了要执行用户程序外,还要进行系统自诊断、处理与编程器的通信请求等工作,以提高 PLC 工作的可靠性,并及时接收外来的控制命令。

343. 可编程序控制器的扫描工作方式有什么优点?

答:PLC 执行程序时,读写的是输入/输出映像寄存器的值,而不是直接对实际的 I/O 点进行操作,这样做有以下优点:

(1)整个程序执行阶段各输入继电器的状态是固定的,程序执行完后再用输出映像寄存器的值更新所有的输出点,使系统运行稳定。

(2)用户程序读写 I/O 映像寄存器比读写 I/O 点快得多,这样可以提高程序的执行速度。

(3)由于扫描工作方式在一个扫描周期中,输入处理仅占极少部分时间,在大部分时间内,干扰信号不会被采集进 PLC,因此扫描工作方式具有较好的抗干扰能力。

344. 什么叫可编程序控制器的系统响应时间？为什么会产生系统响应时间？怎样减小系统响应时间？

答：(1)系统响应时间又称输入/输出滞后时间，是指从 PLC 的外部输入信号发生变化始至它控制的外部输出信号发生变化止的时间间隔。它由输入电路滤波时间、输出电路的滞后时间和因扫描工作方式产生的滞后时间组成。

(2)PLC 产生系统响应时间的原因：

①PLC 的扫描方式是产生系统响应时间的主要原因。PLC 在执行用户程序时，使用的是在输入处理阶段读入并存放在输入映像寄存器中的数据，而不是当时可能已经发生变化的外部电路的最新状态对应的数据，因此，造成了信息的滞后。经分析，由扫描工作方式引起的滞后时间最长可达 2～3 个扫描周期。

②输入滤波器的滞后作用。为了提高 PLC 的抗干扰能力，在每个开关量的输入端都采用光电隔离和 RC 滤波电路等技术，其中，RC 滤波电路的滤波时间常数一般为 10～20ms。

③若 PLC 采用继电器输出方式，输出电路中继电器触头的机械滞后作用，也是引起输入输出响应滞后现象的一个因素。

(3)减小 PLC 系统响应时间的方法。

①改变信息刷新方式。在程序中插入一条或多条 I/O 立即刷新指令，使 CPU 在扫描用户程序的过程中也可进行 I/O 刷新，使 PLC 可以读取脉冲宽度小于一个扫描周期的脉冲信号。

②采用中断技术。可以更有效地处理窄脉冲输入信号。PLC 的中断源分外设中断源与内部定时中断源两类。外设中断输入端的 ON/OFF 脉冲宽度保持 100μs 以上，便会产生有效的中断请求信号。在允许中断的状态下，CPU 会按照中断优先级顺序依次响应各中断源的中断请求，执行相应的中断服务子程序。若在某内部定时中断服务子程序中加入 I/O 立即刷新指令，则可使 CPU 在扫描用户程序过程中，每隔一段时间进行 I/O 刷新。

③选用扫描速度快的 PLC。新型 PLC 提供了带有可调数字滤波器的高速输入端，通过指令调整可以得到很小的滤波时间常数，从而减少

读入输入信号所需要的时间，减小 PLC 系统响应时间。

345. 什么是可编程序控制器的扫描周期？怎样获取扫描周期？

答：PLC 在循环扫描工作方式执行一次包括输入采样、程序执行、输出刷新、自诊断、外部通信 5 个阶段的操作所需的时间，称为扫描周期，其典型值为 1～100ms。扫描周期的长短与 CPU 执行指令的扫描速度、用户程序长短、I/O 点数、刷新速度及连接外设的多少等因素有很大的关系。

准确地计算扫描周期的大小是比较困难的。为方便用户，新型 PLC 采取了一些方便用户的措施。如日本三菱公司生产的 FX_2 系列 PLC，当 PLC 投入运行后，CPU 自动将最大扫描周期、最小扫描周期和当前扫描周期的值分别存入 D8012、D8011、D8010 三个特殊数据寄存器中（计时单位：0.1ms），用户可以通过编程器查阅、监控扫描周期的大小及变化。如发现 D8012、D8011、D8010 中存放的数值为 120、100、105，则表示最大扫描周期为 120×0.1ms＝12ms；最小扫描周期为 100×0.1ms＝10ms；当前扫描周期为 105×0.1ms＝10.5ms。在 FX_2 系列 PLC 中，还提供一种以恒定的扫描周期扫描用户程序的运行方式。用户可将通过计算或实际测定的最大扫描周期再留一些裕量，作为恒定扫描周期的值存放在特殊数据寄存器 D8039 中（计时单位：1ms）。当特殊辅助继电器 M8039 线圈被接通时，PLC 按照 D8039 中存放的数据以恒定周期扫描用户程序。若实际的扫描周期小于恒定扫描周期，则 CPU 在完成本次循环后处于等待状态，直到恒定扫描周期的时间到才开始下个扫描周期。如果实际扫描周期大于恒定扫描周期，PLC 将照常运行，但不再工作在恒定扫描周期方式。这说明恒定扫描周期的值并非任意设定，它必须大于 PLC 正常运行时可能出现的最大扫描周期值（即 D8012 中存放的数值）。因为 PLC 设有扫描周期警戒计时器，监视每次扫描是否超过规定时间。如果主机出现故障，扫描周期变长，就会发出报警信号。因此，用户必须使警戒计时器的设定值大于恒定扫描周期的值。否则，CPU 发出警戒计时报警信号。

346. 什么是能流？

答：在 PLC 的编程手册中，经常会遇到能流（Power Flow）这一名词。它是指在梯形图中由触头和线圈组成的通路中流动的“概念电流”。

可以想象在梯形图左右两侧的垂直母线之间有一个左正右负的直流电源，当控制线圈的触头将电路接通时，有“概念电流”流过线圈。有的PLC的编程手册省略了右侧的垂直母线。

应该注意的是，梯形图是PLC的一种图形化的程序，属于软件的范畴，能流只是想象中的电流。因为梯形图来源于继电器电路图，通过能流这一概念，就可以使用实际继电器电路的分析方法和术语，例如“触头闭合”和“线圈通电”等。梯形图中程序执行的方向是从上到下，从左往右，能流的方向实际上就是程序执行的方向。

347. 梯形图与继电控制电原理图有什么区别？

答：梯形图借用继电控制电原理图的形式和常开触头、常闭触头、线圈、功能块等电气常用术语，对于同一控制电路，继电控制电原理图和梯形图的输入、输出信号基本相同，控制过程等效。二者的区别在于：继电控制电原理图所反映的是，由继电器和定时器等硬件组成的控制电路的控制过程；而可编程序控制器梯形图所反映的是，内部继电器、定时器和计数器，靠软件实现的控制过程。

继电控制电原理图及与其等效的PLC梯形图分别如图7-5所示。

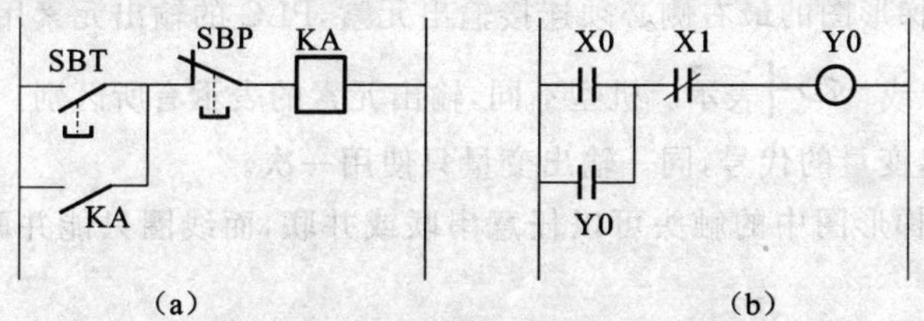

图7-5 继电控制电原理图及与其等效的PLC梯形图

(a)继电控制电原理图 (b)PLC梯形图

图7-5(a)中SBT为常开按钮，SBP为常闭按钮，KA为继电器线圈。其电路控制原理如下：按下起动按钮SBT，继电器KA的线圈通电，其常开触头闭合自锁，使KA线圈在松开起动按钮SBT后仍能保持通电。按下停止按钮SBP，继电器KA线圈失电停止。

图7-5(b)中X0为常开输入触头，X1为常闭输入触头，Y0表示输出，其输出Y0的工作状态受X0、X1控制。比较(a)、(b)两图可知，梯形图在逻辑上与继电控制电原理图相同。所不同的是，SBT、SBP均为物

理实体，而 X0、X1 等既可表示外部开关（或硬开关），也可表示内部软开关或触头（内部软继电器触头）。

348. 梯形图在格式上有什么要求？

答：(1)梯形图按从上至下顺序编写，每一行按从左至右顺序编写。PLC 的程序执行顺序与梯形图的编写顺序一致。

(2)梯形图中左右两边的垂直线，分别称为起始母线和终止母线。每一逻辑行必须从起始母线开始画起，终止母线可以省略。

(3)梯形图中的触头有两种，即常开触头和常闭触头，其图形符号分别为 ┤├ 和 ┤/├ 。这些触头可以是 PLC 的输入触头或内部继电器触头，也可以是内部继电器、定时器/计数器的状态。与传统的继电器控制图一样，每一触头都有自己的编号，以示区别。在程序中，同一编号的触头可以反复使用，次数不限。这是因为梯形图中的一个触头对应指令表中的一条指令，执行触头对应指令时，只是读出编程元件对应的映像寄存器中的值，再进行逻辑运算，而读映像器值的操作次数是没有限制的，所以在梯形图中，使用同一编号触头的次数也是没有限制的。

(4)梯形图的最右侧必须连接输出元素，PLC 的输出元素用 ─○─┤（上标××）或 ─××─┤ 或 ─⊗─┤ 表示。机型不同，输出元素的表示有所区别。“××”是指输出变量的代号，同一输出变量只使用一次。

(5)梯形图中的触头可以任意串联或并联，而线圈只能并联，不能串联。

(6)程序结束时有结束符，一般用“END”表示。

利用计算机做上机编程时，只要按梯形图的编写顺序把逻辑行输入计算机，再下传给 PLC 即可。也可将梯形图转换成助记符语言，经编程器逐句输入 PLC。

349. 梯形图中的输出继电器和辅助继电器是用硬件实现的吗？

答：梯形图是 PLC 用户程序使用的一种编程语言，梯形图中的所谓输入继电器和辅助继电器只不过是用户程序中使用的变量符号。它们的 **0、1** 状态与对应的元件映像寄存器的状态相同，它们不是用硬件继电器实现的。

350. 可编程序控制器是怎样用逻辑运算来执行梯形图程序的？

答："与"、"或"、"非"逻辑运算是数字电路中的概念，在 PLC 的编程手册中经常会遇到它们，有的指令用"与"、"或"、"非"命名。"与"、"或"、"非"运算的输入/输出关系见表 7-1。A 和 B 为输入量，M 为输出量。在梯形图中，触头的串联对应"与"运算，触头的并联对应"或"运算，常闭触头对应"非"运算，如图 7-6 所示。

表 7-1 逻辑运算关系表

与			或			非	
$M=A\cdot B$			$M=A+B$			$M=\overline{A}$	
A	B	M	A	B	M	A	M
0	0	0	0	0	0	0	1
0	1	0	0	1	1	1	0
1	0	0	1	0	1		
1	1	1	1	1	1		

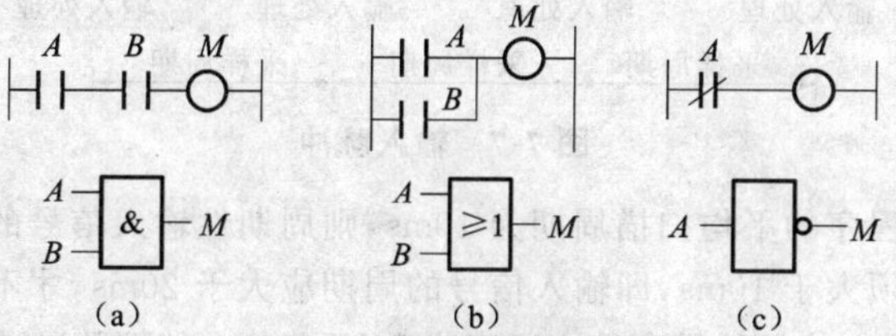

(a)　　(b)　　(c)

图 7-6 基本逻辑运算

(a)与　(b)或　(c)非

开关量(或称逻辑变量)的 **0**、**1** 状态是指编程元件作为一个整体的状态，而不是指它的常开触头或常闭触头的通、断状态。与物理继电器相同，PLC 的辅助继电器或输出继电器的线圈通电时为 **1** 状态，此时其常开触头闭合，常闭触头断开；线圈断电时为 **0** 状态，此时其常开触头断开，常闭触头闭合。

表 7-1 中用小圆点表示"与"运算，加号表示"或"运算。A 上面的横线表示求反，或称为"取非"，即将 **0** 变为 **1**，**1** 变为 **0**。

351. 为什么梯形图中的触头不能放在线圈和输出类指令的右边?

答:在实际的继电器控制电路中,触头可以放在线圈的左边,也可以放在线圈的右边。在梯形图中,触头提供输入信号,线圈和输出类指令接收逻辑运算的结果。因为逻辑运算是从左往右进行的,所以输出类指令应放在电路的最右边。触头如果放在线圈的右边,程序将会出错。

352. 可编程序控制器开关量输入信号的最高输入频率受到什么限制?

答:当 PLC 用开关量输入点来为它的非高速计数器提供计数脉冲时,根据前后两个扫描周期读取的输入变量的状态(**0,1**)是否变化,来判断是否输入脉冲的上升沿。图 7-7 中 X0 输入端的前两个输入脉冲在采样周期的中间出现,PLC 来不及读取它们就消失了,用普通的 PLC 检测方法是检测不到这两个脉冲的。只有第 3 个脉冲的上升沿能被 PLC 检测到。

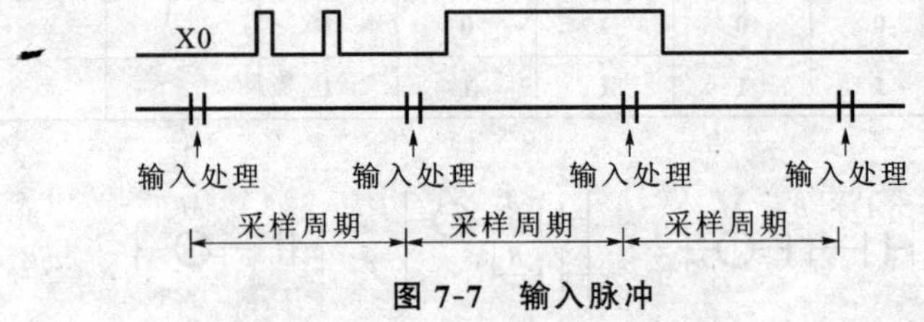

图 7-7　输入脉冲

假设程序的平均扫描周期为 10ms,则周期性输入信号的高低电平时间都必须大于 10ms,即输入信号的周期应大于 20ms,才不会丢失脉冲。所以输入信号的最高输入频率为 50Hz(20ms 的倒数)。考虑到扫描周期的变化,实际的输入信号的频率应小于 50Hz。因此 PLC 的非高速计数器的工作频率是相当低的。

如果输入信号(例如旋转编码器提供的信号)的频率较高,可以用高速计数器来计数。

353. 可编程序控制器中的定时器是否要等定时时间到才会往下执行程序?

答:定时器的定时功能是用 PLC 的系统程序实现的,定时过程与用户程序的扫描执行是并行的(即同时进行的),定时器的定时过程不会影响用户程序的扫描工作过程。

假设 PLC 的扫描周期为 10ms，某定时器的时间设定值为 100s，在定时期间，PLC 经过了 1 万个扫描周期。因为 PLC 有多个定时器，如果要等到定时器的定时时间到才会往下执行程序，那么 PLC 什么别的事情都不能做了。

354. 可以用循环指令扩展定时器的定时时间吗？

答：PLC 是用系统程序实现定时器的定时功能的。在执行定时器指令时，不是等到定时时间到后再往下执行，因此在循环指令的循环体中加入定时器指令，不能扩展定时器的定时时间。

355. 在一般情况下，为什么 PLC 不允许双线圈输出？

答：图 7-8(a)中有输出继电器 Y0 的两个线圈，在同一扫描周期，两个线圈的逻辑运算结果可能刚好相反，即 Y0 的一个线圈“通电”，一个线圈“断电”。因为在程序执行完才将 Y0 的 ON/OFF 状态送到输出模块，对于 Y0 控制的外部负载来说，真正起作用的是 Y0 的最后一个线圈的状态。

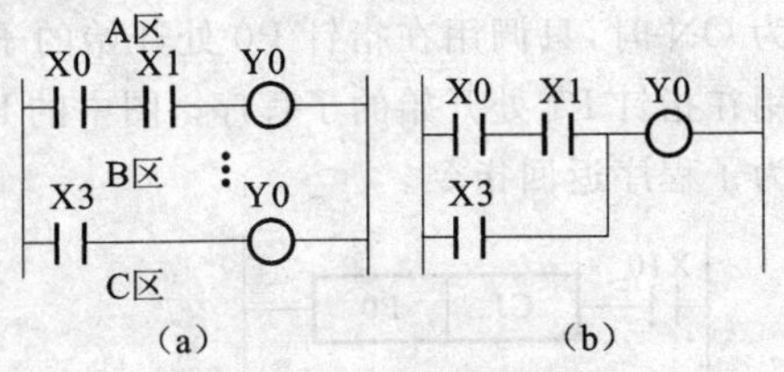

图 7-8 双线圈输出

由 PLC 的工作原理可知，PLC 程序执行的结果(即运算得到的线圈的通断状态)马上就可以被后面的逻辑运算使用。Y0 的线圈的通断状态除了对外部负载起作用外，通过它的触头，还可能对程序中别的元件的状态产生影响。在图 7-8(a)中，Y0 的两个线圈所在的电路将梯形图划分为 A、B、C 三个区域。因为 PLC 是循环执行用户程序的，A 区和 C 区中 Y0 的状态相同。如果两个线圈的通断状态相反，不同区域中 Y0 的触头的状态也是相反的，可能使程序运行异常。例如可能引起输出继电器快速振荡等。所以一般应避免出现双线圈输出。遇到此类情况可以将图 7-8(a)改为图 7-8(b)。如果同一元件的线圈分别在不同的子程序中，则不能用这种合并控制电路的方法来处理双线圈问题。

356. 哪几种情况允许 PLC 双线圈输出？

答：虽然 PLC 同一元件的线圈在程序中出现两次或多次，只要能保证在同一扫描周期内只执行其中一个线圈对应的逻辑运算，这样的双线圈输出是允许的。

下列三种情况下允许双线圈输出：

(1)在跳步条件相反的两个程序段(例如自动程序和手动程序)中，允许出现双线圈输出。即同一元件的线圈可以在两个程序段中分别出现一次。在图 7-9 中，X10 是自动/手动切换开关。当 X10 为 ON 时将跳过自动程序，执行手动程序；当 X10 为 OFF 时将跳过手动程序，执行自动程序。实际上 CPU 只执行正在处理的程序段中双线圈元件的一个线圈的输出指令。

(2)在调用条件相反的两个子程序中，允许出现双线圈现象。即同一元件的线圈可以在两个子程序中分别出现一次。在图 7-10 中，当 X20 为 ON 时，只调用在指针 P0 处开始的子程序；当 X20 为 OFF 时，只调用在指针 P1 处开始的子程序。图中的 END 为主程序结束指令，SRET 为子程序返回指令。

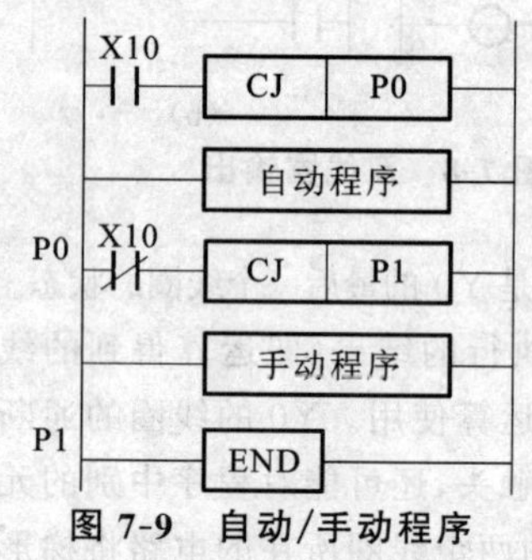

图 7-9　自动/手动程序

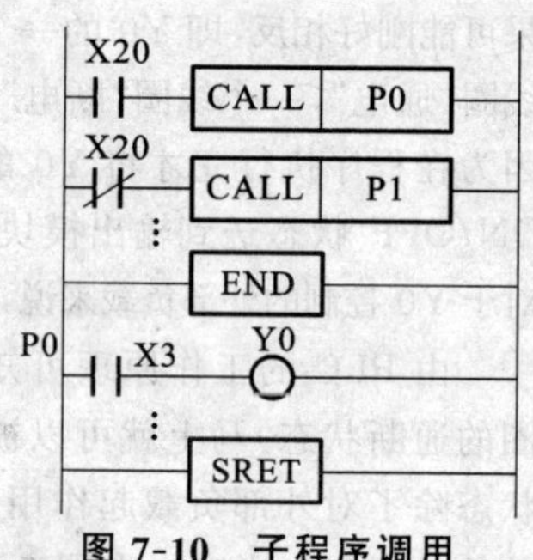

图 7-10　子程序调用

与跳步指令控制的程序段相同，子程序中的指令只是在该子程序被调用时才执行，没有调用时不执行。因为调用它们的条件相反，在一个扫描周期内只能调用一个子程序，实际上只执行正在处理的子程序中双线圈元件的一个线圈的输出指令。

(3)当使用三菱 PLC 的 STL(步进梯形)指令时，由于 CPU 只执行活动步对应的 STL 触头驱动的电路块，所以允许双线圈输出。即不同时闭合的 STL 触头可以分别驱动同一编程元件的一个线圈。

357. 可编程序控制器开关量输入模块是怎样工作的？

答：PLC 开关量输入模块主要用来接收外部的输入信号。光耦合器(或称光电隔离器)是开关量输入模块的关键器件，当图 7-11 中所示传感器的输出晶体管饱和导通时(相当于触头闭合),光耦合器中的发光二极管被点亮,光电晶体管饱和导通,信号经内部电路传送给 CPU 模块,使对应的输入映像寄存器中的数据变为 **1** 状态;当传感器的输出晶体管截止(相当于触头断开)时,光耦合器中的发光二极管熄灭,光电晶体管截止,使对应的输入映像寄存器中的数据变为 **0** 状态。PLC 开关量输入模块除了传递信号外,还有电平转换与隔离的作用。

输入模块的 DC24V 直流电源一般由 PLC 提供,它还可以为接近开关、光电开关之类的电子传感器提供电源。

358. 可编程序控制器的输入/输出电路的源型或漏型是什么意思?

答:PLC 根据输入电流的流向,可以将输入电路分为源型和漏型。

图 7-11 和图 7-12 所示分别是源型(Source)和漏型(Sink)输入电路。在隔离用的光耦合器中有两个反向并联的发光二极管,因此输入电流可以是双向的,既能外接 NPN 型集电极开路的晶体管,也能外接 PNP 型集电极开路的晶体管,适应性很强。

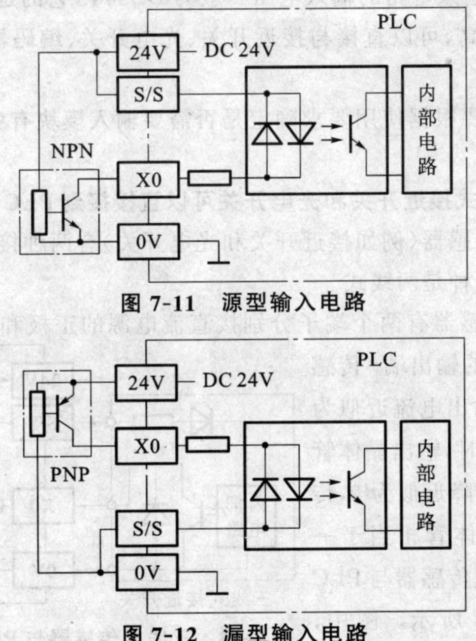

图 7-11 源型输入电路

图 7-12 漏型输入电路

图 7-11 所示是源型输入电路。输入电路的电流从模块的信号输入端 X0 流出去，从模块内部输入电路的公共点 S/S 流进来。NPN 集电极开路输出的传感器应与源型输入电路配合使用。

图 7-12 所示是漏型输入电路。输入电路的电流从模块的信号输入端 X0 流进来，从模块内部输入电路的公共点 S/S 流出去，PLC 吸收外部电路的电流。PNP 集电极开路输出的传感器应与漏型输入电路配合使用。

PLC 的输出电路也有源型和漏型之分，如果电流从 PLC 的输出端子流出，则为源型输出电路。如果电流流入 PLC 的输出端子，则为漏型输出电路。

359. 怎样选择 PLC 开关量输入模块？

答：PLC 输入模块分为交流输入和直流输入两种。交流输入模块的额定输入电压为 AC220 或 AC110V，适合于在有油雾、粉尘的恶劣环境下使用。直流输入电路的输入电压一般为 DC24V，它的延迟时间短，输入信号的频率高，可以直接与接近开关、光电开关、编码器等电子输入装置连接。

选用时还要根据使用要求确定是否需要输入模块有中断能力和故障诊断功能。

360. 两线式接近开关和光电开关可以直接接到 PLC 的输入端吗？

答：电子传感器（例如接近开关和光电开关）有两种接线方式，一种是三线式，另一种是两线式。

三线式传感器有两个端子分别接直流电源的正极和负极，第三个端子是传感器的输出端。传感器未动作时，输出电流近似为 0。传感器动作时，输出晶体管饱和导通，管压降近似为 0，传感器的输出晶体管相当于一个触头。三线式传感器与 PLC 接线如图 7-13 所示。图中，S/S端子是 PLC 输入电路内

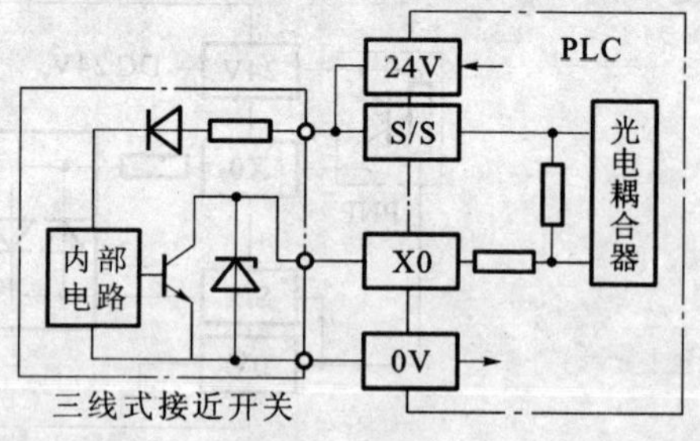

图 7-13 三线式传感器与 PLC 的接线图

部的公共端。

两线式传感器中的一根线兼做电源线和信号线，传感器未动作时，需要一定的电流来维持电路的工作，所以有一定的静态漏电流。两线式传感器与PLC的接线，如图7-14所示。

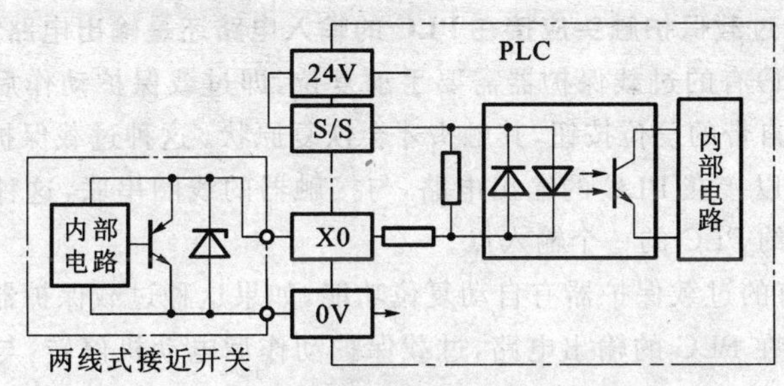

图7-14 两线式传感器与PLC的接线图

PLC的输入电流小于逻辑**0**信号的最大电流(FX系列PLC为1.5mA)时，输入为**0**信号，PLC的输入电流大于逻辑**1**信号的最小电流(FX系列为3.5mA)时，输入为**1**信号。输入信号如果在二者之间，PLC读入的逻辑状态不定。FX系列连接两线式接近开关允许的最大漏电流为1.5mA。

两线式传感器的静态漏电流为0.5～1.5mA。在选型时，应保证传感器的漏电流小于PLC逻辑**0**信号的最大电流，并留有一定的裕量。如果不能满足这一条件，两线式传感器可能出现误动作。

361. 使用小型PLC内部的DC24V电源对外供电时应注意什么问题？

答：为了方便用户，提高系统的可靠性，小型PLC一般都带有可供外部电路使用的DC24V电源。它可以用于PLC的输入电路中，也可以为接在输入端的电子传感器(例如光电开关和接近开关等)供电。但是不能为输出端的外部直流负载供电。

在设计时应注意该电源提供的电流不能超过它的允许值。在计算消耗的总输入电流时，除了在用户手册中查阅每个无源输入触头需要的输入电流外，还需要考虑同时接通时输入的最大点数。

如果PLC提供的DC24V电源的容量不够，需要外接24V电源。因为习惯上以电源负极作为参考点，应将两个电源的负极连接在一起，但是两个电源不能并联。如果并联，因为电源内阻很小，即使只有微小的电压差，也会在两个电源中产生很大的环流，将电源烧坏。若两个电源分别为不同的电路供电，二者只有负极相连，则没有问题。

362. 过载保护触头应接在 PLC 的输入电路还是输出电路？

答：(1)有的过载保护器需要手动复位，即过载保护动作后要按一下保护器自带的复位按钮，其触头才会恢复原状。这种过载保护器的常闭触头可以接在 PLC 的输出电路，与接触器的线圈串联，这种连接方式可以节约 PLC 的一个输入点。

(2)有的过载保护器有自动复位功能，如果这种过载保护器的常闭触头仍接在 PLC 的输出电路，过载保护动作后电动机停转，与电动机线圈串接的过载保护器的热元件冷却，过载保护器的常闭触头自动闭合，电动机自动起动，可能会造成设备和人身事故。因此，有自动复位功能的过载保护器的常闭触头不能接在 PLC 的输出电路，必须接在 PLC 的输入电路，再用常开触头或常闭触头，用梯形图中有记忆功能的电路来实现对电动机的控制和过载保护。

363. 怎样选择 PLC 开关量输出模块？

答：PLC 开关量输出模块分为继电器型、双向晶闸管型、晶体管型和场效应晶体管型。

继电器输出模块中的微型继电器同时起隔离和功率放大作用，每一点只给用户提供一对常开触头。继电器输出模块的使用电压范围广，导通压降小，承受瞬时过电压和过电流的能力较强，但是动作速度较慢，寿命(动作次数)有一定的限制，滞后时间一般在 10ms 左右。如果 PLC 的输出信号变化不是很频繁，建议优先选用继电器型的开关量输出模块。

继电器输出模块的继电器体积很小，只能驱动 AC220V 的负载，不能直接驱动 AC380V 负载。

晶体管型与场效应晶体管型模块用于直流负载，滞后时间＜1ms。双向晶闸管型模块用于交流负载，由关断变为导通的延迟时间＜1ms，由导通变为关断的最大延迟时间为 10ms。它们的可靠性高，反应速度快，寿命长，但是过载能力稍差。

选择时，首先应考虑负载电压的种类和大小、系统对延迟时间的要求、负载变化是否频繁等因素，同时还应注意同一输出模块对电阻性负载、电感性负载和白炽灯的驱动能力的差异。PLC 开关量输出模块的额定输出电流还与温度有关，温度升高时额定输出电流减小。有的 PLC 在产品说明书中提供了有关的曲线，有的模块对每组的总输出电流也有限制。例如 0.5A/点、0.8A/4 点等，这些数据在选用时都应加以考虑。

364. 传感器输出的 DC9V 开关量信号怎样与 PLC 的输入端连接？

答：用 PLC 读取质量流量计的输出脉冲，其输出电压小于 9V，而 PLC 的输入电路电压为 DC24V。在流量计与 PLC 之间加接一个类似于图 7-15 所示中的晶体管电路，就可以实现电平的转换。

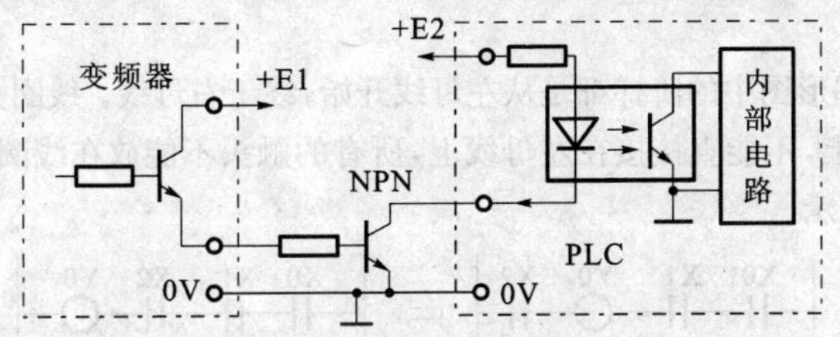

图 7-15 变频器与 PLC 的连接

365. 为什么要在 PLC 电感负载的两端并联干扰抑制电路？

答：感性负载有储能作用，触头断开时，电路中的感性负载会产生高于电源电压数倍甚至数十倍的反电动势。对此可以采取以下措施：

输出端接有直流感性负载时，应在它两端并联续流二极管，如图 7-16(a)所示；或接二极管与稳压管的串联电路，如图 7-16(b)所示。直流输出模块可以选 8.2V/5W 的稳压管，继电器输出模块可以选 36V 的稳压管。

输出端接有 AC220V 感性负载时，应在它两端并联 *RC* 电路，如图 7-16(c)所示。电容可以选 0.1～0.47μF，电阻可以选 100～120Ω。也可以用压敏电阻来限制尖峰电压，其工作电压应比电源电压最大值的峰值高 20%。

如果将图 7-16(a)或 7-16(b)中二极管的极性接反了，在模块内部的输出点接通时，将会使外部直流电源短路。

366. 设计梯形图有哪些基本规则？

答：梯形图的设计规则如下：

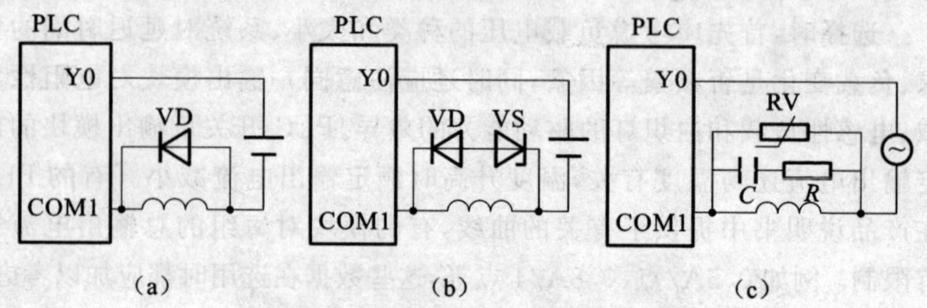

图 7-16　输出电路接干扰电路的处理

(a)并联续流二极管　(b)并联二极管和稳压管串联电路

(c)并联 *RC* 电路或压敏电阻

(1)输入/输出、辅助继电器、计数器、定时器等触头的使用次数是无限制的。

(2)梯形图中的阶梯都是从左母线开始，终于右母线。线圈只能接在右边的母线上，不能直接接在左母线上，所有的触头不能放在线圈的右边，如图 7-17 所示。

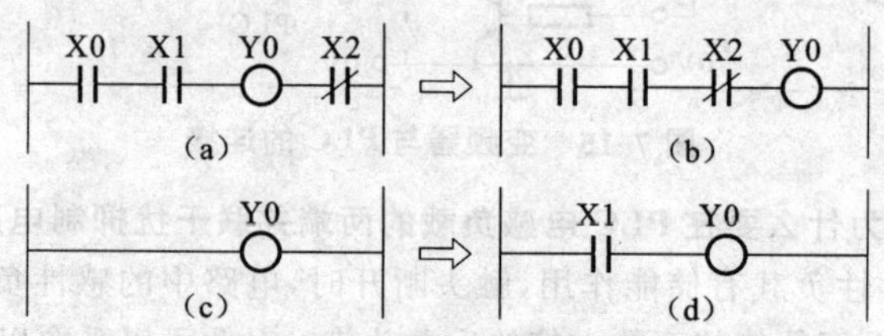

图 7-17　规则(2)说明

(a)错误　(b)正确　(c)错误　(d)正确

(3)多个回路串联时，应将触头最多的回路放在梯形图的最上面。多个并联回路串联时，应将触头最多的并联回路安排在梯形图的最左面，如图 7-18 所示。

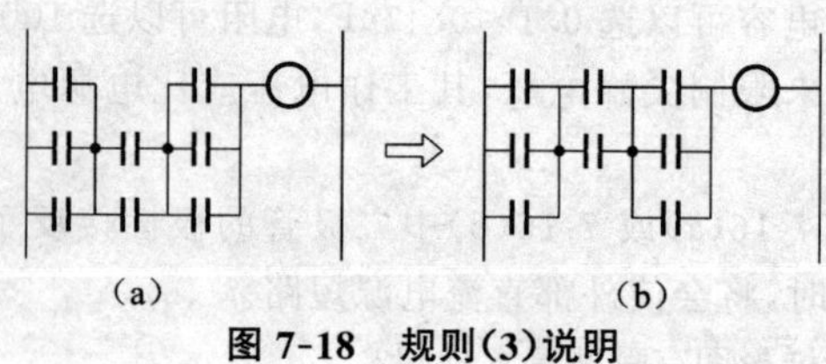

图 7-18　规则(3)说明

(a)错误　(b)正确

(4)在梯形图中没有实际的电流流动,所谓"流动",只能从左到右、从上到下单向"流动"。因此,如图 7-19(a)所示的桥式电路的梯形图是无法编程的,必须按逻辑功能等效转移成如图 7-19(b)所示梯形图。

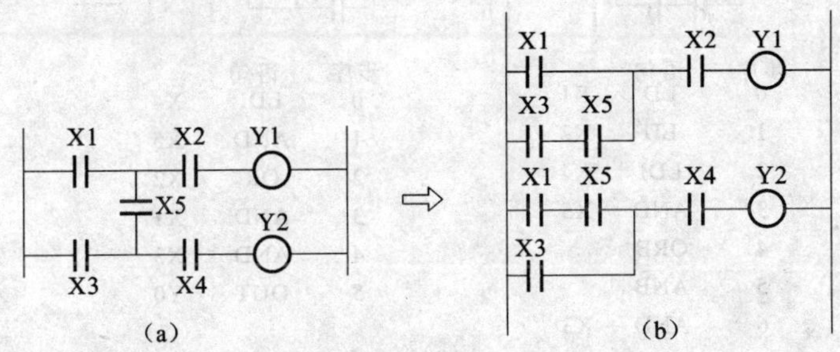

图 7-19　规则(4)说明

(a)不可编程的桥式电路梯形图　(b)变换后的可编程电路梯形图

367. 语句编程有哪些基本规则?

答:用语句编程一般是根据梯形图来进行的,编程时应遵守以下规则:

(1)对梯形图进行语句编程时,应遵循从左到右、自下而上的原则进行。对于复杂的梯形图,可将其分成若干块,逐块编程,然后再将各块顺序连接起来。

(2)编程前,应根据梯形图的设计规则和语言编程规则,按电路的逻辑功能对梯形图进行等效变换。并联多的电路尽量靠近左母线(左重右轻),串联多的电路尽量放在上部(上重下轻),分别如图 7-20(a)、(b)所示。同时,通过合理的电路变换来简化程序,尽量减少程序步数,以节省内存空间和缩短扫描周期。

368. 可编程序控制器有哪些编程技巧?

答:(1)用电路变换来化简程序。图 7-21 所示的两个梯形图所实现的功能一样,但编制程序的繁简却不同。这种变换正符合 366 题中介绍的语句编程规则(2)。图 7-21(a)助记符程序清单及注释见表 7-2,图 7-21(b)助记符程序清单及注释见表 7-3。

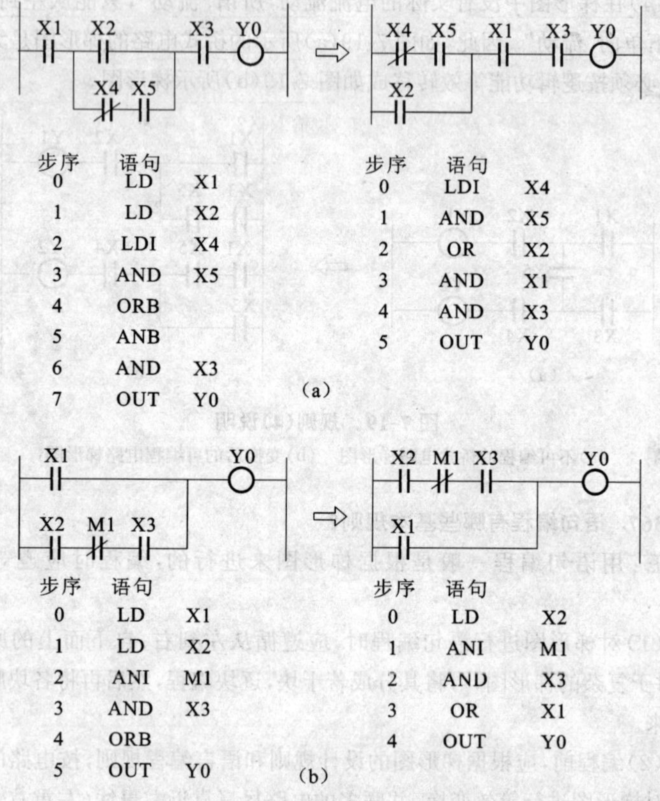

图 7-20 语句编程规则(2)使用说明

(a)并联多的电路尽量靠近左母线 (b)串联多的电路尽量放在上部

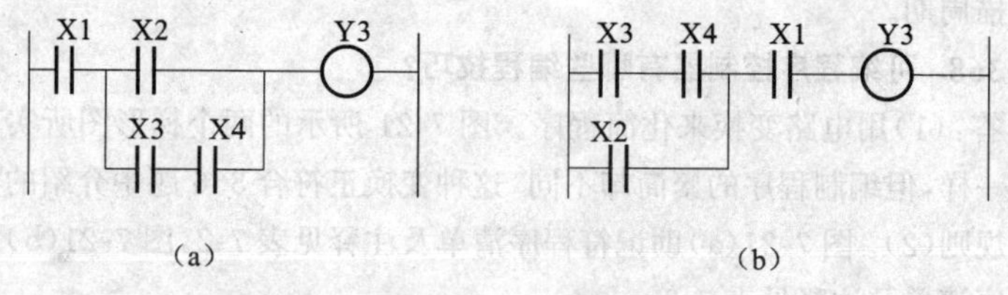

图 7-21 梯形图

(a)编制程序繁琐的梯形图 (b)编制程序简单的梯形图

表 7-2　图 7-21 (a)助记符程序清单及注释

助记符程序	注　　释
(1)LD X1	第 1 组：输入 X1
(2)LD X2	第 2 组：输入 X2
(3)LD X3	第 3 组：输入 X3
(4)AND X4	“与”X4 即：X3・X4
(5)ORB	第 2、第 3 两组“组或”，即：X2＋(X3・X4)
(6)ANB	上式结果与第 1 组进行“组与”，即：X1・[X2＋(X3・X4)]
(7)OUT Y3	输出 Y3

表 7-3　图 7-21 (b)助记符程序清单及注释

助记符程序	注　　释
(1)LD X3	输入 X3
(2)AND X4	“与”X4，即：X3・X4
(3)OR X2	“或”X2，即：(X3・X4)＋X2
(4)AND X1	“与”X1，即：[(X3・X4)＋X2]・X1
(5)OUT Y3	输出 Y3

(2)梯形图的逻辑关系应尽量清楚，便于阅读检查和输入程序。图 7-22中所示的逻辑关系不够清楚，给编程带来不便。图 7-22 助记符程序清单及注释见表 7-4。

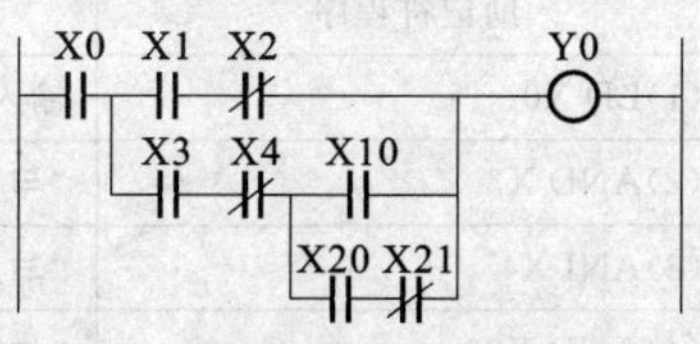

图 7-22　逻辑关系不清的梯形图

表 7-4　图 7-22 助记符程序清单及注释

助记符程序	注　　释
(1)LD X0	第 1 组：X0
(2)LD X1	第 2 组：X1
(3)ANI X2	$X1 \cdot \overline{X2}$

续表 7-4

助记符程序	注　释
(4)LD X3	第 3 组:X3
(5)ANI X4	X3 · $\overline{X}$4
(6)LD X10	第 4 组:X10
(7)LD X20	第 5 组:X20
(8)ANI X21	X20 · $\overline{X}$21
(9)ORB	第 4、第 5 组"组或"表示:(4+5)
(10)ANB	(4+5) · 3
(11)ORB	[(4+5) · 3]+2
(12)ANB	[(4+5) · 3+2] · 1

根据逻辑运算法,可把上面电路的结果分解为:1 · 3 · 4+1 · 3 · 5+1 · 2,并根据左重右轻、上重下轻的原则改画成图 7-23 所示的梯形图。图 7-23 助记符程序清单及注释见表 7-5。

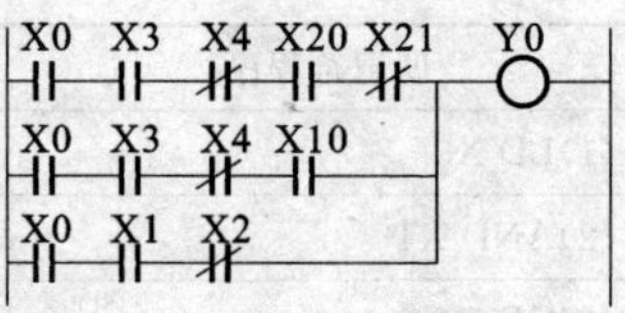

图 7-23　改画后的梯形图

表 7-5　图 7-23 助记符程序清单及注释

助记符程序	注　释
(1)LD X0	输入第 1 组 X0
(2)AND X3	"与"X3(即 X0 · X3)
(3)ANI X4	"与反"X4(即 X0 · X3 · $\overline{X}$4)
(4)AND X20	"与"X20(即 X0 · X3 · $\overline{X}$4 · X20)
(5)ANI X21	"与反"X21(即 X0 · X3 · $\overline{X}$4 · X20 · $\overline{X}$21)
(6)LD X0	输入第 2 组 X0
(7)AND X3	"与"X3(即 X0 · X3)
(8)ANI X4	"与反"X4(即 X0 · X3 · $\overline{X}$4)
(9)AND X10	"与"X10(即 X0 · X3 · $\overline{X}$4 · X10)

续表 7-5

助记符程序	注　释
(10)LD X0	输入第 3 组 X0
(11)AND X1	“与”X1(即 X0·X1)
(12)ANI X2	“与反”X2(即 X0·X1·$\overline{X}$2)
(13)ORB	第 2、第 3 两组“组或”,表示(2+3)
(14)ORB	上式结果与第 1 组“组或”,表示(1+2+3)
(15)OUT Y0	输出 Y0 执行元件

改画后的程序虽然指令条数增多,但逻辑关系清楚,便于编程和阅读。

(3)取代组合逻辑电路。用可编程序控制器代替组合逻辑电路是非常简单而直观的。组合逻辑电路的全部工作由编制描述逻辑器件的短程序来实现。各种组合逻辑电路功能和相应的程序见表 7-6。

表 7-6　各种组合逻辑电路功能和相应的程序

电路功能及符号	助记符程序		
“与” & A…N → Z	LD AND OUT	A N Z	逐项相“与”
“与反” & A…N → Z	LD AND ANI OUT	A N Z	逐项相“与” 结果取“反”
“或” ≥1 A…N → Z	LD OR OUT	A N Z	逐项相“或”
“或反” ≥1 A…N → Z	LD OR ORI OUT	A N Z	逐项相“或” 结果取“反”

续表 7-6

电路功能及符号	助记符程序	
"异或" A、B 输入，=1，输出 Z 逻辑表达式 $Z=A\oplus B=A\cdot\overline{B}+\overline{A}\cdot B$	LD	A
	ANI	B
	LDI	A
	AND	B
	ORB	
	OUT	Z
"异或反" A、B 输入，=1，输出 Z（反相） 逻辑表达式 $Z=A\odot B=\overline{A\oplus B}=\overline{A}\cdot\overline{B}+A\cdot B$	LDI	A
	ANI	B
	LD	A
	AND	B
	ORB	
	OUT	Z
"反" （反相器） A 输入，1，输出 $(\overline{A})$ Z	LD	A
	LDI	
	OUT	Z

369. 什么是可编程序控制器通信？通信系统由哪几部分组成？

答：PLC 通信指的是 PLC 与 PLC、PLC 与计算机、PLC 与外部设备之间的信息交换。PLC 通信属于数据通信，任务是把地理位置不同的 PLC、计算机、各种外围设备用通信介质连接起来，按照规定的通信协议（通信规则），以某种特定的通信方式，高效率地完成数据的传送、交换和处理。

一个数据通信系统一般由传送设备、传送控制设备、通信介质、通信协议和通信软件等部分组成。各部分之间的关系如图 7-24 所示。

370. 什么是并行数据通信和串行数据通信？其特点是什么？应用情况如何？

答：(1)并行数据通信是以字节或字为单位的数据传输方式，除了 8 根或 16 根数据线、1 根公共线外，还需要通信双方联络用的控制线。并行数据通信的传输速度快，但是传输线的根数多，成本高，一般用于近距离的数据传输，例如打印机与计算机之间的数据传输。

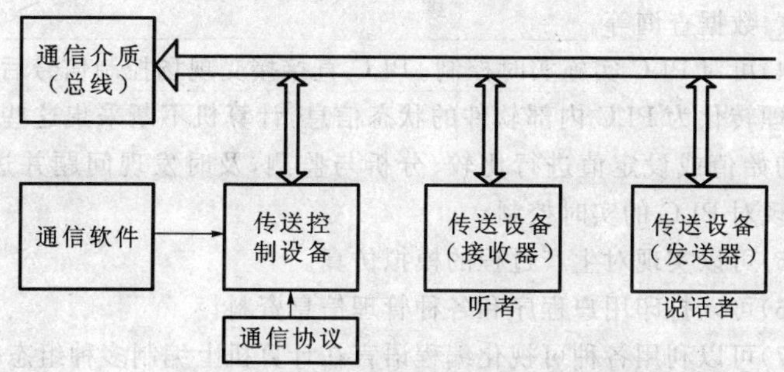

图 7-24 通信系统的基本组成示意图

（2）串行数据通信是以二进制的位（bit）为单位的数据传输方式，每次只传送一位。最少只需要两根线（双绞线）或 3 根线，适用于距离较远的场合。这些线既作为数据线，又作为通信联络控制线，数据信号和联络信号在这些线上按位进行传送，同时只能传送二进制数的 1 位。计算机和 PLC 都有通用的串行通信接口，例如 RS－232C 和 RS－485。工业控制中一般使用串行通信。串行通信虽然速度慢一点儿，但它适合于多数位、长距离通信。近年来串行通信技术飞速地发展，传送速率可达每秒兆字节的数量级。串行通信广泛应用于 PLC 控制和分布式控制（DCS 系统）。

371. 可编程序控制器与计算机通信的基本功能是什么？它们之间的通信是怎样实现的？

答：PLC 与计算机通信是 PLC 通信中最简单、最直接的一种通信形式，几乎所有种类的 PLC 都具有与计算机通信的功能。PLC 与计算机通信后，在计算机上可以实现以下八个基本功能：

（1）可以直接在计算机上编写、调试应用程序。通常情况下，PLC 的控制程序是由专门编程器编写的。当 PLC 与计算机通信后，便可利用辅助编程软件，直接在计算机上编写梯形图程序，还可以将梯形图程序自动转换为指令表，并可以自动查错、自动监控、自动传送，非常方便。

（2）可用图形、图像、图表的形式在计算机上对整个生产过程进行运行状态的监视。

（3）可对 PLC 进行全面、系统地管理，包括数据处理、打印报表、参数修改、数据查询等。

(4)可对 PLC 实施实时控制。PLC 直接接受现场控制信号后，经分析、处理转化为 PLC 内部软件的状态信息，计算机不断采集这些数据，并与初始值或设定值进行比较、分析与监测，及时发现问题并进行调整，实现对 PLC 的实时控制。

(5)可以实现对生产过程的模拟仿真。

(6)可以打印用户程序和各种管理信息资料。

(7)可以利用各种可视化编程语言在计算机上编制多种组态软件。

(8)通过计算机可以随时获得网上有用的信息，实现控制系统的资源共享。

PLC 与计算机通信主要是通过串行通信接口 RS-232C 或 RS-422A 进行的。一般不需要专用的通信模块。

372. 可编程序控制器的同位通信指的是什么？可分为哪两类系统？

答：PLC 与 PLC 之间的通信，常称之为同位通信。它们必需通过专用的通信模块来实现，根据通信模块的连接方式，同位通信可分为单级系统和多级系统。

(1)单级系统。一台 PLC 只连接一个通信模块，再通过连接适配器将两台或两台以上 PLC 相连以实现通信的系统。最简单的单级系统只需两台 PLC。当两台 PLC 相距较近时，用一根 RS-485 标准电缆直接将两台 PLC 单元的通信模块相连即可；当两台 PLC 相距较远时，通信模块之间要用一根光缆和两个光电转换适配器来连接。如果 PLC 的数量超过两个，同样可以实现同位通信，不过需要增加连接光缆和适配器的个数而已。

(2)多级系统。是指一台 PLC 连接两个或两个以上的通信模块，通过通信模块将多台 PLC 连在一起所组成的通信系统。多级通信系统最多可以形成四级，各自可独立工作，互不受限制，各级之间不存在上、下级关系。

373. 什么叫可视化编程？

答：在工业控制系统中，要用计算机进行系统管理、运行监视、模拟仿真等工作，一般都希望有一个良好的图形界面和人机接口。通过使用图形用户界面中各种编程图标进行编程的方法，称为可视化编程。“可视(Visual)”就是“可见”。

374. 什么叫组态软件？组态软件是怎样工作的？

答：所谓组态软件，是指利用 Windows 桌面操作系统提供的工具软件，通过简单、形象的组态工作而实现的，具有良好的人机界面，具有综合应用与开发功能，是集数据库、历史库、图形库、控制操作和运行监视为一体的多任务信息处理系统，是分布式控制系统中操作员与工程师级常用的系统开发平台。

组态软件一般由图形界面系统、实时数据库系统、第三方程序接口组件和控制功能组件组成。其中：图形界面系统用于生成现场过程图形画面；实时数据库系统用于实时存储现场控制点的参数；第三方程序接口组件用于组态软件与其他应用程序交换数据；控制功能组件用于生成监控所需的对策措施。

组态软件的工作过程是：组态软件通过 I/O 驱动程序从现场 I/O 设备获得实时数据，对数据进行必要的加工后，一方面以图形方式直观地显示在计算机屏幕上，另一方面按照组态要求和操作人员的指令将控制数据传送给 I/O 设备，对执行机构实施控制或调整控制参数。

375. 组态软件有什么特点？

答：组态软件有下列特点：

(1)系统的可扩充性。用通用组态软件开发的应用程序，当用户需求发生改变时(包括硬件设备或系统结构的改变)，只需用较小的工作量便可完成应用程序的更新和升级。

(2)易学易用。组态软件普遍使用了“面向对象”的编程和设计方法，使软件更加易于学习和掌握。用户不需掌握太多的编程语言技术(甚至不需要编程)，就能完成复杂工程所要求的所有功能。

(3)通用性。用户根据工程实际需要，利用通用组态软件提供的底层设备(如 PLC、智能仪表、智能模块、板卡、变频器等)的 I/O 驱动程序、开放式数据库和画面制作工具，就能完成一个具有动画效果、实时数据处理功能、历史数据和曲线并存功能以及有多媒体功能和网络功能的工程。

(4)实时多任务。数据采集与监视(SCADA)、数据处理与算法实现、图形显示与人机对话、实时通信、实时数据存储与管理等多个任务，可通过组态在同一台计算机上同时运行。

此外，组态软件还具有接口开放、使用灵活、功能多样、运行可靠的特点。

376. 可编程序控制器控制变频器可以实现哪些功能？

答：PLC 和变频器都是以计算机技术为基础的现代工业控制产品，将二者有机地结合起来，用 PLC 来控制变频器，是当代工业控制中经常遇到的问题。常见的控制功能有：

(1)用 PLC 控制变频电动机的转向、转速和加速、减速时间。

(2)实现变频器与多台电动机之间的切换控制。

(3)实现电动机的工频电源和变频电源之间的切换。

(4)用单台变频器实现泵站的恒压供水控制。

(5)通过通信实现 PLC 对变频器的控制，将变频器纳入工厂自动化通信网络。

377. 可编程序控制器可以用哪些方法控制变频器？

答：(1)用模拟量输出模块提供变频器的频率给定信号。PLC 的模拟量输出模块输出的直流电压或电流送给变频器的模拟电压/电流、转速给定输入端，用模拟量输出控制变频器的输出频率。这种控制方式的硬件接线简单，但是 PLC 的模拟量输出模块价格较高。

(2)用高速脉冲输出信号作为频率给定信号。某些变频器有高速脉冲输入功能，可以用 PLC 输出的高速脉冲的频率作为变频器的频率给定信号。

(3)用开关量输入/输出信号有级调节变频器的输出频率。PLC 的开关量输出/输入点一般可以与变频器的开关量输入/输出点直接相连，这种控制方式的接线简单，抗干扰能力强。用 PLC 的开关量输出模块可以控制变频器的正反转，有级调节转速和加减速时间。虽然只能有级调节，但是对于大多数系统，这也足够了。

(4)如果 PLC 和变频器都自带串行通信接口，并且使用相同的通信协议，PLC 和变频器之间除了用串行通信提供频率给定信号外，还可以传送大量的参数设置信息和状态信息。

下面通过一个例子介绍用 PLC 控制变频器的方法，如图 7-25 所示。

PLC 的输入继电器 X0 和 X1 用来接收按钮 SB_1 和 SB_2 的指令信号，通过 PLC 的输出点 Y10 控制变频器电源的接通和断开。

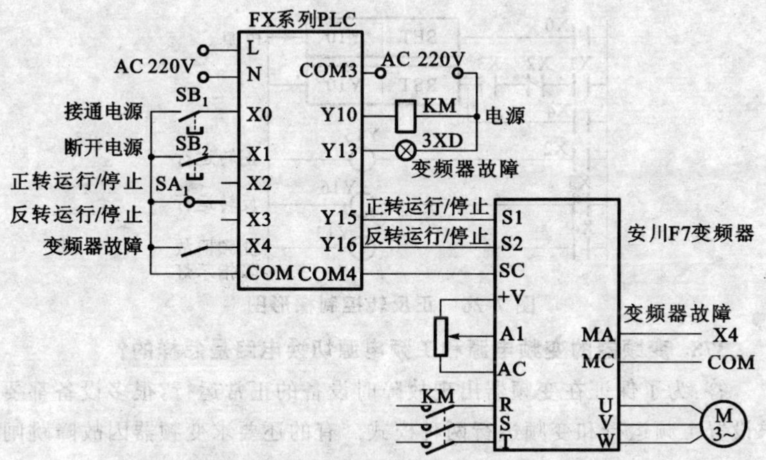

图 7-25 用 PLC 控制变频器和电动机的电路

按下按钮 SB_1，输入继电器 X0 变为 **1** 状态，使输出继电器 Y10 的线圈通电并保持，接触器 KM 线圈得电，其主触头闭合，接通变频器的电源。

接下按钮 SB_2，X1 变为 **1** 状态，如果 X2、X3 均为 **0** 状态（SA_1 在中间位置），变频器未运行，则 Y10 被复位，使接触器 KM 线圈断电，其主触头断开，变频器电源被切断。变频器出现故障时，X4 的常开触头接通，亦使 Y10 复位，通过 Y10 使变频器的电源断电。

当电动机正转或反转时，X2 或 X3 的常闭触头断开，使 SB_2 和 X1 不起作用，以防止在电动机运行时切断变频器的电源。

三位置旋钮开关 SA_1 通过 X2 和 X3 控制电动机的正转、反转或停止。变频器的输出频率由接在模拟量输入端 A1 的电位器控制。

将 SA_1 旋至“正转运行”位置，X2 变为 **1** 状态，使 Y15 动作，变频器的 S1 端子被接通，电动机正转运行。

将 SA_1 旋至“反转运行”位置，X3 变为 **1** 状态，使 Y16 动作，变频器的 S2 端子被接通，电动机反转运行。

将 SA_1 旋至中间位置，X2 和 X3 均为 **0** 状态，使 Y15 和 Y16 的线圈断电，变频器的 S1 和 S2 端子都处于断开状态，电动机停止运行。

PLC 的梯形图如图 7-26 所示。

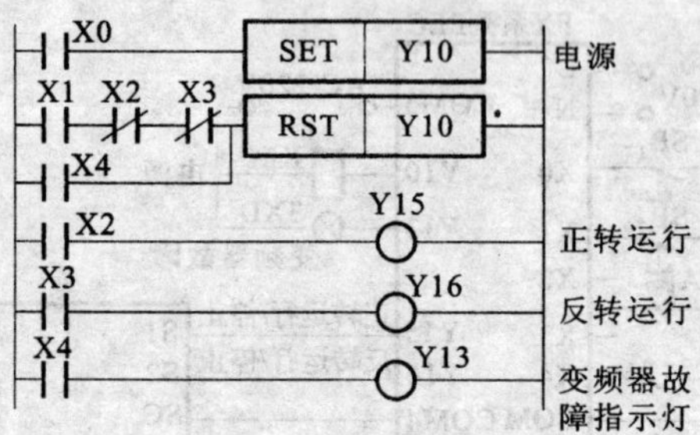

图 7-26　正反转控制梯形图

378. 变频器的变频电源和工频电源切换电路是怎样的？

答：为了保证在变频器出现故障时设备的正常运行，很多设备都要求设置工频运行和变频运行两种模式。有的还要求变频器因故障跳闸时，可以自动切换为工频运行方式，同时发出报警信号。

工频/变频切换控制的主电路如图 7-27 所示。接触器 KM_1 和 KM_2 动作时电动机为变频运行，KM_3 动作时工频电源直接接到电动机。

工频电源如果接到变频器的输出端，将会损坏变频器，所以 KM_2 和 KM_3 绝对不能同时动作，相互之间必须设置可靠的互锁。为此在 PLC 的输出电路中用它们的常闭触头组成硬件互锁电路。

在工频运行时，变频器不能对电动机进行过载保护，所以设置了热继电器 FR，用它提供工频运行时的过载保护。

旋钮开关 SA_1 用于切换 PLC 的工频运行模式或变频运行模式，按钮 SB_5 用于变频器出现故障后对故障信号复位。

(1)工频运行。将选择开关 SA_1 扳到“工频模式”位置，输入继电器 X4 为 **1** 状态，为工频运行做好准备。

按下“电源接通”按钮 SB_1，X0 变为 **1** 状态，使 Y12 的线圈通电并保持，如图 7-28 所示。接触器 KM_3 动作，电动机在工频电压下起动并运行。

工频运行时 X4 的常闭触头断开，按下“电源断开”按钮 SB_2，X1 的常闭触头断开，使 Y12 的线圈断电，接触器 KM_3 失电，电动机停止运行。如果电动机过载，热继电器 FR 的常闭触头断开，X7 变为 **0** 状态，Y12 的线圈也会断电，使接触器 KM_3 失电，电动机停止运行。

(2)变频运行。将选择开关 SA_1 旋至“变频模式”位置，X5 为 **1** 状

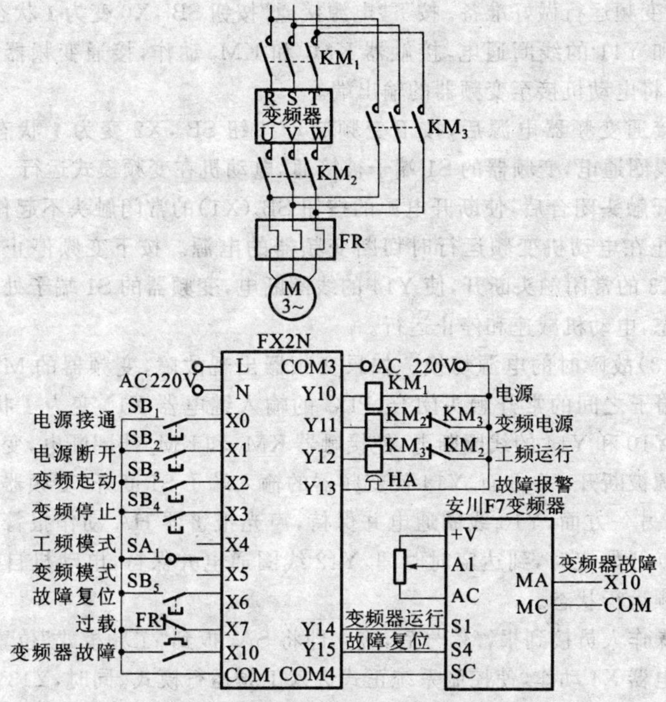

图 7-27 工频/变频电源切换控制电路

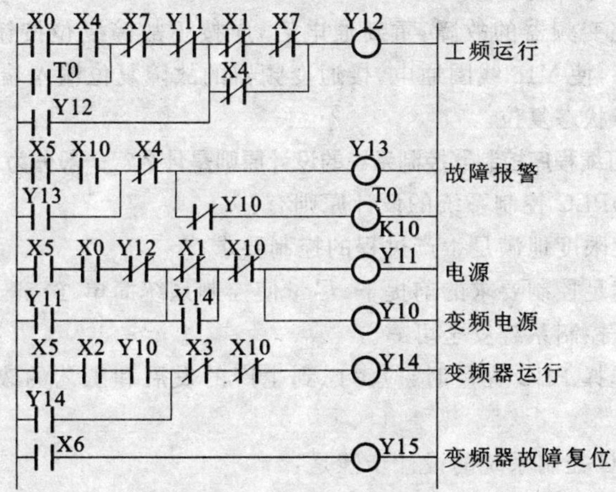

图 7-28 电源切换梯形图

态，为变频运行做好准备。按下“电源接通”按钮 SB_1，X0 变为 **1** 状态，使 Y10 和 Y11 的线圈通电，接触器 KM_1 和 KM_2 动作，接通变频器的电源，并将电动机接至变频器的输出端。

接通变频器电源后，按下变频起动按钮 SB_3，X2 变为 **1** 状态，使 Y14 线圈通电，变频器的 S1 端子被接通，电动机在变频模式运行。Y14 的常开触头闭合后，使断开电源的按钮 SB_2(X1)的常闭触头不起作用，以防止在电动机变频运行时切断变频器的电源。按下变频停止按钮 SB_4，X3 的常闭触头断开，使 Y14 的线圈断电，变频器的 S1 端子处于断开状态，电动机减速和停止运行。

(3)故障时的电源切换。如果变频器出现故障，变频器的 MA 与 MC 端子之间的常开触头闭合，PLC 的输入继电器 X10 变为 **1** 状态，Y11、Y10 和 Y14 的线圈断电，使接触器 KM_1 和 KM_2 线圈断电，变频器的电源被断开。一方面，Y14 使变频器的输入端子 S1 断开，变频器停止工作；另一方面，Y13 线圈通电并保持，声光报警器 HA 动作报警。同时，T0 开始定时，到达定时时间，Y12 线圈通电并保持，电动机自动进入工频运行状态。

操作人员接到报警信号后，应立即将 SA_1 扳到“工频模式”位置，输入断电器 X4 动作，使控制系统正式进入工频运行模式。同时，Y13 线圈断电，停止声光报警。

处理完变频器的故障，重新通电后，应按下故障复位按钮 SB_5，X6 变为 **1** 状态，使 Y15 线圈通电，接通变频器的故障复位输入端 S4，使变频器的故障状态复位。

379. 可编程序控制器控制系统的设计原则是什么？一般分为几步？

答：(1)PLC 控制系统的设计原则有：

①最大限度地满足生产过程的控制要求。

②在满足控制要求的前提下，尽量使控制系统简单、经济。

③保证控制系统安全可靠。

④在选择 PLC 容量时，应考虑到生产的发展和工艺的改进，必须留有余地。

(2)PLC 控制系统的设计步骤是：

①熟悉控制对象的工艺条件，确定控制范围。

②选择合适的PLC类型，具体考虑以下五点：

a. 满足控制系统的功能需要，同时兼顾维修和备件的通用性。

b. 准确统计被控对象的输入信号和输出信号的总点数，并考虑今后调整和扩充，在实际统计I/O点数基础上，一般应加上10%～20%的备用量。

c. 估算用户存储器容量。

d. PLC的处理速度应满足实时控制的要求。

e. 合理选择编程器与外围设备。

③选择输入输出设备及分配输入输出点数。

④根据设计框图编写程序，这是整个设计工作的核心部分。

⑤程序测试。包括模拟调试和现场运行调试两部分。

⑥设计外部电路并画电气接线图。

380. 如何估算用户存储器的容量？

答：用户应用程序占用多少内存与许多因素有关，如I/O点数、控制要求、运算处理量、程序结构等。因此，在程序设计之前只能粗略地估算。根据经验，每个I/O点及有关功能器件占用的内存大致如下：

开关量输入：所需存储器字数＝输入点数×10；

开关量输出：所需存储器字数＝输出点数×8；

定时器/计数器：所需存储器字数＝(定时器/计数器数量)×2；

模拟量：所需存储器字数＝模拟量通道数×100；

通信接口：所需存储器字数＝接口个数×300；

根据每个I/O点及功能器占用存储器的空间，再加上备用量，即为存储器容量的估算值。

381. 怎样减少所需的I/O点数？

答：减少I/O点数的实质是减少PLC的输入点数和输出点数。

(1)减少所需PLC输入点数。具体方法有：

①分组输入。自动程序和手动程序不会同时执行，因此输入时可以先把自动和手动信号分别归类，再按不同控制状态要求分组输入PLC，如图7-29所示。

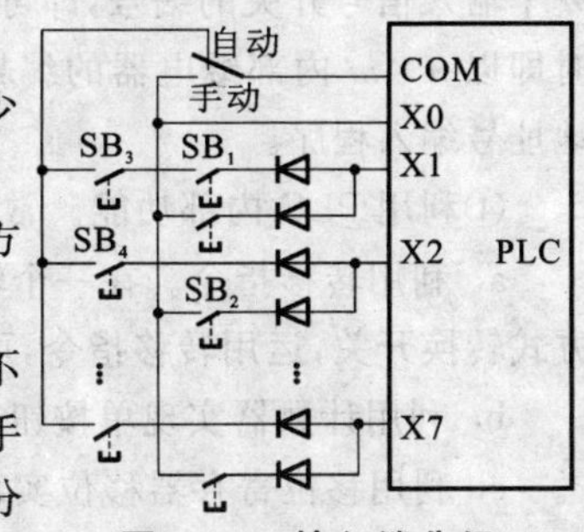

图7-29 输入端分组

X0 用来输入自动/手动程序，供自动和手动切换用。SB_1 和 SB_3 按钮虽然都使用 X1 输入端，但实际代表的逻辑意义不同。图中所示的二极管是为防止寄生电路使 PLC 接收到错误的输入信号而设置的。显然，一个输入端就可分别反映两个输入信号的状态，节省了输入端。

②触头合并式输入。修改外部电路，将某些具有相同功能的输入触头串联或并联后再输入 PLC，这些信号就只占用一个输入点了。串联时，几个开关同时闭合有效。并联时，其中任何一个触头闭合都有效。图 7-30(a)～(d)所示是一个将触头合并再输入的实例。

③矩阵式输入。当 PLC 有两个以上多余的输出端点时，可将二极管开关矩阵的行、列引线分别接到 I/O 端点上。这样，当矩阵为 n 行 m 列时，可以得到 $n\times m$ 个输入信号供 PLC 组成的控制系统使用。具体做法如下：

a. 接成二极管开关矩阵。选择 PLC 输入点与输出点，作为二极管开关矩阵的行线与列线；将输入信号开关、二极管串联后两端分别接在某行线某列线上。

b. 设计移位寄存器循环扫描输出程序，使移位寄存器位数与选定的输出点相等，并使各位与输出点一一对应。当移位寄存器循环移位时，各输出点在相对应的移位寄存器各位状态输出驱动下会依次循环导通。

c. 用 n 个输入点与 m 个输出点的状态两两相“与”来指定一组 $n\times m$ 个内部继电器，以这 $n\times m$ 个内部继电器的编号分别代替对应的 $n\times m$ 个输入信号开关的编号，即可得到 $n\times m$ 个输入信号。编制应用程序时即以 $n\times m$ 内部继电器的编号作为相应的 $n\times m$ 个输入信号开关的地址号编入程序。

④利用 PLC 内部功能。常用做法有：

a. 利用转移指令。在一个输入端上接一开关，作为自动、手动工作方式转换开关，运用转移指令，可将自动和手动操作加以区别。

b. 利用计数器实现单按钮起动和停止。

c. 利用移位寄存器移位实现单按钮起动和停止。

(2)减少所需 PLC 输出点数。具体方法有：

①通断状态完全相同的负载并联后，可以公用 PLC 的一个输出点，即一个输出点带多个负载。

②在采用信号灯做负载(例如指示不同的工步或电梯中的指示灯)时，采用数码管做指示灯可以少用输出点。一个七段数码管可以显示 0～9这 10 种不同的状态，但它只是 4 个输出点。如果用单灯指示 10 种状态，需要 10 个指示灯，要占用 10 个输出点。

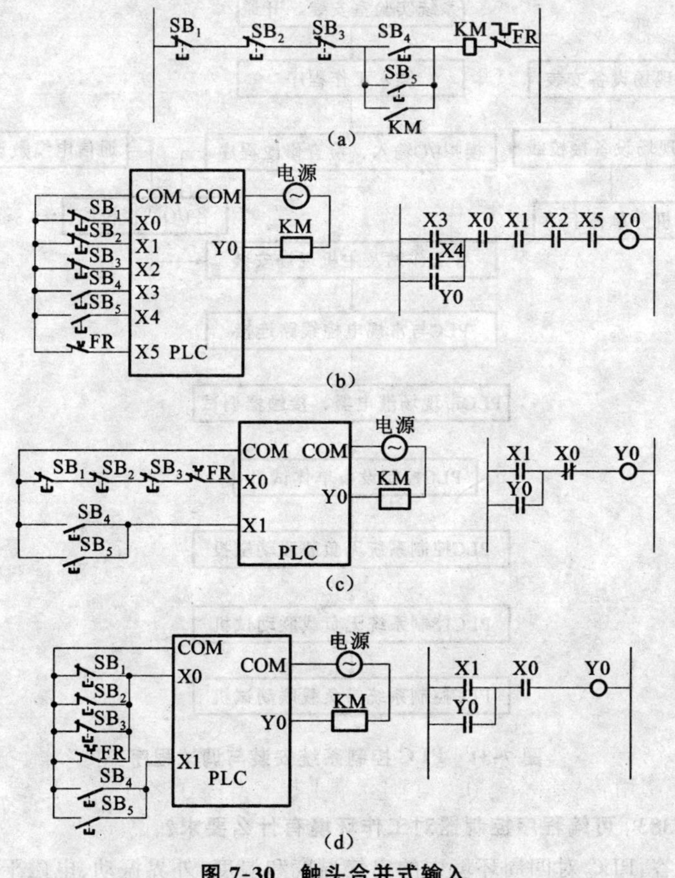

图 7-30 触头合并式输入

(a)多处起动/停止电动机电路 (b)硬接线与梯形图转换之一

(c)硬接线与梯形图转换之二 (d)硬接线与梯形图转换之三

382. 可编程序控制器控制系统有哪些安装与调试程序？

答：PLC 控制系统安装与调试程序如图 7-31 所示。

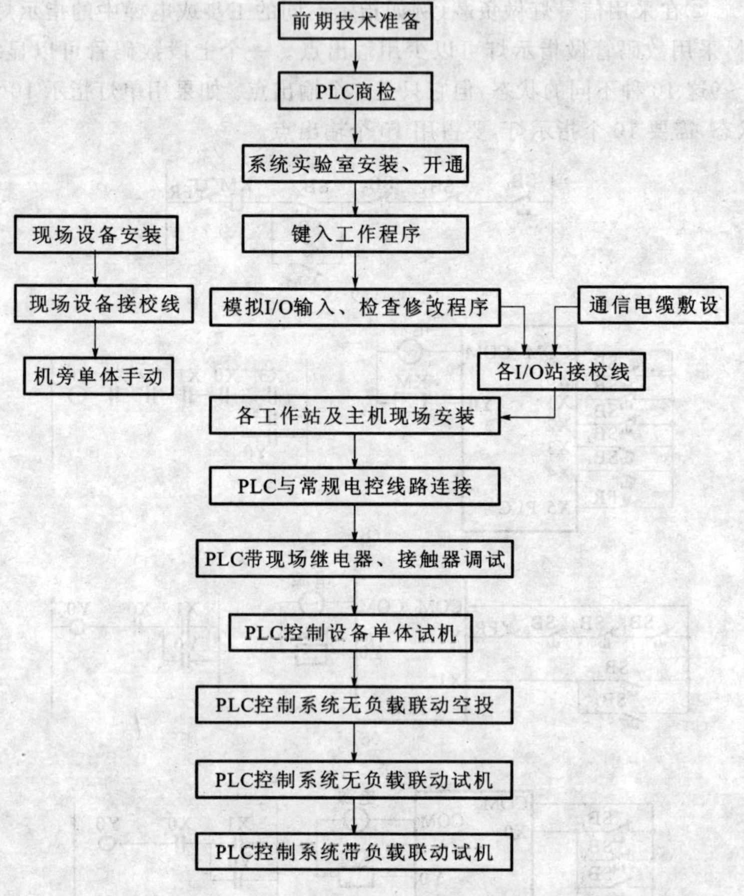

图 7-31 PLC 控制系统安装与调试程序

383. 可编程序控制器对工作环境有什么要求？

答：PLC 对四周环境中的空气温度和湿度、外界振动、电磁干扰等都有较为严格的要求。

(1)PLC 的四周环境温度不应低于 0 ℃、不应高于 60 ℃，最好不高于 45℃。否则,应采取通风或其他改善环境温度的措施。

(2)为了保证 PLC 的绝缘性能,其周围的相对湿度应保持在 35%～80%范围内。

(3)PLC 不应在具有频繁振动或超过 10g 的冲击加速度的环境下工作,否则应采取防振或减振措施。

(4)PLC 不应在充满导电尘埃或有机溶剂、腐蚀性气体的环境下工作,否则应将控制柜做成封闭结构或对柜内气体采取净化措施。

384. 安装可编程序控制器有哪些基本要求?

答:安装 PLC 时要做到安全、规范、美观、经济。

(1)安全。安装牢固,接线正确、可靠;导线无破损、无毛刺,线头无裸露;有接地、短路、过载、过压、欠压等安全保护措施;有紧急停机装置。

(2)规范。安装、布线符合电气安装标准和使用说明书的要求。

(3)美观。布线整齐,走线尽可能使用汇线槽;不同类型的导线使用不同的颜色;为区分导线,必须在每根导线上标上线号;多根导线汇合时要用扎带扎紧。

(4)经济。以能满足控制要求为准,尽可能少用电气元件,布线尽可能简短。

385. 在控制柜中安装可编程序控制器应注意什么?

答:在控制柜中安装 PLC 应注意以下几点:

(1)为了提供足够的通风空间,保证 PLC 正常的工作温度,基本单元与扩展单元之间要留 30mm 以上间隙;各 PLC 单元与其他电气元件之间要留 100mm 以上间隙,以防电磁干扰。

(2)远离高压电源线和高压设备,PLC 单元与高压设备之间要留 200mm 以上间隙。

(3)远离加热器、变压器、大功率电阻等发热源、必要时安装风扇强迫散热。

(4)远离产生电弧的开关、继电器等元件。

(5)不应与产生较大振动、冲击的接触器放在同一面板上。

(6)PLC 附近的高频设备应有良好的接地措施。

(7)输入输出模块应放在易于更换的位置。

386. 安装可编程序控制器应做哪些前期技术准备?

答:PLC 系统安装前的技术准备工作越充分,安装调试就会越顺利。前期技术准备工作主要有:

(1)熟悉 PLC 随机技术资料,包括原文资料,深入理解其性能、功能及各种操作要求,制定操作规程。

(2)深入了解设计资料,对系统工艺流程,特别是工艺对各生产设备的控制要求应有全面的了解,在此基础上,按子系统绘制工艺流程联锁图、系统功能图、系统运行逻辑框图,这将有助于对系统运行逻辑的深刻理解,是前期技术准备的重要环节。

(3)熟悉各工艺设备的性能、设计与安装情况,特别是各设备的控制与动力接线图,并与实物相对照,以及时发现错误并纠正。

(4)在全面了解设计方案与 PLC 技术资料的基础上,列出 PLC 输入输出点号表(包括内部线圈一览表,I/O 所在位置,对应设备及 I/O 点功能)。

(5)研读设计提供的程序,对逻辑复杂的部分输入、输出点绘制时序图,一些设计中的逻辑错误,在绘制时序图时即可发现。

(6)根据 PLC 型号、所用外围电气元件的多少及布线特点,综合设计控制柜的大小和形状,并根据 PLC 及外围电气元件位置预留安装孔和通风孔。

387. 可编程序控制器的控制柜与现场设备之间接线时应注意什么?

答:在连接 PLC 控制柜与现场设备时应注意以下五点:

(1)动力线与信号线应各自分开分别用电缆敷设;各种电缆连接处最好使用插接件,如使用航空接头等。

(2)电缆的屏蔽要良好,在电缆两端的接线处,屏蔽层应尽量多地覆盖电缆芯线。电缆屏蔽层应单端接地,控制柜的外壳也应妥善接地。

(3)电缆应分类编号,排放整齐、美观。

(4)为了安全,交流电源一般需经断路器或刀开关、熔断器再送入 PLC。如果电源干扰特别严重,还应安装隔离变压器。PLC 若有扩展单元,其电源必须与基本单元的电源共用一个开关,以保证它们同时通电和断电。

PLC 的电源、地线、运行总线接线图如图 7-32 所示。

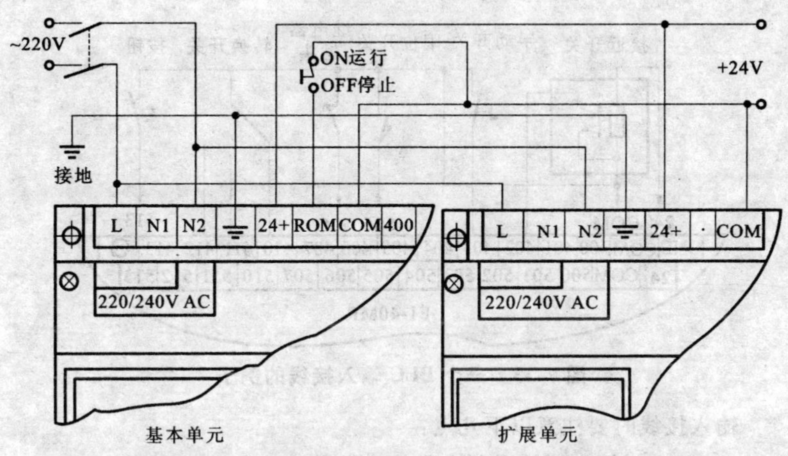

图 7-32　PLC 的电源、地线、运行总线接线图

(5)如果电源发生故障，当中断时间在 10ms 以下时，PLC 的工作一般不受影响；当中断时间超过 10ms 或电源电压下降超过允许值时，PLC 停止工作，所有输出点同时断开。若电源断电时间大于 10ms，但原来的运行开关还处于接通状态，则 PLC 会自动重新执行程序，执行中可能会产生一些意想不到的后果。因此，应为 PLC 设置断电保护装置。

388. 可编程序控制器的输入端子应如何接线？输入接线时应注意哪些事项？

答：面板上的输入端子是 PLC 控制信号的输入口。其数目的多少是 PLC 重要的性能参数。输入端子只能连接按键开关、行程开关、限位开关、接触器以及继电器的辅助触头、光电开关、接近开关、集电极开路的 NPN 型晶体管等开关器件，也可连接 A/D 转换器或 D/A 转换器等与 PLC 配套的输入模块。各开关器件的一端接输入端子，另一端接 PLC 的 COM 口。对 PLC 来说，接入 PLC 的各开关器件只相当于一个开关。当这一开关接通时，靠 PLC 内部电源通过输入器件向 PLC 输入端提供约 7mA 电流，从而给 PLC 提供特定的输入控制信号。因此，对开关型的手动器件，不需要另接外部电源。对一些需要电源的传感器，可以直接使用 PLC 上提供的 24V 的直流电源。图 7-33 所示是输入接线的一个实例。

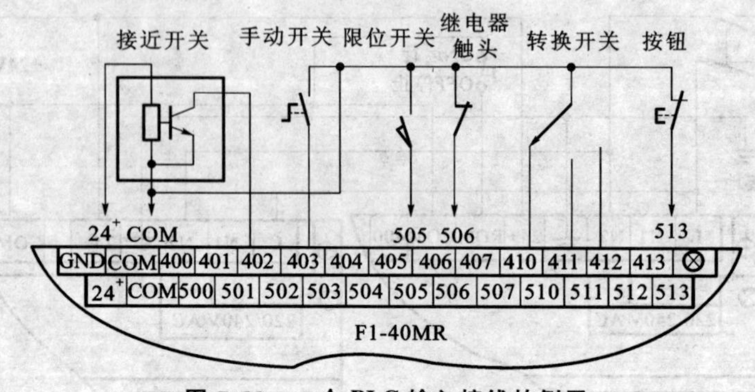

图 7-33 一个 PLC 输入接线的例子

输入接线时要注意以下几点：

(1)PLC 对输入器件通断变化的响应有约几十毫秒的滞后时间，而接通与断开的脉冲信号宽度应大于 PLC 的扫描周期。也就是说，开关接通或断开这一动作的持续时间应大于滞后时间与扫描周期的总和，否则会出现“失控”现象。

(2)切不可将输入 COM 端和输出 COM 端相连在一起。

(3)输入线与输出线要分开敷设，不可用同一根电缆。

(4)输入线长度一般不要超过 30m。如果环境干扰少、电压降不太大，可适当长一些。

389. 可编程序控制器如何接地？

答：一般情况下，PLC 可以不接地线。但良好的接地可以保证 PLC 更可靠地工作。在 PLC 的面板上有一个接地端子，应把它可靠接地，接地电阻值应小于 4Ω。若有扩展单元，其接地线应与基本单元的接地线接在一起，并接入同一接地点(见图 7-32)。

值得注意的是，PLC 最好使用专用接地线。如果难以做到，PLC 和其他设备也可使用公共接地线，但绝不允许和其他设备串联接地。否则，效果将会更差，如图

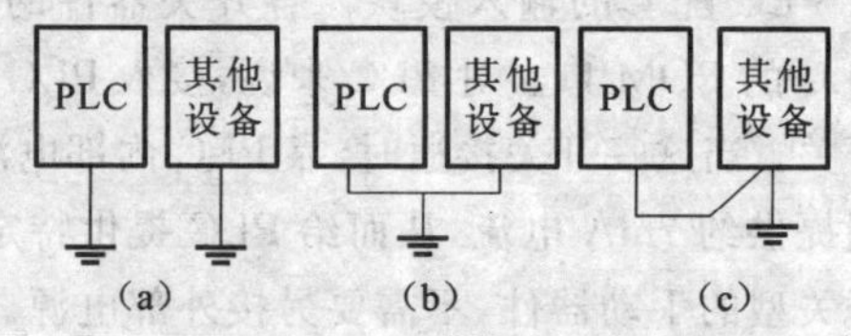

图 7-34 PLC 接地示意图

(a)各自接地 (b)公共接地 (c)串联接地

7-34所示。

390. 可编程序控制器的输出端子如何接线？输出接线应注意哪些事项？

答：PLC 的输出端子连接 PLC 内部的继电器、晶闸管或晶体管组成的输出电路，相当于一个开关，由程序决定其通断状态；外部直接连接交直流电源和由灯泡、电炉、电铃、小型电动机、电磁阀、接触器线圈、继电器线圈、驱动电路等负载组成的闭合回路。其中，电源的类型和电压等级由所接负载类型决定。图 7-35 所示是输出接线的一个实例。在输出接线时应特别注意以下六点：

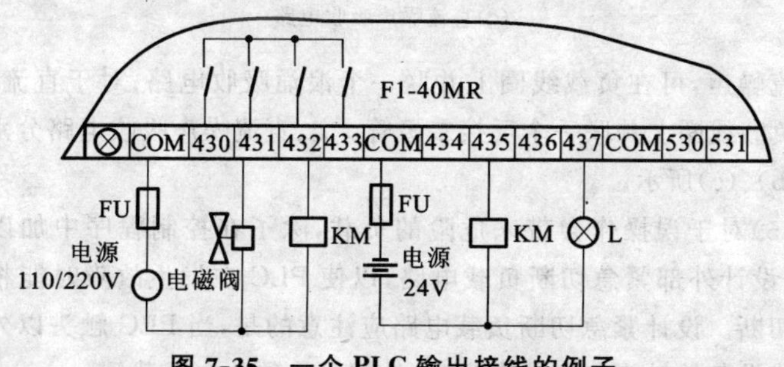

图 7-35 一个 PLC 输出接线的例子

(1)PLC 的输出接线端除少数 20 点以下的小型 PLC 采用独立输出形式外，一般采用公共输出形式。即几个输出端子构成一组(通常 4 个为一组)，共用一个 COM 端。不同组的 COM 端，内部并联在一起。不同组可以采用不同的电源；同一组中必须采用同一电源。不管在什么情况下，流入输出端的最大电流不应超过 PLC 允许电流的极限值(如 F1-40MR-UL 型可编程控制器电阻性负载的极限电流为 2A)。否则，必须外接接触器或继电器，PLC 才能正常工作。

(2)由于 PLC 的输出元件被封装在 PLC 内的印制电路板上，若负载短路，将烧坏印制电路板，因此，要在 PLC 的输出回路中用熔断器保护 PLC 的输出元件。

(3)由于电感性负载短路时有很大的自感电动势，所以必须在电感线圈上并联一个泄放二极管。电感性负载泄放电路如图 7-36(a)所示。

(4)PLC 的负载可能产生噪声干扰，需要采取适当的抑制措施。对

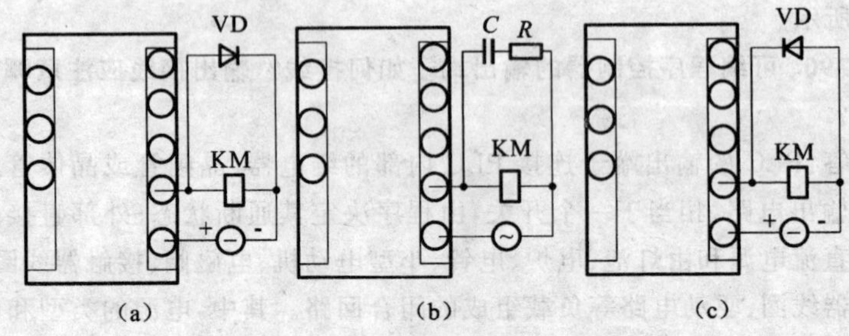

图 7-36 特殊输出接线

(a)电感性负载泄放电路 (b)交流噪声吸收电路

(c)直流噪声吸收电路

于交流噪声，可在负载线圈上并联一个浪涌吸收电路；对于直流噪声，可在负载线圈上并联一个反接二极管。交、直流噪声吸收电路分别如图7-36(b)、(c)所示。

(5)对于误操作会带来危险的负载，除了在控制程序中加以考虑外，应设计外部紧急切断负载电路，以使 PLC 在发生故障时能将负载迅速切断。设计紧急切断负载电路应注意的是，当 PLC 触头以外的其他电路设备的触头与负载串联时，外部触头须放在负载侧。

(6)交流输出线与直流输出线不要用同一根电缆，输出线应远离高压线和动力线，并避免与高压线和动力线并行。

391. 什么是程序“跑飞”？应采取什么措施防止程序“跑飞”？

答：计算机测控设备(包括 PLC)的程序都是周期性循环执行的，在完成系统的初始化工作后，进入主程序循环。由于干扰的原因，可能会破坏程序的正常执行过程，引起程序执行混乱，将存储区中的一些随机数据当做指令来执行，最后常常进入一个毫无意义的死循环中，使系统失去控制，从外部来看，计算机对外部输入信号毫无反应(俗称死机)，这种现象称为程序跑飞。

可以通过跳跃恢复指令的设置来纠正程序跑飞。跳跃恢复指令的作用是，当程序跑飞，偏离正常执行顺序，进入非程序区时，所设置的跳转恢复指令将引导一个特定的处理程序入口，对程序的参数和各状态变量进行处理，然后再跳转回原程序。在重新起动和恢复程序之前，必须进行一些参数与状态处理，如输出清零，根据程序飞溢前所保留的参数确定重新恢复的初始化参数等。这样可使系统恢复时尽可能平稳过渡，而不出现跳跃。

392. 影响可编程序控制器的噪声源有哪些？

答：噪声源主要有：

(1)反电动势噪声。继电器、接触器、电磁阀等感性负载断电时，在其电磁线圈上会产生很高的反电动势，电感 L 越大，瞬间电流 i 越大，切断时间越短，所产生的反电动势就越大，噪声就越大。该噪声是发生在与线圈相连的线路上，它通过电源线和 PLC 的信号线侵入 PLC 内部引发系统故障。

(2)电源噪声。电源电压的波动、瞬停、波形畸变或者雷击，均会产生过渡性噪声，引发 PLC 异常。

(3)电波噪声。在 PLC 附近安装有产生电波的设备(如无线电设备，高频加热器等)，电波就会经空中侵入 PLC 的 CPU 内部或 I/O 接口部位，从而使 PLC 系统发生故障。

(4)电弧噪声。各种电器触头切断负载瞬间，触头之间都会产生电弧，从而引发谐波噪声，经空中传播或高阻抗输入输出信号侵入 PLC 内部。

393. 防止噪声故障的主要措施有哪些？

答：防止噪声故障主要有以下三个措施：

(1)不让噪声发生，即消除或减弱噪声源。消除或减弱噪声源的常用方法有：在电源电路输入侧安装 LC 滤波器，既可防止外来噪声入侵，又能防止本身噪声对其他设备的影响；在继电器两侧接入噪声限制器，可以吸收反电动势；内部逻辑电路在电源与地线之间连接电容，可以吸收高频噪声；内部总线采用阻抗匹配，可防止反射噪声。

(2)防止噪声侵入，即使内部电路与外部电路相隔离。具体方法有：施加屏蔽，在电源线路上接入滤波器；电源线、信号线均使用双绞线，使其兼有不使自身成为噪声源的作用。

(3)使噪声旁路。常用的方法有：在 PLC 输入端子上接入泄漏电阻，可降低输入阻抗，使输入信号线上的感应噪声或漏电流旁路。

394. 可编程序控制器输入侧有哪些抗噪方法？

答：PLC 输入侧的抗噪方法主要有：

(1)PLC 的输入信号线要远离动力线，避免与低压动力线布置在同一个线槽内，不得已时必须用良好接地的金属板隔离。

(2)低电平信号线需用屏蔽线，以减少静电耦合噪声。

(3)当直接以工频交流电源为 PLC 的输入电源时，可从两方面考虑：

①经隔离变压器供电，可使噪声衰减 80%。如果只装简单的 *RC* 浪涌吸收器，则只能衰减 50%。

②PLC 负载与其他用电设备构成一个公共电源系统时，这些负载产生的噪声会经电源线侵入 PLC 的输入端。这时可在输入边线上装隔离变压器，在感性负载噪声源上并接浪涌限制器；采用继电器中间驱动，并单独另设负载电源系统。

(4)当直流电源用做 PLC 的输入电源时，可从三方面考虑：

①数字输入信号对直流电源的质量要求不高，只要能满足 PLC 输入的要求即可。为了防止外部噪声干扰，可使用隔离电源。

②当直流电源还兼有驱动其他感性负载的作用时，其负载上必须并接续流二极管防止噪声。

③当低压直流输入信号线可能与交流线混布时，信号线必须采用绞线或屏蔽线。

(5)当输入信号设备除了向 PLC 输入信号，同时还要驱动其他感性负载时，在此负载上一定要装浪涌限制器。

(6)输入信号设备的输出侧接有 *RC* 保护电路或发光二极管时，必须在 PLC 输入端子上并接泄漏电阻，使漏电流旁路。

(7)交流输入信号线路过长时(30m 以上)，为了消除感应噪声可采取：

①在 PLC 输入端子上并接泄漏电阻。

②将输入信号经继电器中继。

③用继电器或行程开关触头输入时，在无信号输入的时间内，可用其常闭触头将 PLC 输入侧短路，以消除线路感应电压的影响。

395. 可编程序控制器输出侧有哪些抗噪方法？

答：PLC 输出侧的抗噪方法主要有：

(1)PLC 的交流和直流输出信号线要分开布线，或用屏蔽线，但屏蔽层应单端接地。

(2)继电器输出触头驱动的感性负载上，要并联浪涌限制器。

(3)晶体管输出直流信号线长度超过 5m 时，在感性负载上也应并接续流二极管，但对大容量感性负载会产生响应滞后问题，可用压敏电阻。

(4)双向晶闸管输出侧设有手动操作电路时，应在感性负载上并接浪涌吸收器。否则会损坏晶闸管。

(5)晶体管或晶闸管输出有较大冲击电流负载时，应串接限流电阻或输出端并接分流电阻。

(6)输出配线较长，应选择截面积较大的导线，以减小线路压降；或用继电器中继，防止外部感应电压的干扰。

396. 光电耦合器为什么能抑制干扰信号？

答：PLC 的输入模块和输出模块常用光电耦合器来抑制外部干扰信号。这是因为：

(1)对于 PLC 输入模块而言，光电耦合器的输入阻抗（100～1000Ω）与一般干扰源的阻抗（10^5～10^6Ω）相比较小，因此，分压在光电耦合器的输入端的干扰电压较小。此外，光电耦合器是一种电流输入元件，当 PLC 的输入电流小于 1.5mA 时，输入信号均被视为 **0** 状态。因此，光电耦合器的抗干扰能力很强。

(2)光电耦合器输入、输出电路的绝缘电阻很大（约 10^6MΩ），可以避免公共地线环流可能引起的干扰。

(3)PLC 内部及其模拟量 I/O 模块一般也用光电耦合器来实现隔离，除了光电耦合器能减少或消除外部干扰对系统的影响外，还可以保护 CPU 模块，使之免受从外部窜入 PLC 的高电压的危害。

目前，大多数光电耦合器的隔离电压都在 2.5kV 以上，有些达到了 8kV。从光电耦合器的品种看，既有高压大电流大功率的光电耦合器件，又有高速高频的光电耦合器件，频率高达 10MHz。常用的光电耦合器有 4N25 型、6N137 型等。4N25 型的隔离电压为 5.3kV；6N137 型的隔离电压为 3kV。它们的频率都在 10MHz 以上。

397. 对可编程序控制器进行定期检查和维修时，主要涉及哪些内容？

答：在一般情况下，每隔半年应对 PLC 做一次全面停机检查，具体检查内容及要求如下：

(1)工作环境。重点检查温度、湿度、振动、粉尘、干扰是否符合标准工作环境。

(2)安装条件。重点检查接线是否安全、可靠；螺钉、连线、插接头是否松动；电气、机械部件是否锈蚀和损坏等。

(3)电源电压。重点检查电压大小、电压波动是否在允许范围内。

(4)控制性能。重点检查 PLC 控制系统是否正常工作，能否完成预期的控制要求。

(5)使用寿命。重点检查导线及元件是否老化；锂电池寿命是否到期；继电器输出型触头开合次数是否已经超过规定次数；金属部件是否锈蚀等。

在检查过程中，发现不符合要求的情况，应及时调整、更换、修复。

398. 如何利用可编程序控制器的自诊断功能进行故障查找？

答：无论 PLC 自身故障，还是外部设备故障，绝大部分都可由 PLC 的面板故障指示灯来判断故障部位。现以 FX2 系列 PLC 为例说明如下：

(1)电源指示(POWER)。当 PLC 的工作电源接通，并符合额定电压要求时，该灯亮；否则，说明电源有故障。

(2)运行指示(RUN)。当编程器面板上的“PROGRAM/MONITOR”开关置于“MONITOR”位置(非编程状态)，基本单元的“RUN”端子与“COM”端子的开关接通，“STOP”端子与“COM”端子的开关断开(即 PLC 处于运行状态)时，该灯亮；否则，则说明 PLC 接线不正确，或者 CPU 芯片、RAM 芯片有问题。

(3)锂电池电压指示(BATT · V)。锂电池电压正常时，该灯不亮；否则，说明锂电池的电压已经下降到额定值以下，提醒维修人员要在一周内更换锂电池。

(4)程序出错指示(CUP·E)。当 PLC 的硬件和软件都正常时,该灯不亮;当发生故障时,该灯有两种发光情况。

①若该灯闪烁,说明可能发生下列三种错误。

a. 程序出错。如程序语法错误、程序线路错误、定时器或计数器的常数 K 丢失或超值等。

b. 锂电池电压不足。

c. 由于噪声干扰或线间短路等引起的 PLC 内"求和"检查错误。

②若该灯一直常亮,说明可能发生下列两种错误。

a. 由于外来浪涌电压瞬时加到 PLC 时,引起程序执行出错。

b. 程序执行时间大于 0.15s,引起监视器动作。

(5)输入指示。有多少个输入端子,就有多少个输入指示灯。当 PLC 的输入端加上正常的输入时,输入指示灯应该亮;若正常输入而灯不亮或未加输入而灯亮,说明输入电路有故障。

(6)输出指示。有多少个输出端子,就有多少个输出指示灯。按照控制程序,当某个输出继电器得电时,该继电器的输出指示灯就应该亮;若某输出继电器指示灯亮而该路负载不动作,或输出继电器线圈未得电而指示灯亮,说明该输出电路有问题,可能是输出继电器的触头因过载、短路而烧坏。

八、控制电机及其应用

399. 什么是控制电机？什么是控制微电机？

答：控制电机是指在运动控制系统中用做执行元件、检测元件、反馈元件、变换元件、放大元件的各种电机，以及在解算系统中用做解算元件的各种电机的总称。

控制微电机一般是指折算至 1000r/min 时连续额定功率 750W 及以下或机壳外径不大于 130mm 或轴中心高不大于 90mm 的控制电机。

400. 什么是运动控制系统？什么是位置随动系统？

答：对位置、速度、加速度、力或力矩进行精确控制的系统，称为运动控制系统。

位置随动系统又称伺服系统，它是由若干元件和部件组成的并具有功率放大作用的一种自动控制系统。主要解决位置跟随的控制问题，其根本任务是通过执行机构实现被控制量（输出位置）对给定量（指令位置）的及时和准确跟踪，并要具有足够的控制精度。

401. 控制电机的发展概况如何？

答：控制电机品种繁多、用途各异，据不完全统计，已达 3000 种以上，是普通电机所不可比拟的。控制电机是随着工业自动化、科学技术和军事装备的发展，从 20 世纪 30 年代开始迅速发展起来的。到了 20 世纪 40 年代，已逐步形成了自整角机、旋转变压器、伺服电动机、测速发电机等一些基本系列。20 世纪 60 年代以后，由于电子、航天等科学技术的发展和电子计算机自动控制系统的不断完善，对控制电机的精度和可靠性提出了更高的要求，控制电机的品种也日益增多，在原有的基础上又研制出多极自整角机、多极旋转变压器、感应同步器、无接触自整角机、无接触旋转变压器、永磁式直流力矩电动机、无刷直流伺服电动机、空心杯转子永磁式直流伺服电动机以及印制绕组直流伺服电动机等新的系列产品。

进入 21 世纪以来，由于新原理、新技术、新材料的发展，以及电子计算机广泛应用于控制系统，使电机在很多方面突破了传统的观念，先后有一些新的控制电机问世。如霍耳效应的自整角机及旋转变压器、霍耳无刷直流测速发电机、压电直线步进电动机、驻极体电机、光电机、电介质电动机、静电电动机、集成电路电动机等。不断研制新型控制电机，扩大其应用领域，对21世纪自动化技术、电脑技术的开发与应用具有重大意义。

402. 控制电机有哪些种类？

答：尽管控制电机的用途和功能不同，但从它们的基本功能看，可分为信号元件和功率元件两大类。

(1)用做信号元件的控制电机。

①测速发电机。测速发电机是一种测量转速的信号元件，它将输入的机械转速转换为电压信号输出，发电机的输出电压与转速成正比。测速发电机分为两类，一是交流测速发电机，二是直流测速发电机。在自动控制系统中，交流发电机应用较多的是空心杯形转子感应测速发电机，主要用作交流伺服系统中的测速元件和计算元件。其结构与杯形转子伺服电动机相似，不同的是测速发电机的杯形转子是采用高电阻率材料（如磷青铜等）制成的。直流测速发电机，它在自动控制系统中主要作检测元件，即把电枢速度（信号）转换成电气信号的机电式信号元件。直流测速发电机是一种微型直流发电机，按定子的励磁方式来分，可以分为电磁式和永磁式两大类。

②自整角机。用于角度数据测量，输出电压信号的属于信号元件，输出转矩的属于功率元件。

自整角机一般是两个以上元件对接使用，其基本用途是角度数据传输。当作为信号元件时，输出电压是两个元件转子角差的正弦函数；当作为功率元件时，输出转矩也近似为两个元件转子角差的正弦函数。

③旋转变压器。普通旋转变压器都做成一对磁极，其输出电压是转子转角的正弦、余弦或其他函数。主要用于坐标变换、三角运算，也可以作为角度数据传输和移相元件使用。

多极旋转变压器，是在普通旋转变压器的基础上发展起来的一种精度可达角秒级的元件，在高精度解算装置和多通道系统中用做解算和检测元件或实现数-模传递。

(2)用做功率元件的控制电机。

①伺服电动机。在自动控制系统中作为执行元件，把输入的电压信号转换为轴上的角位移和角速度输出，输入的电压信号称为控制电压，改变控制电压可以改变伺服电动机的转速和转向。伺服电动机经常经齿轮减速后带动负载，所以又称为执行电动机。伺服电动机根据输入电压信号的不同，分为交流伺服电动机和直流伺服电动机两种。

交流伺服电动机的基本特点是可控性好，可采用增大转子电阻的办法改善其机械特性。采用杯形转子可以提高快速响应，减小转动惯量，提高起动转矩。直流伺服电动机实质上是一台他励式直流电动机，电枢控制方式的机械特性与调节特性均为线性，励磁功率小，响应迅速。与直流伺服电动机相比，交流伺服电动机机械特性和调节特性较差。

②步进电动机。它是一种将脉冲信号转换为相应的角位移或线位移的机电元件。当输入一个电脉冲信号时，它就前进一步，输出角位移或线位移量与输入脉冲数成正比，转速与脉冲频率成正比。在数控系统中作为执行元件而得到广泛应用。

③直流力矩电动机。它在原理和结构上与普通永磁式直流伺服电动机相同，但具有特殊的几何尺寸。直流力矩电动机具有低转速、大转矩的特点。它可长期运行于堵转状态，因而可不经过变速机构而直接拖动负载，既简化了传动机构，也提高了控制精度。

④直线电机。它是直线运动的电磁能量转换机械。理论上，可以分为直线发电机与直线电动机，目前，只有直线电动机获得了应用。

⑤电机扩大机。对各控制绕组输入的电信号在电机内进行励磁合成，其结果经放大并以一定的功率输出的特殊结构的直流发电机。

⑥微型同步电动机。是一种应用广泛的控制电机。以供电电源的相数分类，有三相和单相之分；以定子、转子的相对位置分类，有内转子式和外转子式两类；以工作原理分类，有永磁式、磁阻式和磁滞式三类。

微型同步电动机具有转速恒定、结构简单、应用方便等特点。

403. 传统式直流伺服电动机的基本结构是怎样的？

答：传统式直流伺服电动机由定子、转子(电枢)、电刷和换向器四部分组成。可分为永磁式和电磁式两种。永磁式直流伺服电动机是在定子上装用永久磁体做成的磁极，国产 SY 系列电动机就属于这种结构；电磁式直流伺服电动机定子通常由硅钢片冲制叠压而成，磁极和磁轭整体相连，国产 SZ 系列电动机就属于这种结构。以上两种传统式直流伺服电动机的转子（电枢）铁心均由硅钢片冲制叠压而成，在转子冲片的外圆周上开有均匀分布的齿和槽，在转子槽中放置电枢绕组。绕组经换向器、电刷与外电路电源相连。传统式直流伺服电动机实质为一台他励直流电动机。

404. 低惯量型直流伺服电动机有哪几种？其基本结构是怎样的？

答：低惯量型直流伺服电动机有以下几种。

（1）盘式电枢直流伺服电动机。盘式电枢直流伺服电动机结构如图 8-1 所示。它的定子是由永久磁钢和前后磁轭组成，磁钢可在圆盘的一侧放置，也可以在两侧同时放置。电动机的气隙位于圆盘的两侧，圆盘上有电枢绕组，绕组可分为印制绕组和绕线盘式绕组两种形式。其中：印制绕组是采用制造印制电路板相类似的工艺制成的，它可以是单片双面的，也可以是多片重叠的；绕线盘式绕组则是先绕成单个线圈，然后将绕好的全部线圈沿径向圆周排列起来，再用环氧树脂浇注成圆盘形。盘形电枢上电枢绕组中的电流是沿径向流过圆盘表面，并与轴向磁通相互作用而产生转矩。因此，绕组的径向段为绕组有效部分，弯曲段为端接部分。在这种电动机中也常用电枢绕组有效部分的裸体表面兼做换向器，电刷与它直接接触。

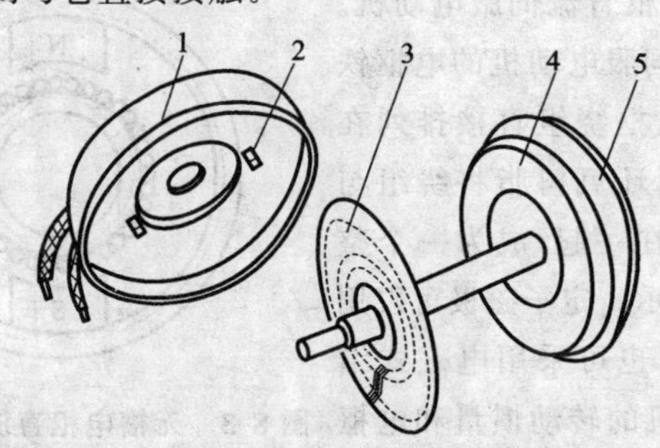

图 8-1 盘形电枢直流伺服电动机结构示意图

1. 前盖 2. 电刷 3. 盘形电枢 4. 磁钢 5. 后盖

(2)空心杯电枢永磁式直流伺服电动机。空心杯电枢永磁式直流伺服电动机的结构如图 8-2 所示。它由一个外定子和一个内定子构成定子磁路。通常，外定子由两个半圆形的永久磁铁组成，内定子则为圆形的软磁材料制成，仅作为磁路的一部分，以减小磁路磁阻。但也有内定子由永久磁铁制成，而外定子采用软磁材料制成。空心杯上的绕组可采用印制绕组，也可以先绕制成单个成型线圈，然后将它们沿圆周的轴向排列成空心杯形，再用环氧树脂固化成形。空心杯电枢直接装在电动机轴上，在内外定子之间的空气隙中旋转。电枢绕组接到换向器上，由电刷引入电流。这种类型的电动机，国产型号为 SYK。

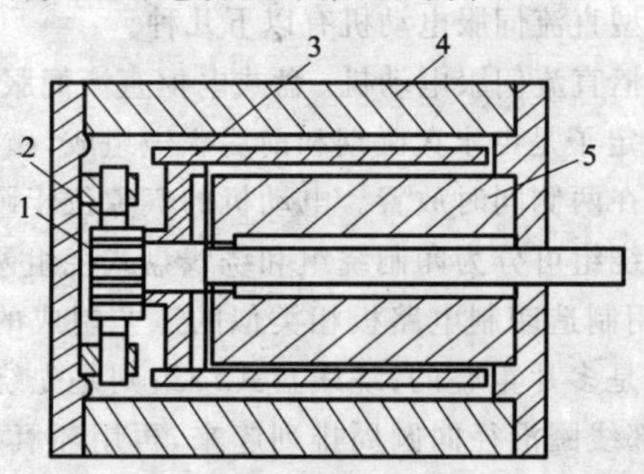

图 8-2　空心杯电枢永磁式直流伺服电动机结构简图

1. 换向器　2. 电刷　3. 空心杯电枢　4. 外定子　5. 内定子

(3)无槽电枢直流伺服电动机。无槽电枢直流伺服电动机的电枢铁心上不开槽，电枢绕组直接排列在铁心表面，再用环氧树脂将绕组与电枢铁心固化在一起，成为一个整体，如图 8-3 所示。定子磁极可以用永久磁铁做成，也可采用电磁式结构。这种电动机的转动惯量和电枢绕组的电感均比前面介绍的两种无铁心转子的伺服电动机要大些，因而它的性能不如前两种。目前我国生产的这种电动机的型号为 SWC。

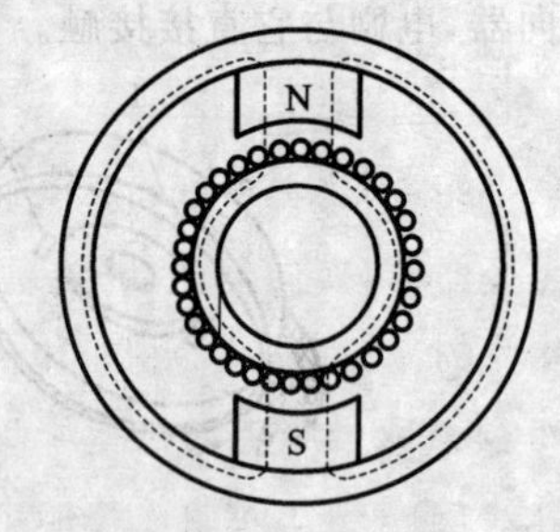

图 8-3　无槽电枢直流伺服电动机

405. 直流伺服电动机的工作原理如何？

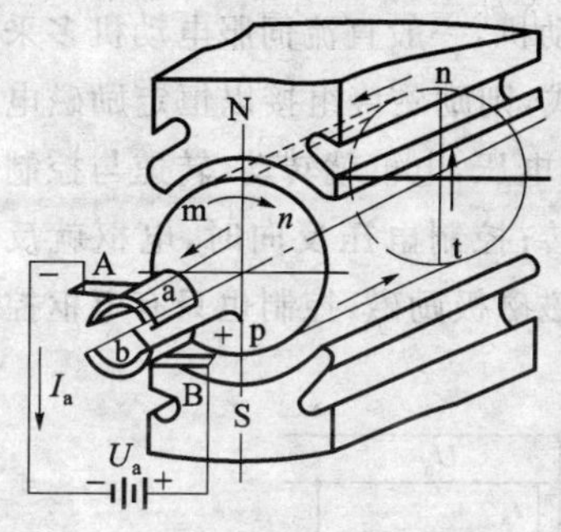

图 8-4 直流伺服电动机模型图

答：直流伺服电动机的工作原理是根据电磁感应定律中载流导体在磁场中受到电磁力作用的理论。可以用两极伺服电动机的模型图来说明直流伺服电动机的工作原理，如图 8-4 所示。图中，N、S 磁极是伺服电动机的定子，可由永久磁铁做成，也可以由绕有励磁绕组的磁极构成。图中只画出了磁极的铁心。电枢绕组的线圈 mntp 没有画出铁心，线圈的两端分别与两个彼此绝缘而且和线圈同轴旋转的换向片 a、b 相连接。换向片上各压着一个固定不动的电刷 A、B。以上四部分构成了一个简单的电动机，如图 8-4 所示。在电刷 A、B 两端加以直流电压，则有电流流入导体 pt 与 nm。由于 B 刷接正电位，A 刷接负电位，因此 S 极下导体电流方向为 p→t，而 N 极下的导体电流方向为 n→m，导体 pt 与 nm 均流过电流 I，所以在磁场中都受到电磁力 F 的作用。由于两电流方向相反，因而电磁力的方向也相反，这样就产生了一个顺时针方向电磁转矩，从而驱动转子转动起来。当电枢恰好转过 90°时，电枢线圈 mntp 将处于磁极的中性线，由于气隙中的磁场等于零，所以电磁转矩也等于零，但是由于惯性的作用，电枢继续转动，当换向片与电刷换接时，导体 mn 与 tp 中的电流方向将改变，这就保证了电磁转矩的方向不变，从而维持电动机不停地转动。实际电动机中有若干个换向片组成为换向器，换向器的功能就是把外电路直流电经电刷、换向器变成电枢导体的交流电，从而保证电磁转矩方向不变。

406. 直流伺服电动机有哪两种控制方式？

答：图 8-5 所示是直流伺服电动机的控制原理图。直流伺服电动机的控制方式有两种：一种是电枢控制；另一种是磁极控制。把电枢电压作为控制信号，即采用改变电枢电压控制转速的方法称为电枢控制，如图 8-5(a)所示；把励磁绕组电压作为控制信号，即改变励磁绕组电压控制转速的方法称为磁极控制，磁极控制也称磁场控制，如图 8-5(b)所示。磁场控制只用于功率很小的伺服电动机，一般直流伺服电动机多采用电枢控制。工作时，若采用电枢控制式，则励磁绕组接以恒定励磁电压，电枢与控制信号电压 U 相接。有控制电压，电枢就转动，转速与控制电压成正比；没有控制电压，电枢就停转；控制电压反向时，电枢就反转。对于永磁式直流伺服电动机则由永磁磁极励磁，控制也只有电枢控制一种方式。

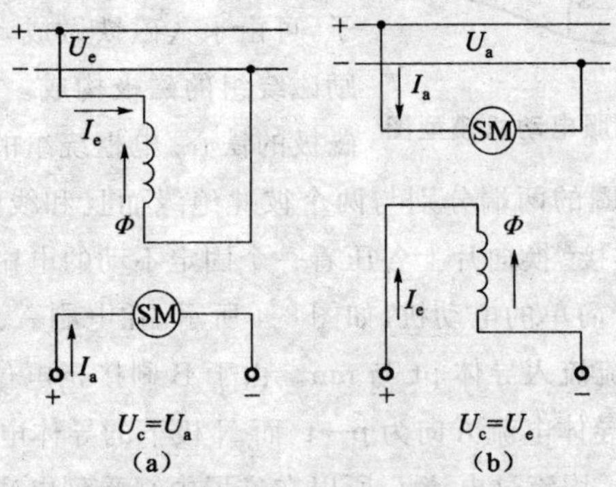

图 8-5　直流伺服电动机控制原理图

(a)电枢控制　(b)磁极控制

407. 直流伺服电动机的性能特点和应用范围如何？

答：(1)永磁式直流伺服电动机。磁极由永久磁铁制成，无需直流励磁电源，只是磁性随时间的推移而退化；机械特性[U＝常数时，$n=f(T)$]和调节特性[T＝常数时，$n=f(U)$]线性度好，机械特性下垂，在整个调整范围内都能稳定运行；气隙小、磁通密度高、单位体积输出功率大、精度高、电枢齿槽效应会引起转矩脉动、电枢电感大、高速换向困难，可用做小功率直流伺服系统的执行元件，但不适合于要求快速响应的系统采用。

(2)电磁式直流伺服电动机。电动机的磁场由直流电励磁，需要直流电源，磁通不随时间变化，但是受温度的影响。可用做中大功率直流伺服系统的执行元件，适合于要求快速响应的伺服系统采用。

(3)空心杯电枢直流电动机。电枢比较轻、转动惯量极低、响应快；

电枢电感小、电磁时间常数小、无齿槽效应、转矩波动小、运行平稳、换向良好、噪声低；机械特性和调节特性线性度好、机械特性下垂、气隙大、单位体积的输出功率小，适用于小功率（10W 以下）、快速响应的伺服系统。空心杯电枢直流伺服电动机可用干电池供电，用于便携式仪器。

408. 直流伺服电动机在使用时应注意什么？

答：(1)永磁式直流伺服电动机。永磁式直流伺服电动机磁极采用永久磁铁制成，永磁材料性能的好坏直接影响永磁电动机运行的可靠性。大多数永磁材料的机械强度不高，易于碎裂，在安装和使用这类电动机时，要防止剧烈振动和冲击。因为任何的机械冲击和振动都会引起磁铁内部磁畴排列的混乱，使磁铁退磁。此外，在安装和使用永磁式直流伺服电动机时，尽量不与热源（例如功放管）和铁磁性物质相接触。否则，也会引起磁性衰退，从而影响电动机的永磁材料性能。

(2)电磁式直流伺服电动机。采用电枢控制方法的电磁式直流伺服电动机，使用时要特别注意先接通励磁电源，然后才能加电枢电压，避免长时间电枢电流过大而烧坏电动机。这是因为，在起动瞬间电枢反电动势为零，如果先加电枢电压，而后接通励磁电源，这时伺服电动机的电压将全部降落在电枢电阻上，电枢电流很大，易烧坏电动机。在电动机起动和运行过程中，绝对要避免励磁绕组断线，以免电枢电流过大和造成“飞车”事故。

(3)电火花引起无线电干扰的处理方法。直流伺服电动机旋转时，换向器和电刷的接触摩擦将会产生电火花，引起一系列的电磁波振荡。这种振荡会使控制系统电路中出现电压和电流的高次谐波，高次谐波会影响接到电源上其他设备的正常工作。因此，必须采取措施消除这种干扰。下面简单介绍消除干扰的方法。

①屏蔽。在电动机的机座上加装一块金属盖板，将换向器和电刷罩住，这对抑制电火花引起的谐波干扰是比较有效的。为了防止电火花引起的谐波干扰，所有的绕组引出线都采用带有屏蔽的导线，并且屏蔽线的外层必须可靠地接地。

②滤波。将滤波器串入电枢电路中，它的工作原理是让电源的直流

成分畅通无阻地通过滤波器中的滤波电抗器 L，而高次谐波则通过滤波电容 C 旁路。

409. 交流伺服电动机的基本结构是怎样的？有什么特点？

答：根据转子结构的不同，交流伺服电动机可分为笼型和空心杯型两种。

交流伺服电动机的结构与一般单相电容式异步电动机相似。定子绕组绕制成两个：一个叫励磁绕组 W_e、另一个叫控制绕组 W_c，两个绕组在空间相差 90°电角度，如图 8-6 所示。励磁绕组与励磁电源连接，控制绕组与控制信号电压相连接。有时也将其称为两相伺服电动机。两相伺服电动机输出功率为 0.1～100W，其中最常用的是 30W 以下的伺服电动机。

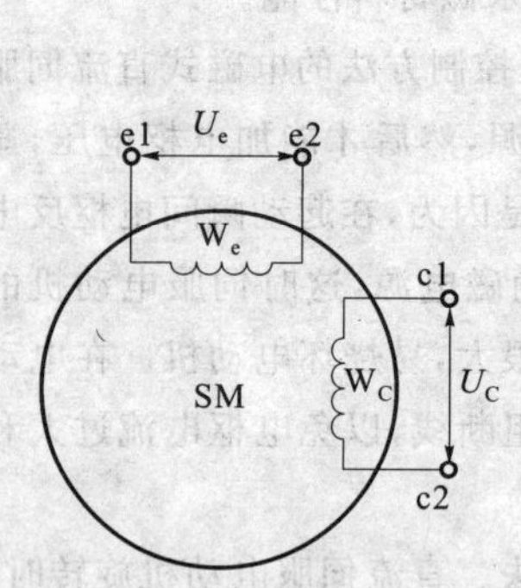

图 8-6 交流伺服电动机示意图

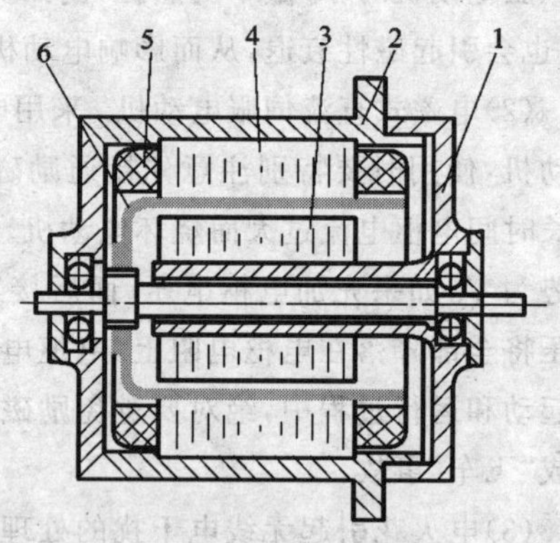

图 8-7 杯型转子交流伺服电动机结构图
1. 端盖 2. 机壳 3. 内定子
4. 外定子 5. 定子绕组 6. 空心杯转子

(1)非磁性空心杯转子。这种转子结构如图 8-7 所示。通常外定子铁心是由硅钢片冲制后叠压而成，在铁心的内圆上开有均匀的齿槽，在定子铁心槽中嵌放空间相差 90°电角度的两相分布绕组。内定子铁心也由硅钢片叠压而成，一般不放绕组，仅作为磁路的一部分，作用是减少主磁通磁路的磁阻。在内定子铁心的中心开有内孔，转轴从内孔中穿过。空心杯转子位于内、外定子铁心之间的气隙中，并靠其杯底与转轴固定，轴随空心杯转动。

当功率不大于 1～1.5W 时，因外定子铁心内径太小，不易嵌线，两相绕组不嵌放在外定子上，而是嵌放在内定子铁心的槽中。为使内定子铁心有足够的空间放置绕组，相应要增大其直径，这样又会使转子的直径加大，转动惯量增大。为了克服这一不足，有时将两相绕组分别嵌放在内、外定子铁心上。

由于非磁性空心杯转子的壁很薄，一般只有 0.2～0.8mm，因而具有较大的转子电阻和很小的转动惯量，又因为转子上无齿槽，所以运行平稳，噪声小。但是这种结构的电动机空气隙较大，励磁电流也较大，占额定电流的 80%～90%，致使电动机的功率因数较低，效率也较低，它的体积和质量都要比同容量的笼型伺服电动机大很多。在同样体积情况下，杯型转子伺服电动机的堵转转矩要比笼型小得多，因此，采用杯型转子虽然能减小其转动惯量，但是它的快速响应性能并不一定优于笼型绕组伺服电动机。因为笼型伺服电动机在低转速时有抖动现象，所以非磁性空心杯转子两相伺服电动机主要用于要求低噪声及低速平稳运行的某些系统中。国产杯型伺服电动机的型号为 SK。

(2)高电阻笼型转子。这种电动机的结构如图 8-8 所示。其结构与普通笼型感应电动机一样，但为了减小转动惯量，将转子做成细而长的形状。笼型转子的导条和端环采用高电阻率的导电材料黄铜、青铜或铸铝制成。国产的 SL 系列两相伺服电动机就采用笼型结构转子。由于转子回路电阻增大，其特性曲线变软，如图 8-9 中曲线 2 所示。

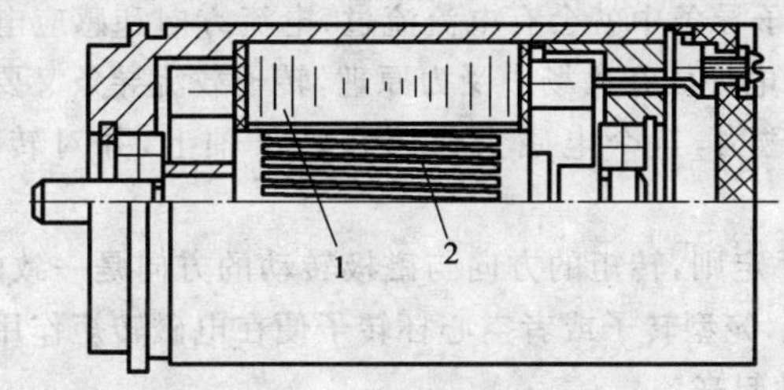

图 8-8 笼型交流伺服电动机结构图

1. 定子 2. 转子

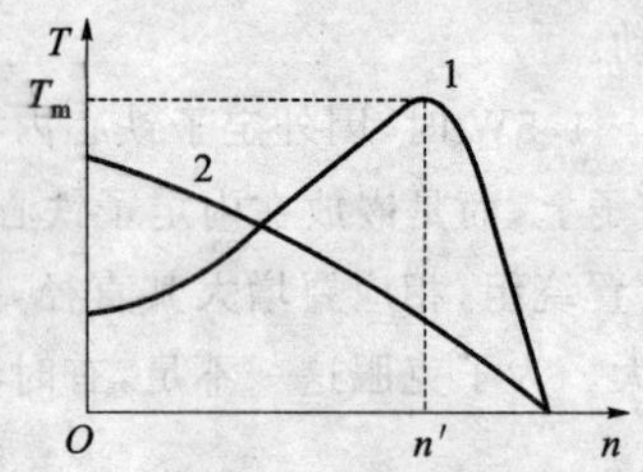

图 8-9　交流伺服电动机的机械特性曲线

1. 普通异步电动机机械特性曲线　2. 交流伺服电动机机械特性曲线

410. 交流伺服电动机的工作原理如何？

答：交流伺服电动机工作原理如图8-10所示。在一对永久磁铁N极和S极中间放一个能够自由转动的笼型转子。如果这对永久磁铁在空间按着顺时针方向旋转，形成一个旋转磁场，并以 n_1 速度旋转，那么磁力线也就按顺时针方向切割转子导条。相对于磁场，转子导条逆时针方向切割磁力线，在转子导条中产生感应电动势。根据右手定则，N极下导条的感应电动势方向都是垂直地从纸面出来，用⊙表示；而S极下导条的感应电动势方向都是垂直地进入纸面，用⊗表示。由于笼型转子导条都是通过短路环连接起来，因此在感应电动势的作用下，在转子导条中就会有电流流过，电流方向和感应电动势方向相同。再根据通电导体在磁场中受力原理，转子载流导条又要与磁场相互作用产生电磁力，这个电磁力作用在转子轴上，并对转轴形成电磁转矩。

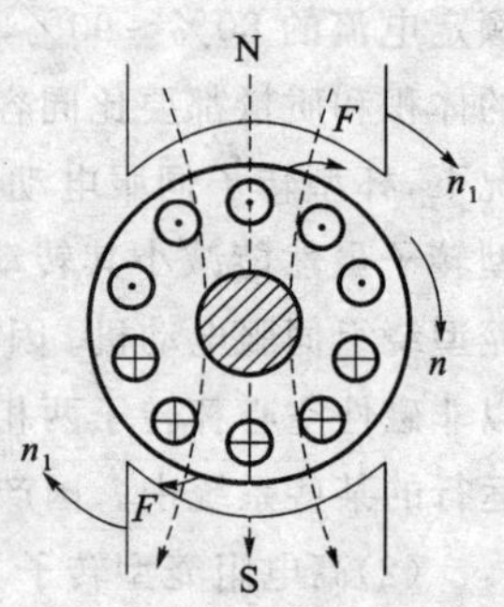

图 8-10　交流伺服电动机工作原理图

根据左手定则，转矩的方向与磁极转动的方向是一致的，也是顺时针方向。因此，笼型转子或者空心杯转子便在电磁转矩作用下顺着磁极旋转方向转动起来。

411. 交流伺服电动机产生自转的原因是什么？如何消除？

答：交流伺服电动机单相供电，当控制电压 $U_C=0$ 时，电动机应该停转，即单相运行无自转现象。这是自动控制系统对交流伺服电动机的要求。那么当伺服电动机处于单相供电、$U_C=0$ 时电动机仍然转动，这就是伺服电动机自转现象。

引起电动机自转与哪些因素有关呢？从定子绕组磁场来看，控制绕组电流为零时，定子磁场完全由励磁绕组所产生。这时磁场是一个单相脉振磁场，脉振磁场可以分解为大小相等、转向相反的两个圆形旋转磁场，分别产生正向转矩和负向转矩。

图 8-11 所示为单相供电时 $s_m=0.4$ 时的机械特性曲线。从图中可以看出，当转子电阻 r 较小时，电动机工作在转差率范围内 $0<s<1$，合成转矩 T 绝大部分都是正的。因此，当伺服电动机突然切去控制电压信号时，阻转矩小于单相运行时的最大电磁转矩，电动机将在合成转矩 T 的作用下继续旋转，这样就产生了自转现象。

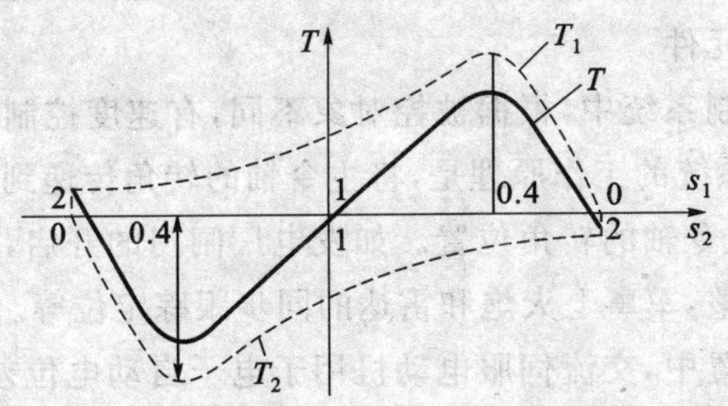

图 8-11 $s_m=0.4$ 时的自转现象与转子电阻关系

当转子电阻增大到使临界转差率大于 1 的程度，这时合成转矩曲线与横轴相交仅有一点（$s=1$），如图 8-12 所示，而且在电动机运行范围内（$0<s<1$），合成转矩均为负值，即为制动转矩。因而当控制电压 $U_C=0$ 时，电动机就立刻产生制动转矩，与负载转矩一起促使电动机迅速停转。在这种情况下，电动机就不会产生自转现象，停转所需的时间甚至比两相绕组电压同时取消还要短些。

由图 8-12 还可以看出，当电动机在 $0<s_1<1$ 范围内运行时，合成转矩 T 是负的，表示产生制动转矩，阻止电动机转动。而当电动机转向相反，在 $1<s_1<2$ 范围内运行时，合成转矩 T 变为正的，因此转矩方向也发生变化，表示仍然产生制动转矩阻止电动机转动。综上所述可以得

出这样的结论，即只要把转子电阻增大到一定值，就可以消除电动机在取消信号时出现的自转现象。最理想的是使 $s_m>1$，可以完全消除自转现象。无自转现象是交流伺服电动机的主要基本特性之一，也是自动控制系统对交流伺服电动机的基本要求。所以，为了消除自转现象，交流伺服电动机单相供电时的机械特性曲线必须如图 8-12 所示。

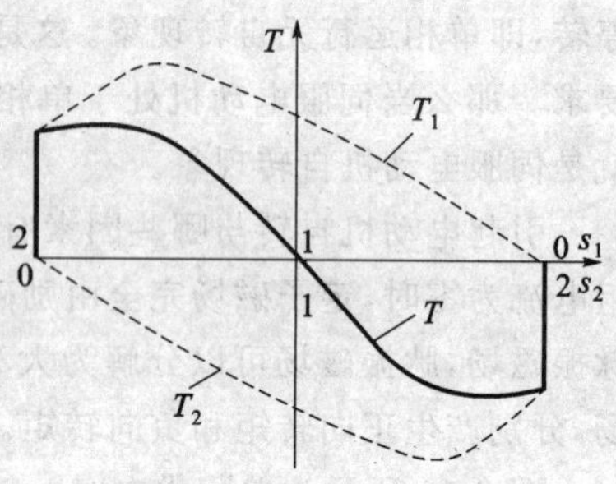

图 8-12　$s_m>1$ 自转现象与转子电阻关系

412. 交流伺服电动机主要用于哪些方面？

答：交流伺服电动机在自动控制系统、自动检测系统和计算装置中主要用做执行元件。

在自动控制系统中，根据被控对象不同，有速度控制和位置控制之分。位置控制系统的工作原理是，将主令轴的转角传递到远距离的执行轴，使之复现主令轴的转角位置。如发电厂闸门的开启，轧钢机中轧辊间隙的自动调整，军事上火炮和雷达的同步跟踪定位等。

在检测装置中，交流伺服电动机用于电子自动电位差计、电子自动平衡电桥中，与比较元件和其他控制元件共同组成随动系统，自动检测出被测量的物理变化。

在计算装置中，交流伺服电动机和其他控制元件一起组成各种计算装置，可以进行加、减、乘、除、乘方、开方、正弦函数、微分和积分等运算。

413. 如何选择交流伺服电动机？

答：(1)运行性能的选择。

①机械特性。伺服电动机的机械特性是非线性的。特别是幅值控制特性曲线的斜率变化很大，机械特性曲线的斜率也很大，所以在选择时要考虑机械特性曲线斜率比较小的产品。

②快速响应。衡量伺服电动机的响应快慢(起动快慢)是以机电时间常数为依据。

③自转。伺服电动机在电枢控制时，控制电压等于零时，电动机应无自转现象。

(2)结构类型的选择。两相交流伺服电动机转子有两种基本结构类型，即笼型转子和空心杯转子。

①笼型转子两相交流伺服电动机。它的特点是气隙小、重量轻、体积小、效率高、耐高温、机械强度高、可靠性高、价格便宜。主要用于自动控制系统、随动系统和计算装置中。

②空心杯转子两相交流伺服电动机。它的特点是转子轻、惯量小、快速响应好、运行平稳，但气隙大、电机尺寸大、在高温和振动下容易变形。主要用于要求转速平稳的装置，例如，计算装置中的积分网络。

414. 什么是步进电动机？如何分类？

答：步进电动机是根据组合电磁铁的理论设计的，是一种把电脉冲信号转换为相应的角位移或直线位移，并用电脉冲信号进行控制的特殊运行方式的同步电动机，在数字控制系统中用做执行元件。它通过专用电源把电脉冲按一定顺序供给定子各相控制绕组，在气隙中产生类似于旋转磁场的脉冲磁场。每输入一个脉冲信号，电动机就移动一步。因此，步进电动机又称为脉冲电动机。

步进电动机种类繁多，按其运动方式分有旋转型和直线型。旋转型步进电动机又可分为反应式、励磁式、永磁感应子式。其中，反应式步进电动机是我国目前应用最广泛的一种。它具有调速范围大，动态性能好，能快速起动、制动和反转等特点。主要用于计算机的磁盘驱动器、绘图仪、自动记录仪及调速性能和定位要求不是非常精确的简易数控机床等的位置控制。

415. 步进电动机的工作原理是怎样的？

答：下面以广泛应用的反应式步进电动机为例，说明步进电动机的基本工作原理。

图 8-13 所示是三相步进电动机工作原理示意图。定子上有六个磁极，分成三对(称为三相)。每个极上都绕有控制绕组(图中未示出)，每一对磁极上的绕组可以串联或并联。但通过电流时产生的磁场方向是一致的。转子是一个带齿的铁心，无绕组。当定子三相绕组按顺序轮流

通电时，U、V 和 W 三对磁极就依次产生磁场并吸引转子一步步地转动，每一步转过的角度称为步距角。定子绕组每改变一次通电方式，步进电动机就走一步，称其为一拍。对三相步进电动机，控制其转动的方式有三相三拍（包括双三拍）和三相六拍两种。

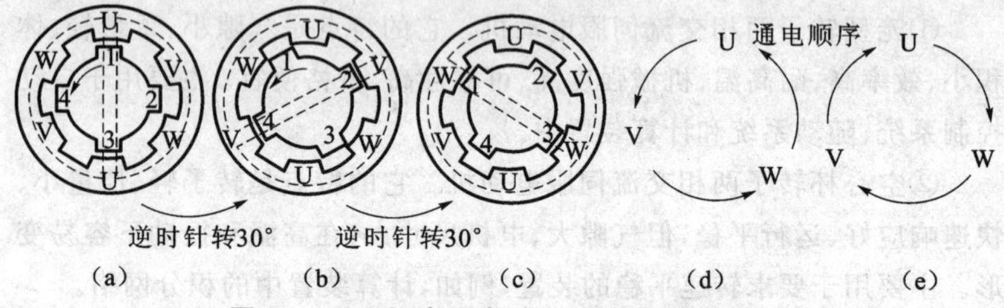

图 8-13　三相步进电动机工作原理示意图

(a)U 相通电　(b)V 相通电　(c)W 相通电

(d)逆时针旋转的通电顺序　(e)顺时针旋转的通电顺序

(1)三相三拍控制。假设如图 8-13(a)中 U 相通电，则转子上 1、3 两齿被磁极 U 吸住，转子就停留在这个位置上。然后如图 8-13(b)，V 相通电，U 相断开，则磁极 V 产生磁场而磁极 U 的磁场消失，磁极 V 将离它最近的齿(2、4 齿)吸引过去。这样，转子的位置就比图 8-13(a)的位置逆时针转动了 30°。接着，W 相通电、V 相断开，转子又逆时针旋转 30°，如图 8-13(c)所示，W 的磁场把 1、3 两个齿吸住。依此类推，只要定子绕组按 U→V→W→U……顺序轮流通电，步进电动机就能一步步地按逆时针方向旋转。通电绕组每转换一次，步进电动机旋转 30°。如果绕组通电转换次序倒过来，按 U→W→V→U……的顺序进行，步进电动机就将按顺时针方向旋转。图 8-13(d)、(e)表示了绕组通电顺序和步进电动机旋转方向的关系。这种控制方式有时也称为单三拍控制方式，由于每次只有一组绕组通电，在绕组通电切换的瞬间，电动机将失去自锁力矩，容易造成失步。此外，因为只有一相绕组吸引转子，易在平衡位置附近发生振荡，稳定性不佳。故单三拍控制方式很少采用。另一种三相三拍控制称为“双三拍”控制，它的通电顺序按 UV→VW→WU→UV→……(逆时针旋转)或 UW→WV→VU→UW→……(顺时针旋转)进行。双三拍控制的步距角与单三拍控制时相同，为 30°。由于双三拍控制每次都有两相绕组同时通电，而且切换过程中总有一相绕组保持通电，所以工作比较稳定。

(2)三相六拍控制。三相六拍控制方式的绕组通电顺序按 U→UV→V→VW→W→WU→U……进行。即首先 U 相通电,尔后 UV 两相通电,再使 V 相通电,接着 VW 两相同时通电……每切换一次,步进电动机将逆时针旋转 15°,如图 8-14(a)、(b)、(c)所示。如通电顺序按 U→VW→W→WV→V→VU→U……顺序进行,则步进电动机每步顺时针方向旋转 15°,三相六拍控制绕组通电顺序和步进电动机旋转方向关系如图 8-14(d)、(e)所示。六拍控制方式步距角比三拍控制方式小一半,且转换时始终保证有一个绕组通电,工作也比较稳定。由于六拍控制方式增大了步进电动机的稳定区域,改善了步进电动机性能,故三相步进电动机较多采用这种控制方式。

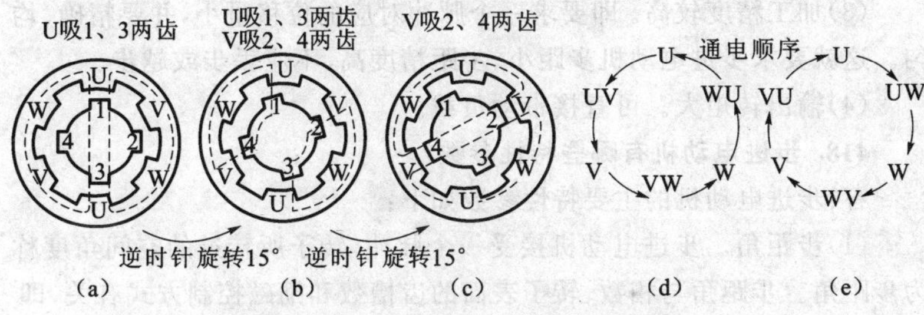

图 8-14　三相六拍控制原理示意图

(a)U 相通电　(b)UV 两相通电　(c)V 相通电
(d)逆时针旋转的通电顺序　(e)顺时针旋转的通电顺序

步进电动机定子绕组与电源的接通或断开,一般由数字逻辑电路或计算机软件来控制。

416. 步进电动机有哪些基本特点?

答:步进电动机有以下基本特点:

(1)步进电动机是受脉冲信号控制的,它将脉冲信号转变为角位移,角位移与输入脉冲个数成严格的正比关系。

(2)一旦停止送入控制脉冲,只要维持控制绕组电流不变,电动机可以保持在某固定位置上。即步进电动机具有自整步能力,不需要机械制动装置。

(3)步进电动机的转速与控制脉冲的频率成正比,改变控制脉冲的频率,电动机的转速可以在很宽的范围内调节。另外,改变绕组通电的顺序,可以控制电动机的正转或反转。

(4)具有较高的精度,没有累积误差。

步进电动机的主要缺点是效率较低,输入功率的大部分转为热能耗散;另外,步进电动机带动负载惯量的能力不强,只有在规定范围内,才能获得好的步进性能;共振或振荡也常成为运行中的问题,需要附加阻尼机构。

417. 工作机械对步进电动机有哪些基本要求?

答:从零件的加工过程看,工作机械对步进电动机的基本要求是:

(1)调速范围宽。尽量提高最高转速以提高劳动生产率。

(2)动态性能好。能迅速起动、正反转和停转。

(3)加工精度较高。即要求一个脉冲对应的位移量小,并要精确、均匀。这就要求步进电动机步距小、步距精度高、不应丢步或越步。

(4)输出转矩大。可直接带动负载。

418. 步进电动机有哪些特性参数?

答:步进电动机的主要特性参数如下:

(1)步距角。步进电动机接受一个脉冲,转子所转过的空间角度称为步距角。步距角与相数、转子表面的齿槽数和励磁控制方式有关,即

$$\alpha=\frac{360}{mzk}$$

式中 α——步距角(°);

m——相数;

z——转子的齿槽数;

k——由励磁控制方式确定的系数,励磁相数固定不变的控制方式 $k=1$;励磁相数变化的控制方式,如三相六拍制 $k=2$。

(2)步距误差。空载时,步进电动机每个步距的实际值与理论值的差值,以 $\Delta\alpha$ 表示。步距误差决定于冲片的精度与装配精度。

步距角与步距误差是重要指标。步进电动机用在数控机床进给系统中为开环控制,这部分误差无法补偿,故应尽量选择步进精度高的电动机。由于步进电动机带动丝杠和工作台,因此步距角也就确定了坐标轴进给的脉冲当量。设计时,一般根据机床的加工精度,先确定应用脉

冲当量，然后根据步距角就可算出步进电动机和传动丝杠间的传动比，即

$$i = \frac{\delta_p 360}{\alpha t}$$

式中 i——从步进电动机到丝杠的传动比；

δ_p——脉冲当量（每个脉冲对应的线位移，mm/脉冲）；

α——步距角(°)；

t——丝杠螺距(mm)。

(3)起动频率（突跳频率）。是指步进电动机由静止状态不失步地起动到稳速所允许的最高输入脉冲频率。实际上，这是表明步进电动机所允许的最高起动加速度。应该注意的是，在出厂的技术数据表中，有的给出空载起动频率，有的则是给出带有额定负载转矩的起动频率。显然，带负载的起动频率低。此外，负载形式对起动频率也有很大影响，惯性负载值越大，起动频率就越低。

(4)动态输出转矩-频率特性。该特性简称矩-频特性，是电动机连续运行时输出转矩与输入脉冲频率之间的关系，其曲线如图 8-15 所示。其中 T_d 为输出转矩（称为动态转矩），随频率的增加而下降。这是因为步进电动机励磁电路中的电感所致。电感 L 与回路电阻 R 的比值为时间常数 $\tau(\tau=L/R)$，它表明励磁电流 I 上升的速率，即 τ 大，电流 I 上升就慢。而输出转矩 T_d，正比于电流 I 的平方值。当频率提高时，ωL 值增加，在脉冲电压 U 的持续时间内，电流达不到稳态值，如图 8-16 所示。图中，电流波形上升沿的斜率即为 τ 值。由图可见，高频时电流只是尖脉冲，从而使输出转矩大大下降；负载大时则会引起失步。因此，电动机工作时应根据该特性确定其某一负载时的最高工作频率。改善这一性能的方法是，可以减小励磁电路的时间常数，或加入强励电路，使每一控

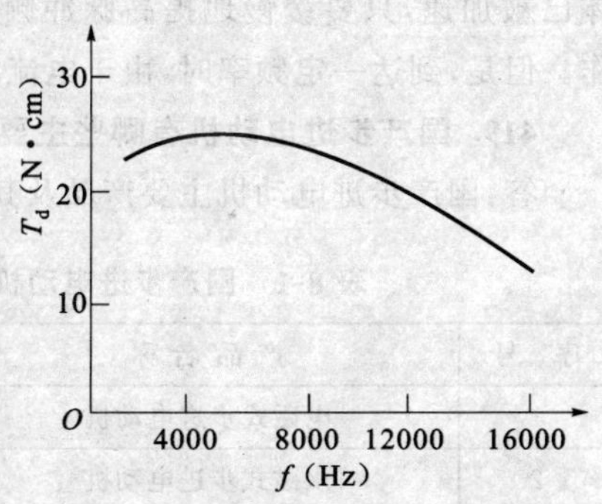

图 8-15 输出转矩-频率特性曲线

制脉冲获得较大的电流，以提高输出转矩。

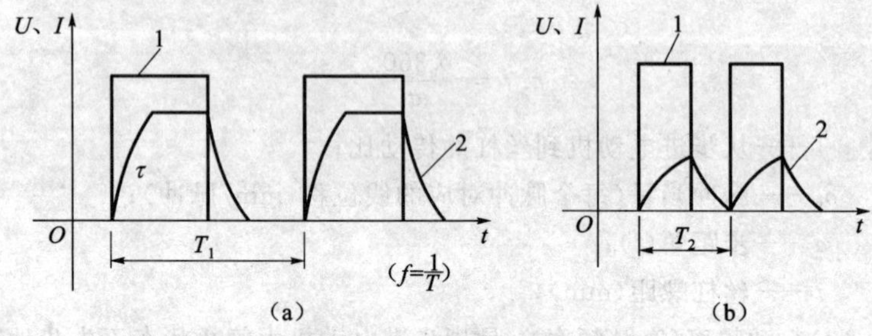

图 8-16 励磁电流波形

(a)低频时 (b)高频时

1. 脉冲电压 U 2. 励磁电流 I

(5)工作频率。步进电动机的最高工作频率高于起动频率。这是因为步进电动机从静止起动时需要克服极大的起动惯性，而起动后惯性体已被加速，只要缓慢地提高脉冲频率，电动机可以不失步地连续工作。但是，到达一定频率时，由于电流的下降会造成失步。

419. 国产步进电动机有哪些主要产品？

答：国产步进电动机主要产品及其代号见表 8-1。

表 8-1 国产步进电动机主要产品及其代号

序 号	产 品 名 称	代 号	含 义
1	电磁式步进电动机	BD	步、电
2	永磁式步进电动机	BY	步、永
3	永磁感应子式步进电动机	BYG	步、永、感
4	反应式步进电动机	BF	步、反
5	印制绕组步进电动机	BZ	步、制
6	直线步进电动机	BX	步、线
7	滚动步进电动机	BG	步、滚

420. 反应式步进电动机的基本结构是怎样的？

答：图 8-17 所示是一台典型的单定子径向分相的三相反应式步进

电动机的结构原理图。定子上有六个均布的磁极，沿直径相对的两个磁极的线圈串联，构成一相的控制绕组。极与极之间的夹角为 60°，每个定子磁极上均有五个齿。齿槽等宽，齿间夹角 9°。转子上没有绕组，有均布的 40 个齿，齿槽也等宽，和定子一样，齿间夹角也是 9°。

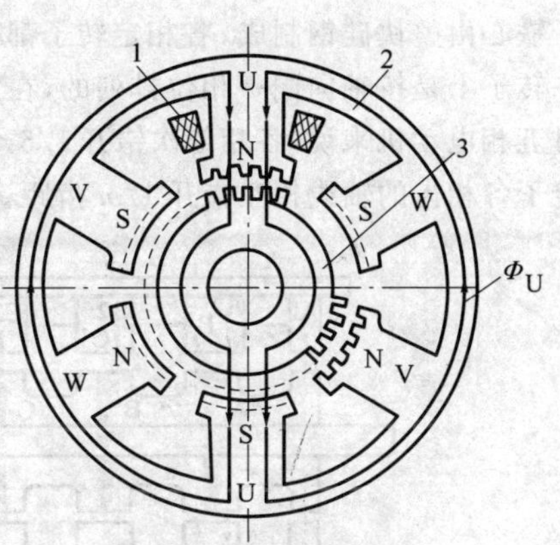

图 8-17　单定子径向分相三相反应式步进电动机结构原理图

1. 绕组　2. 定子铁心　3. 转子铁心

设开始时，U 相通电（V、W 相不通电）。在定子 U 相磁通势的作用下，转子稳定平衡位置为转子齿对准 U 相极下定子齿的位置，即 U 相磁路的磁导率为最大的位置，如图 8-17 所示。这时在 V 相极下的定子齿与转子齿中心线不对齐，有 1/3 齿距角的"错位"，即 V 相齿顺时针方向超前 3°，而 W 相极下的定子齿与对应的转子齿也"错位"，顺时针超前 6°。所以当通电状态改变为 V 相通电（U、W 相不通电）时，转子将顺时针方向转过 3°，直到转子齿槽和 V 相定子齿槽对准为止。当转子对准 V 相后，可以看到 W 相磁极的齿比转子对应的齿超前 3°。可见当外加控制脉冲使绕组按 U→V→W→U→……三相三拍方式通电时，该步进电动机会顺时针方向旋转，步距角为 3°。如果通电方式为 U→W→V→U→……则步进电动机转向相反。如采用 U→UV→V→VW→W→WU→U……三相六拍控制方式，则步距角是三拍方式的一半，即 1.5°。

反应式步进电动机的另一种结构是多定子轴向分相式。图 8-18 所示是一台轴向分相的五相反应式步进电动机结构原理图。

由图可见，这种电动机的各相和图 8-17 所示的径向分相的不同，它是沿轴向排列的，定转子铁心都分成五段，每一段代表一相，依次排列为 A、B、C、D、E 五相。各相间是独立的。定子铁心由硅钢片叠成，转子铁心由整块硅钢制成。各相定转子都有相同的齿形和槽形。各相的齿在转子上是按轴向同一相位排列的，在定子上是按轴向螺旋状排列的。对五相电动机来说，各相依次错开 1/5 个齿的节距。若为 m 相电动机则定子各相齿的轴线相互错开 $1/m$ 齿距。

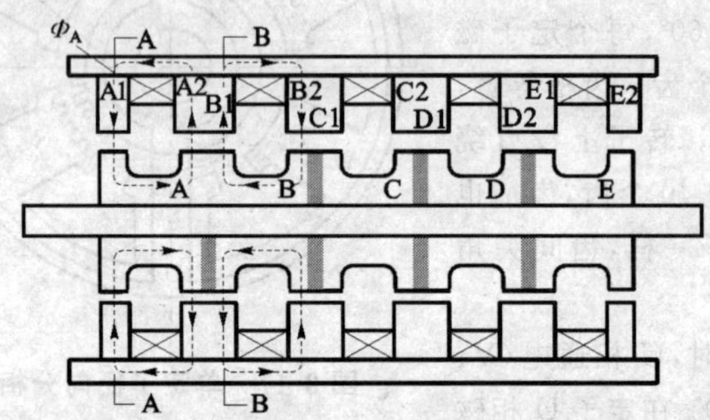

图 8-18　多定子轴向分相五相反应式步进电动机结构原理图

轴向分相的步进电动机工作原理与径向分相的步进电动机是一样的。图 8-17 所示径向分相电动机如按 U→V→W→U……三相三拍顺序通电，则每个瞬时圆周上只有一部分在工作。同样，图 8-18 所示轴向分相电动机如按 A→B→C→D→E→A……五相五拍顺序通电，则每个瞬时只有一段定子在工作，即各段是轮流工作的。如果 AB 相同时通电，则电动机有两段定子同时工作。此两段都有将转子拉向各自齿槽对齐的作用力。故转子停留在它们中间。可见径向分相的步进电动机只有一个定子，故称之为单定子结构。轴向分相式步进电动机的定子数目就不止一个，有 m 相就有 m 个定子，所以又称之为多定子结构。单定子和多定子结构从安装工艺上比较，前者比较接近传统的电机工艺结构，安装比较容易；后者要求各段定子在轴向分布，且各段在空间上要依次错开 $1/m$ 齿距，在相数较多时，安装比较困难。因此无论是伺服用还是功率用反应式步进电动机目前大多趋向采用径向分相结构。

目前反应式步进电动机相数有三、四、五、六相或更多相。但功率步进电动机以五相和六相居多。五相电动机采用径向分相式或轴向分相式。六相电动机采用混合结构，即定子分成几段，每段在径向上再分成两相或三相，故总的相数为相数×段数。例如某六相三段式结构功率步进电动机，定子和转子铁心都采用冲片结构。每段定子铁心上有8个磁极，分别属于不同的两相。每个磁极上有4个小齿。三段定子铁心装配时彼此错开120°，各相在电动机中位置为：第一段为1、4两相；第二段为5、2两相；第三段为3、6两相。转子铁心有40个齿，不分段。这种结构的优点是相间互感电动势可降至很小，缺点是材料利用率低，电动机显得过长，工艺复杂。另一种结构是采用六相两段式，定转子也由硅钢片叠压而成，定子每段铁心上有12个磁极，分属于三相，即每相占4个磁极，放置4个串联绕组，每极上有3个等宽的小齿，两段铁心靠冲片外圆错开28.5°的两个定位键来保证其分度。转子也分为两段，每段铁心有40个均布小齿，齿宽与定子齿宽相等，两段铁心之间不错位，不放置绕组。

421. 励磁式步进电动机有哪两种？基本结构是怎样的？

答：励磁式步进电动机根据转子磁场产生方法分为永磁式步进电动机和电磁式步进电动机两种。

(1)永磁式步进电动机。它的转子为充磁的永久磁钢，定子由硅钢片叠成，有多对绕组。转子极对数受磁钢加工的限制，不能做得很多，因而步距角较大，使电动机频率响应较低。与反应式相比，它具有控制功率较小，内部电磁阻尼较大和断电情况下具有定位转矩等特点。

(2)电磁式步进电动机。电磁式步进电动机采用励磁绕组通以直流电产生直流磁通。由磁路计算可知，电磁式步进电动机采用良好的软磁材料，对同样转子截面，所能通过的直流磁通要比优良的永磁材料产生的直流磁通大得多。而步进电动机的输出转矩与直流磁通量成正比关系，因此，对输出大转矩的功率步进电动机来说，电磁式结构是可取的。

从原理上讲，将永磁式步进电动机转子改由直流励磁绕组励磁，即可构成电磁式步进电动机。但转子励磁绕组引出必须采用集电环结构。图8-19所示是一种无接触的四相电磁式功率步进电动机的结构。它将励磁绕组一分为二，置于电动机端盖位置，通过所谓“内定子”使转子磁化，磁路走向如图中箭头所示。这种结构简化了转子，但磁路较长，端盖要用导磁材料制成，电动机轴向尺寸也稍大。为了进一步增大气隙磁通密度以增大电动机的输出转矩，可采用直流磁路并联的三段式结构，如

图 8-20 所示。

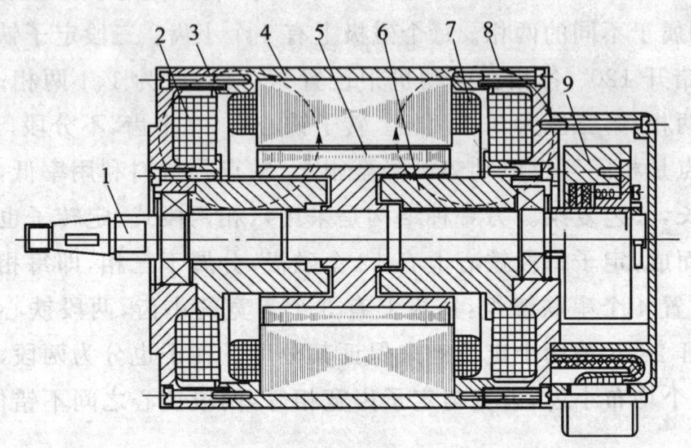

图 8-19 无接触四相电磁式功率步进电动机结构

1. 轴 2. 励磁绕组 3. 前端盖 4. 定子 5. 转子
6. 套筒 7. 定子绕组 8. 后端盖 9. 阻尼器

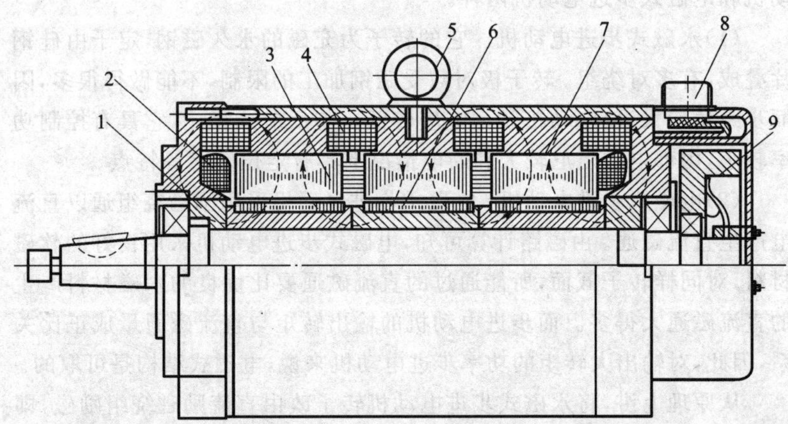

图 8-20 三段结构的四相电磁式功率步进电动机结构

1. 转子轭 2. 定子绕组 3. 转子 4. 励磁绕组(环形) 5. 吊环
6. 转子冲片 7. 定子冲片 8. 接线盒 9. 阻尼盘

422. 电磁式步进电动机与反应式步进电动机相比有哪些特点?

答:电磁式步进电动机与反应式步进电动机相比,有以下几个特点:

(1)由于电磁式步进电动机是由直流和脉冲两个电源提供能量的，因而电磁式步进电动机的输出转矩大而输入脉冲电流较小。例如机座号为 $\phi150$ 的反应式功率步进电动机常要取 13～18A 相电流，而同类电磁式功率步进电动机，相电流仅取 8A 左右。

(2)由于电磁式步进电动机转子上有一个恒定的直流磁通，可在气隙中产生电磁阻尼转矩，大大削弱低频运行时的振荡，因而使电磁式步进电动机在低频工作时比反应式步进电动机更稳定可靠。

(3)由于电磁式步进电动机的直流励磁能量是不随频率变化，因此其高频运行时的矩频特性比反应式步进电动机有所改善。

423. 永磁感应子式步进电动机结构是怎样的?

答:永磁感应子式步进电动机有转子带磁钢和定子带磁钢两种。转子带磁钢的典型结构如图 8-21 所示。定子与反应式步进电动机类似，磁极上有控制绕组，极靴表面上有小齿。转子铁心分成两段，中间用轴向充磁的永久磁钢隔开；每一段转子铁心上有齿而没有绕组；两段转子铁心的齿数和齿形完全一样，但相对位置沿圆周方向转过 1/2 齿距角。与反应式的转子不同，由于永久磁钢的作用，它的转子齿带有固定的极性。这种步进电动机既具有反应式步距角小和工作频率较高的特点，又具有永磁式控制功率比较小的特点；但结构较复杂，成本也较高。

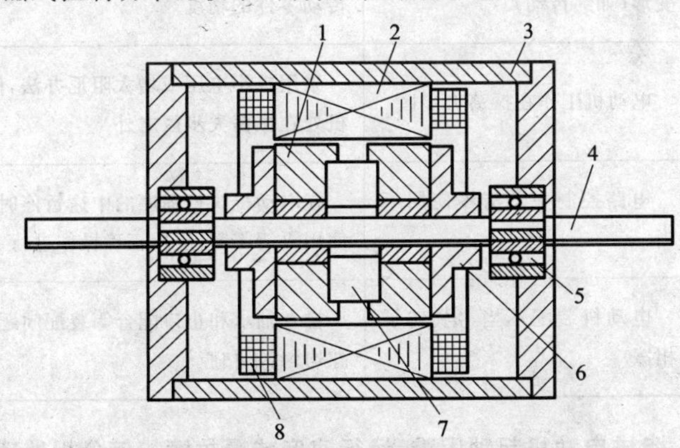

图 8-21 永磁感应子式步进电动机结构

1. 转子 2. 定子铁心 3. 机壳 4. 转轴 5. 轴承 6. 压圈 7. 磁钢 8. 定子绕组

424. 步进电动机失步或多步故障如何处理？

答：步进电动机失步或多步故障分析和处理见表 8-2。

表 8-2 步进电动机失步或多步故障分析和处理

序号	故障原因	排除方法
1	带动大惯量负载时产生振荡	加大负载摩擦力矩，或采用机械阻尼方法消除或吸收振荡能量
2	负载过大，超过电动机承载能力	适当减载或换用大容量电动机
3	负载不稳定，时大时小	减小负载，尤其要降低负载转动惯量
4	传动间隙大小不均匀	对机械部分采取消隙措施，选用电子间隙补偿信号发生器来调节
5	双电源供电改为单电源供电，使起动和运行频率降低	恢复双电源供电，或加大单电源容量，再采取提高运行特性措施
6	传动间隙中的零件有弹性变形（如绳传动）	增加传动绳的张紧力，增大阻尼或提高传动零件的精度
7	电动机工作在振荡失步区	采用减小电压或增大阻尼办法，使电动机处在振荡失步区之外
8	电路控制中总清零使用不当	在电动机执行程序的中途暂停时，不应使用再清零键，应按正确操作进行
9	电动机装配不当，定、转子相擦	检查轴承和止口配合等装配问题，使气隙均匀，不扫膛

425. 步进电动机起动困难、运行速度减慢故障如何分析处理？

答：步进电动机起动困难、运行速度减慢故障分析和处理见表 8-3。

表 8-3 步进电动机起动困难、运行速度减慢故障分析和处理

类别	故障原因	排除方法
起动困难故障	(1)定、转子相擦	(1)检查轴承止口等装配工况,调好调匀气隙
	(2)各相控制绕组中串入的小电阻开路或丢失	(2)如电阻完好但开焊应焊好,如丢失应重新焊上
	(3)电动机工作方式不对	(3)按正确工作方式重新起动
	(4)驱动电路发生故障	(4)检测找出故障点且修复
	(5)遥控时线路压降过大	(5)检查和调整输入电压
	(6)接线有错,将极性接反	(6)查出后纠正接线
	(7)电动机内部锈蚀,转动不灵活	(7)解体清洗修整锈迹,烘干装好
运行中速度慢或堵转	(1)起动困难	(1)按上述起动困难故障方法排除
	(2)负载过大	(2)调节负载使之适当
	(3)电源电压过低	(3)调整电源电压至额定值
	(4)电动机绕组有匝间短路	(4)检测出后修复或重绕更换
	(5)电动机有接地故障	(5)用万用表或绝缘电阻表检测后,排除故障
	(6)电动机绕组烧毁	(6)重绕新绕组换上
	(7)电动机内部太脏,杂物卡住	(7)解体清除灰尘杂物
	(8)中途通电顺序变更	(8)恢复原通电顺序
	(9)脉冲发生器电路发生故障	(9)检测出故障点后加以排除

426. 什么是自整角机？其基本结构和工作原理是怎样的？

答:自整角机的作用是将转角变为电信号或将电信号变为转角,实现角度传输、变换和接收,可用于测量远距离机械装置的角度位移,还广泛应用于随动系统中机械设备之间角度联动装置,以实现自动整步控制。

自整角机是角位移检测元件，其基本结构如图 8-22 所示。它由定子和转子两大部分组成。定子绕组与交流电动机的三相绕组相似，每相空间间隔 120°，一般接成星形；转子侧为单相绕组，通过集电环与机外电路相连。

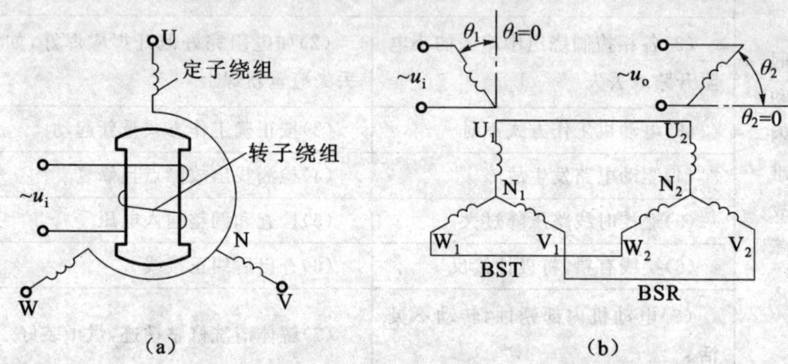

图 8-22　自整角机的原理及应用接线

(a)自整角机的基本结构　(b)自整角机的应用接线

自整角机用于位置随动系统中测量角差时，总是成对出现的，与指令轴相连的自整角机称为发送机(BST)，与执行轴相连的自整角机称为接收机(BSR)，实际使用时的接线如图 8-22(b)所示。

将发送机定子绕组的三个出线端 U_1、V_1、W_1 与接收机定子绕组的三个对应出线端 U_2、V_2、W_2 相连，发送机转子以其定子绕组 U_1N_1 轴线为零位，接收机转子与其定子绕组 U_2N_2 轴线相垂直的位置为零位(即接收机转子预转 90°)，在发送机转子绕组上施加一个角频率为 ω(对应频率为 f，一般取 50～400Hz)的交流调制正弦励磁电压 $u_i(t)=U_{im}\sin\omega t$时，发送机和接收机转子绕组间存在角差 $\Delta\theta=\theta_1-\theta_2$，则通过发送机和接收机间的电-磁-电感应关系，会在接收机转子绕组上产生一个与励磁信号同频率且振幅与两只自整角机转子间角差 $\Delta\theta$ 的正弦值成正比的交流输出电压

$$u_{so}=U_{som}\sin\Delta\theta\sin(\omega t-\varphi+90°)$$

$$\varphi=\arctan\frac{X}{R}$$

式中　u_{so}——自整角机输出电压(V)；

U_{som}——输出电压 u_{so} 的最大值(V);

φ——自整角机定子阻抗角;

X——发送机和接收机定子每相绕组电抗之和(Ω);

R——发送机和接收机定子每相绕组电阻之和(Ω)。

上式表明,$U_{som}\sin\Delta\theta$ 为其幅值,它只与相对失调角 $\Delta\theta$ 有关,而与发送机和接收机转子本身的绝对位置无关。它不仅反映了角差信号 $\Delta\theta=(\theta_1-\theta_2)$ 的大小,而且反映了 $\Delta\theta$ 的极性,即能鉴别 θ_1 与 θ_2 的超前与滞后关系,并当失调角 $\Delta\theta$ 为零时,输出电压也为零,正好满足实际需要。

应该注意,上式中还含有正弦交变项 $\sin(\omega t-\varphi+90°)$,因此使得 u_{so} 又难以准确反映 $\Delta\theta$ 的极性,必须通过相敏整流电路整流,才能正常工作。

自整角机分为 1、2、3 三种精度等级,其最大误差在 0.25°～0.75° 之间。自整角机测量线路的优点是简单可靠,可以远距离测量。其缺点是误差较大,存在剩余电压,转子有一定的惯性。

427. 什么是旋转变压器?其基本结构和工作原理是怎样的?

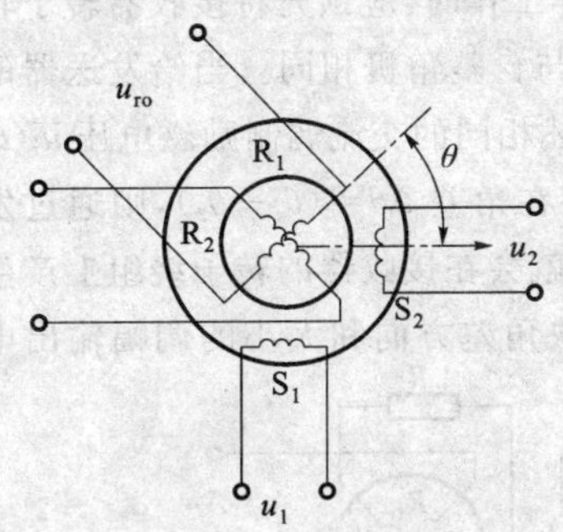

图 8-23 旋转变压器的结构

答:旋转变压器是一种特殊的两相旋转电动机。旋转变压器在自动控制系统中作为解算元件时,可以用于坐标变换和三角函数运算;也可以作为移相器,用于传输与转角相应的电信号等。

旋转变压器由定子和转子两个部分组成。在定子和转子上各自绕有两套在空间上完全正交的绕组,其基本结构如图 8-23 所示。图中 S_1、S_2 为定子绕组,R_1、R_2 为转子绕组。

旋转变压器单个使用时,两个定子绕组分别施加两个幅值相等、相位相差 90°的正弦交流励磁电压 u_1、u_2,即

$$u_1(t)=U_m\sin\omega t$$

$$u_2(t) = U_m \cos\omega t$$

为了保证旋转变压器的测量精度，要求两相励磁电流严格平衡，即大小相等，相位相差 90°。因而，在气隙中产生圆形旋转磁场。转子绕组 R_1 中产生的感应电压为

$$u_{ro}(t) = m[u_1(t)\cos\theta + u_2(t)\sin\theta] = mU_m \sin(\omega_0 t + \theta)$$

式中　m——转子绕组和定子绕组间的有效匝数比；

θ——转子与定子之间的相对角位移。

由此可见，旋转变压器的输出电压 u_{ro} 的幅值不随转角 θ 变化，其相位却与 θ 相等。可以看做是一个角度-相位变换器。若以此调相电压作为反馈信号，可以构成相位控制随动系统。

428. 当用旋转变压器测量角差时，其线路是怎样工作的？

答：旋转变压器用于检测角差时，必须和自整角机一样成对使用，其测量线路如图 8-24 所示。转子与指令轴相连的旋转变压器为发送器(BRT)，转子与执行轴相连的旋转变压器为接收器(BRR)，且发送器和接收器的两套定子绕组彼此交叉相连，另外各有一套转子绕组短接或接到一个定值电阻上起补偿作用。实际工作时，应预先将接收器转子转过 90°，使发送器和接收器的零位假设与自整角机相同。当给发送器的一个转子绕组施加一个频率范围与前述相同的交流调制励磁电压 $u_i(t) = U_{im}\sin\omega t$ 时，若指令轴与执行轴间存在角差 $\Delta\theta = (\theta_1 - \theta_2)$，则通过发送器和接收器间的电-磁-电感应关系，就会在接收器的转子绕组上产生一个与自整角机形式相同的、能够反映角差方向和大小的调幅输出电

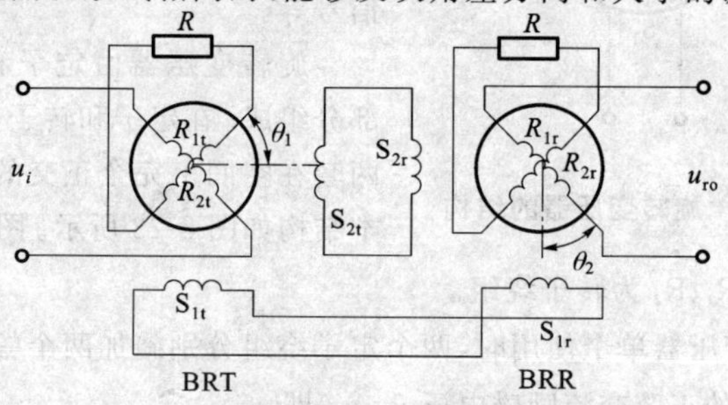

图 8-24　旋转变压器的角差测量线路

压，而且也要通过相敏整流，才有实际意义，即

$$u_{ro}=U_{rom}\sin\Delta\theta\sin(\omega t-\varphi+90^{\circ})$$

式中 u_{ro}——旋转变压接收器的输出电压(V)；

U_{rom}——输出电压的最大值(V)。

由上式可看出，旋转变压器输出电压幅值与自整角机的输出电压具有相似的形式。

旋转变压器的精度分为0、Ⅰ、Ⅱ、Ⅲ四个等级，其检测误差一般为5′～20′之间，精度明显高于自整角机，且惯性小，摩擦力矩也小，可远距离传送，广泛用于具有较高精度要求的位置随动系统中。为了进一步提高精度，还可采用双通道测量原理。

429. 什么是测速发电机？直流测速发电机的性能指标有哪些？

答：测速发电机是一种测量转速的信号元件，它能将输入的机械转速转换为电压信号输出，发电机的输出电压精确地与转速成正比。在系统中，既可以直接用来检测转速，也可以用在反馈系统中，将监测到的速度信号反馈，以提高系统的稳定度和精度；还可作为微分、积分的计算元件。

直流测速发电机的性能指标有：

(1)线性误差$\Delta U\%$。表示在工作速度范围内，实际输出特性和理想的直线输出特性之间的最大绝对误差值与理想直线输出特性的最大输出电压之比。一般要求$\Delta U\%=1\%\sim2\%$，较精密系统要求$\Delta U\%=0.25\%\sim1\%$。

(2)最大线性工作转速n_m。在允许的线性范围内的最高电枢转速，亦即测速发电机的额定转速n_N。

(3)负载电阻R_L。保证输出特性在线性范围内的最小电阻值。在使用时，接到电枢两端的电阻应不小于此值。否则电枢电流大，电枢反应的去磁作用使特性的线性度变差。

(4)不灵敏区。当测速发电机在低速下运行，电枢电动势低于电刷换向器的接触压降时，发电机转速小于Δn，其输出电压为零，即$U_a=0$。测速发电机输出特性的这个区域称为不灵敏区。

(5)输出特性的不对称度K_a。直流测速发电机正、反转时，即顺时

针和逆时针方向旋转时，在相同的转子速度下，输出电压绝对值之差与二者平均值之比的百分数。

(6)静态放大系数。指直流测速发电机的输出特性的斜率，其值越大越好。采用较大的负载电阻可提高直流测速发电机的静态放大系数，即输出特性的斜率。

430. 什么是直流测速发电机的输出特性？

答：直流测速发电机的输出特性指它的转速与输出电压的关系。

因
$$U_a = E_a - I_a R_a$$
$$I_a = \frac{U_a}{R_L}$$

故
$$U_a = E_a - \frac{U_a}{R_L} R_a$$

经变换可得
$$U_a = \frac{E_a}{1 + \dfrac{R_a}{R_L}}$$

式中 U_a——直流测速发电机端电压(V)；

E_a——直流测速发电机感应电动势(V)；

R_a——电枢回路的总电阻，包括电枢电阻、电刷和换向器之间的接触电阻(Ω)；

R_L——测速发电机的负载电阻(Ω)。

因
$$E_a = C_e \Phi n$$

故
$$U_a = \frac{C_e \Phi n}{1 + \dfrac{R_a}{R_L}}$$

式中 C_e——测速发电机的电动势常数，也叫结构常数，与发电机的结构有关，对已制造好的发电机而言，C_e为定值；

Φ——每个磁极的气隙磁通(Wb)；

n——发电机转速(r/min)。

令
$$C_a = \frac{C_e \Phi}{1 + \dfrac{R_a}{R_L}}$$

则有
$$U_a = C_a n$$

上式中 C_a亦为一常数，这就是直流测速发电机在负载时 U_a与 n 之间呈线性关系的输出特性。对于不同的负载电阻 R_L，测速发电机输出特性的斜率也有所不同。负载电阻增大，斜率也增大；反之，负载电阻减小，斜率也减小。

431. 如何正确选用直流测速发电机？

答：从励磁方式划分，直流测速发电机可分为电磁式和永磁式两种类型。两种类型的测速发电机各有优缺点，适合在不同的条件下使用。

永磁式直流测速发电机的优点是：第一，不需要直流励磁电源，因而结构简单、使用方便、价格低；第二，永磁式直流测速发电机无励磁损耗，效率高、耦合性好、灵敏度高；第三，在功率相同时，永磁式比电磁式测速发电机的重量轻、体积小；第四，永磁磁场不受温度的影响。

选用直流测速发电机时，应根据系统的电压、工作速度的范围、在系统中所起的作用等因素来考虑。当使用电磁式和永磁式测速发电机都能满足系统要求时，则需要对比两种测速发电机的优缺点，然后合理选用。在低速伺服系统或小功率伺服系统中，一般应首选永磁式直流测速发电机作为速度反馈元件。

432. 使用直流测速发电机时，应注意哪些问题？

答：在使用直流测速发电机时，应注意以下几个问题：

(1)削弱电枢反应的影响。在实际运行中，当直流测速发电机接负载时，由于电枢反应的去磁作用，测速发电机主磁通 Φ 不再是常数，使其输出特性产生误差，如图 8-25 中虚线所示。为了改善输出特性，必须削弱电枢反应的去磁影响，使测速发电机的主磁通保持不变，可采取如下措施：

①对电磁式直流测速发电机，可以在定子磁极上安装补偿绕组。

②在设计时，选取较小的线负载，并适当加大发电机气隙。

③在使用时，负载电阻不应小于规定值。

(2)减小电刷接触电压降的影响。由于电刷接触电压降的影响，使其输出特性在转速较低时有一个不灵敏区，如图 8-25 中点划线所示，在这个范围内，测速发电机虽然有输入信号(转速)，但输出电压却很小。

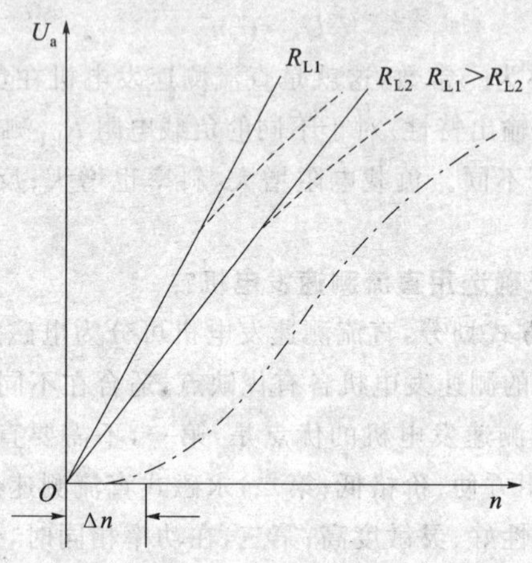

图 8-25 直流测速发电机输出特性曲线

为了减小电刷接触压降的影响，即缩小不灵敏区，应采用接触压降小的铜石墨电刷或银石墨电刷，在高精度的直流测速发电机中可采用铜电刷。

（3）减小温度的影响。在电磁式直流测速发电机中，因励磁绕组长期通过电流而发热，它的电阻值也相应地增大，并使励磁电流减小，测速发电机主磁通下降，导致电枢绕组的感应电动势和输出电压减小。

为减小温度对励磁电流的影响，实际使用时，可在励磁绕组回路中串一个电阻值较大的附加电阻，再接到励磁电源上。附加电阻一般采用温度系数较低的康铜或锰铜材料制成。当励磁绕组温度升高时，它的电阻虽有增加，但是励磁回路的总电阻值变化很小。因此，励磁电流变化不大，即主磁通基本不变。但采用了附加电阻以后，相应地使励磁电源的电压增高，励磁功率也随之增大，这是它的一个缺点。

433. 交流测速发电机有哪几种类型？

答：交流测速发电机可分为同步和异步两类：

（1）同步测速发电机。又分为永磁式、感应子式和脉冲式三种。

（2）异步测速发电机。又分为笼型转子和空心杯转子两种。笼型转子异步测速发电机的结构与笼型转子两相交流伺服电动机的结构相似。由于笼型测速发电机的输出特性斜率大，造成线性度差、相位误差大、剩余电压高，一般用在精度要求不高的控制系统中。空心杯转子异步测速发电机的性能精度比笼型转子的高得多。目前在自动控制系统中广泛采用的是空心杯转子异步测速发电机。

434. 交流异步测速发电机的主要技术指标有哪些？

答：交流异步测速发电机的主要技术指标有线性误差、相位误差和剩余电压。

(1)线性误差。异步测速发电机的输出特性是输出电压和转速之间的关系，严格来讲，异步测速发电机的输出特性是非线性的，其非线性度在工程上用线性误差来表示。以用直线表示的输出特性曲线和测速发电机的实际输出特性曲线之间最大绝对误差与直线输出特性曲线所对应的最大输出电压之比，来表示测速发电机输出特性的非线性度，并称该比值为线性误差。

(2)相位误差。异步测速发电机的输出电压与励磁电压之间总是不同相，存在相位移，并且相位移的大小还随着转子杯的转速改变而变化。把输出电压和励磁电压之间的最大超前相位移和最大滞后相位移的绝对值之和确定为相位误差。

(3)剩余电压。指测速发电机的励磁绕组已经供电，转子处于静止状态，即转速为零，而输出绕组输出一个很小的电压，称为剩余电压。一般只有几十毫伏。

435. 什么是直线电动机？有哪些种类？

答：直线电动机是直接产生直线运动的电动机。它是从旋转电动机演化而来的。可以把直线电动机看成是一台极数很多的三相异步电动机，其定子半径相当大，这样定子内表面的某一段可以近似认为是直线，此时的这一段便是直线电动机。当然，亦可认为把旋转电动机沿径向剖开，并将其圆周展开成直线，就得到了直线电动机，如图 8-26

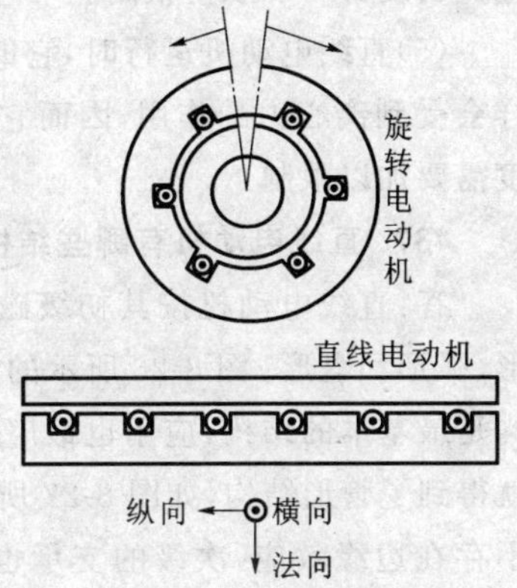

图 8-26 从旋转电动机到直线电动机的演化

所示。

直线电动机可分为直线异步电动机、直线同步电动机、直线直流电动机和其他直线电动机(如直线步进电动机)。其中:直线同步电动机又可分为电磁式、永磁式和磁阻式三种。

436. 直线电动机有哪些优点?

答:直线电动机的主要优点是:

(1)由于直线电动机本身的结构简单,又可做到无机械接触,使运动的零部件无磨损,并且可以大大地减小机械损耗,如在采用气垫或磁垫的直线电动机驱动的高速列车中,就可以做到这一点。

(2)直线电动机很容易密封,各部件用环氧树脂加以密封后,就不怕风吹雨打,也不怕有毒气体及化学品的侵入,甚至在核辐射和液态物质中也能使用。

(3)在需要直线运动的地方,采用直线电动机,可以省去中间传动装置,有时其次级就是原装置上的一部分,因而使机器设备的总体结构大大简化,体积大大缩小,例如以悬臂吊车的钢梁作为次级。

(4)直线电动机的次级一般说来是比较长的,且直接暴露在空气中,具有很大的散热面,热量很容易散发掉,冷却条件好,因此线负载和电流密度都可以取得很高。

(5)直线电动机运行时,它的零部件和传动装置不像旋转电动机那样会受到离心力的作用,因而它的直线速度不像旋转电动机的圆周速度需要加以限制。

437. 直线电动机有哪些结构类型?

答:直线电动机按其初级磁极的排列形状分类,可分为平板形、管形、弧形和盘形。图 8-26 所示的直线电动机即为平板形结构。平板形结构是最基本的结构,应用也最广泛。如果把平板形结构沿横向卷起来,就得到了管形结构,如图 8-27 所示。管形结构的优点是没有绕组端部,不存在边缘效应,次级的支承也比较方便;缺点是铁心必须沿圆周叠片,才能阻挡由交变磁通在铁心中感应的涡流,这在工艺上比较复杂,散热条件也比较差。弧形结构是将平板形初级沿运动方向改成弧形,并安放于圆柱形次级的柱面外侧，如图 8-28 所示。盘形结构是将平板形初级安放于圆盘形次级的端面外侧，并使次级切向运动，如图 8-29 所示。弧形和盘形结构虽然作圆周运动，但它们的运行原理与平板形结构相似，故仍归入直线电动机范畴。

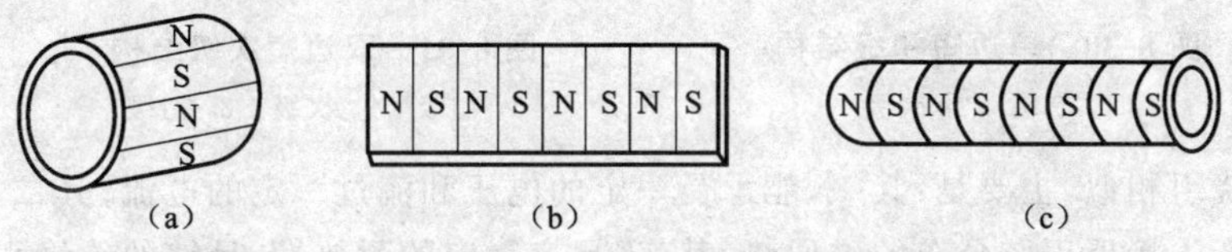

图 8-27 从旋转电动机到管形直线电动化的演化

(a)旋转电动机 (b)平板形直线电动机 (c)管形直线电动机

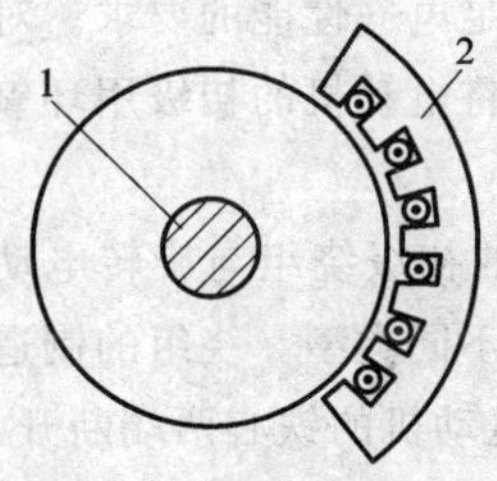

图 8-28 弧形直线电动机

1. 圆柱形次级 2. 弧形初级

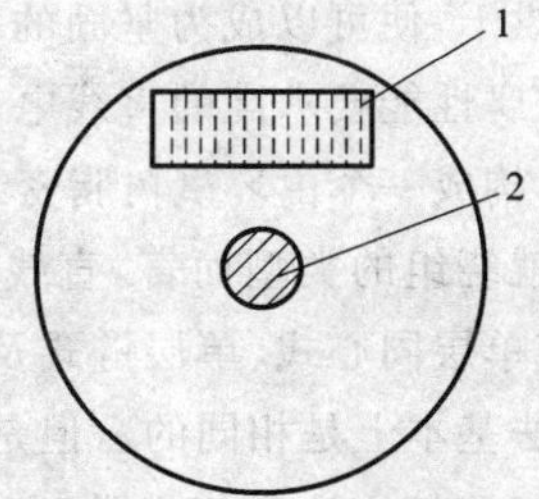

图 8-29 盘形直线电动机

1. 平板形初级 2. 圆盘形次级

对于平板形和盘形结构，可以仅在次级的一侧安放初级，称为单边结构；也可以在次级的两侧各安放一个初级，称为双边结构。双边结构可以消除单边磁拉力（当初级和次级都具有铁心时），次级的材料利用率也较高。

直线电动机按初级与次级之间的相对长度来分可分为短初级和短次级，按初级运动还是次级运动来分可分为动初级和动次级。图 8-30 和图 8-31 分别表示单边短初级结构和双边短次级结构。

438. 直线异步电动机的绕组有什么特点？

答：直线异步电动机的初级绕组与旋转电动机的绕组一样，是电动机的主要部件之一。所以，在电气性能上的要求也与旋转电动机的定子

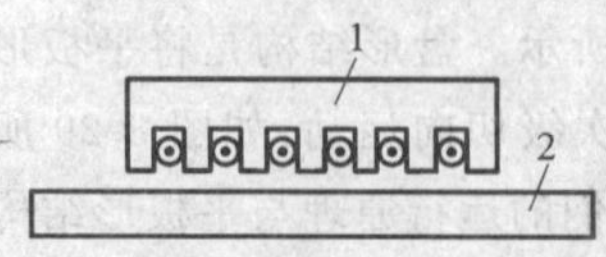

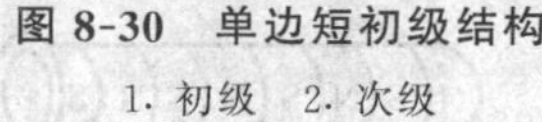

图 8-30　单边短初级结构

1. 初级　2. 次级

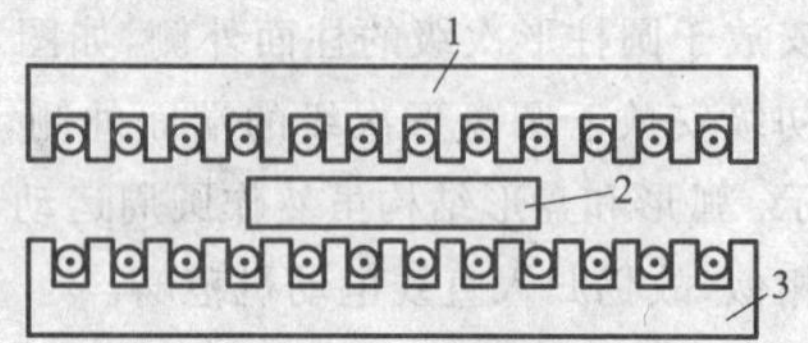

图 8-31　双边短次级结构

1. 初级　2. 次级　3. 初级

绕组相似，主要是：其一，能承受一定的电压和流过一定的电流；其二，产生接近正弦分布的磁通势；其三，具有一定的耐热性，足够的绝缘强度和机械强度。对于一般的直线电动机，可以用高强度聚酯漆包线作为导电材料，用聚酯薄膜青壳纸作为槽绝缘材料。电动机在嵌线后，经浸漆和烘干，便可以成为坚固的一体，可以满足电气性能的要求。对于防潮、防腐性能要求高的直线电动机，还可以将电动机的初级用环氧树脂封装，构成一个由环氧树脂密封的整体。

就绕组的类型而言，直线异步电动机的初级绕组与旋转电动机相同，有单层同心式、单层链式及双层绕组等不同类型。绕组的制造与连接方法基本上是相同的。但是，由于直线电动机的铁心两端断开，所以在绕组连接方法和绕组类型的选择上也存在很大不同：一方面铁心两端的绕组元件的安置及连接方法比旋转电动机要复杂得多；另一方面，直线电动机的极数选择不像旋转电动机那样一定要是偶数，奇数也可以，所以在选择绕组类型时，要注意与极数的配合。单层绕组，只能选择偶数极；而双层绕组，则既能选择偶数极，又能选择奇数极。

439. 直线异步电动机单层同心式绕组是如何构成的？

答：单层同心式绕组是由几只节距大小不同的同心线圈串联组成，如图 8-32 所示。

在旋转电动机中，单层同心式绕组可以排成二平面绕组，组成单层同心式二平面绕组，如图 8-33 所示。在图 8-33 中 W 相的一个绕组的两条线圈边可以嵌入槽 9、10 中，但是在直线电动机中，铁心是断开的，W 相绕组的排列顺序必须做相应的改变，即 W 相绕组要反向嵌入，即嵌入槽 3、4 中而且端部组成三平面，如图 8-34 所示。

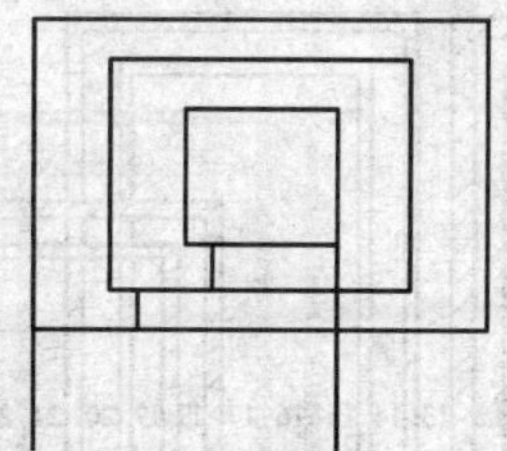

图 8-32　单层同心式绕组的一个线圈组

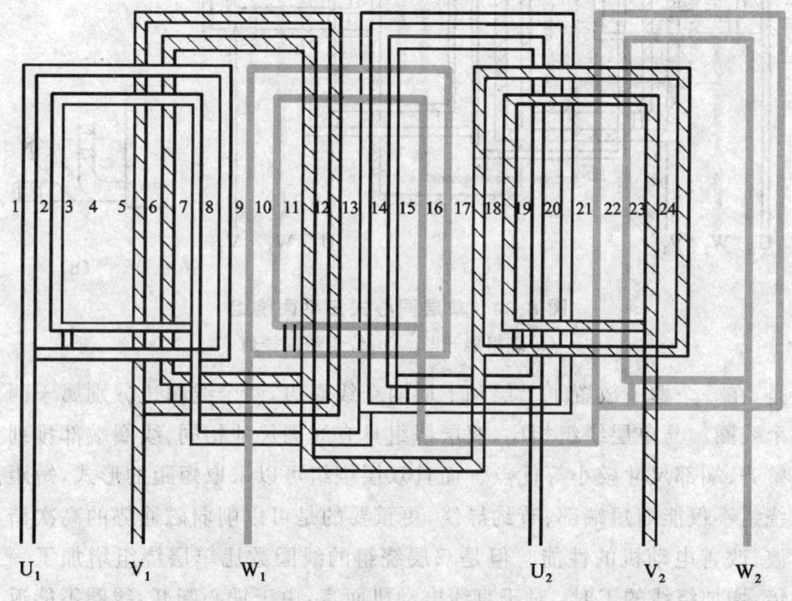

图 8-33　单层同心式二平面绕组

440. 直线异步电动机单层链式绕组有什么特点？

答：单层链式绕组的特点是每个线圈的大小一样，因此制作绕组的线模比同心式的绕组要简单方便，但由于线圈的端部彼此交叉重叠，因此线圈的端部比双层绕组的端部长。

441. 直线异步电动机双层链式绕组是如何构成的？有什么特点？

答：双层绕组是一种采用比较多的绕组形式。它与单层绕组的区别

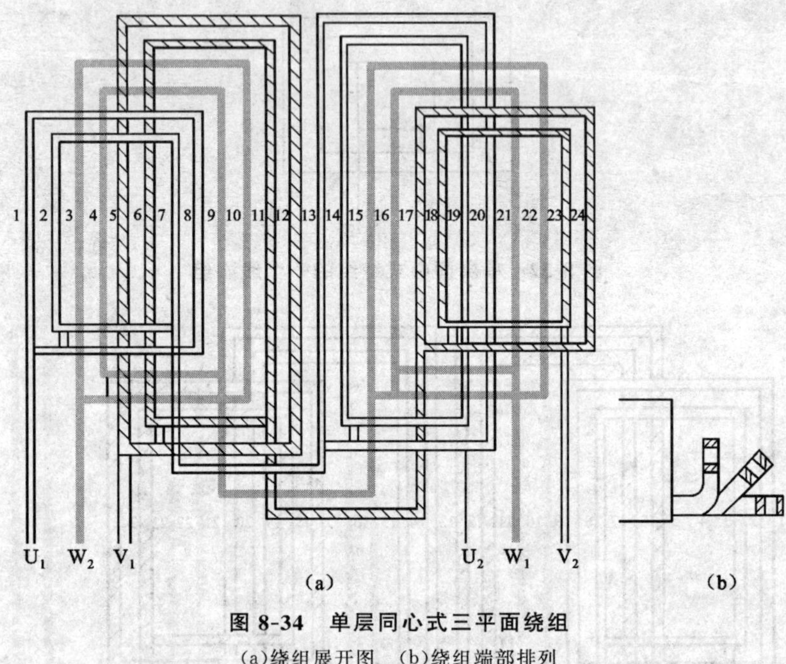

图 8-34　单层同心式三平面绕组

(a)绕组展开图　(b)绕组端部排列

是，在一个槽中放置了上层和下层两个线圈边，两个线圈边分别属于两个线圈。与单层绕组相比，双层绕组具有线圈尺寸相同、线圈端部排列整齐、端部尺寸较小等优点。而且双层绕组可以采取短距的形式，短距绕组不仅能缩短端部、节约导线，更重要的是可以削弱磁通势的高次谐波、改善电动机的性能。但是双层绕组的线圈数比单层绕组增加了一倍，增加绕线的工时。对于直线电动机而言，由于铁心断开，线圈不能返回到起始槽，因此在两端的几个槽中只能放置一个线圈边（在没有补偿绕组的情况下），从而减少了电动机的有效槽数，降低了铁心的利用率。而单层绕组则每个槽都嵌满了线圈。

在直线电动机中，一般都采用叠绕组，双层绕组可以制成整距绕组（节距等于极距，即 $y=\tau$）和短距绕组（节距小于极距，即 $y<\tau$）。在每极每相槽数 $q=1$ 的电动机中，一般采用整距绕组；在每极每相槽数 q 大于 1 的电动机中，一般采用短距绕组。图 8-35 和图 8-36 分别表示整距

绕组和短距绕组的展开图。从图 8-35 和图 8-36 可以看出，直线电动机采用双层绕组后与旋转电动机的双层绕组有一个明显的差别，就是嵌入同样数量的线圈，直线电动机需要的槽数比旋转电机的槽数多，而且在铁心两端的几个槽中只嵌入一个线圈边。这些槽称为半线槽。为了使半线槽中的线圈不松动，可以在这些槽中填入不导电、不导磁的材料撑紧。短距绕组与整距绕组相比，除了上述优点外，还有对于同样数量的线圈，铁心的总槽数和半线槽数要少（少的数目正好等于短距短的槽数）。从图 8-35 中可见，总槽数＝线圈数＋节距＝6＋3＝9，一端的半线槽数等于节距（等于 3）。从图 8-36 中可见，总槽数＝线圈数＋节距＝6＋2＝8，一端的半线槽数等于节距（等于 2）。而在旋转电机中，总槽数＝线圈数＝6，且没有半线槽。在进行电磁计算时，将半线槽铁心纵向实际长度的一半作为计算时的有效长度，这样在铁心沿纵向的有效长度比实际长度短了一个节距 y。在图 8-35 和图 8-36 中其铁心的有效长度均为 2τ，相对应的为 2 极。这样的极数称为计算极数。

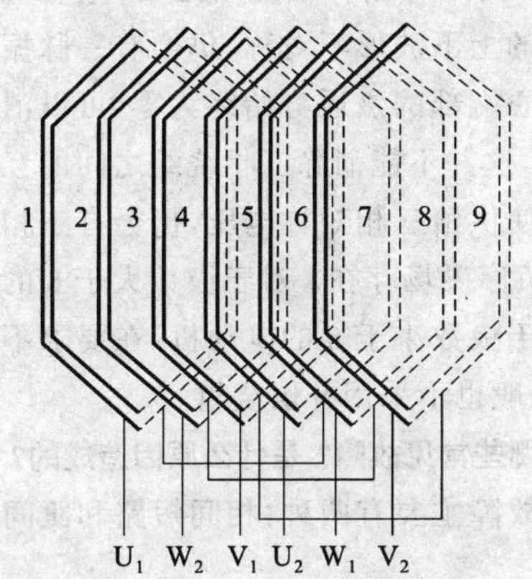

图 8-35 三相 2 极 9 槽双层整距无补偿叠绕组展开图

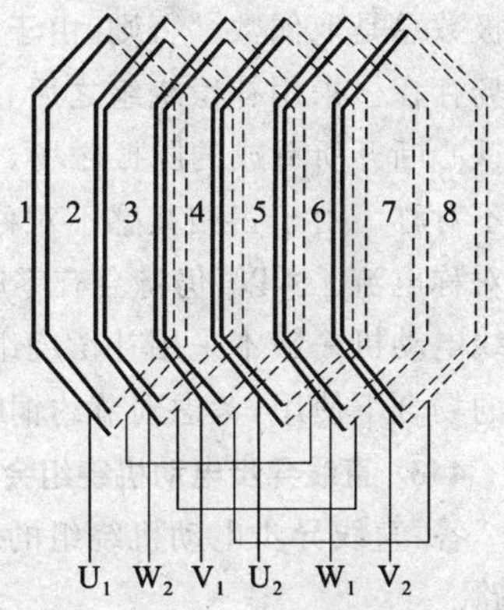

图 8-36 三相 2 极 8 槽双层短距无补偿叠绕组展开图

需要说明的是，在实际应用中，很少有少极数的直线电动机，图 8-35和图8-36中的 2 极电动机展开图，只是为了说明整距和短距的区别而特意画出的。

442. 直线异步电动机为什么要加置补偿绕组？怎样加置补偿绕组？

答：对于一般的直线电动机，由于有了半线槽，其铁心的利用率下降，即铁心的有效长度比实际长度短了一个节距。由于铁心断开的边缘效应，会产生一个脉振磁场，对于极数大于 6 极的电动机，铁心有效长度的缩短及脉振磁场的产生对电动机定子磁场的影响不大。但是，对于极数小于 6 极的电动机，这两个因素都不能忽略。为提高铁心的利用率，消除由纵向边缘所引起的脉振磁场，可以在铁心的两端的半线槽内加置与正常线圈相同的线圈作为补偿绕组，线圈的个数为 $2m_1q_1$ 个。将每个补偿绕组的一个边放入半线槽内，另一个边可以安放在铁心端部的外面，也可以放在一个特制的大槽内。每个补偿元件，根据其嵌入半线槽的一个边在相带上属于哪一相，就将其串联在这一相的相绕组中，作为相绕组的一部分。有了补偿绕组之后，其铁心的有效长度就等于实际长度，为了使电动机磁极波形上下对称，采用补偿绕组之后，电动机的极数总是取偶数。否则，由于磁极的上下波形不对称，仍会有一脉振磁场存在。采用补偿绕组之后，在铁心端部的磁通势始终为零，可以消除铁心断开所造成的脉振磁场。但是，这并不能消除三相绕组之间的互感不对称。由于三相互感不对称，即使供给三相对称电压，仍会有三相不对称电流。所以，仍将会有零序与负序磁场存在。对于极数大于 6 的直线电动机一般不采用补偿绕组；对于极数小于 6 的电动机，在要求不高的场合下使用，考虑到节约铜线，一般也不采用补偿绕组。

443. 直线异步电动机绕组会出现哪些常见故障？是什么原因造成的？

答：直线异步电动机绕组的常见故障主要有两种：相间短路和匝间短路。

(1)相间短路。造成相间短路的主要原因是双层绕组的层间绝缘未垫妥，或者是端部的相间绝缘薄膜未垫妥。因为直线电动机没有机壳端盖的保护，绕组的端部暴露在外，在没有浇铸环氧树脂的情况下，很容易被擦损。当电动机受潮、受热时，这些薄弱环节处的绝缘强度下降，最后造成相间击穿形成相间短路。造成相间短路的另一个常见原因是，相间连接线套管处理不妥，造成电动机在连接线或引出线处发生短路。

相间短路的特征是在短路处发生爆断，在爆断处有很多导线熔断，并在附近有熔化的铜屑。而其他线圈组或另一端部，则完好无损。

(2)匝间短路。匝间短路是指本相绕组中的几匝线圈自身短路。造成匝间短路的主要原因是电磁线本身受损伤。导致电磁线损伤的原因：一是制造过程中，绕线和下线时损伤；二是电动机在运输过程中，将端部擦伤；三是选用导线时，线径太细，端部的机械强度太差，或所用导线直径太粗不易弯曲整形，都易使导线的绝缘层损伤，而造成匝间短路。

因匝间短路而损坏的电动机，可以明显地看到线圈端部有几匝或一组烧焦，这部分导线往往被烧成裸铜线，而短路部分以外的绕组都比较好，或略微烤焦。

444. 直线异步电动机接地故障是什么原因造成的？如何处理？

答：造成直线电动机接地故障的原因很多，主要是：

(1)下线不当造成导线损伤。在下线时，在铁心槽口处的线圈与端部转角处的线圈，由于伸出铁心太短，造成急转弯，使槽口导线的绝缘被压破。或是下线时为使线圈的端部不超过直线电动机的气隙面，而使劲将端部下压，造成槽底部分绝缘破损。也可能是在槽口导线绝缘没有封卷妥当，造成槽楔与导线直接接触，在槽楔受潮后，使绝缘电阻下降而造成接地。

(2)电动机长期在高温下工作，使槽绝缘老化发脆或者严重受潮，造成槽绝缘击穿。

(3)铁心冲片质量不高，造成冲片槽底参差不齐，导线下入槽中后，与槽底硅钢片相压，致使槽绝缘破损，绝缘损坏造成接地。

对于因下线质量造成接地的，在重换线圈时，必须注意原来的线圈尺寸是否过小，必要时可以略微增加一些尺寸，同时注意槽绝缘要有足够的长度及宽度。

对槽底不平整造成接地的，检修时一定要先修整槽底，使其平整，再嵌入新线圈。防止线圈下入后再次将槽绝缘和导线绝缘损坏。

因高温导致绝缘老化的，应选用耐高温的电磁线和槽绝缘材料。如果环境比较潮湿，可以采用环氧树脂将线圈进行密封，以防止潮气进入绕组。

445. 直线异步电动机运行中会出现哪些常见故障？如何分析处理？

答:直线异步电动机运行中常见故障分析和处理见表 8-4。

表 8-4 直线异步电动机运行中常见故障分析和处理

故障现象	可能原因	处理方法
直线电动机发热超过标准或冒烟	电压过低或过载，拖动的装置卡住或摩擦系数增加	(1)测量电压是否过低,如果是电源线太细,造成压降太大,可更换电源线 (2)用电流表测量电流,如过载可适当更换大推力的电动机 (3)机械上卡住或摩擦系数增加,排除机械故障,添加润滑油
	电压过高	(1)如电压超过标准很多,可与供电部门协商解决 (2)误将 Y 联结的电动机接成△联结,此时应立即停电、改接
	反复频繁起动	直线电动机一般为 40%负载持续率,不允许太频繁的起动
	初级绕组有小范围短路或初级绕组有接地	(1)直观检查是否有烧焦的部位,找出并分开短路处 (2)用万用表找出接地处,垫好绝缘,刷绝缘漆烘干
电动机不能起动	有某相线路不通造成单相运行	(1)开关至初级绕组的接头处接触不好 (2)电源线不通,有断线或假接,用万用表或试灯查出修复 (3)熔体烧断,换上
	电压过低	(1)电源线太细,线路压降大,应换用粗导线 (2)设法提高电源电压
	初级绕组断路	用万用表或试灯检查断路处,修复断路处
	初级绕组的内部接反或出线的首尾接反	检查初级绕组接线
	双边型直线电动机两边的极性没有对好	没有使 N 极始终对准 S 极,造成磁路增长,磁阻增大,推力下降,调整磁极位置,使任何时候 N 极与 S 极相对

续表 8-4

故障现象	可能原因	处理方法
电动机不能起动	初、次级没有对准	初级中心线没有对准次级的中心线，造成推力下降，调整机械尺寸，使初、次级中心线对准
	安装气隙比设计值大	检查气隙是否大于设计值，气隙增大，使电动机推力下降，若大于设计值需调整
	次级板的宽度小于设计值	检查次级板的宽度是否小于设计值，若小于设计值需改用符合设计值的次级板
	次级板的材料不对	非磁性直线电动机误用了磁性次级，铜次级的直线电动机用了铝次级导电板，若用错需更换
	电机吸住	铜次级电动机气隙过小或次级材料的刚度不够，产生变形吸住，适当调整气隙，增加初、次级材料的刚度
输入电压偏高	电源电压高	检查电源电压
	接线不对	检查接线，是否将串联误接成并联，造成电流增大，推力也增大，若接错需改正接线
	初级绕组的匝数比设计值少	重绕初级绕组，增加匝数
电动机带电	引出线或接线盒接头的绝缘损坏	检查出绝缘损坏处，套上绝缘套管或包上绝缘材料，刷漆烘干
	槽口两边绝缘损坏	找出绝缘损坏处后，垫上绝缘纸，再涂上绝缘漆，烘干
	槽内有铁屑等杂物未除尽，导线嵌入后绝缘损坏接地	拆开每个线圈接头，逐一找出接地的线圈，进行局部修理
	嵌线时将导线的绝缘损伤	逐一检查，找出接地的线圈，进行局部修理
绝缘电阻降低	电动机受潮或有水进入电动机绕组内	检查后，进行烘干处理
	绕组端部灰尘、污垢太多	清除灰尘、油污后，浸漆处理
	电动机绝缘老化	重新浸漆
	引出线处的绝缘老化或损坏	重新包扎引出线

446. 位置随动系统分为哪两类？其基本组成是怎样的？

答：根据位置随动系统位置环控制信号类型的不同，可分为模拟式位置随动系统和数字式位置随动系统两大类。模拟式位置随动系统的各种参量部是模拟量，其位置检测器可用电位器、自整角机、旋转变压器等。数字式位置随动系统的各种参量都是数字量，如数字相位、脉冲信号、数字编码等。

位置随动系统由位置检测器、电压比较器、可逆功率放大器、执行机构四部分组成。

447. 模拟式位置随动系统有哪几种基本类型？其基本组成和工作原理是怎样的？

答：模拟式位置随动系统按控制对象的不同，可以分为模拟角位移随动系统和模拟线位移随动系统。

雷达天线跟踪控制系统是典型的电位器式位置随动系统，其基本组成如图 8-37 所示。

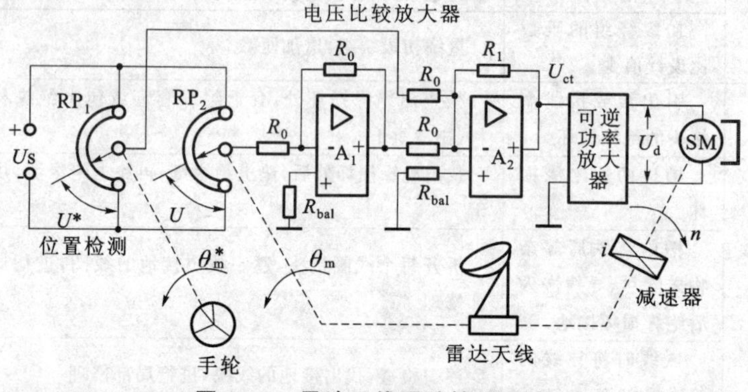

图 8-37　雷达天线跟踪控制系统

(1)位置检测器。由电位器 RP_1 和 RP_2 组成。其中：电位器 RP_1 的转轴与手轮相连，作为转角给定；电位器 RP_2 的转轴通过机械机构与负载部件相连接，作为转角反馈。两个电位器均由同一个直流电源 U_s 供电。位置检测器的作用是，将位置(角度)的变化转换成电量输出。

位置随动系统中，位置指令是经常变化的，是一个随机变量，要求输出量准确跟踪给定量的变化，输出响应要求快速、灵活、准确。

(2)电压比较放大器。由放大器 A_1、A_2 组成。其中：放大器 A_1 仅起倒相作用，A_2 则起电压比较和放大作用。其输出信号作为下一级功率放大器的控制信号，并具备鉴别电压极性(正反相位)的能力。

通常又将位置给定、位置反馈、位置比较三个环节称为位置环，它是位置随动系统的主要结构特征。

(3)可逆功率放大器。为了推动随动系统的执行电动机，只有电压放大是不够的，还必须有功率放大。功率放大器由晶闸管或大功率晶体管组成。由它输出一个足以驱动电动机 SM 的电压和电流。

(4)执行机构。系统中的雷达天线即为负载，直流伺服电动机 SM 作为带动负载运动的执行机构，电动机到负载之间通过减速器匹配。

由图 8-37 可以看出，当两个电位器 RP_1 和 RP_2 的转轴位置一样时，给定角 θ_m^* 与反馈角 θ_m 相等，所以角差 $\Delta\theta_m=\theta_m^*-\theta_m=0$。电位器输出电压 $U^*=U$，电压放大器的输出电压 $U_{ct}=0$，可逆功率放大器的输出电压 $U_d=0$，电动机的转速 $n=0$，系统处于静止状态。当转动手轮，使给定角 θ_m^* 增大时，$\Delta\theta_m>0$，则 $U^*>U$，$U_{ct}>0$，$U_d>0$，电动机转速 $n>0$。电动机经减速器带动雷达天线转动，雷达天线通过机械机构带动电位器 RP_2 的转轴转动，使 θ_m 也增大。只要 $\theta_m<\theta_m^*$，电动机就一直带动雷达天线朝着缩小偏差的方向运动。只有当给定角 θ_m^* 与反馈角 θ_m 在新的位置上再次相等 $\theta_m^*=\theta_m$ 时，角差 $\Delta\theta_m=0$，$U_{ct}=0$，$U_d=0$，系统才会停止运动而处在新的稳定状态。如果给定角 θ_m^* 减小，则系统运动方向将和上述情况相反。显而易见，这个系统完全能够实现被控制量 θ_m 准确跟踪给定量 θ_m^* 的要求。

448. 数字式随动系统有哪三种基本类型？工作原理是怎样的？

答：数字式随动系统有数字式相位控制随动系统、数字式脉冲控制随动系统和数字式编码控制随动系统三种基本类型。下面分述其各类随动系统的基本组成和工作原理。

(1)数字式相位控制随动系统。图 8-38 所示是数控机床上广泛采用的一种随动系统，实质上是一个相位闭环(又称锁相环)的反馈控制系统。位置环由数字相位给定、数字相位反馈和数字相位比较三个部分组成。数字给定装置的任务是将数字指令变换成脉冲的个数，然后再经脉冲相位数模变换（D/A），即一个指令脉冲的出现将使其输出方波电压的给定相位 φ^* 前移或后移一个脉冲当量，这个脉冲当量可以做得很小，以保证系统有很高的给定精度。位置检测部件产生相位反馈，其功能是将工作台的机械位移转换成与给定方波同频率的方波电压的相位移 φ，用感应同步器来实现这样的位移相位交换，其误差可达 ±0.001mm。其相位能精确反映机械的实际位置。鉴相器的主要功能是进行给定相位 φ^* 和反馈相位 φ 的比较，将它们的偏差量 $\Delta\varphi=\varphi^*-\varphi$ 转变成模拟量电压，此模拟量电压的极性应能反映相位差的极性。鉴相器的输出经变换处理后作为速度控制器的给定，经过功率放大，控制电动机和机床工作台向消除偏差的方向移动，因而使 φ 不断地跟踪 φ^*，使工作台精确地按指令要求运动。鉴相器也可以做成数字式的。这样，系统的精度和分辨率可以达到更高的水平。

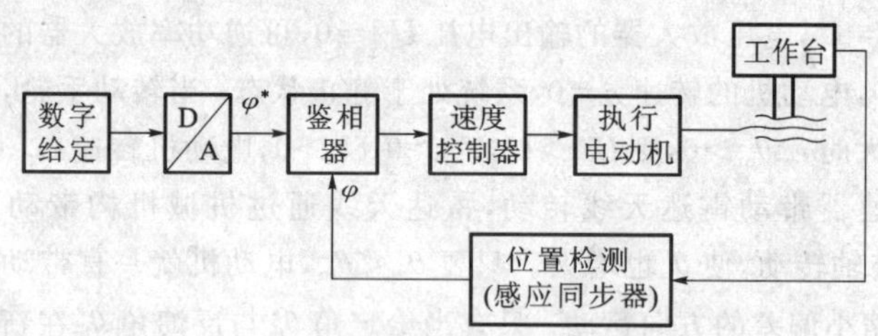

图 8-38　数字式相位控制随动系统工作原理框图

（2）数字式脉冲控制随动系统。工作原理如图 8-39 所示。在数字式脉冲控制随动系统中，数字给定信号是指令脉冲数 D^*，作为位置检测用的光栅则发出位置反馈脉冲数 D，进入可逆计数器的加法端和减法端。经运算后得到脉冲的误差量 $\Delta D=D^*-D+D_0$，其中 D_0 是为了克服后级模拟放大器零漂影响而在计数器中预置的常数值。此误差信号经数模转换后，作为速度控制器的给定信号，再经功率放大，便使电动机向消除偏差的方向运动。数字光栅的精度很高，能获得很高的控制精度。

（3）数字式编码控制随动系统。在图 8-40 中，给定信号往往是二进制数字码信号。检测元件一般是光电编码盘或其他数字反馈发送器。借

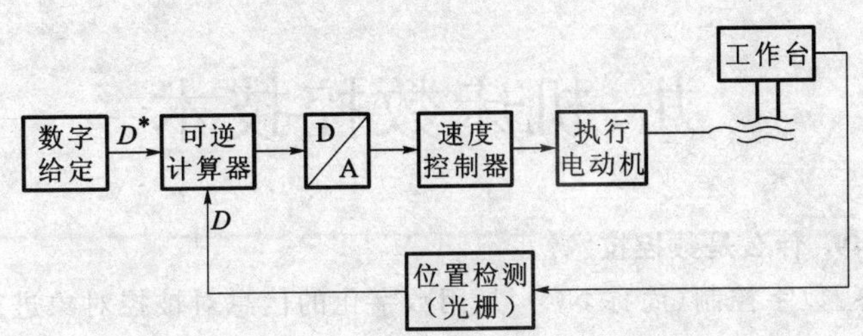

图 8-39　数字式脉冲控制随动系统工作原理框图

助于转换电路得到二进制码信号，可构成“角度-数码”转换器或“线位移-数码”转换器。它的输出信号与数码信号同时送入计算机进行比较并确定误差，按比例积分微分控制器（PID）运算，转换成数字形式的校正信号，再经数模转换变成电压信号，作为速度控制器的给定。采用计算机控制时，系统的控制规律通过软件来改变，增强了控制的灵活性。

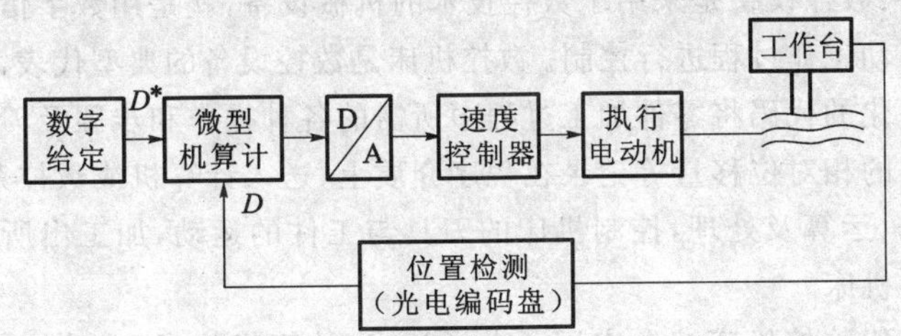

图 8-40　数字式编码控制随动系统工作原理框图

不管是模拟式还是数字式的随动系统，其闭环结构都可以有不同的形式。大多采用位置、速度、电流三环系统，还可采用其他方案，如仅有位置环、速度环，而无电流环；或仅有位置环、电流环，而无速度环；或仅有一个位置环。不同方案各有自己特定的应用场合。

九、机床数控技术

449. 什么是数控技术？

答：数字控制（简称 NC），是用数字化的信息对被控对象进行控制的一门控制技术。数字控制是相对于模拟控制而言的，数字控制系统中的控制信息是数字量，而模拟控制系统中的控制信息是模拟量。早期的数控系统是由数字逻辑电路构成的所谓“硬件数控系统”，现在已被淘汰。随着微型计算机技术的发展，现代数控系统大多是小型计算机数控系统（简称 CNC 系统）和微处理机数控系统（简称 MNC 系统）。

450. 什么是数控设备和数控机床？

答：数控设备是采用了数控技术的机械设备，就是用数字信号对该设备自动工作过程进行控制。数控机床是数控设备的典型代表，它是指用数字化的代码将零件加工过程中所需的各种操作和步骤及刀具与工件之间的相对位移量等记录在程序介质上，送入计算机或数控系统，经过译码、运算及处理，控制机床的刀具与工件的运动，加工出所需工件的一类机床。

现代数控机床综合应用了电子技术、计算机技术、自动控制技术、精密检测技术、伺服驱动技术、机械设计与制造技术等多方面的最新成果，是一种典型的机电一体化产品。

数控机床具有通用性、灵活性、自动化程度高、劳动强度低、成品加工精度高、一致性好、易于生产管理等特点。

数控机床与普通机床性能对比见表 9-1。

表 9-1　数控机床与普通机床性能对比

数 控 机 床	普 通 机 床
易于加工异型复杂零件	加工异型复杂零件困难，甚至不可能
易于保证加工精度，特别是形位精度	保证高加工精度困难（坐标镗床等除外）

续表 9-1

数控机床	普通机床
可实现软件精度补偿和优化控制	不能实现软件精度补偿和优化控制
加工质量一致性好	加工质量一致性差
改变加工对象容易	除不需专用工装的万能机床外,其他机床较难
加工效率高	除专用机床外,其他机床效率较低
工件加工周期短	加工周期较长
可实现多机床看管	基本上一人看管一台机床
初始投资大	初始投资小
对工人文化知识水平要求高,对技能也有要求	对工人技能要求高
对生产计划、生产准备、生产调度要求高	对生产计划、生产准备、生产调度要求较低

451. 数控机床的发展概况如何?

答:1952年美国帕森斯公司(Parsons Co)试制成功世界上第一台数控机床试验性样机。50余年来,数控机床经历了电子管、晶体管、小规模集成电路、大规模和超大规模集成电路,以及用小型、超小型、微型计算机控制的数控机床等几个发展阶段。我国从1958年开始进行数控机床的研制生产。1980年起,先后从日本FANUC公司、美国GE公司、德国西门子公司等引进数控系统、直流伺服电动机系统、交流伺服电动机系统等的制造技术,并与有关国家进行技术交流、合作,使数控系统的稳定性和可靠性得到了提高,并自行研制开发了许多新品种和新系统。

数控机床的发展方向是:高性能(如高速、大容量、高生产率等)、高精度、高可靠性;增加与增强使用功能;简化产品结构、改善操作性能、节约能源材料、减轻劳动强度;增大生产柔性(并以它为基础,组成柔性制造单元FMC、柔性制造系统FMS、计算机集成制造系统FA);缩短生产周期和生产准备周期;进一步智能化、小型化、综合自动化、无人化。

452. 数控机床由哪几部分组成？

答：数控机床通常由四个基本部分组成，即控制介质、数控装置、伺服系统和机床本体，如图 9-1 所示。图中实线所示的系统叫做开环控制系统。在开环控制系统的基础上，再加上图中虚线所示的测量装置，即构成了闭环控制系统。

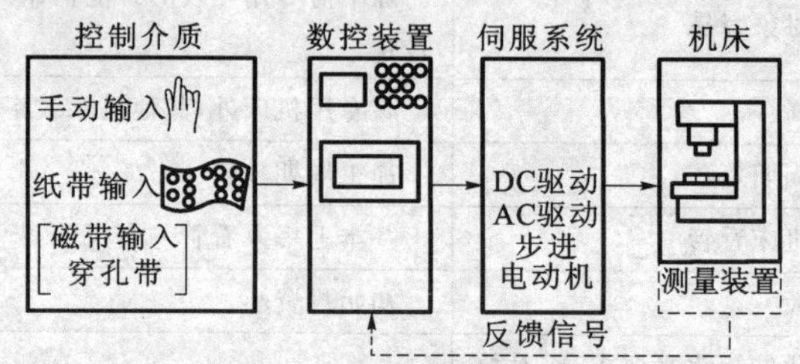

图 9-1　数控机床的组成

453. 什么是控制介质？数控机床常用的控制介质有哪些？

答：为实现数控机床的自动控制，必须由操作人员在零件图样和数控装置之间，通过某种介质（或界面）建立起一定的联系，这种媒介质即为控制介质（也可称为人机界面）。数控机床常用的控制介质是穿孔纸带、磁带、软磁盘。具体采用何种类型的控制介质，取决于所用数控装置的类型及输入部分的结构。人机介面通过钻盘和显示器，将介面上储存的程序输入数控装置，通过试加工确认程序正确，再存入控制介质，以备加工时使用。

最常用的穿孔纸带为八单位标准纸带，其尺寸和规格如图 9-2 所示。纸带宽为 25.4mm，厚为 0.18mm。每行必须有一个 ϕ1.17mm 的中导孔和最多有八个 ϕ1.33mm 的信号孔。中导孔是用来传递纸带的，同时也使各信号孔产生的信号保持同步，故又称“同步孔”。在每列的八个孔位上，由不同的孔数和孔位组合成为代码，而

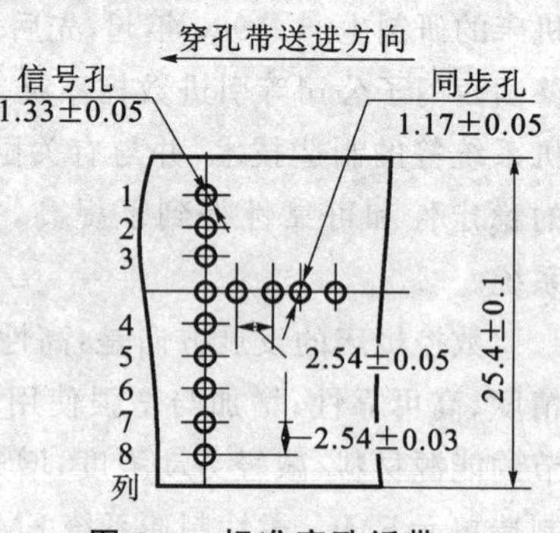

图 9-2　标准穿孔纸带

代码则对应一定的数字和文字符号。

在我国,某些简易数控机床(例如数控线切割机床)有时也用特殊的五单位穿孔纸带。

454. 什么叫代码?什么叫编码?国际上通用的标准代码有哪两种?

答:穿孔纸带通过数控装置本身配置的光电输入机,把按照一定规格编好的程序输入到数控装置里。数控装置通过译码就明白了零件的图形尺寸和技术要求。

在纸带传递过程中,纸带上有孔的部位,光电输入机的光信号能够传过纸带,就表示为二进制数码的“**1**”,反之,无孔部就表示为二进制数码的“**0**”,这样每一行信号孔的状态就组成了一排五位的(对于五单位的纸带)或八位的(对于八单位的纸带)的二进制数。这些二进制数代表了每行信号孔的状态,称为穿孔纸带的“代码”。

按照一定的方式事先规定代码所代表的含义就叫做编码。生产厂家可以根据本厂数控装置的具体情况自行编制,但一般都采用国际上通用的标准代码编码。目前,国际上通用的标准代码有两种:一种叫EIA(美国电子工业协会)标准代码;另一种叫ISO(国际标准化组织)标准代码。两种代码的含义分别见表9-2和表9-3。我国规定采用ISO代码。有些数控机床的数控装置附有切换电路,两种代码都能使用。

代码是数控装置的语言,采用通用的编码方式,可使各种数控装置用同一种代码编制程序,利于数控技术的普及和推广。

表 9-2 数控机床用 EIA 编码表

代码孔									代码符号	含义
8	7	6	5	4		3	2	1		
		○			。				0	数字 0
					。			○	1	数字 1
					。		○		2	数字 2
			○		。		○	○	3	数字 3
					。	○			4	数字 4
			○		。	○		○	5	数字 5

续表 9-2

代码孔									代码符号	含　义
8	7	6	5	4		3	2	1		
			○		。	○	○		6	数字 6
					。	○	○	○	7	数字 7
				○	。				8	数字 8
			○	○	。			○	9	数字 9
	○	○			。			○	A	绕着 x 轴的转角
	○	○			。		○		B	绕着 y 轴的转角
	○	○	○		。		○	○	C	绕着 z 轴的转角
	○	○			。	○			D	第三进给速度机能
	○	○	○		。	○		○	E	第二进给速度机能
	○	○	○		。	○	○		F	进给速度机能
	○	○			。	○	○	○	G	准备机能
	○	○		○	。				H	输入(或引入)
	○	○	○	○	。			○	I	不用
	○		○		。			○	J	没有被指定
	○		○		。		○		K	没有被指定
	○				。		○	○	L	不用
	○		○		。	○			M	辅助机能
	○				。	○		○	N	序号
	○				。	○	○		O	不用
	○		○		。	○	○	○	P	平行于 x 轴的第三坐标
	○		○	○	。				Q	平行于 y 轴的第三坐标
	○			○	。			○	R	平行于 z 轴的第三坐标
		○	○		。		○		S	主轴速度机能
		○			。		○	○	T	刀具机能
		○	○		。	○			U	平行于 x 轴的第二坐标

续表 9-2

代码孔									代码符号	含义
8	7	6	5	4		3	2	1		
		○			。	○		○	V	平行于 y 轴的第二坐标
		○			。	○	○		W	平行于 z 轴的第二坐标
		○	○		。	○	○	○	X	x 轴方向的主运动坐标
		○	○	○	。				Y	y 轴方向的主运动坐标
		○		○	。			○	Z	z 轴方向的主运动坐标
	○	○		○	。		○	○	.	小数点(句号)
	○	○	○		。				+	加
	○				。				—	减
	○			○	。	○			·	乘
		○	○		。			○	/	省略/除
		○	○	○	。		○	○	,	逗号
			○		。	○	○		=	等号
		○		○	。	○			(	括号开
	○	○	○	○	。				)	括号闭
	○		○	○	。		○	○	$	单元符号
		○	○		。			○	:	选择(或计划)倒带停止
				○	。		○	○	STOP(ER)	纸带倒带停止
		○	○	○	。	○	○		TAB	制表(或分隔符号)
○					。				OR	程序段结束
	○	○	○	○	。	○	○	○	DEDETE	注销
			○		。				SPACE	空格

表 9-3　数控机床用 ISO 编码表

代码孔									代码符号	含义
8	7	6	5	4		3	2	1		
		○	○		。				0	数字 0
○		○	○		。			○	1	数字 1
○		○	○		。		○		2	数字 2
		○	○		。		○	○	3	数字 3
○		○	○		。	○			4	数字 4
		○	○		。	○		○	5	数字 5
		○	○		。	○	○		6	数字 6
○		○	○		。	○	○	○	7	数字 7
○		○	○	○	。				8	数字 8
		○	○	○	。			○	9	数字 9
	○				。			○	A	绕着 x 坐标的角度
	○				。		○		B	绕着 y 坐标的角度
○	○				。		○	○	C	绕着 z 坐标的角度
	○				。	○			D	特殊坐标的角度尺寸;或第三进给速度功能
○	○				。	○		○	E	特殊坐标的角度尺寸;或第二进给速度功能
○	○				。	○	○		F	进给速度功能
	○				。	○	○	○	G	准备功能
	○			○	。				H	永不指定(可做特殊用途)
○	○			○	。			○	I	沿 x 坐标圆弧起点对圆心值
○	○			○	。		○		J	沿 y 坐标圆弧起点对圆心值
	○			○	。		○	○	K	沿 z 坐标圆弧起点对圆心值
○	○			○	。	○			L	永不指定
	○			○	。	○		○	M	辅助功能

续表 9-3

代码孔									代码符号	含义
8	7	6	5	4		3	2	1		
	○			○	。	○	○		N	序号
○	○			○	。	○	○	○	O	不同
	○		○		。				P	平行于 x 坐标的第三坐标
○	○		○		。			○	Q	平行于 y 坐标的第三坐标
○	○		○		。		○		R	平行于 z 坐标的第三坐标
	○		○		。		○	○	S	主轴速度功能
○	○		○		。	○			T	刀具功能
	○		○		。	○		○	U	平行于 x 坐标的第二坐标
	○		○		。	○	○		V	平行于 y 坐标的第二坐标
○	○		○		。	○	○	○	W	平行于 z 坐标的第二坐标
○	○		○	○	。				X	x 坐标方向的主运动
	○		○	○	。			○	Y	y 坐标方向的主运动
	○		○	○	。		○		Z	z 坐标方向的主运动
		○		○	。	○	○		·	小数点(句号)
		○		○	。		○	○	+	加/正
		○		○	。	○		○	—	减/负
○		○		○	。		○		*	星号/乘号
○		○		○	。	○	○	○	/	跳过任选程序段(省略)/除
○		○		○	。	○			,	逗点
○		○	○	○	。	○		○	=	等号
		○		○	。				(	左圆括号/控制暂停
○		○		○	。			○	)	右圆括号/控制恢复
			○		。	○			$	单元符号
		○	○	○	。		○		:	对准功能/选择(或计划)倒带停止

续表 9-3

代码孔									代码符号	含义
8	7	6	5	4		3	2	1		
				○	。		○		NL or LF	程序段结束,新行或换行
○		○			。	○		○	%	程序开始
				○	。			○	HT	制表(或分隔符号)
○				○	。	○		○	CR	滑座返回(仅对打印机适用)
○	○	○	○	○	。	○	○	○	DEL	注销
○		○			。				SP	空格
○				○	。				BS	反绕(退格)
					。				NUL	空白纸带
○			○	○	。			○	EM	载体终了

455. 什么是数控装置?

答:数控装置是数控机床的中枢。它的作用是接受光电阅读机送来的信息,进行运算并转换为一系列的控制信号与数据,再送到伺服驱动机构,用以操纵机床的运动。数控装置一般由输入装置、控制器、运算器、输出装置和接口电路组成。

输入装置和阅读机相连,把阅读机送来的穿孔带代码加以识别,并转换成控制信号和数据,送到寄存器或存储器储存,作为控制和运算的依据。

控制器主要是按代码信息去控制运算器、输出装置等,使机床按规定的要求协调地进行工作。

运算器接受控制器的命令对所输入的数据进行运算,并按控制器的控制信号向输出装置发出进给脉冲。

输出装置根据控制器的命令接受运算器的输出脉冲,经过功率放大后驱动伺服系统,使机床按规定要求运行。

456. 数控机床的伺服系统是怎样组成的？数控机床对伺服系统有哪些要求？

答：伺服系统的作用是，把来自控制装置的脉冲信号转换为机床移动部件的运动，以加工出符合图样要求的零件。伺服系统包括伺服控制电路、功率放大电路、伺服电动机、机械传动机构和执行机构等。

伺服系统是数控机床的重要组成部分，数控机床对伺服系统的要求严格，主要有以下几方面：

(1)可逆运行。即要求能够灵活地正反向运行。在变化方向时，不应有反向间隙和运动的损失，并能实现能量的可逆转换。

(2)速度范围宽。数控机床要求进给速度能在很宽的范围内变化，而且是无级变化。通常进给范围为1～15000mm/min。在最低速时电动机应能平稳运行，并能输出额定转矩。

(3)具有足够的传动刚性，速度稳定性高。要求伺服系统具有优良的静态与动态负载特性。通常要求在承受额定力矩的变化时，静态速降应小于5%，动态速降应小于10%。

(4)快速响应，无超调。这是伺服系统的动态性能，对此有两方面要求：

①为了提高生产率和保证加工质量，要求加、减速度足够大，以便缩短过渡过程时间。一般电动机从0变到最高速，或从最高速降至0，时间为200ms以下。此外，速度变化不应有超调，否则对机械部件不利，有害于加工质量。

②当负载突变时，要求速度的恢复时间短，且无振荡，这样才能得到光滑的加工表面。

(5)高精度。这就要求定位准确，定位误差特别是重复定位误差小；跟随精度高，这是动态性能指标之一，用跟随误差表示。

(6)系统的分辨率。取决于系统稳定工作性能和使用的位置检测元件。目前的闭环伺服系统都能达到1μm的分辨率。数控测量机的分辨率可达0.1μm，高精度数控机床也可达0.1μm的分辨率。

457. 数控机床伺服系统有哪些类型？各有哪些优缺点？

答：伺服系统的主要类别和优缺点见表9-4。

表 9-4 伺服系统的主要类别和优缺点

名　称	研制时间	优　点	缺　点	应用情况
步进电动机系统	20 世纪 50 年代	电动机容易制造，驱动系统简单，价格便宜	受驱动电源限制，功率不能太大，进给速度不会太高，低速精度差，出错无法检查	20 世纪 80 年代后很少应用
步进电动机＋液压放大器	20 世纪 60 年代	可增加步进电动机开环伺服系统的功率	液压泵噪声大，有漏油污染，效率低，速度不太高，精度也不太高	20 世纪 80 年代后很少应用
直流伺服电动机系统	1969 年	调速范围大于 1∶20000，效率高，耗电少，精度好，速度高，过载能力大，噪声小	电动机尺寸大，需维修电刷，伺服驱动系统比步进电动机系统复杂	目前广泛应用
交流伺服电动机系统	1983 年左右实用化	电动机无电刷磨损和换向火花，维护简单，可靠性高，高速性能更好	伺服控制系统复杂，并受大功率晶体管制约，目前功率不太大，价格稍贵	开始应用，很有前途

458. 数控机床对机床本体有什么要求？

答：数控机床与一般机床在结构上是有原则区别的。通过多年的实践证明，用普通机床改造的数控机床，存在着一系列严重的弱点。例如机床刚度不足，传动中相对运动面间摩擦系数过大，传动间隙过大，不适应自动化加工的特殊要求等。采用数控技术后，对机床结构的技术性能的要求将更高，这是因为，数控机床操作过程的自动化，对加工精度的要求皆需机床本身予以保证。所以，数控机床在各方面都要比普通机床设计得更完善，制造得更精密。

459. 微处理机数控系统（MNC）与 NC 数控系统相比有哪些优点？

答：微处理机数控系统与 NC 数控系统相比主要优点是：

(1)硬件结构简单、控制功能强。由于微处理机具有相当丰富的算术逻辑运算指令，以及状态判别和存储器操作指令，用它们编制的各种程序可以取代NC系统中内部运算的专用逻辑电路，而且由于微处理机系统中拥有大量存储器，从而大大提高了系统对各种输入、输出信息的处理能力。另外微处理机数控系统还有自诊断功能、图像显示功能、人机对话功能、固定循环功能等，这些功能是NC数控系统很难实现的。

(2)可靠性高。NC系统一般输入程序由纸带边送边读入，每次加工零件都离不开纸带，输入的程序容易出错。微处理机数控系统加工程序常常是一次送入控制器的存储器内，避免了由于读入不可靠而产生的输入错误。而且由于硬件装置采用了大规模集成电路，使整个装置元件数量大为减少，可靠性也大大提高。NC系统平均出故障的间隔时间为100多小时，MNC系统达数万小时。

(3)灵活性好。对于NC数控系统，一旦提供了某些控制功能就不能改变，除非改变相应的硬件电路，这样从逻辑设计到印制电路板排版等需要的周期相当长。而微处理机数控系统如要增加某些控制功能，只要修改相应的控制软件程序或修改某个参数即可。

(4)维修及加工使用方便。微处理机数控系统具有完整的诊断程序和报警显示等功能，不必像NC系统那样一定要用仪器测量某个元件的问题。一般系统通过显示就能指出故障发生在什么地方，或者根据维修手册提供的诊断信号和报警信号查找有关故障，这样大大缩短了维修的时间。另外微处理机系统还具有各种铣、镗、钻、攻丝等固定循环和人机对话的功能，简化了编程手段，给加工带来不少方便。

460. 机床的数控系统按运动轨迹可分为哪几类？各有什么特点？

答：按运动轨迹，机床的数控系统可分为：

(1)点位数控系统。指刀具相对于工件从一点运动到另一点，只保证两点之间距离的准确定位，而不考虑其运动的路径如何。在运动过程中不加工，等到运动结束并在定位完成后才开始加工。为了提高加工效率并保证定位精度，刀具运动过程中一般采用快速。这样的机床有：数控冲床、数控镗床、数控钻床、数控铆接机、数控测量机等。

(2)直线数控系统。指刀具相对于工件从一点运动到另一点，不仅要保证准确定位，还要保证被控制的两点之间机床运动的轨迹是一条直线，而且在走直线的过程中往往要进行切削加工。由于要进行切削就要求能控制各轴的进给速度，遇到空程(非加工段)还需将进给速度转换成为快速前进以便提高生产率。同时要具有刀具选择、刀具补偿和主轴转速变换等辅助功能，因此，比点位控制的数控系统要复杂。

在这种数控系统中通常只允许单轨运动，即所有加工路线都是由和各轴平行的直线段组成(但有些直线控制的机床还可以获得和 X 轴或 Y 轴成 45°的直线)。属于这类控制系统的有部分数控车床、数控磨床、自动换刀的数控镗铣床(又叫加工中心)等。

(3)轮廓数控系统。又称连续数控系统。这类系统的特点是能同时对两个以上坐标方向的位移和速度进行严格的连续控制。换句话说，它能控制刀具对工件做曲线形状或曲面形状的相对运动，因而能实现对复杂形状表面的工件进行轮廓加工。

在数控机床中，能同时对两个坐标方向的位移和速度进行连续控制的，称为两轴联动。相应的机床称为两坐标数控机床。如果能同时控制三个(或四个)坐标方向的运动，就称之为三轴(或四轴)联动，相应的机床就称为三坐标或四坐标数控机床。

在轮廓数控系统中，为了保证刀具与工件表面的相对运动轨迹符合工件表面曲线形状的要求，系统应具有一种计算装置以便在加工过程中不断地跟踪计算，并且根据运算结果向相应的坐标轴发出进给脉冲，从而达到控制刀具按照控制要求进行曲线切削加工。

轮廓数控系统和前两种数控系统的主要区别在于，前者具有插补运算能力，而点位和直线控制系统基本上没有这种能力或只具有较简单的空间直线插补能力。

属于轮廓数控系统的机床有数控线切割机床、数控车床、数控铣床、数控齿轮加工机床、数控加工中心等。

461. 机床的数控系统按伺服机构的控制原理可分为哪几类？各有什么特点？

答：按伺服机构的控制原理，数控系统可分为：

(1)开环式数控系统。没有现场检测反馈装置，只是根据程序要求实施控制，而不考虑现场实际尺寸的情况。这样的系统采用步进电动机

(又叫脉冲电动机)、功率步进电动机和电液脉冲电动机。它们属于步进式伺服装置,其中步进电动机适用于驱动力矩较小的机床,而功率步进电动机和电液脉冲电动机则适用于驱动力矩较大的机床。这种步进式伺服装置的工作特点是:计算机每送一个电脉冲给它,它就旋转一个固定的角度(叫做“步距”),然后通过丝杠带动工作台移动一个固定的距离,即一个脉冲当量。

在采用这样伺服机构的数控系统中,数控装置每发一个脉冲就认为工作台(或刀架)移动了一个脉冲当量的距离,至于工作台(刀架)是否真正、准确地移动了数控装置给定的距离是不进行测量的。因此,这种系统的加工精度基本上取决于步进式伺服机构、丝杠和齿轮等传动机构的精度。

(2)闭环式数控系统。该系统采用连续工作方式的伺服装置。例如:直流功率伺服电动机、交流功率伺服电动机。采用这种连续工作方式伺服机构的数控机床,其控制精度由检测装置和反馈系统来保证。在工作台(或刀架)上安装一个位移检测装置(常用的是光栅尺或脉冲编码器),通过它把工作台位移量测量出来,并转换成电信号反馈给数控装置,在数控装置中将实际测量出来的工作台或刀架的位移量与程序所要求位移量进行比较,得出的差值再去控制伺服装置。如果实际位移量还没有达到程序所要求的数值,则数控装置继续发令给伺服装置继续驱动工作台移动直至与程序要求的距离相等为止。

采用这种伺服装置的系统中,由于引入了位移量检测反馈装置,使整个系统在输入端与输出端之间形成了闭合的反馈环路,因此,这种系统称为闭环数控系统。

闭环数控系统的优点是,根据位移量检测元件的精度可使整个系统的加工精度很高;缺点是线路复杂,调试维修技术要求高,成本也较高。通常对大型和高精度的数控机床都采用闭环系统。

(3)半闭环式数控系统。当位置检测装置不是直接反映机床的位移量,而是检测伺服机构的转角或脉冲数,再将这些信号反馈到数控装置的比较器进行差值控制时,称为半闭环控制。应用最多的为用旋转变压器和脉冲编码器等位置检测元件构成的半闭环控制系统,是介于开环和闭环之间的控制系统。

462. 机床的数控系统按插补运算方式可分为哪几类？各有什么特点？

答：数控系统中采用的插补运算方式有以下三种：

(1)脉冲数字乘法插补器。此种插补器结构最简单，只具有空间直线插补能力。

(2)逐点比较法插补器。此种插补器具有斜线插补和圆弧插补功能，在两轴联动的轮廓数控系统中，这种方法用得最多。

(3)数字积分法插补器。此种插补器结构较复杂，但逻辑能力强，具有各种复杂曲线(如二次曲线、三次曲线)的插补能力，也可以作为空间直线插补器。在做直线插补时进给脉冲的分步比脉冲数字乘法插补器均匀。在多坐标联动的大型数控机床中常采用这种插补技术。

463. 机床的数控系统按功能和档次可分为哪几类？各有什么特点？

答：按功能和档次，数控系统可分为：

(1)经济型数控系统。一般是以8/16位CPU为核心组成的单板机开环控制系统。控制机床移动速度为7m/min以下，系统采用步进电动机驱动。

经济型数控系统主要用于加工轴类、盘类和各种螺纹零件。

(2)普及型数控系统。一般是以16/32位CPU为核心组成的闭环(或半闭环)的数控系统。控制机床移动速度为15m/min以下，采用直流或交流伺服电动机驱动。

普及型数控系统除具有经济型数控系统的功能外，还具备加工简单的空间曲线零件的功能。

(3)高档数控系统。是以32位CPU为核心组成的全闭环数控系统。

高档数控系统除具备上述加工功能外，还可以加工任意空间曲面和球体零件。

(4)高精度数控系统。其功能与高档数控系统相同。主要用于加工高精度的空间曲面零件。

464. 机床数控系统的工作过程是怎样的？

答：图 9-3 所示为数控系统的工作原理图，图中的点划线框内是数控装置的核心——计算机。

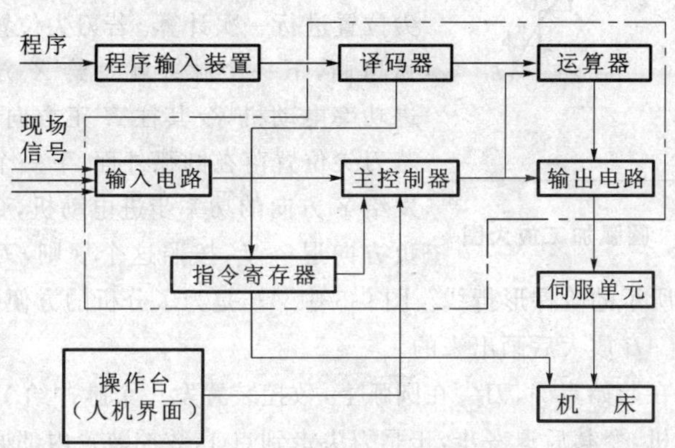

图 9-3　数控系统工作原理图

在操作台上按下起动按钮后，输入控制器发出命令，首先使光电输入机工作，于是纸带就从输入机中自动走过。通过输入机的光电转换电路把纸带上以穿孔形式表示的代码转换成电信号代码，然后通过译码器进行译码，如果译出的码代表数字——数字码，就被送到运算器；如果译出的代码表示文字符号即某种指令——指令码，就被送到指令寄存器和主控制器。主控制器就是数控装置的大脑，它指挥着有节奏地运算进行数据的处理，根据运算结果和指令寄存器中存放的加工指令，随时对输出进行控制，从而达到控制进给坐标、进给方向和进给速度的目的。主控制器还通过输入控制电路控制光电输入机的起停。

下面通过数控车床加工一段圆弧的例子，了解数控装置是如何对加工过程进行控制的。所要加工的圆弧面如图 9-4 中的 AB 所示。

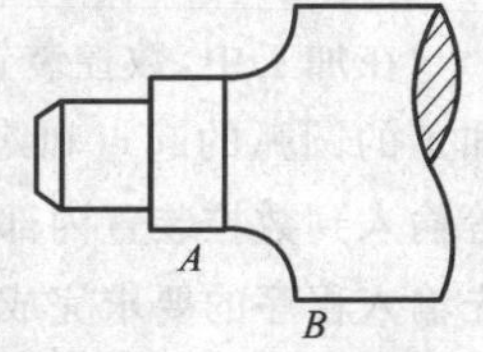

图 9-4　工件圆弧

现规定车入走刀方向为 X 方向，进刀方向为 Y 方向，试用一只功率步进电动机（或电液步进电动机）驱动纵向丝杠以带动刀架沿 X 方向走刀；再用一只功率电动机驱动横向丝杠以带动刀架沿 Y 方向进刀。

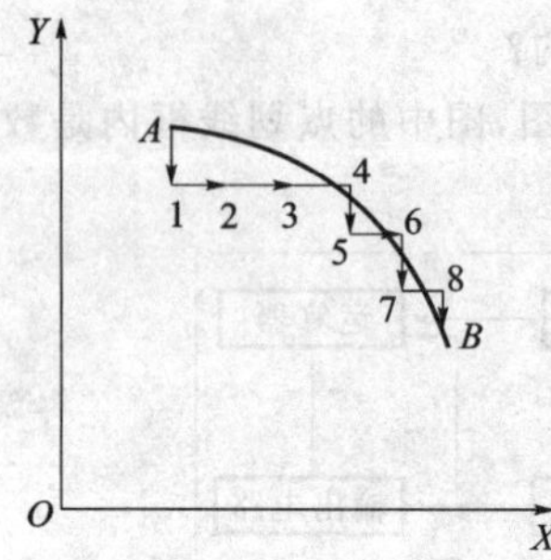

图 9-5　圆弧加工放大图

在加工过程中，数控装置每发一个脉冲，功率步进电动机就转一定的角度，使刀架移动一步。与此同时，数据装置对刀尖位置进行一次计算。若刀尖位置落在圆弧里面，下一个脉冲就发给 X 方向的步进功率电动机，令其往 X 正方向走一步；若刀尖位置落在圆弧外面，下一个脉冲就发给 Y 方向的功率步进电动机，令其往 Y 负方向退一步，按照这个规则，刀尖将走出图 9-5 所示的阶梯形折线。图 9-5 中 AB 是为了分析的方便把图 9-4 中的圆弧 AB 放大后画出来的。

例如在起始点 A，刀尖在圆弧上，数控装置发一个脉冲给 Y 向步进功率电动机，令其后退一步，于是刀尖走到点 1，数控装置内部通过计算得知此刻刀尖位置在圆弧内，于是发出一个脉冲给 X 方向步进功率电动机，令其前进一步，刀尖到达 2 点。数控装置内部又通过计算得知刀尖仍在圆弧内，就又发一个脉冲给 X 向步进功率电动机，令其再前进一步……连续走了 3、4 步，此时刀尖到达点 4。通过数控装置的计算，发现此刻刀尖已落到圆弧的外面，此时数控装置发出一个脉冲给 Y 向步进功率电动机，令其退一步使刀尖到达点 5……如此继续在数控装置的控制下使刀尖一直位移至 B 点为止。不难看出刀尖位移的实际轨迹是阶梯折线，但是由于脉冲当量足够(在最简易的数控机床中脉冲当量也不过 0.01mm/脉冲)所以加工出来的这段折线很近似 AB，其误差不会超过数控系统的一个脉冲当量。

在加工中，数控装置对刀尖位置的跟踪计算是很方便的。只要把要加工的圆弧的起点和终点的坐标，圆弧所在象限及走向等数据和指令等输入到数控装置内部。数控装置的主控制器就会对其内部部件，按预先输入程序的要求完成加工。

465. 数控机床位置检测装置有哪几种测量方式？对位置检测装置有哪些要求？

答：根据工作条件和测量要求的不同，数控机床常用以下几种测量方式：

(1)直接测量和间接测量。直接测量是指用检测装置所测量的对象就是被测量本身的测量方式，即用直线式检测装置（如感应同步器、磁栅、光栅）测量直线位移；或用旋转式测量装置（如码盘、旋转变压器）测量角位移等。若用检测装置所测量的对象只是中间值，由它再推算出与之相关联的被测量，这种测量方式为间接测量，如用旋转式检测装置来间接测量直线位移。

(2)绝对式测量和增量式测量。在绝对式测量中，任一被测点的位置都是从一个固定的零点（即坐标原点）算起，每一被测点都有一个相应的对原点的测量值。而在增量式测量中，则有多个测量基准，只测相对位移量，由于任何一个对中点都可以作为测量起点，因而检测装置比较简单。

(3)数字式测量和模拟式测量。数字式测量是将被测量以数字形式表示，其得到的测量信号一般是电脉冲形式，计数后得到的脉冲个数以数字形式表示测量结果。典型的数字式检测装置有光栅位移测量装置。模拟式测量是将被测量用连续的变量（如电压幅值变化，相位变化）来表示。在数控机床中，模拟式测量主要用于小量程的测量。

位置检测装置是数控机床的关键部件之一，它对于提高数控机床的加工精度有决定性的影响。数控机床对位置检测装置的要求主要有：满足速度和精度的要求；具有高可靠性和高抗干扰能力，适合机床运行环境；使用维护方便，成本低。

数控机床中常用的检测装置有感应同步器、磁栅、光栅、码盘和旋转变压器等。

466. 什么是感应同步器？有哪两种结构形式？

答：感应同步器是一种高精度位移传感器。它有两种具体结构：一种用来测量角位移，称为圆形感应同步器；另一种用来测量直线位移，称为直线式感应同步器。前者的典型应用是转台角度的数字显示和精确定位；后者则常常安装在具有平移运动的机床上，用来测量刀架的位移并构成位置负反馈全闭环随动系统。

467. 感应同步器有什么特点?

答:感应同步器具有精度高、受环境温度影响小、使用寿命长、维护简便、成本低,并可按需要拼接成各种测量长度等特点。由于感应同步器采用激光刻制工艺精制而成,直线式的位移检测精度高达 1μm,分辨率可达 0.2μm,圆形的测角精度在 0.5″～1.2″之间。且感应同步器测量位移时无需其他机械传动装置,其测量精度主要取决于自身的精度。因此,在数控机床中得到广泛应用。

468. 直线式感应同步器的结构和工作原理是怎样的?

答:直线式感应同步器由定尺和滑尺两部分组成,定尺安装在机床床身或其他固定部件上,滑尺安装在机床的工作台或其他运动部件上,两者必须面对面地平行安装,其间只允许有很小的气隙[(0.25±0.05)mm],可做无接触相对移动。定尺上用制作印制电路的方法刻有一套长绕组;滑尺上则刻有两套平面正交的短绕组,分别在空间上错开 1/4 节距(即 90°电角度)的正弦绕组和余弦绕组。

当给滑尺上某一励磁绕组加上交流电压时,由于电磁感应,在定尺绕组上产生感应电动势。此时,如果滑尺与定尺之间发生相对位移,那么由于电磁耦合关系发生变化,定尺绕组中的感应电动势将随着位移的变化按一定规律变化。感应同步器就是根据此原理进行检测的。

469. 感应同步器有哪两种工作方式?

答:根据滑尺绕组供电方式的不同,感应同步器有鉴幅式和鉴相式两种工作方式。

(1)鉴幅工作方式。在滑尺的正弦绕组和余弦绕组上,分别施加同频率、同相位,但幅值不同的交流励磁电压,通过检测定尺绕组感应电动势的幅值来测得位移量。

(2)鉴相工作方式。在滑尺的正弦绕组和余弦绕组上,分别施加同频率、同幅值,但相位不同(相位差为 $\pi/2$)的交流励磁电压,通过检测定尺绕组的感应电动势的相位来测得位移量。

470. 什么是光电编码盘? 有什么特点?

答:光电编码盘(也称光电码盘)是目前常用的角位移检测元件。编码盘是一种按一定编码形式(如二进制编码、循环码编码等)将圆盘分成若干等分,并分成若干圈,各圈对应着编码的位数,称为码道。图 9-6(a)所示的编码盘分为 16 个等分,四个码道。

图 9-6(a)所示即为一个 4 位二进制编码盘,其中透明(白色)的部分为"**0**",不透明(黑色)的部分为"**1**"。不同的黑白区域的排列组合即构成与角位移位置相对应的数码,如"0000"对应 0 号位,"0011"对应"3"号位等。

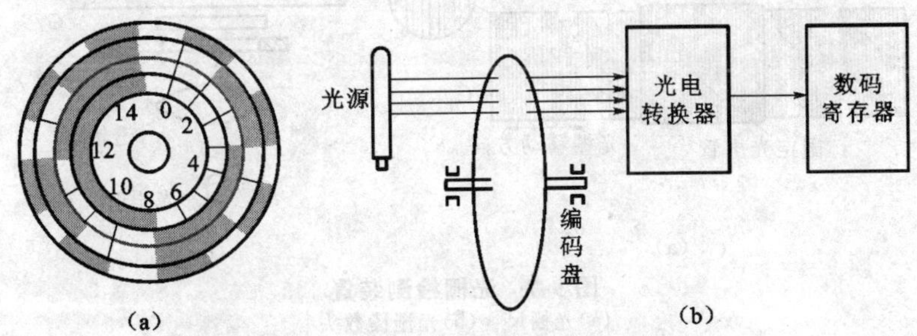

图 9-6　光电码盘及角位移测量示意图

(a)二进制编码器　(b)应用光电码盘测量角位移工作原理

应用编码盘进行角位移检测的工作原理如图 9-6(b)所示。对应码盘的每一个码道,有一个光电检测元件。图 9-6(b)所示的编码盘为四码道光电码盘。当码盘处于不同的角度时,以透明与不透明区域组成的数码信号由光电元件的受光与否转换成电信号送往数码寄存器,由数码寄存器即可获得角位移的位置数值。

光电码盘检测的优点是非接触检测、精度较高,可用于高转速。目前单个码盘可做到 18 位,组合码盘可做到 22 位,国内已有 14 位码盘的定型产品。其缺点是结构复杂、价格贵、安装较困难。

471. 什么是光栅？光栅有哪两种？

答:光栅是一种光电式检测装置,它利用光学原理将机械位移变换成光学信息,并应用光电效应将其转换为电信号输出。光栅有圆光栅和长光栅两种,圆光栅用于角位移的检测,长光栅用于直线位移的检测。

472. 透射式长光栅的结构和工作原理是怎样的？

答:透射式长光栅是一块上面均匀地刻有很多和运动方向垂直线

条的光学玻璃片。精密光栅在 1mm 长度上可以刻 100 条线，甚至更多一些。长光栅 G_1 称为标尺光栅，固定在机床活动部件上。短光栅 G_2 称为指示光栅，装在机床固定部件（读数头）上。两片光栅互相平行并保持一定的间隙（如 0.05mm 或 0.1mm），两片光栅的刻线密度相同。刻线之间的距离称为栅距，用 W 表示，如图 9-7 所示。

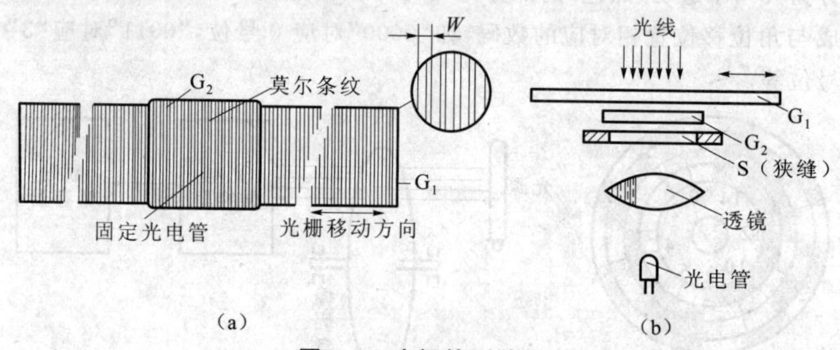

图 9-7　光栅检测装置

(a)光栅尺　(b)光栅读数头

如将指示光栅在其自身平面内转过一个很小角度 θ，这时在指示光栅上就会出现几条较粗的明暗条纹，通常称为“莫尔”条纹。两片光栅间的倾斜角度越小，明暗条纹越粗。如将标尺光栅来回移动，明暗条纹就会相应地上下移动，而且每当标尺光栅移动一条刻线时，明暗条纹也正好移过一个条纹，如图 9-8 所示。

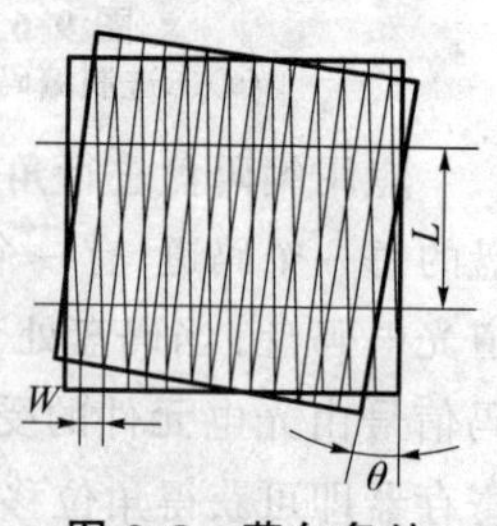

图 9-8　莫尔条纹

莫尔条纹的间距是放大了的光栅栅距，它随着两片光栅刻线夹角 θ 而改变。若莫尔条纹的间距用 L 表示，它与栅距 W、夹角 θ 的关系可用下式表示：

$$L=\frac{W}{\sin\theta}\approx\frac{W}{\theta}$$

从上式可看到，θ 越小，L 越大，相当于把微小的栅距扩大了$1/\theta$倍。由此可见，指示光栅起到光学放大器的作用。

如果所有的光栅为每毫米 100 条线，当工作台移动 Xmm 时，则标尺光栅移动 $100X$ 条刻线，因而指示光栅上的莫尔条纹也移过 $100X$

条。因此把指示光栅上移过的莫尔条纹用计数器记下来，就可以测出工作台的位移量，这就是用光栅测位移原理。

473. 磁尺是什么？它由哪几部分组成？有哪些类型？

答：(1)磁尺又称磁栅，是用电磁方法计算磁波数目的一种位置检测元件。具有精度高、复制简单及安装调整方便等一系列优点，在油污、粉尘较多的工作条件下使用，有较好的稳定性。

磁尺是利用磁录音原理，将一定波长的矩形波或正弦波的电信号，用录磁磁头记录在磁性标尺的磁膜上，作为测量的基准尺。检测时，用拾磁磁头将记录在磁性标尺上的磁信号读出，并通过检测电路将位移量用数字显示出来，或转化为控制信号输送给数控机床。

(2)磁尺测量装置由磁性标尺、拾磁磁头和检测电路三部分组成。

(3)磁尺的类型。磁尺按磁性标尺基本形状可分为：用于直线位移测量的平面实体型磁尺、带状磁尺和同轴型线状磁尺；用于角度位移测量的回转型磁尺等，如图 9-9 所示。

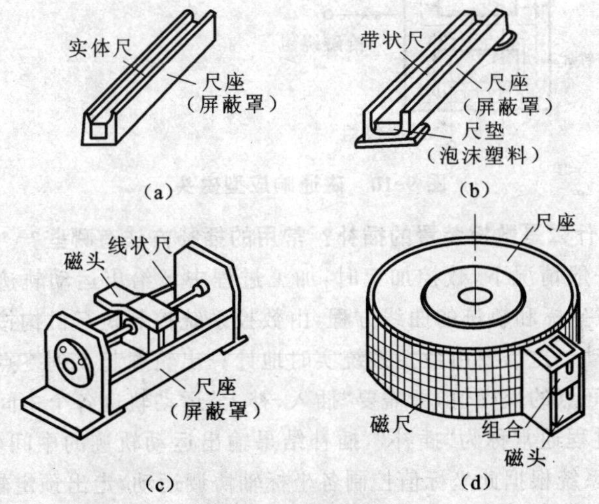

图 9-9 各种磁尺

(a)实体型磁尺 (b)带状磁尺 (c)线状磁尺 (d)回转型磁尺

474. 对拾磁磁头有什么要求？

答：拾磁磁头是一种磁电转换的器件，它将反映位置变化的磁化信号检测出来后并转换成电信号输送给检测电路。对拾磁磁头的要求是：不仅当磁性标尺与磁头有一定的相对速度时，而且当它们处于相对静止时，都能有位置信号输出。为了满足此要求，拾磁磁头不能采用普通录音机用的速度响应型（又称动态响应型）磁头，而应当采用磁通响应型（又称静态响应型）磁头。磁通响应型磁头的一个显著特点是在它的磁路中设有可饱和铁心，并在铁心的可饱和段上绕有励磁绕组，其结构如图 9-10 所示。

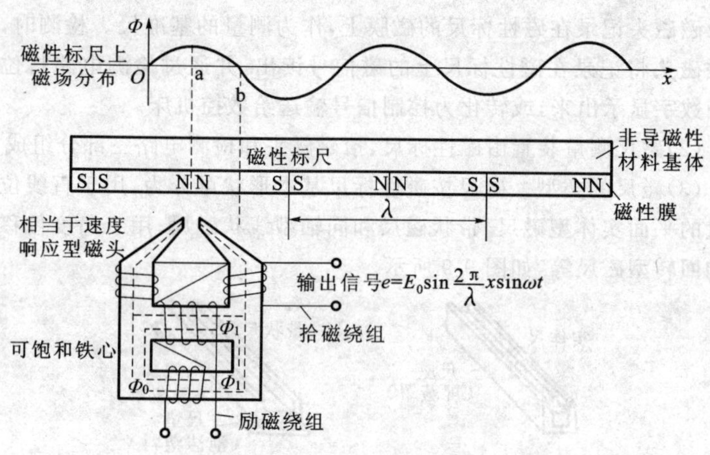

图 9-10　磁通响应型磁头

475. 什么是数控装置的插补？常用的插补方法有哪些？

答：一般情况下，数控加工时，加工过程中已给出运动轨迹的起点坐标、终点坐标和轨迹的曲线方程，由数控系统控制执行机构按该预定的轨迹运动。这需要由数控系统实时地计算出轮廓起点到终点之间的一系列中间点的坐标值，即需要“插入、补上”运动轨迹各个中间点的坐标，这个过程通常称为“插补”，插补结果输出运动轨迹的中间坐标值，机床伺服系统根据此坐标值控制各坐标轴协调运动，走出预定轨迹。

插补工作可用硬件或软件来完成。在计算机数控系统（CNC）中，插补工作一般由软件完成，也有用软件进行粗插补，用硬件进行细插补的 CNC 系统。软件插补方法主要分为基准脉冲插补和数据采样插补两大类。

(1)基准脉冲插补。又称脉冲增量插补。这种方法主要用于为各坐标轴进行脉冲分配计算。它模拟硬件插补的原理,插补结果是单个行程增量,以指令脉冲形式输出到伺服系统,驱动工作台运动。每发出一个脉冲,工作台移动一个基本长度单位,称之为脉冲当量,并以 δ 表示。脉冲当量 δ 是脉冲分配计算的基本单位,普通数控机床 δ 一般为 0.01mm 左右,较为精密的数控机床 δ 为 1μm 或 0.1μm。基准脉冲插补的插补误差不得大于一个脉冲当量。

基准脉冲插补有多种方法,最常用的是逐点比较法、数字积分法等。由于这种插补方法的控制精度和进给速度较低,因此,主要适用于以步进电动机为驱动装置的开环数控系统。

(2)数据采样插补。它采用时间分割法,按照用户程序的进给速度,计算出给定时间间隔(采样周期)内各坐标轴的位置增量,插补结果是数字量(数据),而不是单个脉冲。

使用数据采样插补法的数控系统,其位置伺服通过计算机及测量装置构成闭环。计算机定时地对反馈回路采样,采样的数据与插补程序所产生的指令数据相比较,用其误差信号输出去驱动伺服电动机。采样周期一般为 10ms 左右。

这种插补方法可以实现高速、高精度控制,因此,适用于以直流伺服电动机或交流伺服电动机为驱动装置的半闭环或闭环数控系统。

476. 逐点比较法的基本思路是怎样的?

答:数控机床在数控装置下自动加工的过程和操作者手动加工的过程是相似的。数控装置通过伺服单元驱动电动机带动拖板每进(退)一次刀具都要经过下面的四个步骤。

(1)偏差判别。判别加工点(刀尖)对规定图形的位置偏差,以决定下一步刀尖的运动方向。

例如,加工圆弧时,若加工点(刀尖所在位置)落在圆弧内,则下步需向 X 轴正向进给(即还未到加工尺寸);若加工点在圆弧外,则下一步拖板需向 Y 轴负向进给(即已出了圆弧)。加工斜线时,若加工点在斜线下方,则下一步拖板需向 Y 轴正向进给;若加工点在斜线上方,则下一步拖板需向 X 轴正向进给。

(2)拖板进给。根据偏差判别的结果，数控装置发一脉冲，通过伺服装置控制纵拖板(X 向拖板)或横拖板(Y 向拖板)进给一个脉冲当量，以便使工作点(刀尖位置)向规定的图形靠拢，使偏差减小。

(3)偏差计算。拖板每进给一次后，刀尖位置就移动到了一个新的加工点，数控装置就对新的加工点进行偏差测量，计算出它对规定图形的偏离尺寸，作为下一次偏差判别的依据。

(4)终点判断。若加工点已到达终点，则发出停止加工信号。若还没有到达加工终点，则继续重复上述步骤，直至到达终点为止。

由上述分析可以看出，在采用逐点比较的数控系统中每进给一步，数控装置要对加工点的位置进行一次计算，并将计算结果与规定图形位置做一次比较，以决定下一步的进给方向，如此逐点比较，使加工点一步一步地向规定图形逼近。如前所述，用折线逼近曲线的方法叫插补。在数控技术中，插补过程是通过对加工点和规定图形位置进行逐点比较而实现的，所以这种插补方式称为逐点比较法。

逐点比较法插补器的基本特点是：在插补过程中，数控装置循环进行偏差判别、拖板进给、偏差计算和终点判断四个过程。

477. 如何表示圆弧加工的偏差？

答：为了表示圆弧加工的偏差，首先应当引进坐标系。现规定：以纵拖板移动方向为 X 轴，横拖板移动方向为 Y 轴，以所要加工圆弧的圆心作为坐标原点，这样就得到一个坐标系。并可以图 9-11(a)那样来表示加工点 M 的位置，例如图中 M 点所对应的坐标为(X,Y)，这里 $X=4,Y=6$。

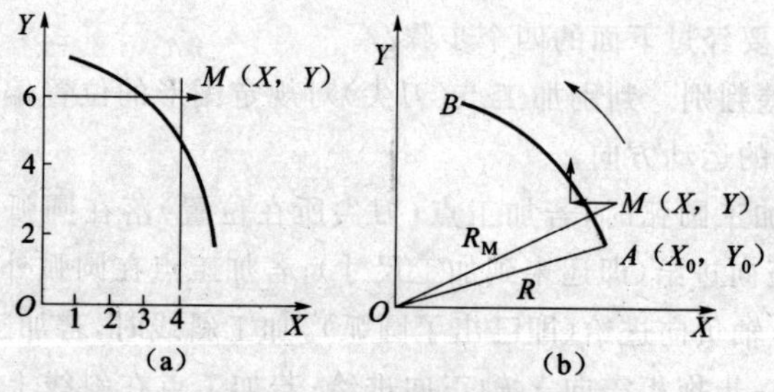

图 9-11　圆弧加工

(a)加工点的表示　(b)圆弧偏差的表示

加工点 M 的位置用坐标确定以后，就可以用 M 点到圆心(原点)O 的距离 R_M 和圆弧半径 R 相比较来表示圆弧加工的偏差(即 R_M-R 等于偏差)。

如果 $R_M-R\geqslant 0$，即偏差为正，表示加工点 M 在所要加工的圆弧之外，为了减少误差，则应控制 X 向拖板向圆内(负 X 方向)进给一步。从而使加工点进入圆内，图中箭头所示为加工方向。

如果 $R_M-R<0$，即为负偏差，表示加工点 M 在圆弧内，为了减少误差，这时应控制 Y 向拖板向圆外(正 Y 方向)进给一步。以此类推从而实现折线逼近圆弧的插补加工方法。

478. 如何计算圆弧加工的偏差？

答：由上题分析可知，加工点 M 的位置由坐标(X,Y)确定，根据勾股定理得

$$R_M^2 = X^2 + Y^2$$

又已知圆弧起点 A 的坐标：

$$R^2 = X_0^2 + Y_0^2$$

为了比较 R_M 与 R 的大小，只要通过比较 R_M 的平方与 R 的平方就可以。我们设 U 为加工点 M 的偏差，则 U 为

$$U = R_M^2 - R^2 = X^2 + Y^2 - (X_0^2 + Y_0^2)$$

上式即为圆弧加工时的偏差计算公式。由上式可知：在加工圆弧时，只要把坐标原点取在所要加工圆弧的圆心，这时圆弧起点的坐标(X_0,Y_0)就是已知的，从而任一加工点与圆弧的偏差 U_X 均可由各点的坐标值求出来。

479. 什么是递推法？如何用递推法计算圆弧加工的偏差？

答：题 478 介绍了圆弧加工偏差的计算方法，但在实际中使用上式是很不方便的，利用题 478 的公式会使计算机运算复杂、速度低。为此把题 478 公式简化，引申出了递推法。

递推法是新的一个加工点的偏差值 U_n，不是用上式进行计算得来，而是用前一个加工点的偏差值递推出来的。

若加工点 n 在圆弧的外面，则 n 点的加工偏差为

$$U_n = X_n^2 + Y_n^2 - (X_0^2 + Y_0^2) \geqslant 0$$

X 拖板沿负方向进给一步到达 n_1 (X_{n1}, Y_{n1})，如图 9-12 所示。则

$$X_{n1} = X_n - 1$$

$$Y_{n1} = Y_n$$

n_1 点的加工偏差是

$$\begin{aligned} U_{n1} &= X_{n1}^2 + Y_{n1}^2 - (X_0^2 + Y_0^2) \\ &= (X_n - 1)^2 + Y_n^2 - (X_0^2 + Y_0^2) \\ &= X_n^2 - 2X_n + 1 + Y_n^2 - (X_0^2 + Y_0^2) \\ &= X_n^2 + Y_n^2 - (X_0^2 + Y_0^2) - 2X_n + 1 \\ &= U_n - 2X_n + 1 \end{aligned} \quad (1)$$

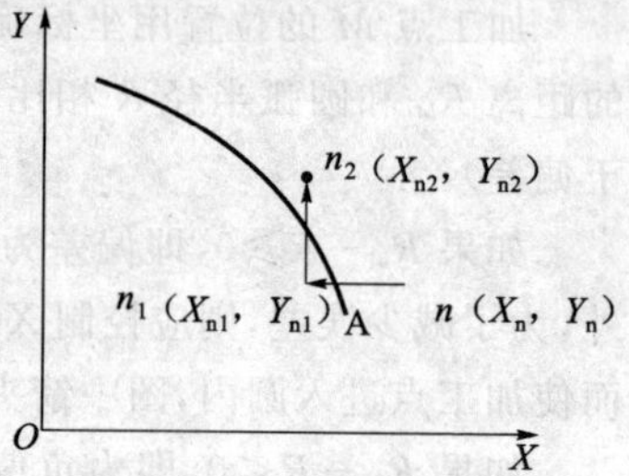

图 9-12　圆弧偏差图示

若此时加工点 n_1 已经在圆弧内，则 Y 向拖板应沿正方向进给一步到 $n_2(X_{n2}, Y_{n2})$ 点，此时

$$X_{n2} = X_{n1}$$

$$Y_{n2} = Y_{n1} + 1$$

则 n_2 点的加工偏差为

$$\begin{aligned} U_{n2} &= X_{n2}^2 + Y_{n2}^2 - (X_0^2 + Y_0^2) \\ &= X_{n1}^2 + (Y_{n1} + 1)^2 - (X_0^2 + Y_0^2) \\ &= X_{n1}^2 + Y_{n1}^2 + 2Y_{n1} + 1 - (X_0^2 + Y_0^2) \\ &= X_{n1}^2 + Y_{n1}^2 - (X_0^2 + Y_0^2) + 2Y_{n1} + 1 \\ &= U_{n1} + 2Y_{n1} + 1 \end{aligned} \quad (2)$$

从(1)、(2)两式可知，新加工点的偏差完全可以由前一个加工点的偏差值递推出来，而且递推的公式比较简单，计算机只需加、减、乘运算，从而可以提高运算速度。

(1)、(2)两式是对第一象限、逆时针方向加工圆弧(又称逆走圆)时推导出来的偏差计算公式。对于一个平面圆周有四个象限，两种走刀方式。即：顺时针方向加工圆弧(称顺圆弧)和逆时针方向加工圆弧(称逆圆弧)，总共有八种不同的圆弧加工情况，相应有八种不同的偏差计算公式。

若用 SR1、SR2、SR3、SR4 分别表示沿圆弧顺时针方向加工时所在象限的加工指令；用 NR1、NR2、NR3、NR4 分别表示沿圆弧逆时针方

向加工时所在象限的加工指令;1、2、3、4 分别代表第一、第二、第三、第四象限。通过实际推导证明,其中 SR1、SR3 和 NR2、NR4 四种情况的加工偏差计算公式完全相同,只是 X 或 Y 方向的进给方向不完全一样。NR1、NR3 和 SR2、SR4 四种情况也是如此。

在上述八种不同的圆弧加工情况下,所用的偏差计算公式和进给脉冲分配方向列在表 9-5 中,表中把 U_0(即加工点正好落在所需加工的圆弧上)的情况也当做 $U>0$ 的情况一样处理。应当注意的是表中的 X 值和 Y 值均应以绝对值代入。

表 9-5 圆弧偏差计算公式

加工指令	进给方向		圆弧偏差计算公式	
	$U\geqslant0$	$U<0$	$U\geqslant0$	$U<0$
SR1	$-\Delta Y$	$+\Delta X$	$U_{n1}=U_n-2Y_n+1$ $X_{n1}=X_n$ $Y_{n1}=Y_n-1$	$U_{n1}=U_n+2Y_n+1$ $X_{n1}=X_n+1$ $Y_{n1}=Y_n$
SR3	$+\Delta Y$	$-\Delta X$		
NR2	$-\Delta Y$	$-\Delta X$		
NR4	$+\Delta Y$	$+\Delta X$		
NR1	$-\Delta X$	$+\Delta Y$	$U_{n1}=U_n-2X_n+1$ $X_{n1}=X_n+1$ $Y_{n1}=Y_n$	$U_{n1}=U_n+2Y_n+1$ $X_{n1}=X_n$ $Y_{n1}=Y_n+1$
NR3	$+\Delta X$	$-\Delta Y$		
SR2	$+\Delta X$	$+\Delta Y$		
SR4	$-\Delta X$	$-\Delta Y$		

480. 如何表示斜线加工的偏差?

答:为了表示斜线加工偏差,首先应当确定斜线加工情况,加工点 n 的位置。为此可以引入这样一个坐标系,仍以纵拖板移动的方向为 X 轴,横拖板移动方向为 Y 轴,坐标原点取在所要加工斜线的起点。这样,加工点 n 的位置就可以由它的坐标值表示出来,如图 9-13 所示。

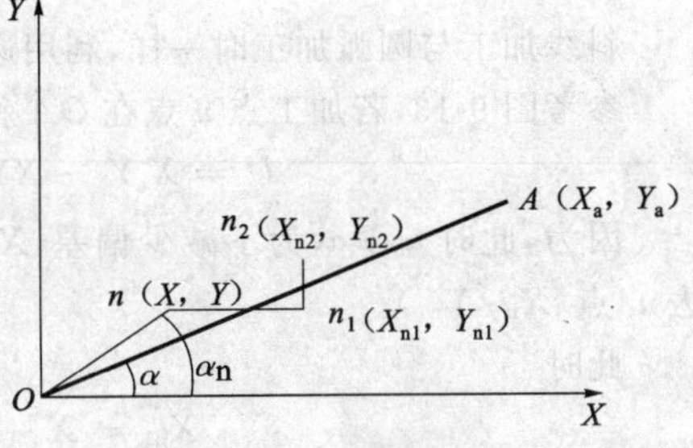

图 9-13 斜线偏差表示

由于坐标系的原点取在斜线的起点，因此斜线终点 A 的坐标是已知的，设为(X_a,Y_a)。这样我们就可以用连接加工点 n 和原点的斜线与 X 轴的夹角 α_n 和规定的斜线 OA 与 X 轴的夹角 α 相比较来表示这种情况下的加工偏差。

如果 $\alpha_n-\alpha\geqslant0$，即为正偏差。表示加工点 n 在斜线上方，为了减少偏差，这时应控制 X 向拖板向斜线下方(即正 X 方向)进给一步。

如果 $\alpha_n-\alpha<0$，即为负偏差，表示加工点 n 在斜线下方，为了减小偏差，这时应控制 Y 向拖板向斜线上方(即正 Y 方向)进给一步。

481. 如何计算斜线加工的偏差？

答：根据三角函数关系可知

$$\tan\alpha_n=\frac{Y}{X}\qquad\tan\alpha=\frac{Y_a}{X_a}$$

为此，比较 α_n 与 α 的大小，只要比较 $\tan\alpha_n$ 与 $\tan\alpha$ 的大小即可。设加工偏差 U 的值为

$$U=\tan\alpha_n-\tan\alpha=\frac{Y}{X}-\frac{Y_a}{X_a}=\frac{X_aY-XY_a}{XX_a}$$

同圆弧插补一样，重要的并不是知道偏差值 U 的大小，而是它的符号(即在所要加工斜线的上方还是下方)。在斜线上方为 $U\geqslant0$；在斜线下方为 $U<0$。为此只要取通分后的分子部分即可判别偏差 U 的相对位置，从而确定其大小以及下一步应当控制哪个方向的拖板进给。即

$$U=X_aY-XY_a$$

斜线加工与圆弧加工时一样，利用递推法可以使上式简化。

参考图 9-13，若加工点 n 点在 OA 斜线上方，则加工点 n 的偏差为

$$U=X_aY-XY_a\geqslant0$$

因为，此时 $\alpha_n\geqslant\alpha$，为了减少偏差，X 拖板应沿正方向进给一步，到达 n_1 点(X_{n1},Y_{n1})。

此时

$$X_{n1}=X+1$$

$$Y_{n1}=Y$$

新的加工点 n_1 的偏差是

$$U_{n1}=X_aY-X_{n1}Y_a=X_aY-(X+1)Y_a$$

$$= X_a Y - X Y_a - Y_a = U - Y_a \quad (1)$$

如加工点已位移在斜线的下方，则 n_1 点的偏差为

$$U_{n1} = X_a Y_{n1} - X_{n1} Y_a < 0$$

此时 $\alpha_{n1} < \alpha$，为了减少偏差，需 Y 向拖板正向进给一步位移到达新的加工点 $n_2(X_{n2}, Y_{n2})$

$$X_{n2} = X_{n1}$$

$$Y_{n2} = Y_{n1} + 1$$

新的加工点 n_2 的偏差是

$$U_{n2} = X_a Y_{n2} - X_{n2} Y_a = X_a (Y_{n1} + 1) - X_{n2} Y_a$$

$$= X_a Y_{n1} - X_{n1} Y_a + X_a = U_{n1} + X_a \quad (2)$$

从(1)、(2)两式可以看出：在斜线加工时，新加工点的偏差值同样可利用递推法从前一个加工点的偏差推算出来，而且公式非常简单。只用到规定斜线的终点坐标值 X_a、Y_a，而与现行加工点 n 坐标值无关。

(1)、(2)两式是对第一象限的斜线求证出来的。同理，其余各象限的斜线加工偏差的计算公式可同法求解。四个象限的斜线加工偏差公式和进给脉冲分配方向列于表 9-6 中，表中 L1、L2、L3、L4 分别表示在第一、二、三、四象限的斜线加工指令。从表中可以看出 L1、L3 的偏差计算公式相同，但进给方向相反；L2 和 L4 的情况类同。

表 9-6 斜线偏差计算公式

加工指令	进给方向		斜线偏差计算公式	
	$U \geqslant 0$	$U < 0$	$U \geqslant 0$	$U < 0$
L1	$+\Delta X$	$+\Delta Y$	$U_{n1} = U_n - Y_a$	$U_{n1} = U_n + X_a$
L3	$-\Delta X$	$-\Delta Y$		
L2	$+\Delta Y$	$-\Delta X$	$U_{n1} = U_n - X_a$	$U_{n1} = U_n + Y_a$
L4	$-\Delta Y$	$+\Delta X$		

注：表中 X_a、Y_a 均以绝对值代入。

482. 数控机床电气控制系统有哪些基本特点？

答：数控机床电气控制系统的基本特点是：

(1)要具有高可靠性。数控机床是长时间连续运转的设备，本身要

具有高可靠性。所有部件选用的是最成熟的，而且符合有关国际标准并取得授权认证的新型产品。

(2)要紧跟新技术的发展。电气系统在保证可靠性的基础上，还应具有先进性，如新型组合电气元件及电力电子器件的使用等。

(3)要具有稳定性。要在电气系统中采取一系列技术措施，使其适应较宽的环境条件，如要能适应交流供电系统电压的波动，对电网系统内的噪声干扰有一定的抑制作用，同时还符合电磁兼容的国家标准要求，系统内部既不相互干扰，还能抵抗外部干扰，也不向外部辐射破坏性干扰。

(4)要具有安全性。电气系统的联锁要有效；电器装置的绝缘要保证完好，防护要齐全，接地要牢靠，以使操作人员的安全有保证；电器部件的防护外壳要具有防尘、防水、防油污的功能；电柜的封闭性要好，防止外部的液体溅入电柜内部，防止切屑、导电尘埃的进入；电柜内的所有元件在正常供电电压工作时不应出现被击穿现象，并且有预防外部雷电突然袭击的功能；经常移动的电缆要有护套或拖链防护，防止缆线磨断或短路而造成系统故障；要有抑制内部部件异常温升的措施，特别是在夏季，要有强迫风冷或制冷器冷却；有防触电、防碰伤设施。

(5)要具有方便的可维护性。易损部件要便于更换或替换，保护元器件的保护动作要灵敏，但也不能误动作；一旦出现故障排除后，功能要能恢复。

(6)要具有良好的控制特性。所有被控制的电动机起动要平稳、快速响应、特性硬、无冲击、无振动、无振荡、无异常噪声、无异常温升。

(7)运行状态要有明显的信息显示。电气系统要用指示灯做操作显示，电器元件要有状态指示、故障指示，有明显的安全操作标识。

(8)要具有操作的宜人性。电气系统要体现人性化设计，如操作部位与人体平均高度、距离相适应，体现操作方便、舒适，便于观察的特点，尤其要随时摸得到急停按钮，保证紧急情况下的快速操作动作；机床电器颜色不仅符合标准，还要美观、明显。

483. 数控机床维修的基本要求有哪些？

答：数控机床维修的基本要求是：

(1)必须有高水平的维修人员。数控机床的自动化程度很高，控制系统也比较复杂，机、液、电三者是一个统一的整体，维护起来要比普通机床复杂得多，要求操作者和维修人员知识面广，对维修人员要求更高，不仅要懂理论知识，而且要有丰富的实践经验。要求维修人员必须具备电子技术、计算技术、电机技术、自动化技术、测量技术以及机械、液压和加工工艺等方面的知识，才能较全面了解并掌握数控系统，做好维修工作。

(2)维修人员应参与数控机床的前期管理。不管是从国外引进的数控机床，还是购买国产的数控机床，维修人员应参与订货工作。在订货过程中，供货方对机床的机械结构和控制系统都会作较为详细的介绍。通过订货就会对整台设备有个初步了解，并可以就一些问题向对方提出咨询。另外，维修人员可以根据自己过去工作的经验，向对方索要必须提供的资料。

数控机床资料一定要齐备，这是维修工作顺利进行的可靠保证。机床资料大致分为机械和电气两大部分。

机械部分：机械操作说明书、关键机械结构的部件装配图、总装配图、关键零件的加工图、液压原理图、气动原理图、液压管路图，并应在图中标出压力检测点的标准压力。

电气部分：CNC 系统操作说明书、CNC 系统图、连接说明书、维修说明书、PLC 梯形图、PLC 报警表、机床参数表、PLC 用户参数表、电气原理图、电气外部和内部接线图。

对于上述资料，维修人员一定要熟悉了解。这样才能更好、更快地排除机床出现的各种故障。

如果有条件，维修人员应配备一套数控系统所用的各种电气元器件手册和集成电路手册，以便随时查阅。

(3)配备必要的仪器仪表。为便于维修工作，应该配备必要的仪器仪表，常用的测量仪器仪表有：

①用于测量交流电源电压的交流电压表，其测量误差应在±1.5%以内。

②用于测量直流电源电压、量程分别为 10V 和 30V 的直流电压表，其测量误差应在±1.5%以内，用数字式电压表更好。

③指针式和数字式万用表，其中指针式万用表是必备的。

④用于检查三相输入电源相序的相序表，以供维修晶闸管伺服驱动系统时检查三相电源的相序，保证驱动系统工作正常。

⑤便携式双踪示波器是必备的仪器。

⑥如果条件许可，应该配备逻辑分析仪、集成电路测试仪、晶体管测试仪、脉冲信号发生器、频率计数器、多路直流稳压电源等仪器仪表。

⑦如果条件优越，可配备一台记录示波器。

484. 数控机床电路的预防性维修的内容有哪些？

答：为充分发挥数控机床的效益，重要的一环是做好预防性维修，使数控系统少出故障。预防性维修的关键是加强日常的维修保养，通常应做到如下几点：

(1)为数控机床配备的数控系统编程、操作和维修等人员，应熟悉所用机床的机械、数控装置，强电设备、液压、气路等部分以及规定的使用环境(室温、湿度等)、加工条件等，并要严格按机床及数控装置使用说明书的正确要求合理地使用，尽量避免因操作不当而引起故障。

(2)数控系统的电源大致分为两部分。一部分为数控装置及接口电路的工作电源；另一部分为计算机及接口电路(PLC)存储程序用电源。后者是不能断电的，都接有缓冲电池。在第一种工作电源报警时，按一般的稳压电源处理。第二种电源报警时，必须慎重处理，一定要先接通新电池，且不可将电池极性接反，然后才能拆除旧电池。否则，一瞬间的电路失电，将使计算机中或PLC中的程序消失。另外，要注意采用的锰碱性干电池，其寿命约一年，通常即使没有产生电池报警，但仍应以每年定期换一次为宜。

当拆卸某些数控部件的罩壳时，要注意缓冲电池是外挂的还是附在电路板上的。如果是外挂的，在拆某些罩壳时千万不能将缓冲电池的连接插座拔下，否则将同样造成计算机程序消失的严重后果。

(3)直流伺服电动机的定期检查和清扫。要经常检查电刷和换向器，查看磨损程度，对于数控车床、数控铣床和加工中心等，可每年检查一次；而对于频繁加减速的机床，如冲床等，应每两个月检查一次。检查要在数控系统处于断电状态，且电动机已完全冷却的情况下进行。其方法是，拧下电刷盖，取出电刷，当电刷磨损到新电刷长度的1/2时，就不应再继续使用，必须换同型号的新电刷。然后仔细检查电刷接触面是否有深沟或裂痕，如有，则须仔细检查换向器表面。若表面正常，可换新电刷，若表面出现沟痕，应对换向器进行处理。电刷或换向器上如有油污，应及时处理，不然会产生振动。

(4)纸带阅读机的定期维护。纸带阅读机是数控系统信息输入的重要装置。如果纸带阅读机的读带部分(即阅读头的发光和受光部分)有污物，就会使读入的纸带信息出现错误，所以，对阅读头表面、纸带压板、纸带通道表面应每天进行检查，用纱布蘸无水酒精擦净污物。对纸带阅读机的运动部分，如主动轮滚轴、导向滚轴、压紧滚轴等应每周清擦一次，对导向滚轴、张紧臂滚轴应每半年加注一次润滑油。

(5)要经常查看各种设定参数是否正确，除短路棒设定之外的各种设定参数，有可能被大的干扰所破坏。有的参数被破坏之后，使得机床不能正常运行(起动不了，运行起来振动或不能回零等)；有的参数被破坏之后，表面上看运行并无异常感觉，但实际上已影响了加工精度(像螺补参数或反向间隙补偿参数被破坏后)。

(6)总停开关要保持有效。此环节必须可靠、有效。如果有不可靠现象出现，必须及时抢修。

(7)各种监控保护环节要有效。各种监控环节有的有互锁，有的无互锁。监控失灵就要毁坏设备，像这样的监控环节要经常查看，如静压蜗杆、静压导轨的压力监控，主轴轴承的热监控，电动机过载电流监控等。

(8)确保各种电压(AC、DC)的正确性。电源电压是控制系统的基础，必须保证正确。要定期检查，特别是各种直流电压，有可能偏离正常值(稳压调节不灵)。

(9)空气过滤器的清扫。空气过滤器安装在数控装置后门的底部。若其中的灰尘过多，会造成柜内冷却空气流通不畅，引起柜内温度过高，而使系统不能可靠工作。因此，应根据车间环境每半年或一季度甚至一个月检查、清扫一次。具体方法是：先拧下螺钉，拆下空气过滤器，然后在轻轻振动过滤器的同时，用压缩空气由里向外吹掉空气过滤器内的灰尘。如果过滤器太脏，用上述方法不能除去灰尘时，可用中性清洁剂(清洁剂和水的配比为 5∶95)冲洗(切不可揉擦),然后置于阴凉处晾干即可。

(10)注意密闭数控柜门。为了散热,应及时清理空气过滤器,而切不可采用敞开柜门的方法。因为车间内空气中飘浮有灰尘、油雾和金属粉末等,这些杂物落在印制电路板和电子组件上,容易使电气元件间绝缘电阻下降而出现故障,甚至使电气元件及印制电路板损坏。对于主轴控制系统安装在强电柜中的数控机床,强电柜门不关严、密封不良,是造成电气元件损坏、主轴控制失灵的原因之一。

(11)热管冷却装置的清扫。为了加强散热效果,有些伺服电动机或主轴电动机在其端部设有冷却装置。如果冷却装置的保护网或散热片很脏,使冷却能力降低,就会因热损耗而产生故障。具体清扫方法是:若因保护网积尘而妨碍通风,可将其取下清扫;当散热片(多数为铝圆盘)积尘很多时,可用压缩空气吹净,或用细棒等将积尘除去。散热片一般不要集中安装或重叠安装,以免影响散热效果,也不便于清扫。清扫周期一般为六个月。

(12)对于长期不用的数控机床,应经常给数控系统通电。在机床锁住不动下使其空运行。在空气湿度较大的梅雨季节更应每天通电,利用电气元件所发的热驱除数控柜内的潮气,以保证电子部件性能的稳定可靠。实践证明,停置不用的机床经过黄梅雨天后,往往容易发生各种故障。如果数控机床闲置半年以上,应将其直流伺服电动机的电刷取出,以免由于化学作用使换向器表面腐蚀、换向性能变坏,甚至损坏电动机。

485. 数控机床故障是如何分类的?

答:数控机床故障的分类见表 9-7。

表 9-7 数控机床故障的分类

序号	划分方式	故障类别		说明
1	按发生故障的部件分类	主机故障	指机床本体与机械系统故障,主要包括机械润滑、冷却、排屑、液压、气动与防护等系统的故障	因机械安装、调试、操作使用不当等引起的机械传动故障及导轨摩擦系数过大的故障。故障表现为传动噪声大,加工精度变差,运行阻力增大,或失去某项功能,一般为随机故障

续表 9-7

<table>
<tr><th>序号</th><th>划分方式</th><th colspan="2">故障类别</th><th colspan="2">说　明</th></tr>
<tr><td rowspan="2">1</td><td rowspan="2">按发生故障的部件分类</td><td rowspan="2">电气故障</td><td>弱电故障</td><td colspan="2">主要指 CNC 装置、PLC 控制器、CRT 显示器以及伺服单元、输入输出装置中印制电路板上的集成电路、分立元件、插接件以及外部连接组件等发生的故障</td></tr>
<tr><td>强电故障</td><td colspan="2">指继电器、接触器、开关、熔断器、电源变压器、电动机、电磁阀、行程开关等电气元件以及所组成的电路的故障。此类故障比较常见</td></tr>
<tr><td rowspan="2">2</td><td rowspan="2">按故障发生的原因分类</td><td colspan="2">自身故障</td><td colspan="2">指由数控机床自身的原因引起的、与外部使用环境及条件无关的故障。数控机床所发生的故障大多数属于此类故障</td></tr>
<tr><td colspan="2">外部故障</td><td colspan="2">指由外部原因造成的故障。如供电电压过低、波动过大，相序不对或三相电压不平衡；周围环境温度过高，有害气体、潮气、粉尘侵入；外来振动和干扰以及人为的操作不当等。操作不当包括：进给过快造成的超行程或过载；操作人员不按时按量给机械传动系统加注润滑油，造成传动噪声或导轨摩擦系数过大，而使工作台进给电动机过载等</td></tr>
<tr><td rowspan="5">3</td><td rowspan="5">按故障产生的部位分类</td><td colspan="2" rowspan="2">软件故障</td><td>系统软件故障</td><td>由于设计原因所引起，表现为故障的固有性</td></tr>
<tr><td>应用软件故障</td><td>主要由人为操作输入错误而造成，带有一定的偶然性和随机性</td></tr>
<tr><td colspan="2" rowspan="3">硬件故障</td><td>永久性故障</td><td>表现为固定而不能恢复的特征，又称为硬故障</td></tr>
<tr><td>间发性故障</td><td>带有一定的随机性，可转化为硬故障</td></tr>
<tr><td>边缘性故障</td><td>元器件老化而使边界值发生变化，可逐步转化为永久性故障</td></tr>
</table>

续表 9-7

序号	划分方式	故障类别		说　明
4	按故障报警显示方式分类	有报警显示的故障	硬件报警显示故障	数控系统的操作面板、印制电路板、伺服控制单元、主轴单元、电源单元等以及光电阅读机、穿孔机等装置的警示灯(一般为LED发光二极管)所指示的明确故障
			软件报警显示故障	具有自诊断功能的数控系统,一旦检测到故障,即按故障的级别进行处理,同时在CRT上显示出报警号和报警信息
		无报警显示的故障		这类故障发生时无任何软件和硬件的报警显示,因此分析诊断难度较大。如机床通电后,在手动方式或自动方式运行时某轴出现爬行,或某轴时而发出异常声响等
5	按发生的故障的性质分类	规律性故障		指只要满足一定的条件或超过某一设定的限度,工作中的数控机床必然会发生的故障。常见的有:因液压回路过滤器阻塞,液压系统的压力值降到某一设定参数时,必然会发生液压系统故障报警使系统断电停机;机床加工中因切削量过大达到某一限值时必然会发生过载或超温报警,致使系统迅速停机
		偶然性故障		指在各种条件相同的状态下只偶然发生一两次的故障。此类故障的原因分析和故障点的诊断较其他故障困难得多。故障原因往往与安装质量、组件排列、参数设定、元器件的质量、操作失误、维护不当以及工作环境影响等多种因素有关

续表 9-7

序号	划分方式	故障类别	说　明
6	按伺服故障分类	控制部分故障	主要是由于过载或散热不良引起的
		驱动电动机故障	主要是由于设备工作环境较差，驱动电动机被污染、腐蚀、磨损引起的。这类故障比较常见，应多加留意，与其相连的检测系统也由于受污染和腐蚀，故障率较高
7	按干扰故障分类	内部干扰故障	主要是由于系统工艺、结构、线路设计、电源及地线处理不当或元器件性能变化引起的，表现为很强的偶发性和随机性
		外部干扰故障	有极强的偶发性和随机性，往往是工作现场的大型用电设备（如电焊机）工作时产生电弧干扰而引发的

486. 数控机床故障的常规处理方法有哪些？

答：为便于分析和排除故障，除应保存随设备提供的原始技术资料外，还要备有故障记录本，由使用者详录数控机床的运行情况及所发生的故障，如故障出现时数控系统的工作方式、故障部位、CRT 的位置显示以及报警号等。这些记录可为分析原因、查找故障源提供重要依据。

系统发生故障后，如果不能自行排除，则应及时与维修部门联系，以便尽快修复。切勿盲目拆卸、调试，以免造成更多的故障和损失。与数控维修部门联系时，要准确说明数控机床的生产厂名、型号和数控系统的名称、型号、出厂的序列号、软件系列号及版数、是否有备件等。更应该详细说明的是故障情况，以便维修人员做好充分准备，迅速排除故障。例如：

(1)机床定位不准，是全部轴还是某一轴定位不准；定位误差量有多大，每次定位是否有规律；定位不准的现象是发生在自动方式还是手动方式，还是两者均发生。

(2)机床发生振动、颤抖或超调现象，是发生于全部轴还是某一轴；故障在何时发生，是电源接通立即发生还是在进给轴运行时发生，或是仅在进给轴加速、减速时发生。

(3)数控系统有报警或数控机床动作异常。故障的报警码内容;发生故障时的位置显示值;故障发生时机床正处于何种状态,数控装置进行何种操作,是自动或手动工作方式,还是手轮进给方式;机床动作(如快速运行、切削进给等)不正常时的实际速度值;在自动运转中发生故障时,应说明运行程序是已用过的还是新程序;故障的发生是偶然的,还是有规律的,以及重复发生的频率;当辅助机能(M、S、T、B机能)不正常时,应说明该系统是否带有PLC(可编程控制器)及所用PLC软件系列号和版数;故障的发生是否有外界影响,如突然停电,外线电压波动过大或打雷等;故障发生时数控系统存储的参数是否与参数表一致等。

(4)伺服单元故障。CRT有无报警码,或伺服单元报警指示灯的点亮情况;发生报警的轴;电动机的种类及其型号,或所用检测器的型号。

487. 判断数控机床故障的一般方法有哪些?

答:数控机床的品种繁多,不仅外形体积各异,其内部结构差别极大,而且编程格式也有很大不同。无论何种数控机床,当发生故障时都可遵循下述方法进行综合判断:

(1)利用问、看、听、触、嗅的感官功能,注意发生故障时是否有响声及其来源,是否有闪光产生,是否有焦煳味,观察可能发生故障的每块印制线路板的表面状况等,以进一步缩小检查范围。

(2)多数数控系统都具有自诊断程序对机床进行快速诊断,在检测到故障时或以报警码的形式在CRT上显示,或点亮操作面板上各种报警指示灯。通常,NC还能将故障进行分类。故障类型一般包括:存储器工作不正常引起的报警、程序错误或误操作报警、控制单元或电动机过热报警、设定错误报警、超程报警、连接单元(或输入/输出单元)或可编程控制器故障报警以及伺服系统报警等。一般数控系统有几十种报警码,诊断功能强的有几百种报警码。此外,许多数控系统的控制单元(主板)、输入单元(电源单元)、连接单元(信号输入/输出单元)以及伺服单元均有报警指示灯。根据报警码和报警指示灯的提示,可以迅速找到故障源。

(3)发生故障时及时核对数控系统参数,因为这些参数直接影响着机床的性能。由于受外界的干扰或不慎而引起存储器内的个别参数发生变化,会出现故障。

(4)检查印制电路板上短路棒的设定位置。与系统参数一样,短路棒的设定是为了保证数控系统与机床相配后能处于正确的工作状态。如在位置检测系统中,可以选择旋转变压器或感应同步器等不同的检测元件。不同的检测元件,由不同的短路棒设定。

(5)利用印制电路板的检测端子来测量电路的电压及波形,以检查有关电路的工作状态是否正常。但利用检测端子进行测量以前,应先熟悉这些检测端子的作用及相关电路的结构及逻辑关系。

(6)利用自诊断功能的状态显示来检查数控系统与机床之间的接口信号。也就是说,可以检查数控系统是否已将信号输出给机床,以及机床的开关信号是否已输入到数控系统,从而将故障范围缩小到数控系统一侧或机床一侧。

(7)备件置换法。如果备有印制电路板,可用备用的电路板替换认为有故障的印刷电路板。这种方法可缩小故障判断的范围,迅速找出存在故障的印制电路板。但需注意,置换某些印制电路板(如存储器板)之后,需要对系统做某些规定的操作(如存储器初始化,重新设置系统参数等)。还有一些印制电路板(如伺服印制电路板、旋转变压器/感应同步器接口板等),置换后要重新设定短路棒的位置或对电位器等做必要的调整。

488. 数控机床检测元件的使用要求有哪些?

答:检测元件是一种极其精密和容易受损的器件,一定要从以下几个方面注意,进行正确的使用和维护保养。

(1)不能受到强烈振动和摩擦,以免损伤码盘。不能受到灰尘油污的污染,以免影响信号的正常输出。

(2)工作环境温度不能超标,额定电源电压一定要满足,以便于集成电路正常工作。

(3)要保证反馈线电阻、电容的正常,保证正常信号的传输。

(4)防止外部电源、噪声干扰,要保证屏蔽良好,以免影响反馈信号。

(5)安装方式要正确,如编码器联轴器要同心对正,防止轴超出允许的载重量,以保证其性能的正常。

在数控设备的故障中,检测元件的故障率是比较高的,只要正确地使用并加强维护保养,对出现的问题进行深入分析,就一定能降低故障率,并能迅速排除故障,保证设备正常运行。

十、传感器及其应用

489. 什么是传感器？

答：传感器是一种以测量为目的，以一定的精度将被测量转换为与之有确定关系，且易于处理和测量的某种物理量（如电量）的测量装置或部件。

传感器的含义有广义和狭义之分。

广义的传感器是指能感知某一物理量的信息，并能将该信息转化为有用的信息的装置或部件。

人的五官就是一种广义传感器。人是通过眼、耳、鼻、舌、身五种器官来感知接收外界信息的，并把这些信息传给大脑以指挥人的行为。人类在认识和改造自然中认识到仅靠五官获取信息还远远不够，如人的眼睛的视线是有范围的，太远太小的目标无法看清，于是人类不断创造发明了能代替并补充、扩展五官功能的仪器——传感器。如望远镜、显微镜、雷达等仪器可以看做视觉的延伸，类似的还有光电传感器等装置。

狭义的传感器就是能将各种非电量转换为电量的装置或部件。

电子计算机通常俗称电脑，传感器也可俗称电五官。传感器是现代信息技术的主要内容之一，它是自动控制系统的感受器官，是实现自动控制、自动调节的关键环节。传感器对于系统的重要性相当于人的五官对于人的重要性。现代工程技术要求传感器能快速、精确地获取信息，并能经受各种严酷环境的考验。传感器技术直接制约和影响着自动化技术的发展，各种智能型武器、机器及家用电器设计水平的高低，在很大程度上取决于使用传感器的数量与质量的不同。传感器是智能化高技术的前驱和象征。

490. 传感器在现代信息技术中起什么作用？

答：传感器的作用包括以下几方面：

(1)信息的收集。科学研究中的计量测试，产品制造与销售中所需的计量等都要由测量而获得准确的定量数据。对某种特定要求，需检测目标物的存在状态，把某状态信息转换为数据。

对系统或装置的运行状态进行监测，也由传感器来实现，发现异常情况时，发出报警信号并起动保护装置。判断产品是否合格，或诊断人体各部位是否正常等都需由传感器的测量来完成。

(2)信息数据的转换。把以文字、符号、代码、图形等多种形式记录在各类介质(纸、胶片、磁盘等)上的信号数据转换成计算机、传真机等易处理的信号数据，或者读出记录在各种介质上的信息并进行转换。例如，录音机、录像机上的磁头就是一种传感器。

(3)控制信息的采集。采集检测系统处于某种状态的信息，并以此控制系统的状态，或者跟踪系统变化的目标值。

491. 传感器由哪几部分组成？

答：传感器一般由敏感元件、传感元件和基本转换电路组成，如图10-1所示。

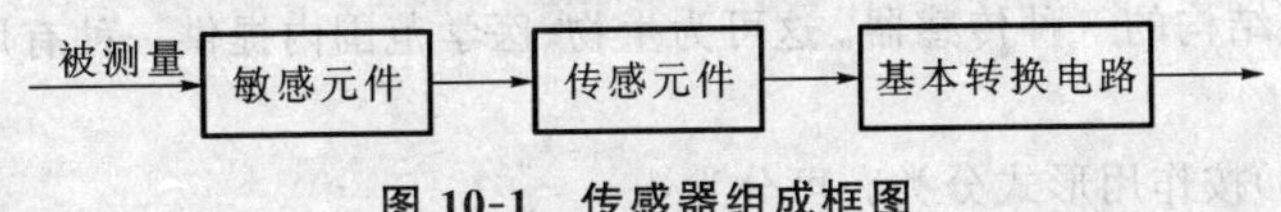

图 10-1 传感器组成框图

(1)敏感元件。直接感受被测量(一般是非电量)，并输出与被测量有确定关系的其他量。如弹性敏感元件将力转换为位移输出。

(2)传感元件。将敏感元件输出的非电量(如位移)转换成电参量(如电阻、电感、电容)。

(3)基本转换电路。将电参量转换成便于测量的电量，如电压、电流、脉冲等。

传感器组成的这种划分并无严格的界限，有的传感器只有敏感元件；有的传感器由敏感元件和传感元件组成；还有的传感器由敏感元件和基本转换电路组成。

492. 传感器有哪些分类方式？

答：在信息加工、处理高度发展的今天，传感器多种多样、五花八门，可以从多种角度分类。现介绍如下：

(1)按传感器的组成分类。可分为：

①基本型传感器。一种最基本的单个变换装置。

②组合型传感器。由不同单个变换装置组合而成的传感器。

③应用型传感器。由基本型传感器或组合型传感器与其他机构组合而成的传感器。

(2)按传感器机理分类。可分为：

①结构型传感器。基于某种结构的变换装置的一种传感器。例如，电容压力传感器。当外加压力改变时，电容极板发生位移，电容量发生变化。如果谐振装置中采用这种电容，其谐振频率就随电容量的变化而变化，检测谐振频率的变化就能测量压力的大小。

②物性型传感器。是一种利用物质某种特有的物理或化学性质制成的，它对应力、温度、电场、磁场等有一定依赖关系，并能进行变换。这种传感器一般没有可动部分，易小型化，构成一种所谓固态传感器。

③混合型传感器。由结构型与物性型传感器组合而成的一种传感器。

④生物型传感器。利用微生物或生物组织中生命体的活动现象作为变换结构的一种传感器。这可为生物、医学范围内提供一种有用的传感器。

(3)按作用形式分类。可分为：

①主动型传感器。又可分为作用型和反作用型。作用型传感器对被测对象能提供一定探测信号，能检测探测信号在被测对象中所产生的变化；反作用型传感器由探测信号在被测对象中产生某种效应而形成信号。雷达与无线电频率范围探测器中安装的传感器属作用型传感器；光声效应分析装置与激光分析器中安装的传感器属反作用型传感器。

②被动型传感器。只接收被测对象本身产生的信号。例如，红外辐射温度计、红外摄像装置等。

(4)按变换工作能量供给形式分类。可分为：

①能量变换型传感器。进行信号转换时不需要另外提供能量，把输入信号能量变换为与其不同的另一种形式能量输出。例如，太阳能电池和压电加速度传感器属于这类传感器。

②能量控制型传感器。进行信号转换时，需要先供给能量，由输入信号控制供给的能量，并检测能量的变化作为输出信号。电阻应变传感器与光电晶体管等是其实例。

(5)按输出信号形式分类。可分为：

①模拟信号传感器。输出一般为连续的模拟信号。输出周期性信号的传感器实质上也是模拟信号传感器。但周期信号容易变为脉冲信号，可作为准数字信号使用。因此，可以称为准数字信号传感器。例如，利用振动的传感器就是这种类型。

②数字信号传感器。输出 **1** 与 **0** 两种信号的传感器。两种信号可由电路的通断、信号的有无、绝对值的大小、极性的正负等来实现。

数字信号传感器是一种获得代码信号输出的传感器，敏感元件本身为数字量的极少，一般与编码器组合而成。如旋转编码器能检测旋转角，线性编码器能检测位置、距离等。一般经模/数转换器转换为数字信号。随着数字化信息的应用日益广泛，这种传感器的应用也越来越普及。

(6)按传感器的特殊性分类。

①按被检测对象，可分为温度、压力、湿度、流量、流速、加速度、磁场、光通量等传感器。其中最常用的是温度传感器，其次是压力传感器和流量传感器。

②按转换现象的范围，可分为电化学传感器、电磁传感器、力学传感器、光应用传感器。

③按材料，分有陶瓷传感器、有机高分子材料传感器、半导体传感器、气敏传感器等。

④按用途，分有工业用、民用、科研用、医疗用、农用、军用等传感器，还有汽车、宇宙飞船、防灾等专用的传感器。

⑤按功能，分有计测、监视、检查、诊断、控制、分析等用的传感器。

493. 如何选用传感器？

答：选用传感器要考虑以下几个因素：

(1)测量条件。测量条件包括测量目的、测量量的选定、测量的范围、输入信号的带宽、要求的精度、测量所需要的时间、过输入发生的频繁程度等。

(2)传感器的性能。传感器的性能主要包括：精度、稳定性、响应速度、模拟信号或者数字信号、输出量及其电平、被测对象特性的影响、校准周期、过输入保护等。要根据传感器的使用条件和测量条件选择性能合适的传感器。

(3)传感器的使用条件。包括设置的场所、环境(湿度、温度、振动等)、测量时间、与显示器之间的信号传输距离、与外设的连接方式及供电电源容量等。

494. 传感器的发展方向如何?

答:21 世纪人类将全面进入信息化时代,作为现代信息技术三大支柱(计算机技术、通信技术、传感器技术)之一的传感器技术必将有较大的发展,概括起来有以下几个方面:

(1)高性能。随着生产、科研、生活自动化程度的不断提高,对传感器的要求也在不断提高,必须研制出具有灵敏度高、精确度高、响应速度快、互换性好的新型传感器,以满足生产、生活、科研活动自动化的需要。

(2)宽温度范围。提高温度范围历来是个大课题,大部分传感器的工作温度范围都在－20～＋70 ℃,在军用系统中要求工作温度范围在－40～＋85 ℃,汽车、锅炉等场合要求传感器工作在－20～＋120 ℃,在冶炼、焦化等方面对传感器的温度要求更高,因此,发展新兴材料(如陶瓷)的传感器不断拓宽传感器的温度范围。

(3)微型化。目前利用硅材料制作的传感器体积已经很小,利用激光等各种微细加工技术制成的硅加速度传感器的体积非常小,互换性与可靠性都较好。

(4)微功耗及无源化。开发微功耗的传感器及无源传感器是必然的发展方向。这样既可以节省能源,又可以提高系统寿命。目前,微功耗的芯片发展很快,如 TL2702 运算放大器,静态电流只有 1.5μA,而工作电压只需 2～5V。

(5)智能化与数字化。随着现代电子技术的发展,传感器的输出不再是一个单一的模拟信号(如 0～10mV),而是经过微处理器处理好的数字信号,有的甚至带有控制功能,这就是数字信号传感器。

495. 热电阻常用的材料有哪两种?

答:热电阻主要是利用导体的电阻随温度变化这一特性来测量温度的。目前广泛应用的热电阻材料是铂和铜。

(1)铂电阻。在高温下和氧化介质中铂的物理化学性能很稳定。它能用做工业测温元件,采用特殊结构可制成标准铂电阻温度计。它的适用范围为$-200\sim+600$ ℃。工业用铂电阻如图 10-2 所示，一般是将铂丝 2 绕在带有螺旋沟槽的玻璃或云母板上，外加不锈钢护套，也可将绕好的铂丝套入玻璃管熔烧封装。

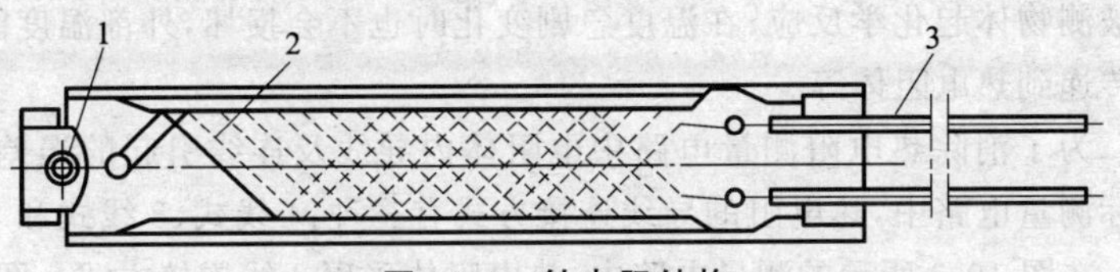

图 10-2 铂电阻结构

1. 被测温度的工作段 2. 铂丝 3. 与外电路连接的热电极

在 0～600 ℃以内，铂电阻与温度的关系为

$$R_t=R_0(1+At+Bt^2)$$

式中 R_t——温度为 t ℃时的电阻；

R_0——温度为 0 ℃时的电阻；

t——任意温度；

A、B——温度系数。

铂电阻的阻值不仅与温度 t 有关，还与温度在 0 ℃时的铂电阻值有关。目前国内统一设计的工业用铂电阻的 R_0值有 10Ω、100Ω 等几种，将 R_t与 t 相应关系列成表格称为铂电阻分度表，分度号分别用 P_t10、P_t100 表示。

(2)铜电阻。铜电阻价廉并且线性好，但温度高时易氧化。当测量精度要求不高，测量范围不大时，可以用铜电阻代替铂电阻使用。在$-50\sim+150$ ℃时，铜电阻呈线性关系

$$R_t=R_0(1+\alpha t)$$

铜电阻 R_0值有 50Ω、100Ω 两种，分度号分别用 Cu50、Cu100 表示。

496. 如何用热电阻测量温度？

答：(1)用热电阻测量温度的工作原理是：用热电阻测量温度时，要在热电阻两端施加电源，使流经热电阻的电流为规定值，测得该电流在热电阻两端产生的电压降。当热电阻受热时，其电阻值就要发生变化，使热电阻两端的电压也发生变化。精确测量电压变化，就可以准确反映热源的温度，从而达到测量温度的目的。

(2)在实际测量时,尤其是在工业生产的使用场合,为了对热电阻施加机械与化学性保护,使用时常将热电阻放在保护管内。选用保护管时要满足以下条件:保护管要有足够的耐热性、耐压性;抗腐蚀性强,不与被测物体起化学反应;在温度急剧变化时也不会损坏,外部温度能迅速传递到热电阻体等。

为了消除热电阻测量电路中电阻体内导线及连线引起的误差,在实际测量电路中,热电阻的导线连接方式有三种:4 线式、3 线式和 2 线式。在图 10-3 所示的测量电路中,热电阻体采用 4 线连接方式。图中,R_x为热电阻体构成的电阻元件,L_1和L_2为热电阻体内导线,G 为检流计或微电流检测器,R_S为标准电阻,R为固定电阻,$R_1 \sim R_4$为平衡调节电阻,R_h为电流调节电阻,S 为切换开关。这样,用标准电阻对电路进行校正,可以提高测量的精度。

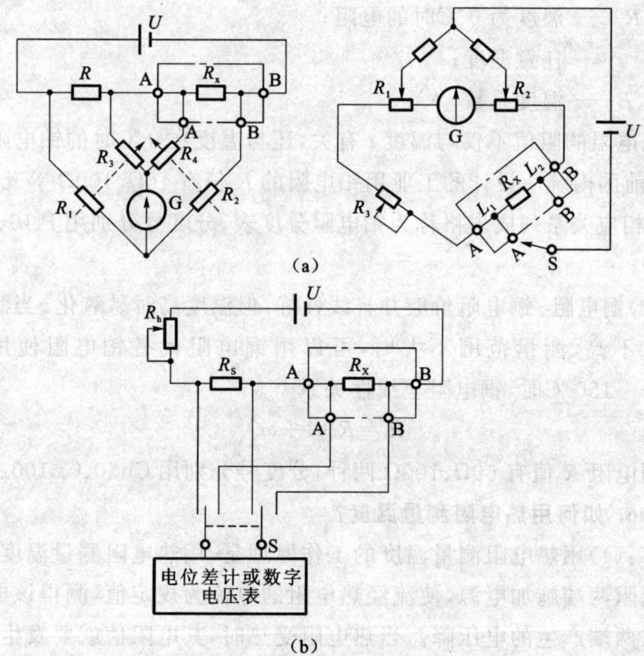

图 10-3　4 线式连接的测量电路

(a)电桥　(b)电位差计

图 10-4 所示测量电路采用 3 线式连接方式。使用的三根导线必须材质相同，线径、长度及电阻值相等，而且在全长导线内温度分布相同。这种方式可以消除热电阻内导线及连线引起的大部分误差，一般的温度测量大多采用这种接线方式。

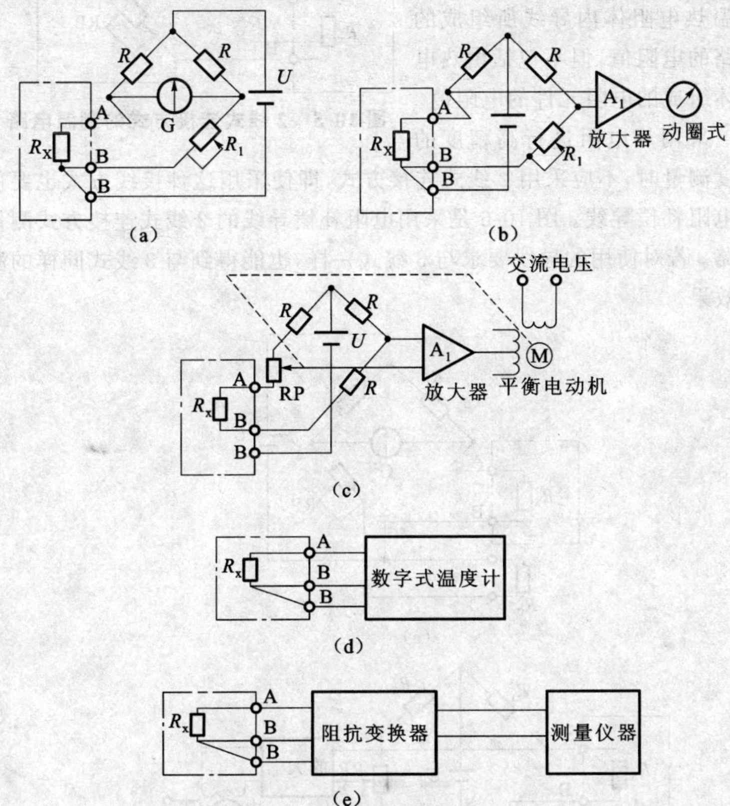

图 10-4　3 线式连接的测量电路

(a)电桥或动圈式计量仪器　(b)带放大器的动圈式计量仪器
(c)电子自动平衡式计量仪器　(d)数字式温度计　(e)采用阻抗变换器的电路

图 10-5 所示测温电路采用 2 线式连接方式。这种接线方式不能消除连线电阻随温度变化引起的误差，为此，应使连接导线的电阻值远低于测温的热电阻值。

一定要将外部的电阻值调整到计量仪器说明书中提供的标称值。外部电阻是指接在计量仪器的测量端子外侧的导线及测温热电阻体内导线所组成的电路的电阻值，但不包括由热电阻体组成的电阻元件的电阻值。

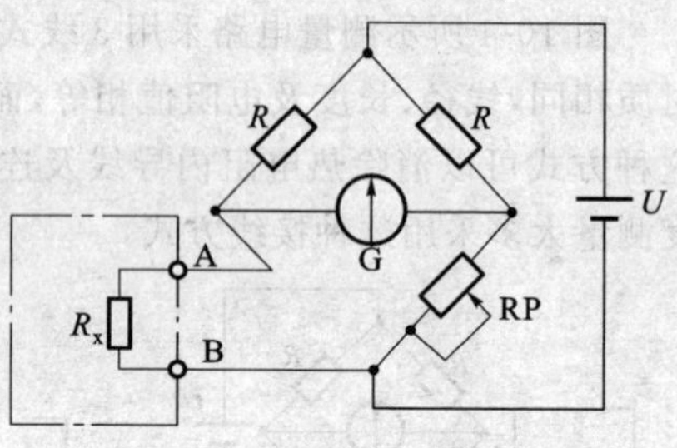

图 10-5　2 线式连接方式的测温电路

采用热电阻进行高精度的温度测量时，不应采用 2 线式连接方式，即使采用这种接线方式也要使用电阻补偿导线。图 10-6 是采用电阻补偿导线的 2 线式连接方式测量电路。若对使用的导线要求与 3 线式一样，也能得到与 3 线式同样的测量效果。

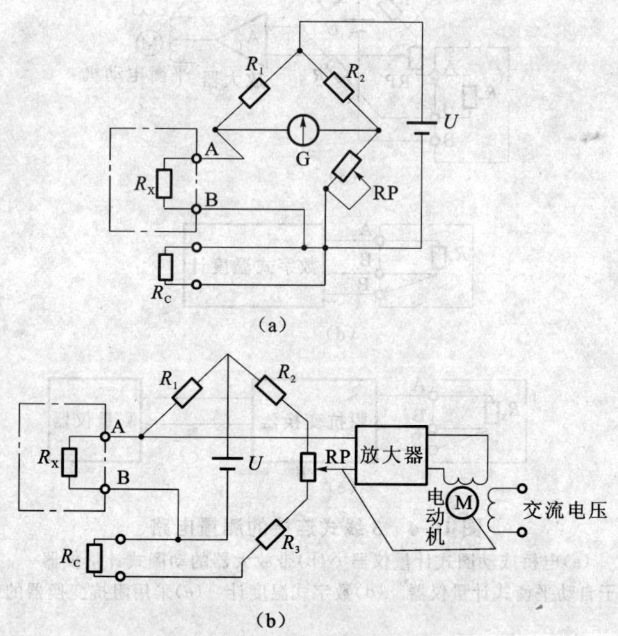

图 10-6　采用电阻补偿导线的 2 线式连接方式的测量电路

(a)电桥或动圈式计量仪器　(b)电子自动平衡式计量仪器

497. 什么是热敏电阻？

答：热敏电阻是近年来出现的一种新型半导体测温元件。主要是利用半导体的电阻值随温度变化而变化的特性测温。热敏电阻是由钴、锰、镍等金属氧化物，按不同比例高温烧结而成的。热敏电阻可按使用要求封装加工成各种形状，如珠状、片状、杆状等。热敏电阻主要由电阻本体引线和壳体组成。

498. 热敏电阻可分为哪几类？它们的测温范围及用途如何？

答：热敏电阻按温度系数可分为正温度系数热敏电阻(PTC)、负温度系数热敏电阻(NTC)和临界温度系数热敏电阻(CTR)，它们的特性曲线如图 10-7 所示。

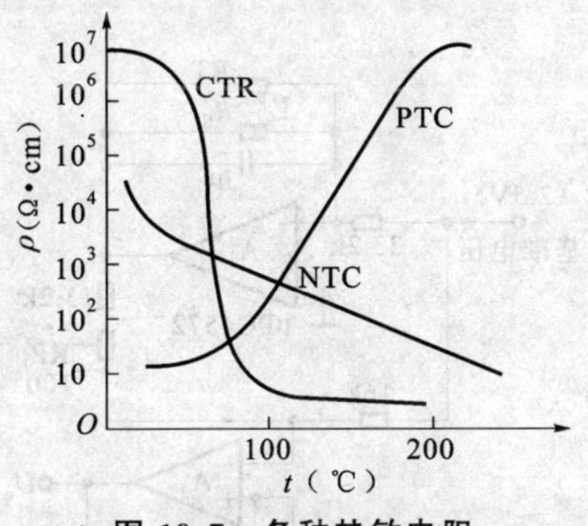

图 10-7 各种热敏电阻的典型特性曲线

(1)NTC 热敏电阻的测温范围：低温为－100～0 ℃，中温为－50～＋300 ℃，高温为＋200～＋800 ℃。主要组成材料有 Mn、Ni、Co、Fe、Cu、Al_2O_3 等。用于温度测量、温度补偿和电流限制等。

(2)PTC 热敏电阻的测温范围为－50～150 ℃，主要材料有$BaTiO_3$等，用于温度开关、恒温控制和防止冲击电流等。

(3)CTR 热敏电阻的测温范围为 0～150 ℃，主要材料有氧化钒系列等，用于记忆、延迟和辐射热测量计等。

499. 热敏电阻有哪些优缺点？

答：热敏电阻的优点是：对于温度变化，其阻值变化较大，即输出灵敏度高；便于大批量生产，因而价格便宜；体积小而且坚固；由于灵敏度高，因而信号处理非常方便。

热敏电阻的缺点是：非线性元件、测温范围窄、互换性差等。

500. 采用热敏电阻的温度测量电路有哪些？

答：图 10-8 所示是采用热敏电阻的温度测量电路。

(1)图 10-8(a)所示为并联方式，热敏电阻 RT 与电阻 R_S并联，输出电

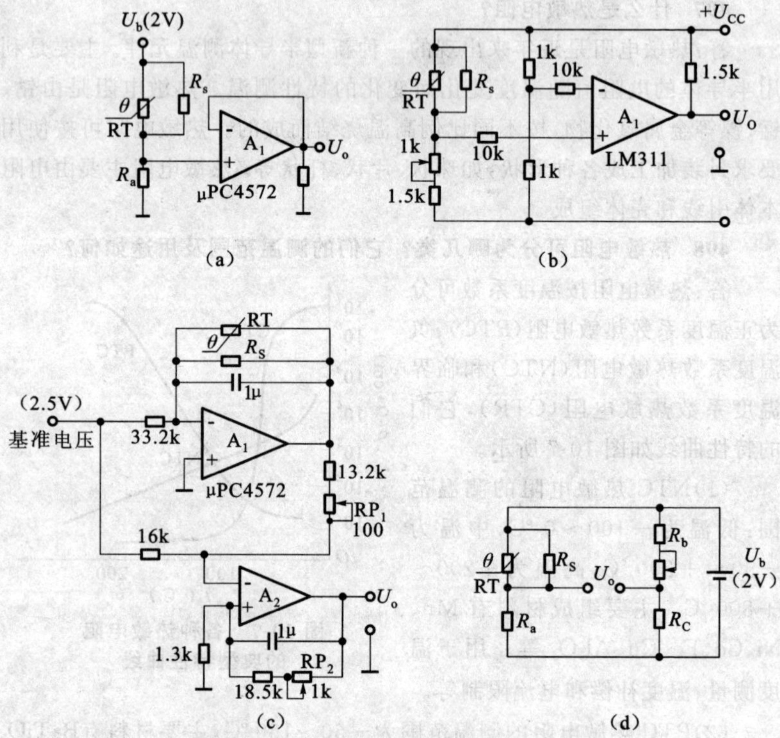

图 10-8　采用热敏电阻的温度测量电路

(a)并联方式　(b)热敏电阻与比较器组合的电路

(c)热敏电阻作为运算放大器的反馈电阻　(d)桥接方式

压 U_o 为

$$U_o=\frac{R_S}{R_{TH}+R_a}U_b$$

式中　$R_{TH}=R_{RT}/\!/R_S$。

由于这种电路简单，电源电压的变化会直接影响输出，因此，工作电源一般采用稳压电源。

(2)图 10-8(b)所示是热敏电阻与比较器组合的电路，其电路若达到设定温度，则比较器 A_1 开始工作，A_1 应具有适当时滞特性，这样，电路就具有较好的开关特性。

(3)图 10-8(c)所示为两级放大的温度测量电路。热敏电阻作为第一级运算放大器 A_1 的反馈电阻,因而第二级运算放大器 A_2 的输出电压信号与温度相对应。该电路的热敏电阻直接接在由运算放大器构成的反相放大电路中,易受到外部感应噪声的影响。因此,热敏电阻回路的布线要尽量短。

(4)图 10-8(d)所示为桥接方式,热敏电阻作为桥的一臂,输出为桥路电压之差,即为

$$U_o=(\frac{R_a}{R_{TH}+R_a}-\frac{R_c}{R_b+R_c})U_b$$

式中 $R_{TH}=R_{RT}/\!/R_S$。

501. 什么是热电偶?其工作原理是怎样的?

答:热电偶是利用热电动势效应制成的温度传感器。

(1)将两种不同材料的导体构成一闭合回路,若两个接点处温度不同,则回路中产生电动势,从而形成电流,这个物理现象称为热电动势效应,简称热电效应。在图 10-9 所示的回路中,把 A、B 两导体的组合称为热电偶,A、B 两种导体称为热电极,两个接点在 T 端称为工作端或热端,T_0 端称为自由端或冷端。

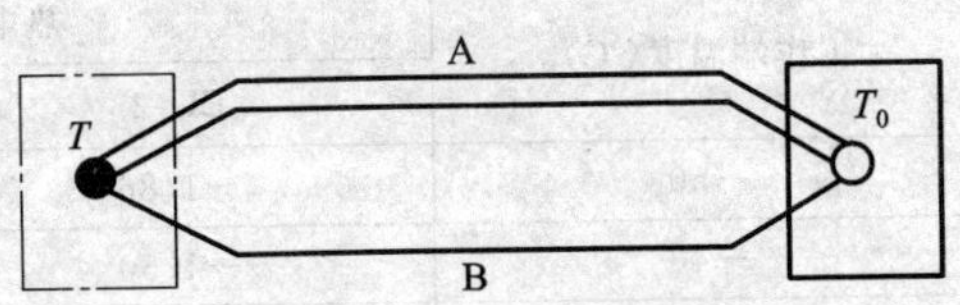

图 10-9 热电偶原理图

热电动势由接触电动势和温差电动势两部分组成,其大小只与两材料和两接点的温度有关,而与热电偶的尺寸、形状及材料的中间温度无关。热电动势记作 $E_{AB}(t,t_0)$。

(2)有的热电偶回路中接入第三种材料的导体,只要第三种材料导体的两端温度相同,则这一导体的引入将不会改变原来热电偶热电动势的大小,如图 10-10 所示。其中,C 导体两端温度相同。这一点很重要,它为热电偶测量时加测量引线带来方便。

(3)在一般情况下,热电偶的热电动势和两端点温度 t、t_0 有关。如果保持自由端(冷端)的温度恒定(如取为 0 ℃),则热电动势仅为被测端温度的单值函数。热电偶的分度表(温度与热电动势关系的对应数据表

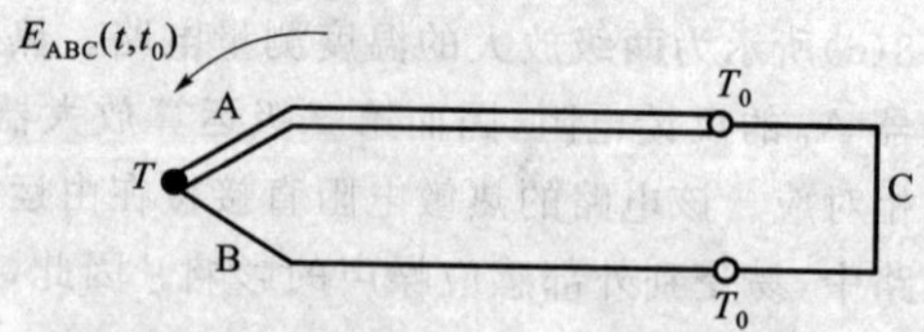

图 10-10　具有中间导体的热电偶回路

格)和根据分度表刻度的显示仪表都是以热电偶的自由端温度等于0 ℃为条件的。

502. 怎样用镍铬-镍硅热电偶测量温度？

答：镍铬-镍硅热电偶分度表见表 10-1。

表 10-1　镍铬-镍硅热电偶分度表(自由端温度为 0 ℃)

工作端温度(℃)	热电动势(mV)	
	EU-2	K
−50	−1.86	−1.889
−40	−1.50	−1.527
−30	−1.14	−1.156
−20	−0.77	−0.777
−10	−0.39	−0.392
−0	−0.00	−0.000
+0	0.00	0.000
10	0.40	0.397
20	0.80	0.798
30	1.20	1.203
40	1.61	1.611
50	2.02	2.022
60	2.43	2.436
70	2.85	2.850
80	3.26	3.266
90	3.68	3.681

续表 10-1

工作端温度(℃)	热电动势(mV)	
	EU-2	K
100	4.10	4.095
110	4.51	4.508
120	4.92	4.919
130	5.33	5.327
140	5.73	5.733
150	6.13	6.137
160	6.53	6.539
170	6.93	6.939
180	7.33	7.338
190	7.73	7.737
200	8.13	8.137
210	8.53	8.537
220	8.93	8.938
230	9.34	9.341
240	9.74	9.745
250	10.15	10.151
260	10.56	10.560
270	10.97	10.969
280	11.38	11.381
290	11.80	11.793
300	12.21	12.207
310	12.62	12.623
320	13.04	13.039
330	13.45	13.456
340	13.87	13.874

续表 10-1

工作端温度(℃)	热电动势(mV)	
	EU-2	K
350	14.30	14.292
360	14.72	14.712
370	15.14	15.132
380	15.56	15.552
390	15.99	15.974
400	16.40	16.395
410	16.83	16.818
420	17.25	17.242
430	17.67	17.664
440	18.09	18.088
450	18.51	18.513
460	18.94	18.938
470	19.37	19.363
480	19.79	19.788
490	20.22	20.214
500	20.65	20.640
510	21.08	21.066
520	21.50	21.493
530	21.93	21.919
540	22.35	22.346
550	22.78	22.772
560	23.21	23.198
570	23.63	23.624
580	24.05	24.050
590	24.48	24.476

续表 10-1

工作端温度(℃)	热电动势(mV)	
	EU-2	K
600	24.90	24.902
610	25.32	25.327
620	25.75	25.751
630	26.18	26.176
640	26.60	26.599
650	27.03	27.022
660	27.45	27.445
670	27.87	27.867
680	28.29	28.288
690	28.71	28.709
700	29.13	29.128
710	29.56	29.547
720	29.97	29.965
730	30.39	30.383
740	30.81	30.799
750	31.22	31.214
760	31.64	31.629
770	32.06	32.042
780	32.46	32.455
790	32.87	32.866
800	33.29	33.277
810	33.69	33.686
820	34.10	34.095
830	34.51	34.502
840	34.91	34.909
850	35.32	35.314

续表 10-1

工作端温度(℃)	热电动势(mV)	
	EU-2	K
860	35.72	35.781
870	36.13	36.121
880	36.53	36.524
890	36.93	36.925
900	37.33	37.325
910	37.73	37.724
920	38.13	38.122
930	38.53	38.519
940	38.93	38.915
950	39.32	39.310
960	39.72	39.703
970	40.10	40.096
980	40.49	40.488

实际使用中，自由端温度通常不是 0 ℃。当热电偶自由端温度 $t_0>0$ ℃，但 t_0 基本恒定时，得到的热电动势 $E_{AB}(t,t_0)<E_{AB}(t,0\ ℃)$。根据热电偶的性质有

$$E_{AB}(t,0\ ℃)=E_{AB}(t,t_0)+E_{AB}(t_0,0\ ℃)$$

上式中 $E_{AB}(t,t_0)$ 是毫伏表直接得到的热电动势的值，查热电偶的分度表得到 $E_{AB}(t_0,0\ ℃)$，根据上式求出 $E_{AB}(t,0\ ℃)$，最后再根据分度表查出被测温度 t。

【例】用镍铬-镍硅分度号为 K 的热电偶测炉温时，其自由端温度恒定在 $t_0=20$ ℃，在直流电位差计上测出热电动势 $E_{AB}(t,20\ ℃)=38.905$mV，试求此时炉温为多少？

解：查镍铬-镍硅热电偶 K 分度表得 $E_{AB}(20\ ℃,0\ ℃)=0.798$mV

$$\begin{aligned}E_{AB}(t,0\ ℃)&=E_{AB}(t,20\ ℃)+E_{AB}(20\ ℃,0\ ℃)\\&=38.905\text{mV}+0.798\text{mV}\\&=39.703\text{mV}\end{aligned}$$

反查 K 分度表，求得 $t=960$ ℃。

热电偶冷端温度 t_0变化时，会影响热电动势值，因而要求冷端恒温。可用冰保温瓶恒定在 0 ℃，或用恒温器保证 t_0值，也可以用电子补偿电路进行恒温补偿。

503. 什么是热电偶的补偿导线？使用补偿导线要注意什么？

答：为了使热电偶冷端不受高温热源的影响，冷端基本保持恒定或波动较小，可把热电偶做得很长。这样，势必使使用贵重金属的热电偶成本加大。在一定范围内（0～100 ℃）人们往往采用与工作热电偶的热电特性相近的材料制成导线，用它将热电偶的冷端延长至需要的地方。这种方法称为补偿导线法，连接导线称为补偿导线。使用补偿导线仅起延长热电偶的作用，不起任何温度补偿作用。

补偿导线随热电偶使用的材料不同而不同，它要与各自对应的热电偶组合使用。使用时热电偶的“＋”端要接补偿导线的“＋”侧芯线，热电偶的“－”端要接补偿导线的“－”侧芯线，如图 10-11 所示。补偿导线接的计量仪器的端子是温度的基准点，热电偶的芯线仅延长到与补偿导线的长度相同。测量高温时热电偶的芯线端子温度为 100 ℃左右，其后使用补偿导线。

采用补偿导线要注意以下几点：

(1)各种补偿导线只能与相应型号的热电偶配用，而且必须在规定的温度范围内使用，极性切勿接反。

(2)热电偶的长度由补偿结点的温度决定。热电偶长度与补偿导线长度要最佳配合。例如，热电偶长 50cm，补偿导线以 5m 为宜。热电偶与补偿导线结点（这点称为补偿结点）的温度不能超过补偿导线的使用温度。若热电偶变冷，需要把热电偶伸长到补偿导线的使用温度范围。因此，测温结点温度高，热电偶可长；温度低，热电偶可短。补偿结点间做到没有温差。

(3)热电偶与计量仪器之间增加一个温度结点（补偿结点），误差要尽可能地小。为此，结点要紧靠，做到不产生温差。

504. 常用热电偶有哪些？

答：常用热电偶见表 10-2。

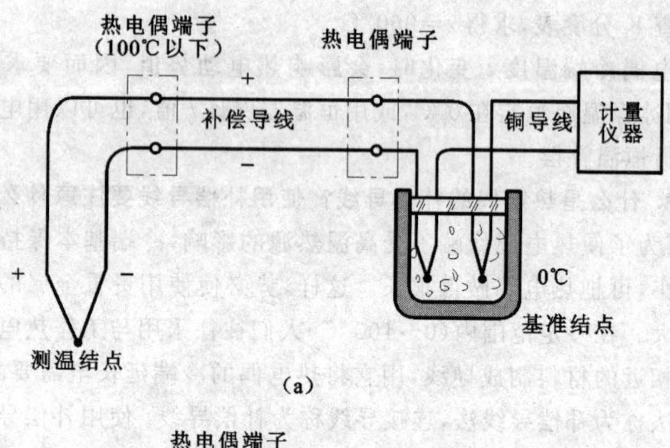

(a)

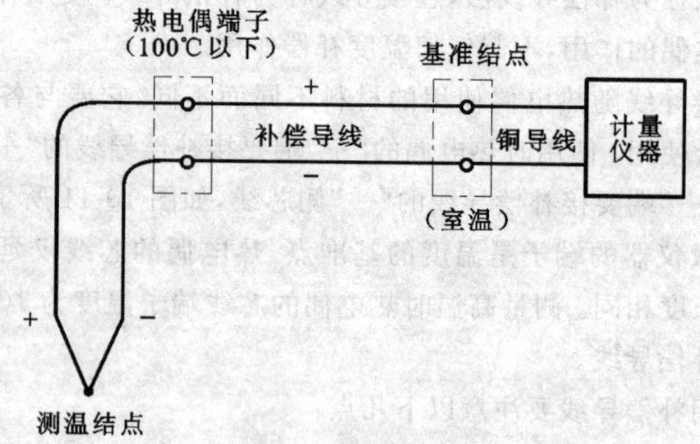

(b)

图 10-11　接有补偿导线的测量电路

(a)用于冰点式基准结点　(b)用于室温式基准结点

表 10-2　常用热电偶

名　称	型号	分度号	测温范围(℃)	特　点
铂铑$_{10}$-铂	WRP	S	0～1600	使用范围广,性能稳定,精度高,复现性好。高温下铑易升华,污染铂极,价格贵,一般用于较精密的测温中
镍铬-镍硅	WRN	K	−200～1300	热电动势线性好,价廉,但材质较脆,焊接性能及抗辐射性能较差
镍铬-考铜	WRK	EA-2	0～300	热电动势大,线性好,价廉,测温范围小,考铜易受氧化变质

505. 热电偶有哪些特点？

答：(1)热电偶的优点是：

①热电偶是将温度变换为电量进行检测，因此，方便记录和控制。

②价廉而且容易买到，测量方法简便而且精度高，测量时间也比较短。

③测量温度范围较宽，可以根据灵敏度与寿命选用热电偶的种类与线径。

④可以测量较小物体的温度以及狭窄场所处的温度。

⑤被测物体与计量仪器间的距离可较远，途中即使局部发生温度变化，对测量值几乎没有影响。

(2)热电偶的缺点是：

①能使用的热电偶的种类受到测量场所环境的限制。

②除需要绝缘管和保护管以外，还需要基准结点或基准结点补偿。

③精度误差限定为测量温度或裸线温度的 0.2%左右。

④高温或长期使用时由于环境温度的影响使其性能下降，因此，需要定期检查与更换。

⑤组装时手接触或机油等使热电偶受到污染而影响其寿命，出现测温结点的断线故障以及外电路的短路事故。

506. 热电偶实际应用时应满足哪些条件？

答：实际应用时热电偶应满足以下条件：

(1)热电动势较大。

(2)高温或低温使用时，热电动势稳定，而且寿命长。

(3)耐热性好，在高温时能保证有足够的机械强度。

(4)耐腐蚀性强，对腐蚀性气体的环境适应性强。

(5)与同类热电偶芯线的互换性强。

(6)价廉而且容易买到。

507. 粘接透明包装纸用的电烙铁是如何用温度传感器控制温度的？

答：图 10-12 所示为电烙铁温度控制的典型电路。

图中 3 为温度控制器，2 为铂电阻(Pt100)，5 为固态继电器，4 为电烙铁，S 为开关。其工作原理是：合上开关 S，温控器工作，安装在电烙铁上的测温电阻 2 的阻值随电烙铁温度升高而增大，其信号输入温控器 3 的 A_1、A_2 端，温控器把测温电阻的阻值和温控器的预置值进行比较，高于预置值时，由 B_5、B_6 输出信号给固态继电器 5，使固态继电器 C_1、C_2 断开电源，切断电烙铁的电源，让其自然降温；当低于预置值时，C_1、C_2 接通，则电烙铁进行加温，稳定了电烙铁的工作温度。

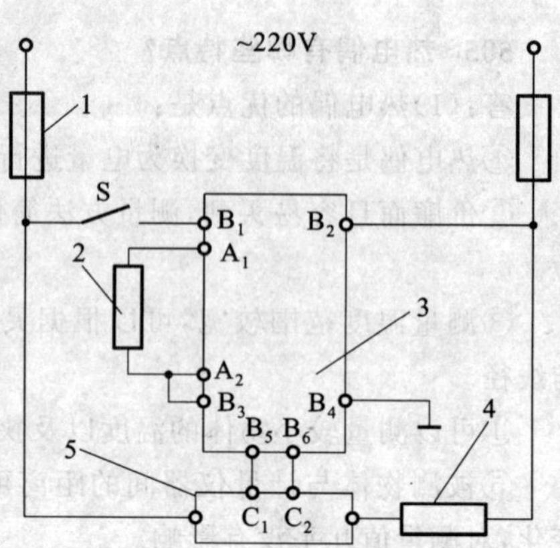

图 10-12　温度传感器应用典型电路

1. 熔断器　2. 铂电阻　3. 温控器　4. 电烙铁　5. 固态继电器

早期使用的温控器是用继电器来执行切断电源，但其工作不稳定，会产生很强的电磁噪声，并有电火花产生，影响周围电器。

508. 什么是光电传感器？光电传感器有几种类型？

答：光电传感器是把光信号转换为电信号的一种传感器。它由光电元件、光源、光学元件及相应的转换电路构成。

光电传感器有四种类型。

(1)第一种。被测物 1 本身是光源 3，由被测物发出的光通量到达光电元件 2 上。如光电比色温度计、光照度计，如图 10-13(a)所示。

(2)第二种。被测物 1 吸收光源 3 的光通量，由被测物吸收光通量后到达光电元件 2。吸收量决定于被测物的某些参数，如测液体的透明度，如图 10-13(b)所示。

(3)第三种。被测物 1 是具有反射能力的表面，光电元件 2 的输出反映了被测物的某些参数。如纸张白度测量，如图 10-13(c)所示。

(4)第四种。被测物 1 遮挡光通量，光电元件 2 的输出反映了被测物的某些参数，如振动测量、带材跑偏测量，如图 10-13(d)所示。

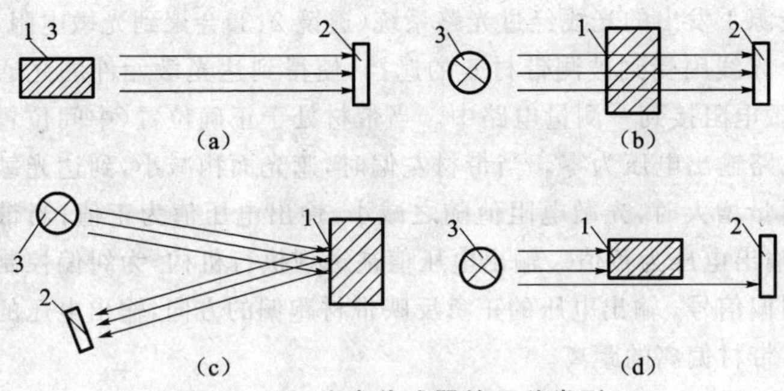

图 10-13 光电传感器的几种类型

(a)第一种 (b)第二种 (c)第三种 (d)第四种

1. 被测物 2. 光电元件 3. 光源

509. 光电传感器的应用情况如何?

答:光电传感器广泛应用于自动控制、宇航、广播电视等各个领域。半导体光电传感器由于具有体积小、重量轻、灵敏度高、功耗低、便于集成等优点,因而受到广泛的重视。

光电传感器的应用实例列举如下:

(1)光电式边缘位置检测器。在冷轧带钢厂中,带材会连续经过酸洗、退火、镀锡等工艺流程。在运送过程中,带材容易走偏。带材走偏,边缘便会与传送机械发生碰撞,出现卷边,造成废品。光电式边缘位置检测器是为检测带材跑偏提供纠偏信号而设置的,如图 10-14 所示。

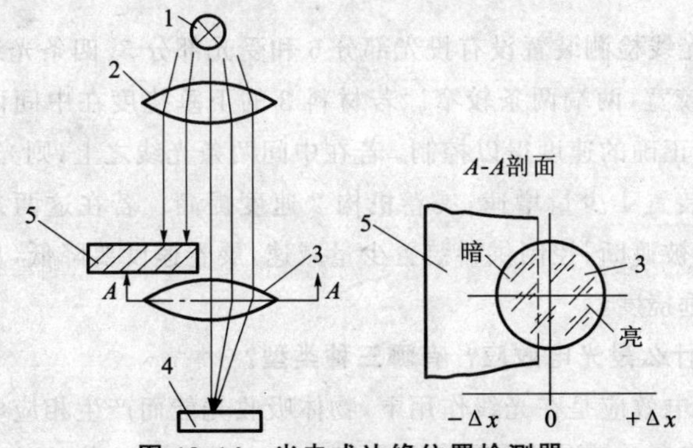

图 10-14 光电式边缘位置检测器

1. 光源 2、3. 透镜 4. 光敏电阻 5. 被测带材

光源 1 发出的光线经过光路系统(透镜 2、3)会聚到光敏电阻 4 上。而部分光线因受到被测带材 5 的遮挡,使得到达光敏元件的光通量减小,光敏电阻接到一测量电路中。当带材处于正确位置(中间位置)时,测量电路输出电压为零。当带材左偏时,遮光面积减小,到达光敏电阻的光通量增大时,光敏电阻值随之减小,输出电压值为正值;当带材右偏时,输出电压为负值。输出电压值被送到执行机构,为纠偏控制系统提供纠偏信号。输出电压的正负反映带材跑偏的方向,输出电压的大小反映了带材偏离的距离。

(2)光线检测装置。在大型钢厂中,较重的卷料展卷时,控制这种卷料的下垂挠度非常必要。图 10-15 为卷料下垂挠度的光检装置。

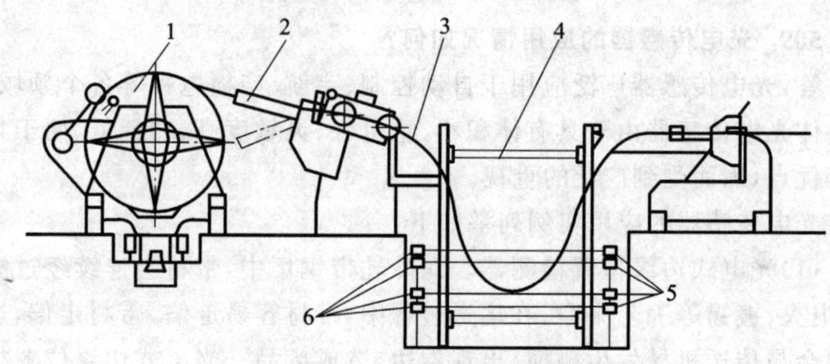

图 10-15　光线检测装置

1. 供料装置　2. 展卷机构　3. 材料　4. 光检装置　5. 受光部分　6. 投光部分

此种光线检测装置设有投光部分 6 和受光部分 5。四条光线的间距中间两条较宽,两端两条较窄。若材料 3 的下垂挠度在中间两条光线间,供料以正确的速度得以控制。若在中间两条光线之上,则光线通过,控制供料装置 1 少量增速,展卷机构 2 速度提高。若在这两条光线之下,则光线被遮断,控制供料装置少量减速,展卷速度要降低,从而控制了卷料下垂挠度。

510. 什么是光电效应?有哪三种类型?

答:光电效应是在光线作用下,物体吸收光能而产生相应电效应的一种物理现象。它分为外光电效应、内光电效应和光生伏特效应三种类型。具有光电效应的元件则为光电元件。

(1)外光电效应。在光线作用下，电子从物体表面逸出的物理现象，也称为光电发射效应。基于外光电效应的元件有光电管和光电倍增管。

(2)内光电效应。在光线作用下，物体电阻率发生变化的现象，也称为光电导效应。基于内光电效应的元件有光敏电阻。

(3)光生伏特效应。在光线作用下，物体产生一定方向电动势的现象。基于光生伏特效应的元件有光电池和光电晶体管。

511. 常用光电元件有哪几种？

答：常用光电元件有：

(1)光敏电阻。有紫外光敏电阻、可见光敏电阻和红外光敏电阻。紫外光敏电阻主要用于紫外线的探测；可见光敏电阻(如硅、锗光敏电阻)主要用于各种光电自动控制系统(如光电自动开关门、自动给水和停水装置)、照相机自动曝光、电视机亮度自动调整、光电计数器等；红外光敏电阻广泛用于成分分析、无损探伤、人体病变检查等方面。

(2)光电池。种类很多，其感光灵敏度随材料和工艺方法的不同而不同，目前应用最广的是硅光电池，它具有性能稳定、传递效率高等优点；它的缺点是质脆、经不起剧烈冲击、抗辐射能力差、价格较贵。

硒光电池，由于其光谱响应峰值为 0.75μm，属于可见波长范围，因此，很多分析仪器、测量仪器也常用到它。

硒光电池交换效率比硅光电池效率低。但它频率响应范围较宽，与人眼视觉的频率响应范围相近，因而适用于曝光表及照度计。

(3)光电二极管、光电晶体管。

①光电二极管的结构与一般晶体二极管相似。在电路中一般处于反向工作状态，在不受光照射时，它处于截止状态；受光照射时，处于导通状态。光电二极管起着变阻作用。

②光电晶体管是由光电二极管与普通晶体管组合而成，它比光电二极管具有更高的灵敏度。光电晶体管有 PNP 型和 NPN 型两种。

512. 光电二极管的主要特征有哪些？

答：光电二极管的主要特征有：

(1)入射光量与光输出电流具有良好的线性关系，但光电流很小，为微安级。

(2)响应速度快。适合于高频响应用途，响应时间一般在几百纳秒以下。

(3)光谱灵敏度波长范围广。适用于紫外线(200nm)～可见光(550nm)～近红外线(1100nm)的波长范围。

(4)输出误差小。约±20%以内。

(5)温度变化对输出影响小，约±0.8%以内。

513. 光电二极管的主要参数有哪些？

答：光电二极管的主要参数有：

(1)最高工作电压。光电二极管在无光照条件下，反向漏电流不超过一定值(一般不超过 0.1μA)时所能承受的最高反向电压，此值越高，光电二极管性能越稳定。

(2)暗电流。光电二极管在无光照时和最高工作电压下，通过光电二极管 PN 结测得的反向漏电流，暗电流小的光电二极管工作性能稳定，检测弱光信号的能力强。

(3)光电流。光电二极管在最高工作电压时受一定光照射所产生的电流，一般此值越大越好。

514. 光电二极管有哪些基本应用电路？

答：光电二极管的基本应用电路列举如下：

(1)光电二极管最简单的应用电路如图 10-16 所示。图 10-16(a)所示是负载较大的情况，图 10-16(b)所示是负载较小的情况。图 10-16(a)中的输出电压比图 10-16(b)中的大，但响应特性比图 10-16(b)的差。与无偏置电路相比，图 10-16(a)所示电路的响应特性好，但暗电流大。

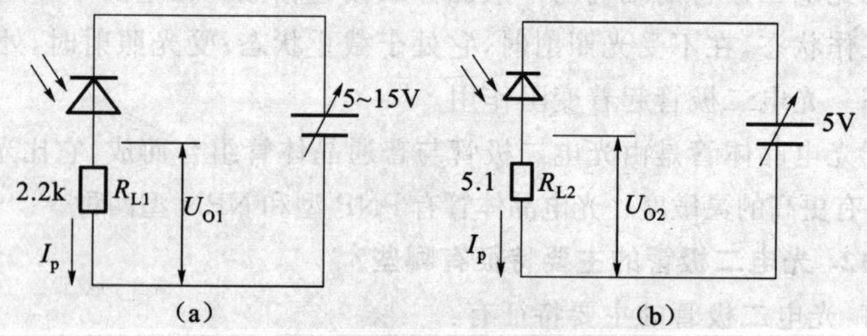

图 10-16　光电二极管最简单的应用电路

(a)负载较大的情况　(b)负载较小的情况

(2)光电二极管与晶体管组合应用电路如图 10-17 所示。图 10-17(a)所示为典型的集电极输出电路,而图 10-17(b)所示为典型的发射极输出电路。

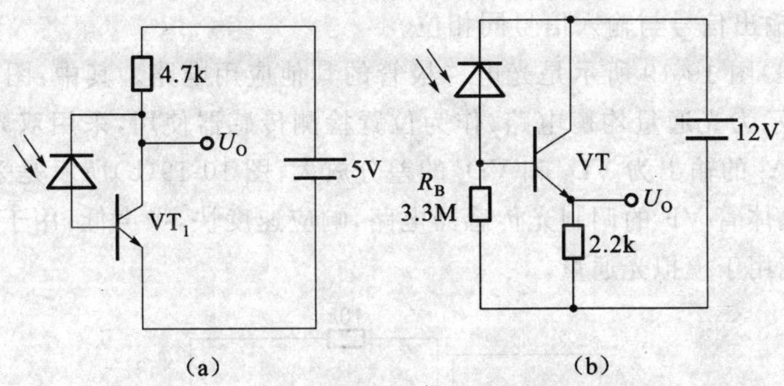

图 10-17 光电二极管与晶体管组合应用电路
(a)集电极输出电路 (b)发射极输出电路

集电极输出电路适用于脉冲入射光电路,输出信号与输入信号的相位相反,输出信号一般较大。而发射极输出电路适用于模拟信号电路,电阻 R_B 可以减小暗电流,输出信号与输入信号的相位相同,输出信号一般较小。

(3)光电二极管与运算放大器组合应用电路如图 10-18 所示。图 10-18(a)所示为无偏置方式,图 10-18(b)所示为反向偏置方式。

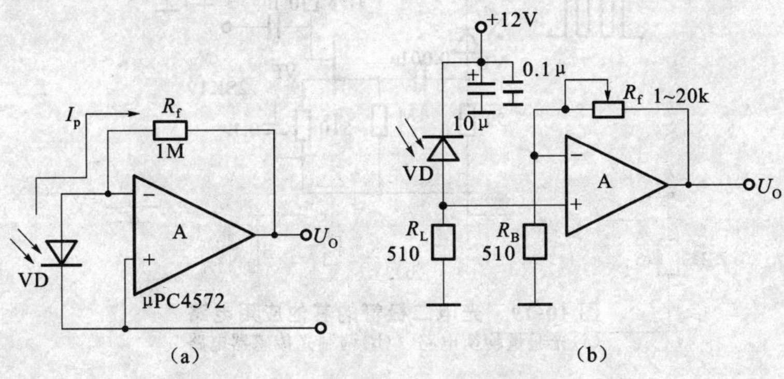

图 10-18 光电二极管与运放组合应用电路
(a)无偏置方式 (b)反向偏置方式

无偏置电路可以用于测量宽范围的入射光，例如照度计等，但响应特性比不上反向偏置的电路，可用反馈电阻 R_f 调整输出电压，如果 R_f 用对数二极管替代，则可以输出对数压缩的电压。反向偏置电路的响应速度快，输出信号与输入信号同相位。

(4)图 10-19 所示是光电二极管的其他应用电路。其中：图 10-19(a)所示为光通量均衡电路，作为位置检测传感器使用，采用双光电二极管，A_1 的输出为 VD_1 和 VD_2 的差分放大；图 10-19(b)所示是采用场效应晶体管 VF 的调制光传感器电路，响应速度快，噪声低，用于遥控，但不能用于模拟光通量。

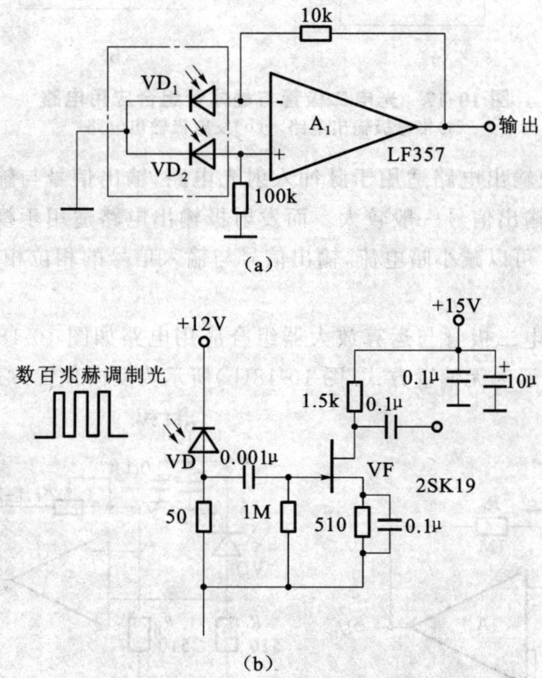

图 10-19　光电二极管的其他应用电路

(a)光通量均衡电路　(b)调制光传感器电路

515. 光电晶体管有哪些基本应用电路？

答：光电晶体管的基本应用电路列举如下：

(1)光电晶体管工作的基本电路如图 10-20 所示。图 10-20(a)所示为发射极输出形式,图 10-20(b)所示为集电极输出形式。要求入射光信号与输出信号同相位时采用图 10-20(a)所示的形式,当需要输出信号电平较大时采用图 10-20(b)所示的形式。另外,对于图 10-20(a)所示的形式其输出由电流增益决定,而图 10-20(b)所示的形式其输出与电压增益有关。因此,在入射光通量相同情况下,负载电阻相同时集电极输出形式的输出电压较大。

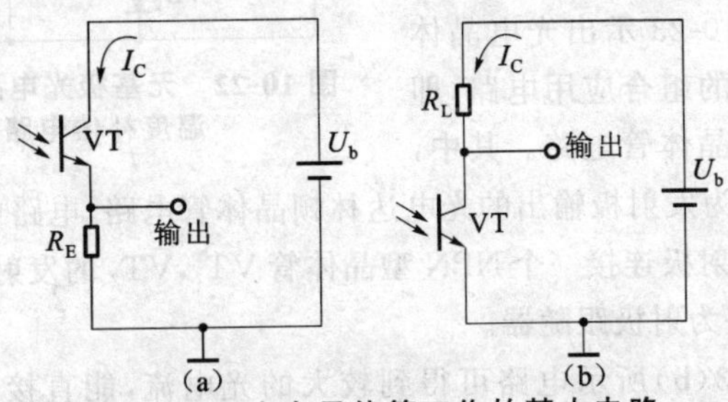

图 10-20 光电晶体管工作的基本电路

(a)发射极输出形式 (b)集电极输出形式

(2)光电晶体管的暗电流随温度升高而按指数函数规律增大,在低照度时严重影响着光电流。为此,实际应用时需要增设温度补偿电路。图 10-21 示出带基极光电晶体管的温度补偿电路。图 10-21(a)所示电路为分压式偏置电路,直流工作点的热稳定性较好,适用于模拟光的测量,控制基极电流可以降低暗电流。在图 10-21(b)所示电路中,基极电阻 R_B与二极管 VD 串联,能有效利用二极管的温度特性,当环境温度升高时二极管正向电压降降低,从而对输出电压进行温度补偿。

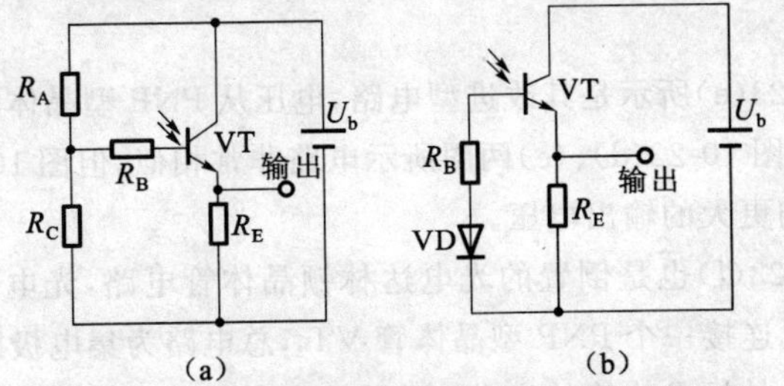

图 10-21 带基极光电晶体管的温度补偿电路

(a)分压式偏置电路 (b)与基极电阻 R_B串联二极管 VD 的电路

(3)图 10-22 所示是无基极光电晶体管的温度补偿电路，在发射极接入二极管 VD_1 和 VD_2 以及热敏电阻 RT 等热敏元件，对输出电压进行温度补偿。若只接二极管或只接热敏电阻也能得到相应的温度补偿特性。

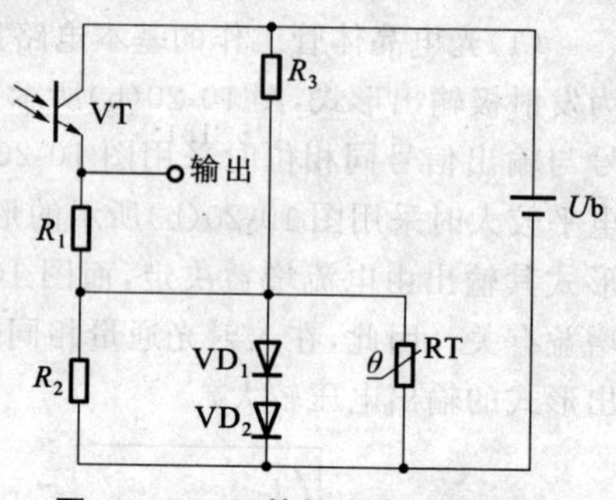

图 10-22　无基极光电晶体管的温度补偿电路

(4)图 10-23 示出光电晶体管与晶体管的组合应用电路，即光电达林顿晶体管电路。其中，图 10-23(a)为发射极输出的光电达林顿晶体管电路，电路中，光电晶体管 VT_1 的发射极连接一个 NPN 型晶体管 VT_2，VT_2 的发射极接负载电阻，总体电路为射极跟随器。

图 10-23(b)所示电路可得到较大的光电流，能直接驱动小型继电器。

图 10-23(c)是集电极输出的光电达林顿晶体管电路，光电晶体管 VT_1 的发射极也连接一个 NPN 型晶体管 VT_2，VT_2 的集电极接负载电阻，总体电路为集电极跟随器。这种电路能得到较大的输出电压，且入射光信号的相位与输出电压的相位相反。上述电路都能获得较大的光电流，但相应的暗电流也非常大，只限于在低速光电开关电路中应用。

图 10-23(d)所示是倒置的光电达林顿晶体管电路。电路中，光电晶体管 VT_1 的集电极也连接一个 PNP 型晶体管 VT_2，总电路为射极跟随器。

图 10-23(e)所示是其改进型电路，电压从 PNP 型晶体管 VT_2 的集电极输出。图 10-23(d)、(e)两图所示电路非常相似，但图 10-23(e)所示电路能得到更大的输出电压。

图 10-23(f)也是倒置的光电达林顿晶体管电路，光电晶体管 VT_1 的集电极也连接一个 PNP 型晶体管 VT_2，总电路为集电极跟随器。

光电达林顿晶体管的光电流比光电晶体管大 h_{FE} 倍，即使入射光量非常小也能取得较大光电流。但时间常数也增大 h_{FE} 倍，响应特性变坏，

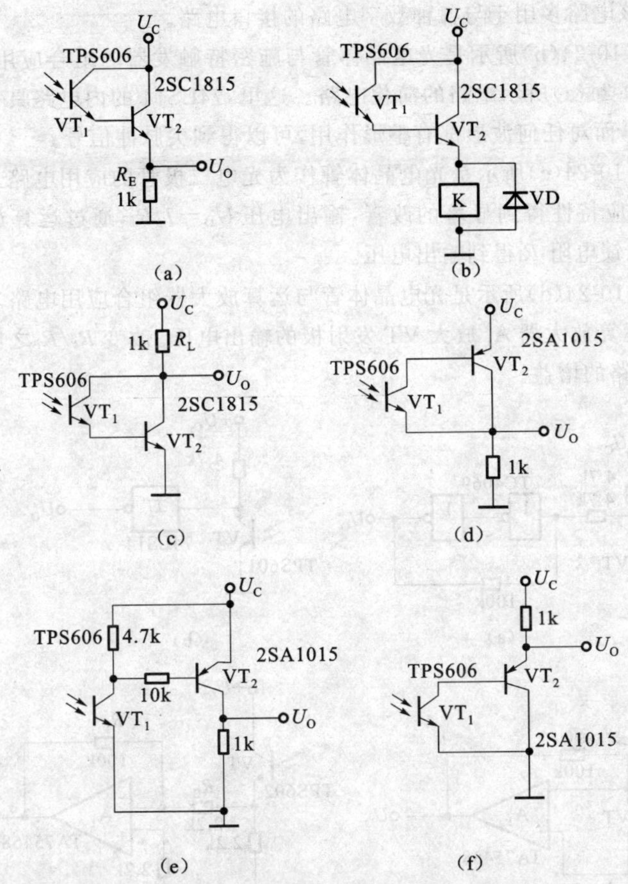

图 10-23 光电晶体管与晶体管的组合应用电路

(a)、(b)发射极输出的光电达林顿晶体管电路 (c)集电极输出的光电达林顿晶体管电路 (d)倒置的光电达林顿晶体管电路 (e)改进电路 (f)集电极跟随器

暗电流也非常大,高温下使用较难以适应。为此,光电达林顿晶体管仅限于在低速而需要较大光电流的光电开关电路中应用。

(5)图 10-24 所示为光电晶体管与集成电路的组合应用电路。其中,图 10-24(a)为光电晶体管 VT 与反相器组合应用电路,采用两个反相器构成施密特电路。由于施密特电路的上升特性陡峭,抗噪声能力强，故该电路多用于与各种数字电路的接口电路。

图 10-24(b)所示是光电晶体管与施密特触发器的组合应用电路，是图 10-24(a)所示电路的简化电路。这里，74LS14 的内电路具有施密特特性，而对任何波形都有整形作用，可以得到尖脉冲信号。

图 10-24(c)所示是光电晶体管作为光电二极管的应用电路。该电路的响应特性得到显著的改善，输出电压 $U_O = I_P R_f$，通过运算放大器 A_1 的反馈电阻 R_f 得到输出电压。

图 10-24(d)所示是光电晶体管与运算放大器组合应用电路。电路中，用运算放大器 A_1 放大 VT 发射极的输出电压。改变 R_f/R_B 之比就能改变电路的增益。

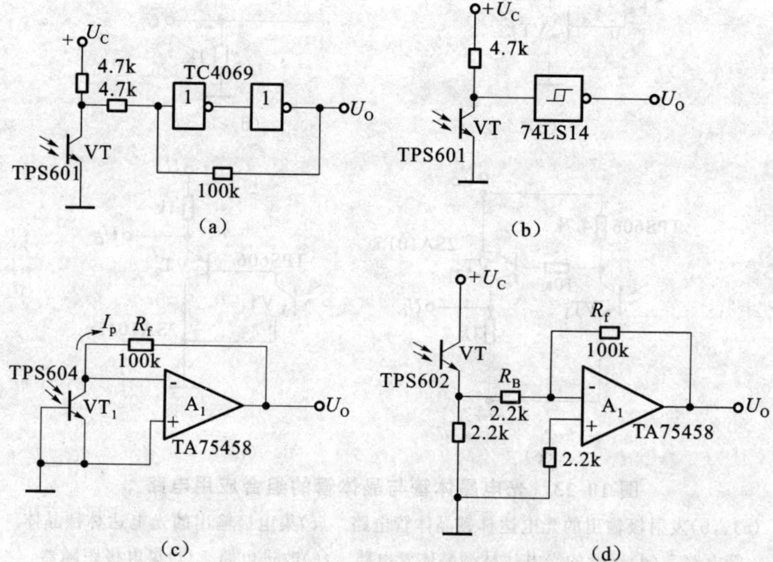

图 10-24　光电晶体管与集成电路的组合应用电路

(a)光电晶体管 VT 与反相器组合应用电路　(b)光电晶体管与施密特触发器的组合应用电路　(c)光电晶体管作为光电二极管的应用电路　(d)光电晶体管与运算放大器组合应用电路

(6)图 10-25 所示是采用晶体管改善光电晶体管频率特性的电路。图 10-25(a)所示是外接 PNP 型晶体管 VT_2，基极接地的电路。该电路可进行阻抗变换,负载电阻 R_L较大时,对光电晶体管也无任何影响。

图 10-25(b)所示是外接 NPN 型晶体管 VT_2,基极接地的电路。该电路也能进行阻抗变换,负载电阻 R_L较大时,对光电晶体管也无任何影响。这两种电路对于负载电阻较大时都能获得输出电压,对响应也无影响。

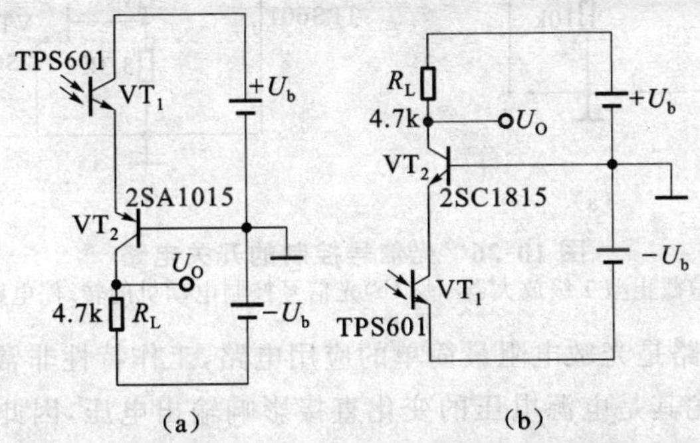

图 10-25　采用晶体管改善光电晶体管频率特性的电路

(a)外接 PNP 型晶体管的电路　(b)外接 NPN 型晶体管的电路

(7)图 10-26 所示是光信号控制的开关电路,图 10-26(a)是截止型 1 级放大器,通过接在光电晶体管 VT_1 集电极的二极管 VD 接到晶体管 VT_2 的基极,因此,这种电路的工作状态是 VT_1 导通而 VT_2 截止,即光电晶体管截止才有输出信号。该电路对光电流无放大作用,若前级光电晶体管 VT_1 不能完全导通,则后级晶体管 VT_2 就不能开关工作。为此,在 VT_1 与 VT_2 之间接入二极管 VD 后,便可改善其开关特性。这种电路的脉冲前沿特性一般都较好。

图 10-26(b)所示是光信号控制电动机的转/停电路。电路由光电晶体管 VT_1、小信号放大晶体管 VT_2 以及功率晶体管 VT_3 等组成。当光电晶体管 VT_1 导通时电动机运行。也可以组成其他电子设备的光信号控制电路。

516. 光敏电阻有哪些基本应用电路?

答:光敏电阻基本应用电路列举如下:

(1)图 10-27 所示是光敏电阻 R_G与负载电阻 R_L串联的电路,输出 U_o为

$$U_o=\frac{R_L}{R_G+R_L}U_C$$

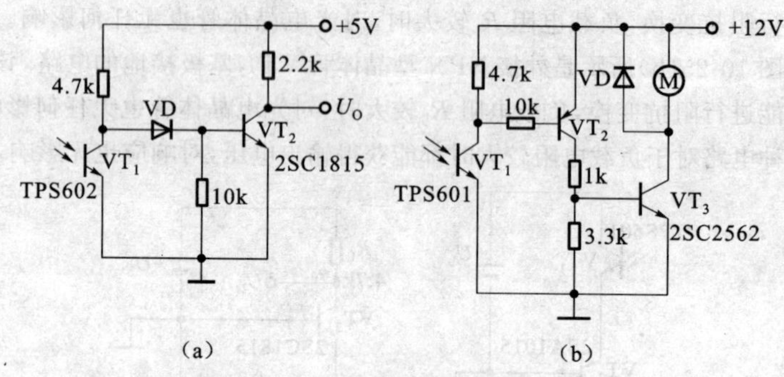

图 10-26　光信号控制的开关电路

(a)截止型 1 级放大器　(b)光信号控制电动机的转/停电路

这种电路是光敏电阻最简单的应用电路，工作特性非常不稳定，实用性不大，尤其是电源电压的变化直接影响输出电压，因此，应用时要考虑这种情况。

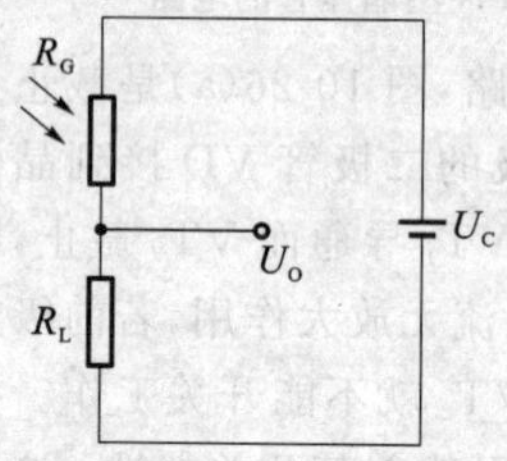

图 10-27　光敏电阻 R_G与负载电阻 R_L串联的电路

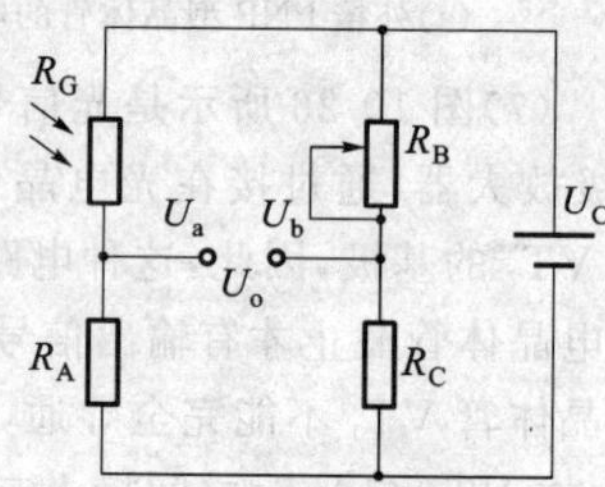

图 10-28　光敏电阻作为电桥一臂的电路

(2)图 10-28 所示是光敏电阻 R_G作为电桥一臂的电路。电桥平衡条件是 $R_GR_C=R_BR_A$，即 $U_a=U_b$。检测灵敏度由 R_B/R_C决定，$R_B=R_C$时灵敏度最高，即为桥的最高灵敏度。若要增大输出电压 U_o，可考虑增大电源电压。桥不平衡时输出电压 U_o为

$$U_o=\left(\frac{R_A}{R_G+R_A}-\frac{R_C}{R_B+R_C}\right)U_C$$

这种电路用于测光时，可从桥路取出各种光学信息。因此，应用非常广泛。

(3)图 10-29 是图 10-28 所示电路的改进电路。它多用于宽范围的

测光。它与图10-28所示电路本质相同，只不过在光敏电阻R_G旁并联一个电阻R_D，其作用是压缩输出信号。电路中，即使R_G的内阻增大，由于并联电阻R_D的作用，可以抑制其变化，从而有效抑制输出阻抗的变化。电路中，R_B是用于调整R_G与R_D偏差的电阻。桥路的平衡条件是$R_G /\!/ R_D = R_A R_B / R_C$。不平衡时输出电压$U_o$为

$$U_o = \left[\frac{R_A}{(R_G /\!/ R_D) + R_A} - \frac{R_C}{R_B + R_C}\right] U_C$$

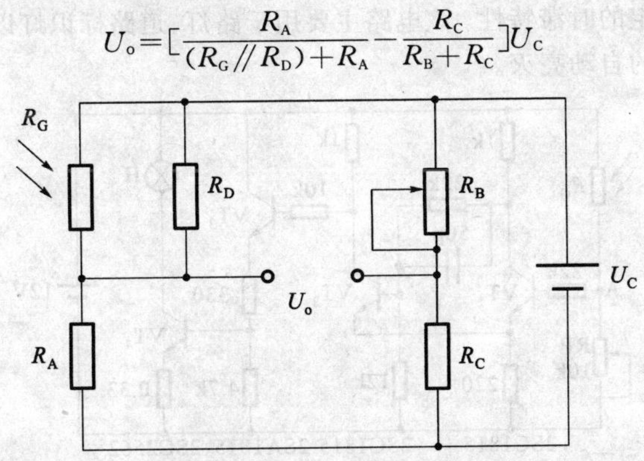

图 10-29 电桥的改进电路

(4)图10-30所示是亮光报警电路，当有光照射R_G(一种以硫化镉为主要成分的光敏电阻)时，其阻值减小。VT_1的基极电位高于发射极，则VT_1导通，VT_2和VT_3也导通，蜂鸣器B鸣叫报警。U_S的大小可由电位器RP设定，它与光照度的电平相对应。此电路可用于各种防盗装置。如果用继电器替代蜂鸣器B就可构成路灯自动亮灭电路。

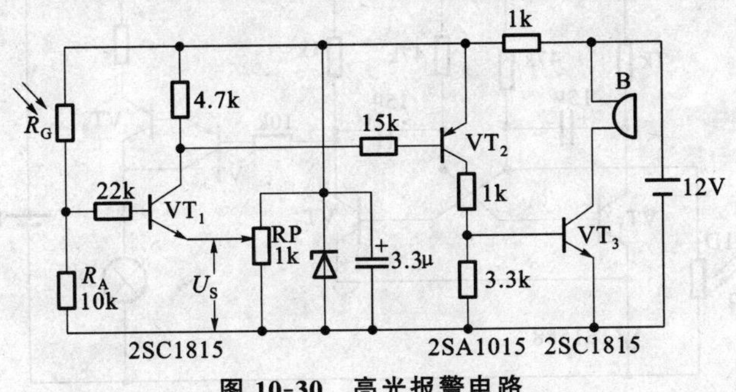

图 10-30 亮光报警电路

(5)图 10-31 所示是路灯自动亮灭电路。当光线变暗时，光敏电阻 R_G 的阻值增大，A 点电位下降，VT_1 截止，VT_2 导通，则 VT_3 和 VT_4 也导通，灯亮。这种电路用于连续检测室外的亮度，而外部照度变化非常缓慢的场合。因外部照度变化缓慢，输入也非常缓慢，则在一定范围内开关工作不稳定。为此，增设由 VT_1 和 VT_2 构成的施密特电路。这种电路具有一定的时滞特性。该电路主要用于路灯、道路标识灯以及其他保护安全灯的自动亮灭。

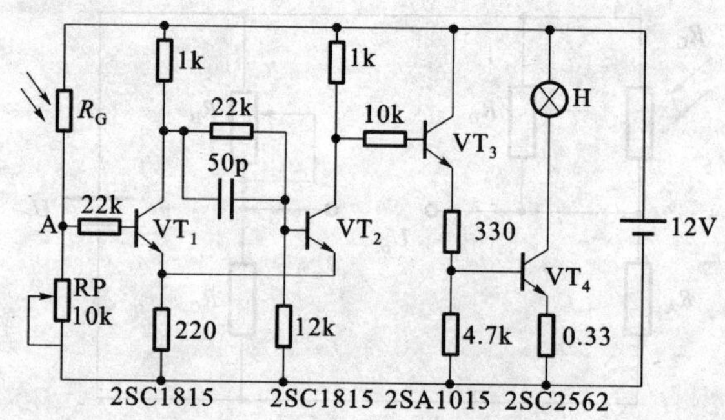

图 10-31　路灯自动亮灭电路

(6)图 10-32 所示是标识灯自动亮灭电路。在白天，光照射在光敏电阻 R_G 上，其阻值变低，VT_2 的基极电位下降，VT_2 截止，VT_3 和 VT_4 都截止，灯 H 不亮。在夜晚，R_G 上无光照射，其电阻值非常高，相当于开路，VT_1 和 VT_2 构成的多谐振荡器工作，标识灯 H 交替亮灭。

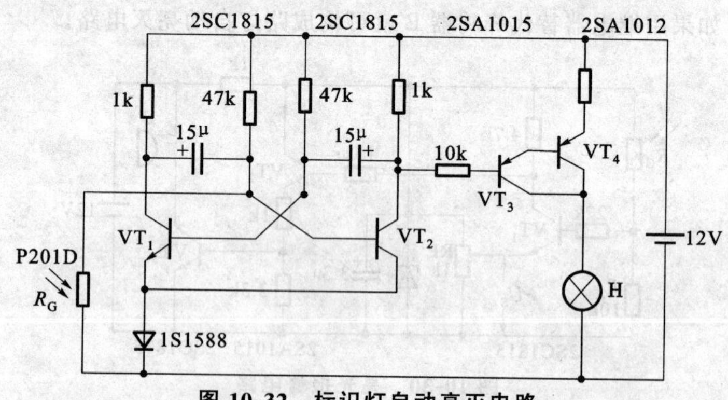

图 10-32　标识灯自动亮灭电路

(7)图 10-33 所示是异常报警器电路。它用反相器构成的施密特电路捕捉光敏电阻 R_G 的阻值变化，其输出使 NE555 构成的振荡器工作。电路中采用压电蜂鸣器 B 报警，它也可以识别有无光照射在 R_G 上。调整电位器 RP 可以适应不同照度的电平。

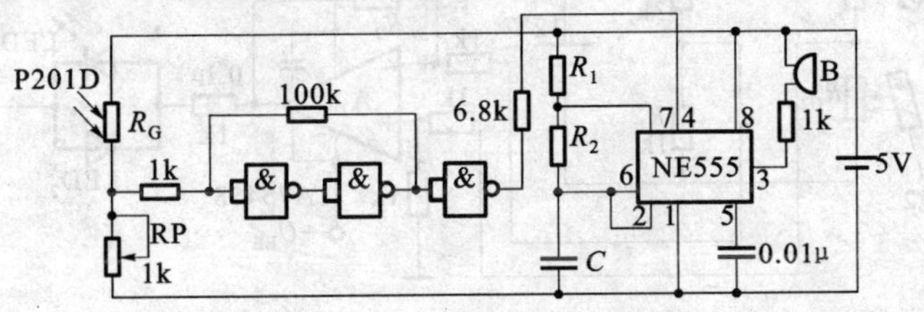

图 10-33 异常报警器电路

(8)图 10-34 所示是自动控制装置电路。光敏电阻 R_G 作为桥路的一臂，当桥路平衡时，即 $R_G R_N = R_{ASA} R_{adj}$，A 输出为 0，$VT_1$ 和 VT_2 都截止，伺服电动机 M 停转。当光照使 R_G 的阻值改变时，若 a 点电位高于 b 点，A 的输出使 VT_1 导通，电动机按图中实线箭头方向转动，带动相应的机械动作。反之，A 的输出使电动机 M 按图中虚线箭头方向转动，带动相应的机械动作。这样，机械装置就按光量大小自动动作。

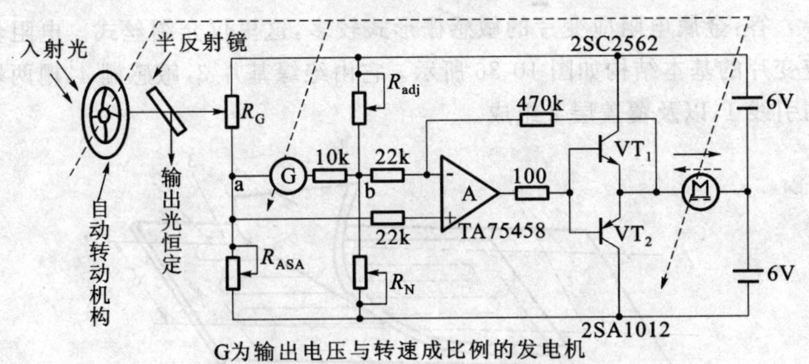

图 10-34 自动控制装置电路

(9)图 10-35 所示是采用两个光敏电阻(R_{G1}、R_{G2})检测光源方向的电路。在 R_{G1}、R_{G2}阻值平衡的方向上适当调节透镜 1 和透镜 2 就能检测到光源的方向。当透镜 1 和透镜 2 有偏移时，发光二极管 LED_1 和 LED_2 发光显示偏移的方向，因此，调整透镜时使 LED_1 和 LED_2 都不亮即可。

电路中，RP_1 用于补偿透镜与 R_{G1}、R_{G2} 受光元件的误差。当输出灵敏度过高时，可减小反馈电阻 R_2 的阻值。

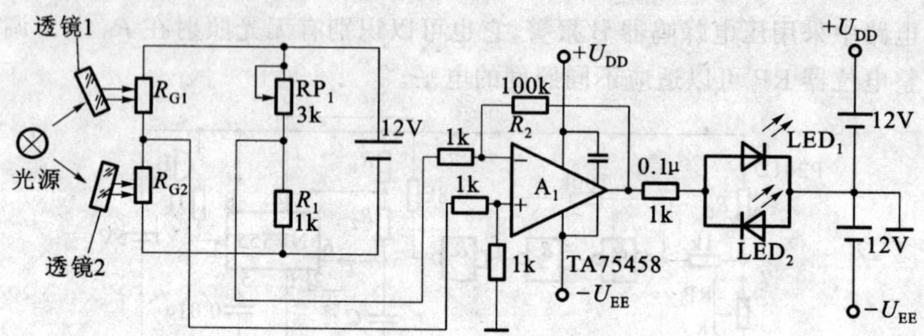

图 10-35　采用两个光敏电阻检测光源方向的电路

517. 测力传感器主要有哪几种？

答：测力传感器主要有电阻式、电容式、压电式等传感器。其中电阻应变式传感器测量范围宽（10^{-3}～10^{8}N）、精度高、动态性能好、寿命长、体积小、重量轻、价格便宜，可在恶劣条件下（高速、振动、腐蚀等）工作，因而应用范围最广。

518. 金属电阻应变片的结构是怎样的？

答：金属电阻应变片的敏感栅形式较多，这里仅介绍丝式。电阻丝应变片的基本结构如图 10-36 所示。它由绝缘基片 3，敏感栅 4，栅两端的引线 1，以及覆盖层 2 组成。

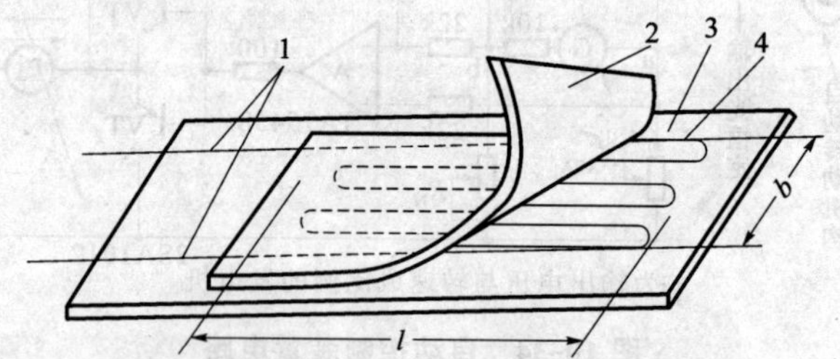

图 10-36　电阻丝应变片结构示意图

1. 引线　2. 覆盖层　3. 绝缘基片　4. 敏感栅

金属电阻应变片式传感器基本结构有弹性元件、应变片、测量桥路三部分。

使用应变片式传感器进行力的测量时，首先要选择合适的应变片粘贴在被测试件上。当试件受力产生应变和应力时，粘贴在其上的应变片也会受力产生应变，其结果是应变片的电阻值也发生变化。这样就把力这个非电量转换为电阻量，而电阻的测量通常借助于电桥电路。

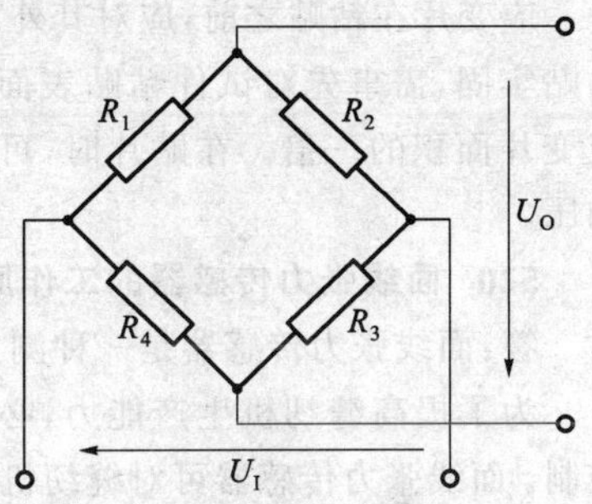

图 10-37 桥式转换电路

图 10-37 所示为电桥的基本线路。图中，R_1、R_2、R_3、R_4为电桥的四个桥臂电阻，电桥的供电电源可以是直流电源也可以是交流电源。

为了调整方便，通常采用四个桥臂电阻值相等的等臂电桥或用两相邻桥臂电阻值相等的对称电桥。当桥臂电阻无变化时，电桥处于平衡状态，输出电压为零；当桥臂电阻有变化时输出一个与电阻变化成正比的电压值。

如果把应变片式传感器中的电阻应变片作为电桥的桥臂电阻接在线路上，那么应变片受力产生电阻值的改变，可以转换为电桥电压值的变化。被测试件受力值的测量过程可以简单示意如下：

力的变化(ΔF)→应变(ε)→应变片电阻值变化(ΔR)→桥路电压值的变化(ΔU)

若电桥四个桥臂电阻都用应变片，则称为全桥式；若只有两相邻桥臂用应变片则称半桥式；若只有一个桥臂为应变片电阻的则称为单臂电桥。

任何测量过程都会有干扰，金属电阻应变片也不例外。应变片电阻值的变化，除了由作用力产生的应变引起的干扰外，还有由温度变化引起的干扰。有时温度的变化是客观存在的，这就会给测量结果带来误差。如何消除这个误差呢？应该进行温度补偿，把由于温度的变化引起的电阻变化抵消掉。温度补偿的方法有很多，全桥式和半桥式桥路都具有温度补偿作用，这里不一一介绍了。

519. 应变片的安装方法有哪几种？

答：应变片在试件上的安装质量是决定测试精度及可行性的关键

之一。安装方法有三种，分别是喷涂法、焊接法、粘贴法。粘贴法是最常用的。

应变片在粘贴之前，应对其外观和电阻值进行检查。为了使应变片粘贴牢固，需事先对试件粘贴表面进行机械、化学处理，处理范围约为应变片面积的三倍。在贴片时，可按规范对粘接剂进行加温固化或者加压。

520. 面线张力传感器的工作原理是怎样的？

答：面线张力传感器是一种测力传感器。

为了提高缝纫机生产能力，必须对缝纫机的各种参数进行检测和控制。面线张力传感器可对缝纫机面线张力进行动态测量，以减少或者避免出现浮线、皱线、断线等现象。

图 10-38 所示是面线张力传感器的原理图。弹性元件是等强度悬臂梁，材料选用弹性性能良好的铍青铜，在弹性元件上下表面沿对称轴线各贴一片应变片 2。在弹性元件 3 的一端焊接一个圆环 4，另一端与外壳 1 固定。在进行测试时，将传感器安放在挑线杆和针杆线钩之间，借用夹线器螺孔固定好。面线穿过圆环，其张力便作用在弹性元件悬臂梁上，并使其发生弹性变形，粘贴在弹性元件上表面的应变片承受拉力作用，阻值增大，下表面应变片承受压力作用，阻值减小，从而将面线张力变化转换成电阻值变化，再经过其他转换装置转换成电压并放大，由记录仪最后显示测量结果。

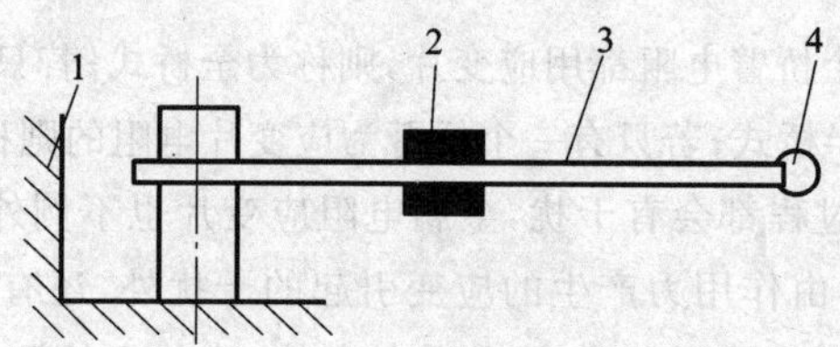

图 10-38 面线张力传感器原理图

1. 外壳 2. 应变片 3. 弹性元件 4. 圆环

521. 常用的位移传感器有哪几种？

答：位移测量的常用传感器有电感式传感器、电涡流式传感器、电容式传感器、电阻应变片式传感器、压电式传感器及霍耳式传感器等。

522. 电阻应变片式传感器测量线位移的工作原理是怎样的？

答：电阻应变片式传感器除了可以测量力外，还可以测量线位移。如图 10-39 所示。当被测试件在垂直方向位移时，悬臂梁随着产生与位移相等的挠度，因而应变片产生相应的应变，电阻值改变。在小挠度的情况下，挠度与应变成正比。将应变片接入桥路，电桥将输出与位移成正比的电压信号。其转化过程为：位移量→应变片的变化量→应变片电阻值的变化量→桥路输出电压的变化量。通过测量输出电压值可以知道被测试件的位移量。

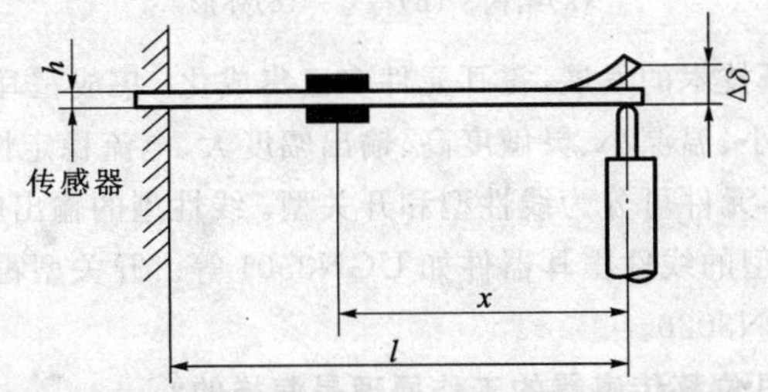

图 10-39 应变片线位移传感器工作原理

523. 什么是霍耳效应？

答：当电流垂直于外磁场方向通过导电体时，在垂直于电流和磁场的方向，物体两侧产生电动势的现象称为霍耳效应，1879 年为美国物理学家霍耳(Edwin Herbert Hall，1855～1938)所发现。电动势的大小与电流和磁场强度的乘积成正比，而与物体沿磁场方向的厚度成反比。比例系数称霍耳系数。它的符号取决于物体中载流子的符号，其数值则与载流子浓度有关。一般说来，金属和电解质的霍耳效应都很小，但半导体则较显著。因此，研究固体的霍耳效应可以确定它的导电类型以及其中载流子的浓度等。利用半导体的霍耳效应可以制成测量磁场强度的磁强计、微波技术及电子计算机中的元件、自动控制技术中的传感器等。

524. 什么是霍耳元件？结构如何？

答：根据霍耳效应原理做成的器件叫霍耳元件。

霍耳元件的结构很简单，是一种半导体四端薄片，它由霍耳片、引线和壳体组成。霍耳片的相对两侧对称地焊上引出线，结构如图 10-40(a)所示，其中 a、b 端称为激励电流端，c、d 端称为霍耳电动势输出端。

霍耳片一般用非磁性金属、陶瓷或环氧树脂封装，图形符号和外形如图10-40(b)、(c)所示。

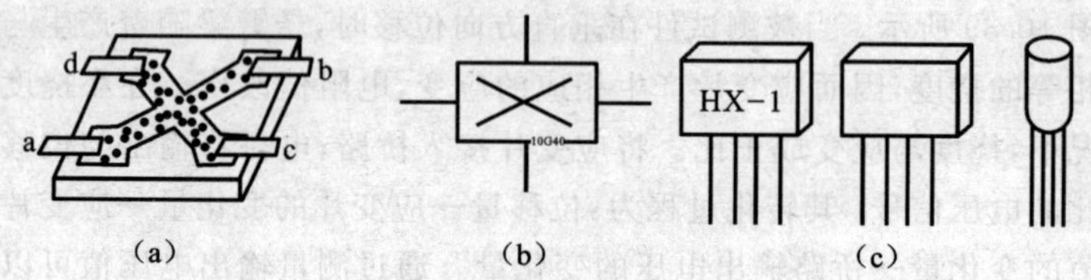

图 10-40　霍耳元件

(a)结构　(b)符号　(c)外形

随着电子技术的发展，霍耳元件多已集成化。集成霍耳元件有许多优点，如体积小、温漂小、灵敏度高、输出幅度大、电流稳定性要求低等。

集成霍耳元件可分为线性型和开关型。线性型的输出电压较高，使用方便，较典型的线性霍耳器件如 UGN3501 等。开关型霍耳器件的典型产品有 UGN3020。

525. 霍耳位移传感器的工作原理是怎样的？

答：图 10-41 所示是霍耳位移传感器原理图。保持控制电流为定值，使霍耳元件在一均匀梯度的磁场中沿 x 方向移动，则霍耳电动势的大小只取决于它在磁场中的位移量。分析如下：

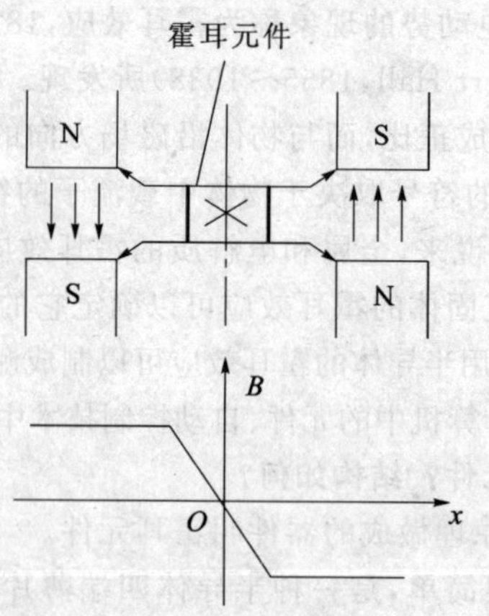

图 10-41　霍耳位移传感器原理图

图中可见，由极性相反磁场强度相同的两个磁钢构成一均匀梯度磁场。由于磁场在一定范围内沿 x 方向的变化梯度 $\mathrm{d}B/\mathrm{d}x$ 为常数，当元件沿 x 方向移动时，霍耳电动势的变化为

$$\frac{\mathrm{d}U_{\mathrm{H}}}{\mathrm{d}x}=K_{\mathrm{H}}I\,\frac{\mathrm{d}B}{\mathrm{d}x}=K$$

式中 U_{H}——霍耳电动势；

K_{H}——霍耳系数；

I——霍耳电流；

B——磁感应强度；

x——位移量；

K——位移传感器输出灵敏度。

将上式积分得

$$U_{\mathrm{H}}=Kx$$

由此表明霍耳电动势 U_{H} 与位移量成正比。电动势极性表示移动方向。磁场梯度越大，灵敏度越高，磁场梯度越均匀，输出线性度越好。

任何非电量只要能够转换为位移量的变化，均可用霍耳式位移传感器进行测量。

主要参考文献

1 周元兴主编．电工与电子技术基础．北京:机械工业出版社,2002

2 王也仿主编．可编程控制器应用技术．北京:机械工业出版社,2001

3 任志锦主编．电机与电气控制．北京:机械工业出版社,2002

4 何希才,薛永毅编著．传感器及其应用实例．北京:机械工业出版社,2004

5 赵家礼主编．电动机修理手册．第2版．北京:机械工业出版社,1992

6 周希章主编．实用电工手册．北京:金盾出版社,2005

7 张燕宾编著．变频调速460问．北京:机械工业出版社,2006

8 廖常初主编．PLC应用技术问答．北京:机械工业出版社,2006

9 机械工业技师考评培训教材编审委员会编．维修电工技师培训教材．北京:机械工业出版社,2005

10 周希章主编．电气维修实用技术手册．北京:海洋出版社,1998

11 王华．PLC控制系统的抗噪设计．电气时代,2005/1:68～69

12 刘俊．关于PLC控制系统在现场安装与调试中一些问题的探讨．电工技术杂志,2004(12):14～16

13 郭士义主编．数控机床故障诊断与维修．北京:机械工业出版社,2005

14 赵家礼等编著．电机故障诊断修理手册．北京:机械工业出版社,2000